水电站机电设备故障分析与处理技术

主　编　马振波　冉毅川
副主编　李友平　宋晶辉　刘海波
段开林　姜德政

中国电力出版社
CHINA ELECTRIC POWER PRESS

内 容 提 要

本书主要结合中国长江电力股份有限公司40余年大型水电机组运行、维护、检修的实际经验，融合部分国内外水电机组实际案例，从设备部件结构、故障征兆表现、故障原因分析、故障处理效果评价全过程入手，对水电站机电设备常见故障进行梳理和总结。本书共分4篇12章，主要内容包括水轮机及其辅助设备、发电机及其辅助设备、调速系统和辅助系统。

本书可为国内外水电站机组运行维护和故障诊断、处理提供借鉴与参考，也可作为水轮发电机组设计、检修维护、安装施工、运行管理专业人员的参考书。

图书在版编目（CIP）数据

水电站机电设备故障分析与处理技术．机械分册／马振波，冉毅川主编．—北京：中国电力出版社，2021.11（2022.6重印）

ISBN 978-7-5198-5905-3

Ⅰ．①水…　Ⅱ．①马…　②冉…　Ⅲ．①水力发电站－机电设备－故障诊断　②水力发电站－机电设备－故障修复　③水力发电－机械设备－故障诊断　④水力发电－机械设备－故障修复　Ⅳ．①TV734

中国版本图书馆CIP数据核字（2021）第165679号

出版发行：中国电力出版社
地　　址：北京市东城区北京站西街19号（邮政编码100005）
网　　址：http://www.cepp.sgcc.com.cn
责任编辑：姜　萍　关　童　郑晓萌
责任校对：黄　蓓　郝军燕　李　楠
装帧设计：张俊霞
责任印制：吴　迪

印　　刷：北京九天鸿程印刷有限责任公司
版　　次：2021年11月第一版
印　　次：2022年 6 月北京第二次印刷
开　　本：787毫米×1092毫米　16开本
印　　张：25.25
字　　数：518千字
定　　价：180.00元

编　委　会

前言

截至2020年底，我国水电装机容量为37016万kW（含抽水蓄能3149万kW），排名世界第一。水电站设备庞大、结构复杂、故障诱因繁多，在设备运行过程中，可能出现不同类型的故障。水电站设备的安全稳定运行，不仅关系到水电站自身安全，还关系到电网安全。故障出现后，迅速完成原因查找和定位，并制定有效的处理措施，对水电设备的安全稳定运行和保障企业经济利益至关重要。

随着水电事业的发展，我国正在开展智慧电厂的建设。大数据、人工智能、深度学习等数字科技的迅猛发展为智慧电厂提供了技术手段。为充分发挥这些技术的作用，并取得实际效果，需要对故障机理及表象进行知识表达，以便计算机系统能够正确识别。为实现上述目标，一方面需要开展理论研究，了解并掌握故障机理；另一方面需要分析大量案例，并进行总结和提炼。但随着设计、制造、安装、运维技术水平的提升，对单个电站、单台机组而言，其故障发生概率大幅度降低，导致故障案例数量急剧减少，难以为状态评价和故障诊断提供足够的支撑，因此对大型机组等设备的典型故障案例进行梳理和总结显得十分必要。

与此同时，新型测试技术、有限元仿真技术的发展，为水电站设备故障机理探索和故障原因查找提供了新的手段。随着我国机组数量的增加和运行维护经验的积累，部分故障机理越来越明晰，并已取得了初步成果，现阶段对已经取得的成果急需开展系统性的总结工作。

从20世纪80年代我国最早的大型水电工程葛洲坝电站开始，中国长江电力股份有限公司负责长江干流三峡、葛洲坝、溪洛渡、向家坝等巨型电站的调度、运行、维护和检修，在此过程中积累了丰富的经验。各电站的可靠性指标在行业内始终处于领先地位。近年来，长江电力开始对外输出管理和技术，在德国、葡萄牙、秘鲁、巴西、马来西亚等全球多个国家开展水电咨询和运维管理相关业务。

鉴于此，编者根据长江电力40余年大型水电站设备运行、维护和检修的实际经验，融合部分国内外水电设备典型案例，从设备部件结构、故障征兆表现、故障原因分析、故障处理评价等方面，对水电站机电设备常见故障进行了梳理、总结和分析。

本套丛书分为《机械分册》和《电气分册》。本书为《机械分册》，包括水轮机及其辅助设备、发电机及其辅助设备、调速系统和辅助系统4篇，共12章。在内容编排上，每一章从介绍设备结构入手，概述常见故障及其处理方法，最后提供具体的故障案例并进行分析。

湖南五凌电力万元博士、李汉臻高工，广西桂冠电力谭茂业高工为本书的出版做出了贡献，在此一并表示感谢。

由于作者水平所限，书中疏漏在所难免，敬请广大读者批评指正。

编　者

2021年9月

目录

第一篇

水轮机及其辅助设备

第一章　转动部分

第一节　设备概述及常见故障分析

一、水轮机转动部分设备概述

水轮机转动部分主要由转轮、水轮机轴及补气系统组成。

（一）转轮

转轮是实现水能转换的主要部件，它将大部分的水能转换成机械能，并通过主轴传递给发电机。根据水轮机转换水流能量的方式不同，水轮机可分为反击式和冲击式两类。

反击式水轮机，利用水流的势能和动能做功，水流通过转轮叶片时，把水流的绝大部分能量转换成压能，在转轮叶片前后形成压差，使转轮旋转，把水流的能量转换成转轮旋转的机械能；按水流流经转轮叶片的方向不同或转轮结构不同，可分为混流式、轴流式、斜流式和贯流式。

冲击式水轮机，把具有一定势能的水流引入喷嘴，当水流从喷嘴射出时，将势能全部转化为动能，具有动能的高速水流冲击转轮叶片，使转轮旋转，将水流动能转换为转轮旋转的机械能；按射流冲击叶片的方式不同，可分为水斗式、斜击式和双击式。

水轮机的工作参数是表征水流通过水轮机时，水流能量转换为转轮的机械能过程中的一些特征数据，水轮机的基本工作参数有工作水头 H、流量 Q、功率 P、效率 η、转速 n。

目前应用最广泛的水轮机主要有混流式水轮机和轴流转桨式水轮机。

1. 混流式水轮机转轮

混流式水轮机又称弗朗西斯（Francis）水轮机。其结构紧凑，效率较高，适用水头范围广，实际运用中一般为 30～700m，目前单机容量最大的混流式水轮机机组运行于白鹤滩水电站（首批机组于 2021 年 7 月投产发电），单机容量为 1000MW。

混流式水轮机转轮主要由上冠、叶片、下环、泄水锥、止漏装置、减压装置等组成，如

图 1-1 所示。

（1）上冠位于转轮上端，与叶片的上端连在一起，并与下环组合形成过流通道。上冠的上部中间部分布置上冠法兰，上部法兰均布数个螺孔，与主轴连接。上冠中心开有中心孔，以减轻转轮重量，并可由此为转轮补气，消除机组在某些工况下运行时的真空。上冠上可以开有数个泄水孔，使转轮与顶盖之间的有压水腔与转轮室相连通，以减小作用在转轮上的轴向水压力。上冠的外轮缘处装有止漏作用的上部转动止漏环，上冠内的斜面上固定有减压装置的转动减压板。

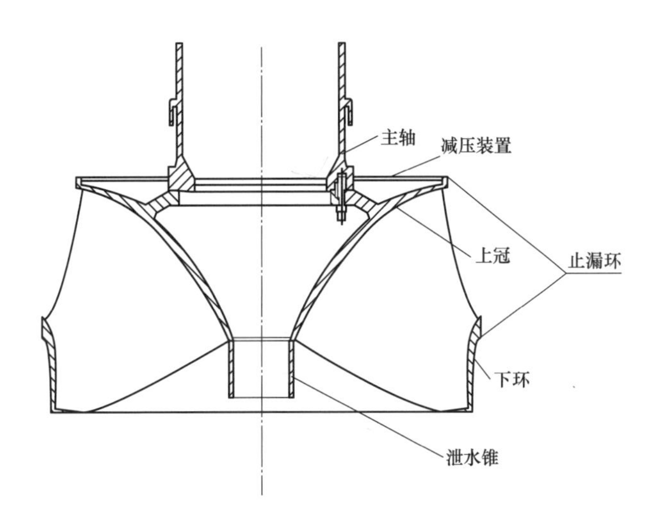

图 1-1　混流式水轮机转轮结构

（2）叶片是转轮的核心，它是能量转换的关键部件。叶片上端与上冠相接，下端与下环连成整体。叶片数目通常为 14～18 片。叶片的形状和数目直接影响水轮机的性能。

（3）下环位于转轮叶片的下端，将叶片的下端连成整体，以增加转轮的强度和刚度，下环与上冠形成转轮的过流通道，在下环的轮缘上，安装有止漏作用的下部转动止漏环。

（4）泄水锥的外形一般呈圆锥体状，用螺栓将它连接在上冠下法兰下方，引导由叶片出来的水流顺利地向下泄出，避免水流旋转和互相撞击所造成的水力损失。泄水锥的形状和尺寸直接影响水轮机的效率和振动。

（5）止漏装置也称止漏环，在转轮上、下转动间隙形成阻力，减少间隙的漏水量，一般转轮在上冠和下环处分别装有上部止漏环和下部止漏环。而每个止漏环又分别由转动和固定两个环组成，其固定部分分别安装在对应的顶盖和座环或底环上。

（6）减压装置主要用来减小作用在转轮上的轴向水推力，它由转动和固定两部分减压板组成，下减压板即转动部分固定在上冠上，上减压板即固定部分安装在顶盖上。

2. 轴流转桨式水轮机转轮

轴流转桨式水轮机又称卡普兰（Kaplan）式水轮机，主要适用于低水头水电站，其应用水头为3～80m。当前世界上使用水头最大的大型轴流转桨式水轮机是意大利的那门比亚（Nembia）水电站，最大水头为88m。单机功率最大的是苏联的舒尔宾水电站，额定功率为230MW。轴流转桨式水轮机转轮主要由转轮体、叶片、叶片操动机构、叶片密封和泄水锥等组成，如图1-2所示。

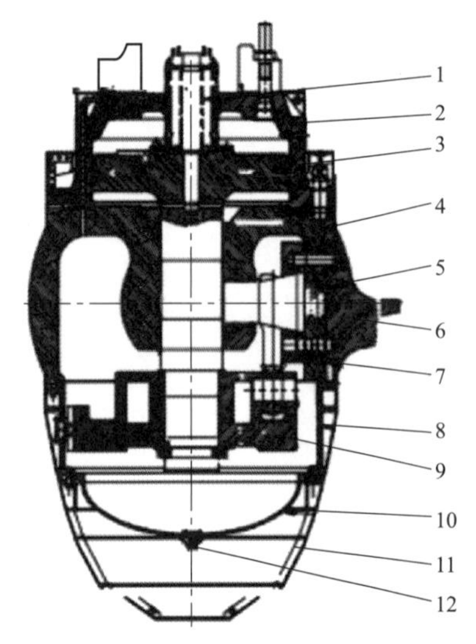

图1-2　轴流转桨式水轮机剖面图

1—导轴；2—接力器缸；3—接力器活塞；4—轮毂；5—枢轴；6—叶片；7—转臂和连杆；8—连接体；9—操作架；10—下盖；11—泄水锥；12—放油阀

（1）转轮体也称轮毂，主要用来安装叶片和操动机构，转轮体按外形可分为圆柱形和球形两种。

（2）叶片，安装在转轮体上，当水流流经叶片时，将水能转换成旋转的机械能，是转换能量的主要部件。轴流转桨式水轮发电机组叶片数一般为3～8片，一般而言水头越高，叶片数越多。

（3）叶片操动机构，安装在转轮体内，用于转动叶片的角度，使之与导叶开度相适应，以保证水轮机有较高的效率和较好的稳定性。

（4）叶片密封，安装在叶片与转轮体的接合部位，其作用：①防止转轮体内的润滑油经叶片与转轮间的间隙漏出转轮体进入流道；②防止流道内的压力水经上述间隙渗入转轮体内。密封装置常用的有λ型、U型、X型、V型4种。

（5）泄水锥，其作用是引导经叶片流出来的水流迅速而又顺利地向下泄出，防止水流相互撞击，减少水力损失，以提高水轮机的效率。

（二）水轮机轴及补气系统

水轮机轴的作用是将水轮机的机械能传递至发电机，带动发电机转子旋转。同时承受轴向水推力和转动部件的重量。水轮机轴一般采用中空结构，用锻制或钢板卷焊而成，采用法兰连接。

轴流转桨式水轮机主轴内部设置有操作油管，分为内压力油腔和外压力油腔，油腔通入能控制转轮叶片转动的压力油。操作油管在运行中既随主轴进行旋转运动，又随叶片的转动进行上下运动。操作油管外壁与主轴内壁一起组成回油腔，该腔充满无压的汽轮机油，其作用主要是对转轮体内部及时补油和回油。

混流式水轮机一般都安装有主轴中心补气系统，通过主轴中心孔、转轮上腔向尾水管

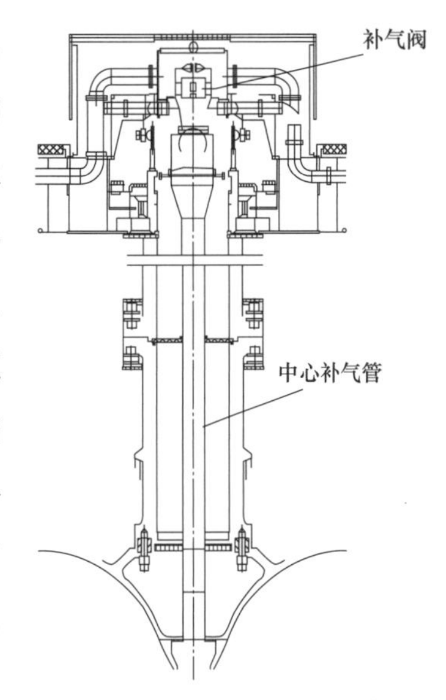

图 1-3 主轴中心补气装置

内补入空气，可减小尾水管内的真空度，破坏由于转轮出口水流切向分力引起的螺旋形涡带，以及由该涡带引起的如轴系摆动、蜗壳和引水管道的压力脉动、负荷波动、水力共振等现象，从而改善机组的运行性能。采用主轴中心补气装置向水轮机的空蚀区域补气，可减轻机组的转轮、叶片及导水机构等的空蚀破坏。一方面，由于补气使水流中的环境压力得以提高，使部分空蚀气泡不可能膨胀到临界空蚀点上，不能形成能破坏过流部件的空蚀气泡；另一方面，由于空气的补入改善了水流的密度等特性，降低了可形成气泡的高速射流的冲击力，达不到一定的冲击力，空蚀气泡也不易形成。

主轴中心补气装置主要分为固定部分和转动部分，如图 1-3 所示。转动部分与机组主轴连接在一起转动，主要有补气阀、阀座、补气管及其附属装置；固定部分主要有护罩、补气盖、进水及排水管等。

二、常见故障分析及处理

（一）水轮机的空化

1. 空化原理

空化是液体中发生的一种物理现象。当流动或静止的液体内部压力下降到一定限度时，液体因不能抵抗拉引力而发生破坏，形成空泡或空穴，这就是空化。空泡或空穴在液体压力升高处会重新凝聚消失，在空化区，空泡在不断产生又不断溃灭的过程中，会产生高频、高压的微观水击，对过流表面造成损伤。当水中含沙量较少时，水轮机过流部件的损伤主要是空蚀，当含沙量变大时，水轮机过流部件的损伤以泥沙磨损为主，并且与空蚀发生共同作用，加剧过流部件表面的损坏。

2. 空化的危害

空化对金属材料表面的侵蚀破坏有机械作用、化学作用和电化学作用三种，以机械作用为主。

（1）机械作用。水流在水轮机流道中当局部压力低到汽化压力时，水就开始汽化，而原来溶解在水中的极微小的（直径为 $10^{-5}\sim10^{-4}$ mm）空气泡也同时开始聚集、逸出，从而在水中出现了大量的由空气及水蒸气混合形成的气泡（直径为 0.1～2.0mm）。这些气泡随着水流进入压力高于汽化压力的区域时，一方面由于气泡外的动水压力的增大，另一方面由于气泡内水蒸气迅速凝结使压力变得很低，从而使气泡内外的动水压差远大于维持气泡成球状的表面张力，导致气泡瞬时溃裂（溃裂时间为几百分之一秒或几千分之一秒）。在气泡溃裂的瞬间，其周围的水流质点便在极高的压差作用下产生极大的流速向气泡中心冲击，形成巨大的冲击压力（其值可达几十甚至几百个大气压）。在此冲击压力的作用下，原来气泡内的气体全部溶于水中，并与一小股水体一起急剧收缩形成聚能高压“水核”。水核迅速膨胀冲击周围水体，并一直传递到过流部件表面，致使过流部件表面受到一小股高速射流的撞击。这种撞击现象是伴随着运动水流中气泡的不断生成与溃裂而产生的，它具有高频脉冲的特点，从而对过流部件表面的材料造成破坏，这种破坏作用称为空蚀的“机械作用”。

（2）化学作用。发生空化时，气泡使金属材料表面局部出现高温是发生化学作用的主要原因。这种局部出现的高温可能是气泡在高压区被压缩时放出的热量，或者是由于高速射流撞击过流部件表面而释放出的热量。据试验测定，在气泡凝结时，局部瞬时高温可达300℃，在这种高温和高压作用下，气泡对金属材料表面产生了氧化腐蚀作用。

（3）电化学作用。发生空化时，局部受热的材料与四周低温的材料之间会产生局部温差，形成热电偶，材料中有电流流过，引起热电效应，产生电化学腐蚀，破坏金属材料的表面层，使它发暗变毛糙，加快了机械侵蚀作用。

在水轮机中当空化发展到一定阶段时，叶片的绕流情况将变坏，从而使水力矩减小，促使水轮机效率降低。随着空化的产生，不可避免地在水轮机过流部件上形成空蚀，轻微的只有少量蚀点，在严重的情况下，空蚀区的金属材料被大量剥蚀，致使表面呈蜂窝状，甚至使叶片穿孔或掉边。伴随着空化和空蚀的发生，还会产生噪声和压力脉动，尤其是尾水管中的脉动涡带，其频率一旦与相关部件的自振频率吻合，会引起共振，造成机组的振动、功率的摆动等，严重威胁着机组的安全运行。

3. 空化的类型

根据发生的条件和部位的不同，水轮机空化一般可分为以下四种：

（1）翼型空化。翼型空化是由于水流绕流叶片引起压力降低而产生的。叶片背面的压力往往为负压。当背面低压区的压力降低到汽化压力以下时，便发生空化和空蚀。这种空化和空蚀与叶片翼型断面的几何形状密切相关，称为翼型空化和空蚀。

翼型空化是反击式水轮机主要的空化形态。翼型空化与水轮机运行工况有关，当水轮机处在非最优工况时，则会诱发或加剧翼型空化和空蚀。

（2）间隙空化。间隙空化是当水流通过狭小通道或间隙时引起局部流速升高，压力降低到一定程度时所发生的一种空化形态。

间隙空化主要发生在混流式水轮机转轮上、下迷宫环间隙处，轴流转桨式水轮机叶片外缘与转轮室的间隙处，叶片根部与轮毂间隙处，以及导水叶端面间隙处。

（3）局部空化。局部空化主要是由于铸造和加工缺陷形成表面不平整、砂眼、气孔等所引起的局部流态突然变化而造成的。例如，转桨式水轮机的局部空化一般发生在转轮室连接的不光滑台阶处或局部凹坑处的后方；还可能发生在叶片固定螺钉及密封螺钉处，这是因螺钉的凹入或凸出造成局部流态突然变化引起的。

（4）空腔空化。空腔空化是反击式水轮机所特有的一种旋涡空化。当反击式水轮机在一般工况运行时，转轮出口总具有一定的圆周分速度，使水流在尾水管产生旋转，形成真空涡带。当涡带中心出现的负压小于汽化压力时，水流会产生空化现象，而旋转的涡带一般周期性地与尾水管壁相碰，引起尾水管壁产生空化，称为空腔空化。

空腔空化的发生一般与水轮机运行工况有关。在较大负荷时，尾水管中涡带形状呈柱状，几乎与尾水管中心线同轴，直径较小也较为稳定，尤其在最优工况时，涡带甚至可能消失。但在低负荷时，空腔涡带较粗，呈螺旋形，而且自身也在旋转，这种偏心的螺旋涡带在空间极不稳定，可发生强烈的空腔空化。

4. 空化的预防及处理

水轮机在运行过程中的空化和空蚀现象很难避免，一般采取以下措施进行防治：

（1）改善水轮机的水力设计。设计合理的翼型，尽可能地提高抗空蚀性能，使转轮叶片呈光滑的流线型，使叶片上压力分布均匀并缩小低压区。

（2）提高加工工艺水平，采用抗蚀材料。提高制造工艺水平，选择合理的转轮抗腐蚀材料；通过物理、化学防护等方法，对叶片表面进行防护，如喷涂碳化钨、聚氨酯涂层等。

（3）改善运行条件并采用适当的运行措施。合理确定机组运行方式，优化运行工况，尽量避免运行状态处于低负荷、低水头中，防止运行工况区域处于严重空蚀位置；同时，通过给尾水管补气，一定程度上可减轻空蚀振动及空蚀破坏。

（二）水轮机振动

1. 产生振动的原因

水轮发电机组在运行过程中，受到设计、制造、安装、运行工况等因素的影响，会产生振动现象。水轮机稳定性问题涉及机械、电气和水力等多方面因素，十分复杂，如图 1-4 所示。

水轮发电机组是具有一定质量的弹性组合体，它在旋转运动中受到的旋转力不可能绝对平衡，这种机械不平衡力的存在，必然使机组产生振动。常见的原因有：机组轴线不正或对中不良；转动部分质量不平衡；机组支撑结构或者轴系刚度不足；推力轴承制造、调整不良；导轴承缺陷或间隙调整不当；轴密封调整不当等。

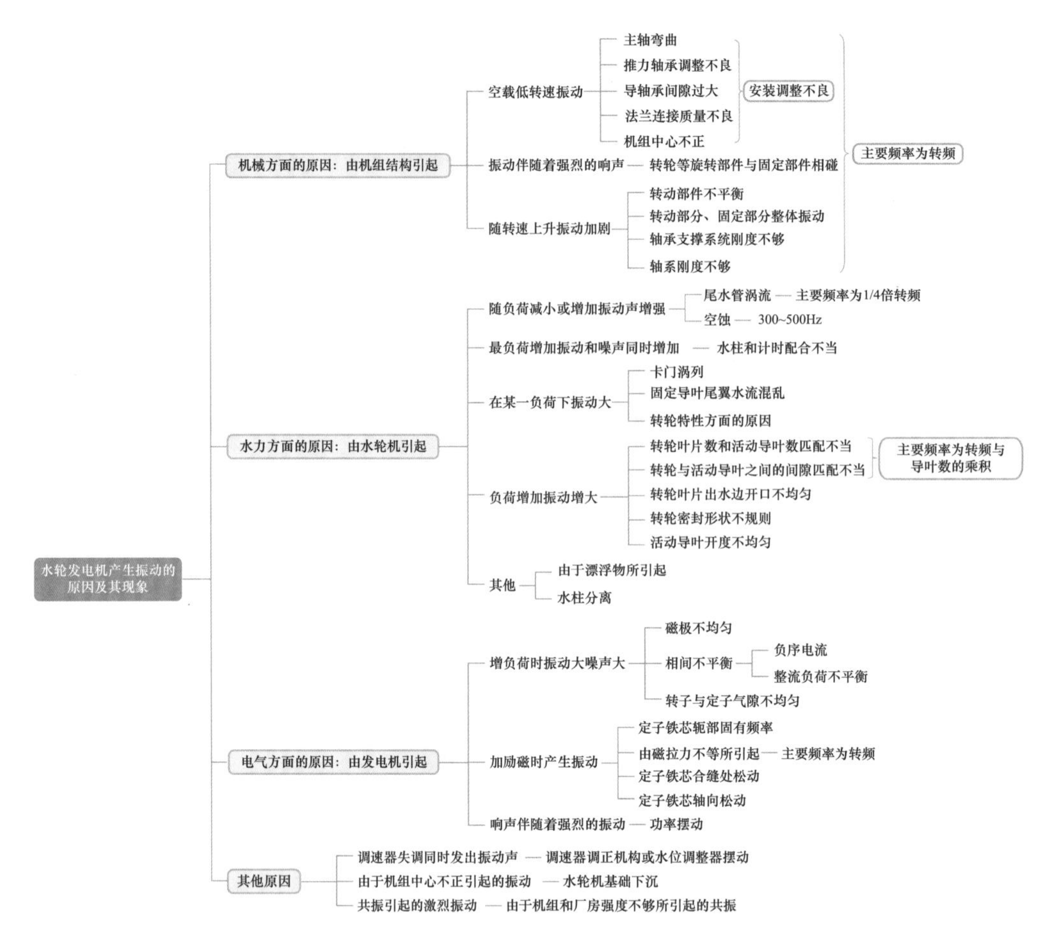

图 1-4　水轮发电机组振动的原因及其现象

造成机组运行不稳定的电气原因多种多样，主要有：气隙不均匀造成的振动；分数槽绕组产生的次谐波振动；定子铁芯松动引起的铁芯瓢曲和发电机振动；不对称三相负荷运行引起的定子机座和转子振动；电网突然短路引起的发电机强烈扭振等。

造成水轮机水力振动源来自两个方面：①由于过流部件中流场的速度分布不均匀产生的压力脉动，如转轮叶片开口不均匀、协联关系破坏、止漏环间隙不均匀、转轮叶片与转轮室间隙不均匀、转轮叶片与导叶之间的动静干涉、过渡过程的振动等；②水流流过某些绕流体后，脱落的旋涡所诱发的压力脉动，如卡门涡、叶道涡等。

2. 振动源查找的一般方法及减振措施

在空转、变转速、空载、变励磁、带负荷等工况下，对水轮发电机组不同部位的振动、压力脉动及声音等参数进行测量和分析，进行振动源的查找。

（三）协联关系不匹配

对于转桨式水轮发电机组，转轮桨叶可以随着导叶开度的变化相应转动，因此在比较大的运行工况范围内，机组可以保持高效运行。在实际运行过程中，转轮桨叶角度与导水机构活动导叶开度保持一定的最佳配合关系，这种配合关系称为转桨式水轮机的协联关系。一般水轮机的协联关系由制造厂家根据模型试验的成果制定，由调速器通过程序自动协联，但是由于模型试验的偏差及安装和零部件加工的误差，再加上机械结构反复拆装，转轮体及轮叶空蚀，其得到的协联关系往往与真机运行情况存在一定的差异，造成机组并非在最优协联关系下运行，导致机组异常振动，影响了水轮机效率及运行的稳定性。

（四）转轮及叶片裂纹

1. 裂纹产生的原因

据统计分析，导致转轮及叶片产生裂纹的主要原因可归纳为以下几方面：

（1）设计原因。在大多数情况下，转轮叶片裂纹是由疲劳扩展形成的，而这种疲劳又与转轮中自激振动诱发的交变应力有关。不良的水力设计引起的水力激振使转轮承受高频的交变动应力，导致转轮及叶片出现疲劳损害，从而出现裂纹。

（2）材料原因。叶片机械性能、化学成分、金相组织特性等不满足要求，叶片铸件有夹渣、气孔和微观裂纹等。

（3）制造加工原因。铸造或焊后叶片本身残余应力大，叶片与上冠、下环接合部位的焊缝内应力及焊缝附近的残余应力高，上冠、下环与叶片的厚度、刚度相差悬殊，使叶片变形应力过高；叶片背面粗糙度和几何型线超差等。

（4）运行工况原因。机组长期在非稳定运行工况下运行，使转轮及叶片长期承受非预期动态冲击荷载作用等。

2. 裂纹的预防及处理

（1）优化水力设计。要结合水电站特点，如水头变幅、负荷调节范围、水质等进行水力设计，确定转轮公称直径 D_1、额定转速 n_r、额定功率 P_r、吸出高度 H_s 等主要参数，确保叶片进水边背面脱流空化线排除在最大水头之外，叶片进水边正面脱流空化线排除在最小水头之外，高水头最大功率工况进入水轮机的最优效率圈、叶道涡线在水电站正常规定的保证功率范围之外，水轮机尾水管压力脉动幅值应低于常规统计值、吸出高度的选择应保证各种工况有足够的安全裕量，不出现水体分离现象等。

（2）选择合适的材料。转轮应采用可焊性较好的不锈钢材料，采用 AOD 或 VOD 方法冶炼，整体铸造或钢板模压成型；焊接材料采用与母材相匹配的不锈钢焊丝等，保证原材料有较好的质量。

（3）控制制造质量。大中型转轮叶片采用精炼铸造＋数控加工或钢板模压＋数控加工；转轮组装后按规定的焊接工艺施焊。焊后经退火热处理，减小焊接接头的残余应力值；所有焊缝进行100%无损检测，过流表面光滑，无裂纹和凹凸不平等缺陷；叶片与上冠、下环的过渡圆弧不允许出现铲磨缩颈或伤痕；叶片几何型线和粗糙度应符合相关规定的要求。

（4）优化运行条件。部分负荷下及超功率运行时，机组的稳定性比较差，长期在这些工况运行对转轮的寿命不利，在实际运行过程中，应尽量保证机组在稳定运行区范围内运行。

（5）裂纹的处理。水轮机叶片裂纹会导致机组运行工况异常，影响机组安全运行，因此在检修期间需要对叶片进行无损探伤检查，分析裂纹产生的具体原因，及时清根并补焊修磨检查，确保机组的安全运行。焊接修复时，采取适当的焊接顺序、局部预热、控制层间温度、焊后热处理等措施，降低焊接残余拉应力，防止产生焊接裂纹。

（五）转轮密封失效

对于轴流转桨式水轮发电机组，转轮体内充满了汽轮机油，转轮叶片密封圈安装在转轮体与叶片法兰外缘之间的环形密封槽内，密封圈外圆与转轮体之间是没有相对运动的。但当机组开停机、调整负荷，转轮叶片转动时，密封圈与叶片法兰面之间就有相对的低速运动，这就要求密封圈内圆既要有良好的密封性能，又要求有一定的润滑条件。密封圈受设计、安装工艺、老化等多方面影响，容易出现漏油现象。一方面，在转轮体内外压差的作用下，可能通过密封圈与转轮体、叶片法兰接触面的间隙产生间隙漏油；另一方面，由于叶片位移和振动引起接触面间的轴向往复挤压，将叶片内部的油液抽吸到接触面之间而产生挤压漏油。

对于轴流转桨式水轮发电机组，应针对转轮叶片密封装置的结构特点及发生转轮叶片漏油、转轮体进水的原因，有针对性地制定处理方案。一方面，对叶片密封装置结构进行优化，根据具体密封结构，仔细计算核定密封形状、尺寸及工艺要求，严格控制橡胶的压缩量及反弹变形量，保证密封装置可靠稳定；同时，加强对叶片密封安装工艺的控制，确保密封面在圆周方向都能均匀有效地贴合在法兰面上，保证密封安装到位。另一方面，选择符合机械、物理性能要求的合适密封材料。

（六）中心补气装置存在渗漏、发卡、水露凝结等缺陷

中心补气装置包括固定部分及转动部分，结构复杂，机组在低负荷区域运行时补气阀动作频繁，补气阀易出现发卡现象；部分水电站尾水水位较高，补气阀或者管路密封不严易出现漏水情况，漏水会直接到达发电机部位，危及机组的安全运行；另外，补气装置一般安装在发电机部位，由于热空气流通，补气装置外壁易出现结露现象，冷凝水有进入机组发电机部位的风险。

在中心补气装置选型设计时，应以安全可靠、补气及密封效果好为原则，充分考虑补气阀形式、管路布置方式、密封结构、动静结构间隙、轴电流绝缘、消声处理等，选

择合适的设备结构及密封材料。补气装置安装时注意密封质量、动静结构间隙控制、旋转部件摆度等工艺，日常运行中加强相关设备巡检及维护，以提高补气装置运行的稳定性、可靠性。

第二节　转轮部件典型故障案例

一、空蚀与运行状态相关性分析及处理

（一）设备简述

某水电站A、B、C机组均为轴流转桨式水轮发电机组，其制造厂家及水力模型均相同，设计水头为18.6m，工作水头范围为9.1～27.0m，3台机组在检修期间均对转轮叶片主要空蚀区域进行过碳化钨喷涂处理。

机组主要技术参数见表1-1。

表1-1　　机组主要技术参数

名称	数值	名称	数值
最大水头 H_{max}	27m	蜗壳水压最高上升值 $H+\Delta H$	≤31m
平均水头 H_w	20.6m	蜗壳形式	立式混凝土
设计水头 H_d	18.6m	蜗壳包角	180°
最小水头 H_{min}	9.1m	尾水管形式	HC弯肘形
额定功率 P_r	153MW	轮毂比 C_B	0.415
额定转速 n_r	62.5r/min	转轮叶片数 Z	5片
额定流量 Q_r	923.39m^3/s	转轮叶片转角 φ	−15°～+15°
最大飞逸转速（协联工况）n_f	125r/min	导叶数	32块
最大飞逸转速（非协联工况）n_f	165.7r/min	固定导叶数	17块
设计点吸出高度 H_s	−7.35m	导叶高度 b_0	4080mm
转轮公称直径 D_1	10200mm	最大轴向水推力 p	18700kN

（二）故障现象

机组检修期间，对A、B、C机组叶片空蚀情况进行专项检查及对比分析，发现运行相同时间后，C机组叶片较A、B机组空蚀严重。

如图1-5、图1-6所示，A、B机组转轮叶片出水边裙边处均存在空蚀现象，局部碳化钨涂层受损及脱落。如图1-7所示，C机组转轮叶片出水边裙边处出现较大范围空蚀，空蚀面积约为1340mm×400mm（核心区域为730mm×100mm），空蚀核心区域碳化钨涂层已脱落，空蚀最大深度约为10mm。进水边背面有空蚀痕迹，转轮室中环、下环出现彩色光斑状疑似空蚀痕迹。

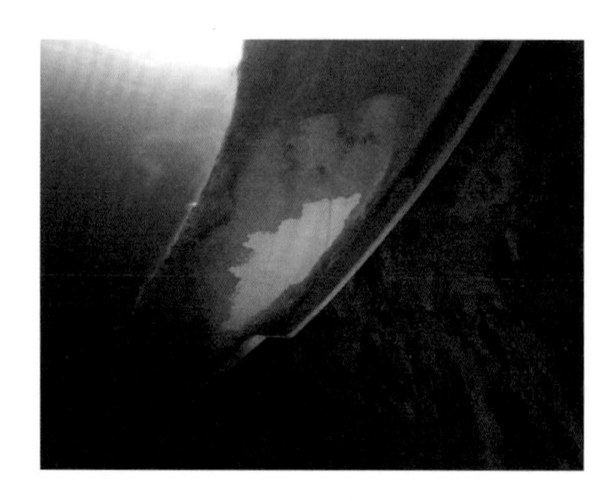
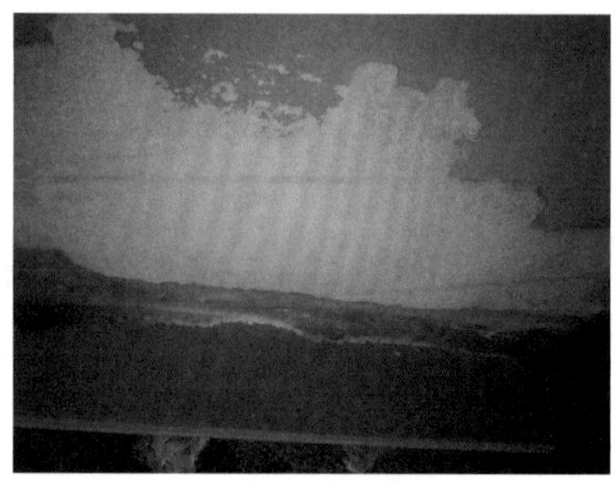

图 1-5　A 机组转轮叶片空蚀图

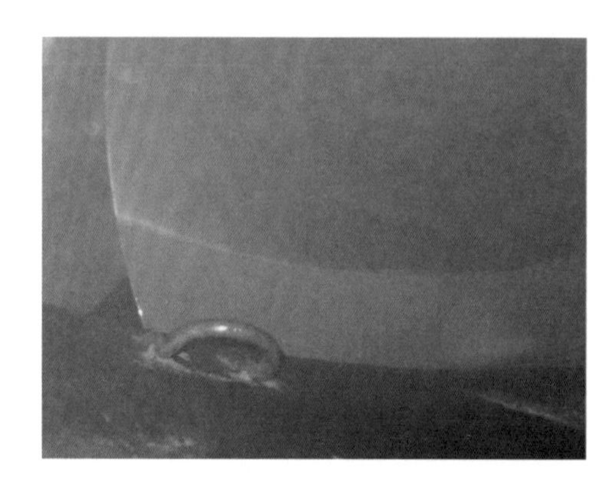
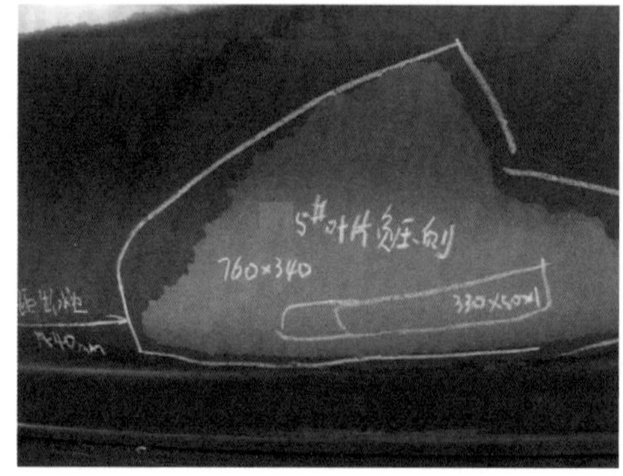

图 1-6　B 机组转轮叶片空蚀图

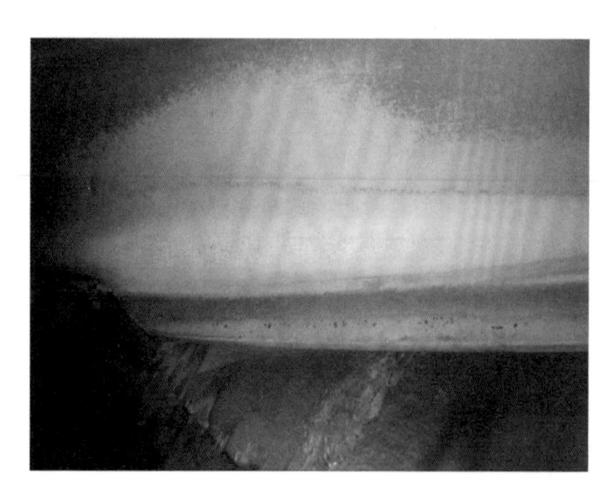

图 1-7　C 机组转轮叶片空蚀图

（三）故障诊断

1. 故障初步分析

对于轴流转桨式水轮机，造成叶片空蚀的主要原因可大致分为：

（1）叶片翼型缺陷。叶片在设计或制造时，本体存在明显负压区。

（2）机组非协联运行。叶片进口流态不佳，产生撞击、脱流现象。

（3）机组超功率运行。超出水轮机稳定运行工况，空化性能下降。

该3台机组是均由同一厂家生产的同型号机组，叶片翼型一致，故主要从机组运行过程中的导叶、转轮叶片协联关系，以及机组运行超功率情况来查找叶片空蚀的原因。

2. 相关检查

（1）协联关系检查。该水电站机组采用微机-步进电机式调速器，为二级调速系统。调速器电调部分采用步进电机处的中间接力器电气信号，实现电气闭环；机械部分通过反馈钢丝绳、杠杆作用于引导阀，实现机械闭环。调速器通过导叶主接力器位移信号，实现对转轮叶片中间接力器的电气协联。

抽查3台机组正常运行时的协联关系，见表1-2，以导叶主接信号为基准，转轮叶片中接实测值与协联理论值的偏差在2%以内，无异常现象。

表1-2　协联关系抽查数据

机组	有功功率(MW)	运行水头(m)	导叶主接(%)	转轮叶片中接(%)	转轮叶片协联理论值(%)
A	94.9	18.6	63.0	38.5	38.6
	136.7	17.0	87.0	92.8	92.8
	112.3	19.3	69.0	55.7	56.7
B	133.9	18.4	79.5	78.5	78.4
	135.0	21.0	70.7	65.3	66.7
	141.4	19.3	78.9	80.6	80.9
C	138.4	19.2	76.7	73.3	74.7
	115.4	21.0	62.9	48.8	49.0
	149.4	18.6	82.7	87.0	88.1

（2）超限运行检查。通过机组在线监测系统，统计3台机组在相同时间段内的运行水头、有功功率等数据，与机组的功率限制线对比，并考虑调速器3MW死区，得到机组超限运行数据，见表1-3。

表1-3　3台机组超限情况对比

机组	运行总小时数(h)	超有功功率限制		超有功功率限制3MW以上		最大超限幅度(MW)
		超限运行小时数(h)	超限时间比例(%)	超限运行小时数(h)	超限时间比例(%)	
A	4369.5	516	11.81	80	1.80	9.69
B	4337.25	638.25	14.72	91.75	2.10	6.61
C	4351.25	932	21.42	252.5	5.80	9.18

统计数据显示，3台机组从超限运行小时数、超限时间比例等方面，均呈递增关系，其

中C机组超限运行情况尤为突出，与各机组叶片的空蚀状况一致。因此，机组超有功功率限制运行，是水轮机叶片空蚀的直接原因。

3. 故障原因

（1）超限运行原因分析。该水电站的机组功率由AGC（自动发电控制系统）分配，而AGC分配的有功功率上限是基于AGC水头。若AGC水头高于机组真实净水头，而机组贴近有功功率上限运行时，必然造成机组超功率运行。实际上，全站AGC水头、机组计算水头、机组净水头的偏差客观存在，如图1-8所示。

1）AGC水头与计算水头的偏差。目前控制机组运行的水头有两个，分别为：

a. 全站统一的AGC手动水头。由运行人员根据调度中心提供的水头数据手动设定，机组单机监控按照AGC手动水头，根据录入的水头功率限制，设定单机功率限制。

b. 单机计算水头。通过计算每台机组上游栅后水位与下游水位的差值，自动下发给调速器，保证机组协联的准确性。

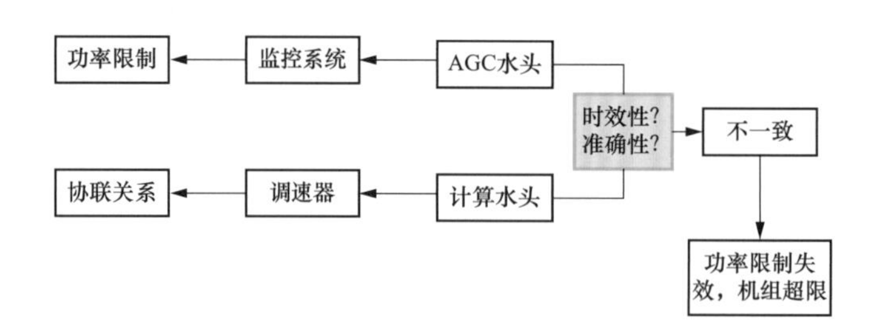

图1-8　机组AGC水头、计算水头功能图

因此，当AGC水头设定高于计算水头时，单机监控的功率限制无实际意义，机组将超功率运行。

例如：计算水头为18m，AGC水头设定为18.6m，则协联关系按照18m运行，机组有功功率按照18.6m控制在150MW以内，但实际功率限制应为18m对应的146MW，已存在超限运行的可能。

2）计算水头与净水头的偏差。调速器计算水头未考虑水头损失，仅为上、下游水位差。水头损失与入库流量关系的资料显示，在18000m^3/s以上流量的机组满发期，水头损失达0.4～0.55m。因此，若考虑水头损失，机组实际超限运行的情况更为严重。

（2）超限差异分析。3台机组中，B、C机组运行水头基本一致，全厂AGC有功功率分配逻辑一致，但两者一年以来超限运行情况不一致，转轮叶片空蚀程度差别较大。

截取期间14～18.6m水头下（主要有功功率超限工况点），如图1-9所示，2台机组同时带稳定负荷（>70MW）的数据进行整理，见表1-4。

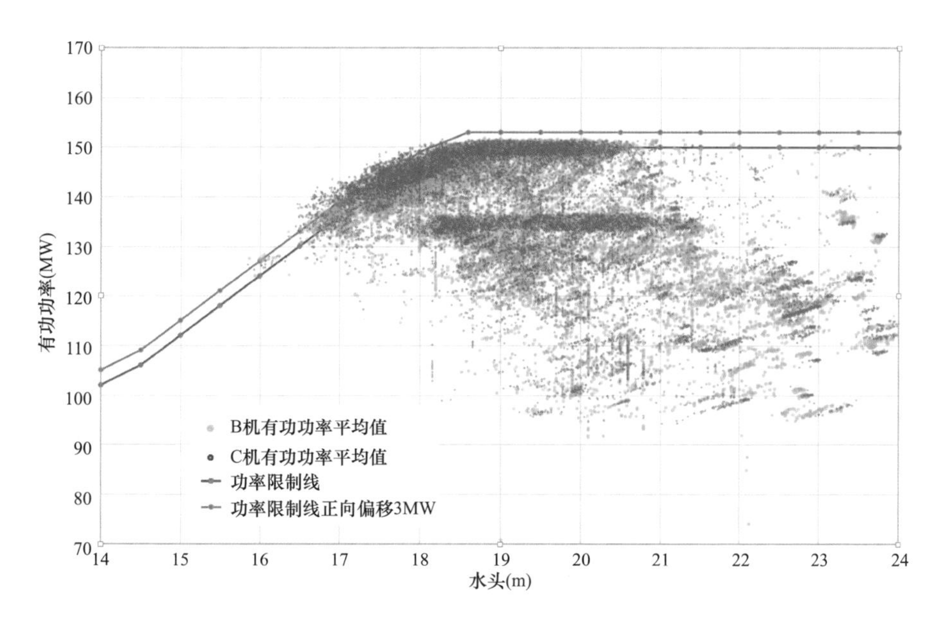

图 1-9　B、C 机组运行工况点状图

表 1-4　　机组超限运行期间数据统计

机组	B	C	偏差
有效时间(h)	1417.25		
总电量(MWh)	199184	200504	1320 (0.66%)
平均水头(m)	17.872	17.831	−0.041
平均有功功率(MW)	140.542	141.474	0.932

机组超限运行实际是机组水头与有功功率的关系问题，相关因素有实际水头、AGC 有功功率分配、调速器有功功率执行。

1）实际水头。B、C 机组同属一个电厂，通流状况良好，上下游无明显横向水位差，从统计数据来看，水头基本一致。

2）AGC 有功功率分配。从原理上看，B、C 机组同属一个电厂，AGC 水头一致，容量一致，一般情况下，AGC 有功功率分配应基本一致。从实际数据上看，抽查监控系统数据，统计分析 C、B 机组有功功率分配总和之比为 100.28%∶100%。因此，B、C 机组 AGC 有功功率分配基本一致。

3）调速器有功功率执行。AGC 给单机分配有功功率后，由调速器调节机组执行有功功率。

抽查监控系统数据，统计分析 B、C 机组实际有功功率与分配有功功率总体表现为负偏差，且总偏差绝对值之比为 80.79%∶100%，表明 B 机组偏离 AGC 有功功率分配更大，这与调速器工况有关。

4）有功功率执行偏差的原因。根据抽样统计结果，在相同工作水头和相同负荷下，C机组导叶开度比B机组小2%～3%，见表1-5。

表1-5　B、C机组在相同工作水头和相同负荷下的导叶、转轮叶片开度抽样对比

机组	B	C	B	C	B	C
时间	时间段1		时间段2		时间段3	
实测水头(m)	17.96	17.90	18.44	18.48	17.30	17.32
有功功率测值(MW)	145.76	145.76	144.47	144.47	141.88	142.10
导叶主接开度(%)	89.20	83.68	85.15	80.25	90.54	87.95
转轮叶片中接开度(%)	92.49	86.17	91.93	82.10	92.21	92.93
转轮叶片主接开度(%)	92.81	89.10	92.10	84.10	93.58	94.25
机组	B	C	B	C	B	C
时间	时间段4		时间段5		时间段6	
实测水头(m)	17.16	17.16	18.84	18.86	17.80	17.78
有功功率测值(MW)	140.80	140.80	151.15	151.15	141.88	141.88
导叶主接开度(%)	90.39	86.98	87.22	81.72	90.44	88.55
转轮叶片中接开度(%)	92.83	92.67	92.00	86.80	92.03	92.95
转轮叶片主接开度(%)	93.77	94.18	92.26	89.31	92.34	95.36

由于调速器内置了基于水头的导叶开度限制功能，在低水头工况下，受同样的开度限制曲线限制，C机组能发更多的有功功率，实际拥有更多的超功率空间。

考虑B、C机组属同厂家、同型号、同批次机组，水轮机效率应一致，因此在相同水头、相同有功功率工况下，2台机组导叶开度不一致的原因在于开度信号不真实。值得注意的是，导叶开度信号不真实，也会导致机组真实协联关系产生偏差，使机组空蚀情况加剧。

（四）故障处理及评价

1. 故障处理

（1）进一步提高日发电计划的精度，防止因水头误差造成发电计划超机组发电能力。

（2）完善基于净水头的有功功率限制功能：优化水头自动下发功能计算方法，增加水头损失变量；用计算水头校核AGC水头，防止AGC水头偏差过大导致有功功率限制过高；研究调速器自身的有功功率限制功能。

（3）校核机组导叶主接信号与主接真实位移的对应关系，真正实现调速器开度限制功能，同时确保机组导叶、转轮叶片可靠协联。

2. 故障处理效果评价

对机组日发电计划的精度进一步提高，完善基于净水头的有功功率限制功能，同时对机组导叶、转轮叶片协联关系优化后，机组运行情况良好。由于近年无转轮专项检查计划，因此暂时无法对调节改善后的机组进行叶片空蚀情况检查。但是机组在水电站水头12.0～

27.0m 运行范围内长期安全稳定运行，稳定性能良好。

经一年的额定负荷运行，以 B 机组为例，机组运行情况稳定，各部件振动、轴瓦温度均优于标准要求，见表 1-6、表 1-7。

表 1-6　　机组摆度、振动检测情况　　μm

测量参数	水导轴承摆度		上导轴承摆度		上机架垂直振动		上机架水平振动		支持盖垂直振动		支持盖水平振动	
	+x	+y	+x	+y	+x	+y	+x	+y	+x	+y	+x	+y
数值	127	126	114	114	15	12	35	30	53	53	16	15
标准	≤600		≤400		≤140		≤140		<110		<90	

表 1-7　　机组各部轴瓦运行的最高温度　　℃

测量参数	上导轴瓦温度	水导轴瓦温度	推力轴瓦温度
数值	39.2	51.6	48.5
标准	≤65	≤65	≤58

（五）后续建议

作为低水头径流式水电站，汛期来水充沛时发电任务压力大，同时工作水头低于额定水头时，轴流转桨式水轮发电机组的有功功率限制、协联关系等均较为敏感。在此期间，应根据 AGC 水头，而不是机组净水头设定机组有功功率限值。机组汛期超限运行，是水轮机叶片空蚀的主要原因。而相同类型机组超限运行情况不一致，则与机组调速器主接力器位移信号不真实有关。

为此，需要科学制订发电计划，完善 AGC 及调速器的有功功率限制功能，尽量防止机组超限运行。

二、转轮卡门涡分析与处理

（一）设备简述

某水轮机主要参数如下：转轮名义直径为 9800mm，额定水头为 85m，额定转速为 71.4r/min，水轮机额定功率为 710MW，允许吸出高度为−5m。

转轮采用具有负倾角的 X 形叶片，叶片数 15 个。主轴为中空结构，为了满足水轮机在部分负荷工况下稳定运行的需要，设置了自然补气系统，通过主轴内的补气管向转轮下方补自然空气。在转轮上冠底部设有泄水锥，并延长其型线作为补气管延伸段。

顶盖上对应于转轮上腔部位设有 6 根 DN450 的顶盖平压管，通过降低转轮上冠和顶盖内水压力来减小轴向水推力。在对应转轮进口处设有 8 个压缩空气补气孔，在底环、基础环也预留有压缩空气补气孔。

（二）故障现象

在有水调试带负荷试验中发现，当机组负荷升至 300MW 时，水车室开始出现异常气啸声，而且随着负荷的增大，气啸声也随之增大；在 500～590MW 时气啸声最大；负荷增至 600MW 时，气啸声基本消失，但当负荷增至 670MW 时，气啸声又开始出现，比 500～590MW 时小。试验时，上游水位为 146m，下游水位为 64m。

（三）故障诊断

1. 故障初步分析

考虑推力轴瓦温度较低（表明推力轴瓦承受的轴向水推力并不大），认为顶盖平压管过度排水可能是引起水车室异常噪声的原因。现场在 6 根 DN450 平压管内加装节流板，异常气啸声没有明显的减轻，推力轴瓦温度迅速升高，表明气啸声的原因不在于此。现场恢复平压管。

2. 设备检查

(1) 带负荷试验。机组负荷自 50MW 开始，每增加 50MW 测量各部件振动、噪声，直至 700MW。试验结果表明，蜗壳门、尾水门噪声随负荷的变化趋势与水车室噪声基本一致，负荷在 550MW 左右有最大值 98.8dB(A) 与 101.9dB(A)，如图 1-10 所示。

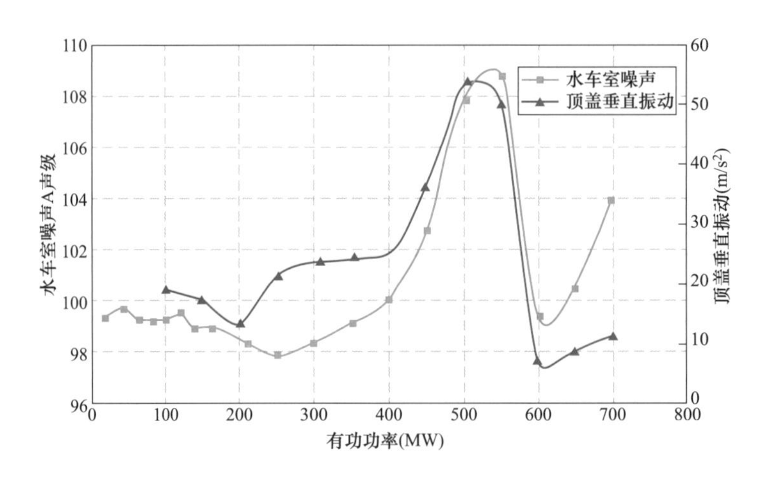

图 1-10　顶盖垂直振动与水车室噪声比较

在 300～600MW 负荷范围内，机组噪声含有 300Hz 左右的高频成分，在 600～700MW 负荷范围内含有 440Hz 左右的高频成分。其中 330Hz 的高频成分在 500～550MW 负荷范围内最强。

尾水门与蜗壳门处的噪声变化趋势及主频与水车室一致。带负荷试验中测得顶盖垂直振动主频与水车室噪声主频一致，且其幅值与水车室噪声变化趋势基本一致，表明两者由相同的水力因素引起。其他各处振动、摆度值及尾水管、蜗壳进口、无叶区测得的压力脉动幅值变化与噪声无明显关联，且振动、脉动频谱中无 330、440Hz 频率出现。

(2) 补气试验。在异常噪声出现负荷区域内，分别进行开启顶盖、底环强迫补气。其中底环强迫补气对啸声无明显影响。顶盖强迫补气可使水车室噪声、顶盖垂直振动及水导轴承 $+x$ 方向振动明显降低，且可大大减弱噪声中的高频成分，见表 1-8。

表 1-8 补气前后数据对比

有功功率(MW)	水车室[dB(A)]	顶盖垂直振动(m/s^2)	水导轴承$+x$振动(m/s^2)
550	117.1	44.79	31.85
550（补气）	98.4	2.483	4.443

3. 故障原因

基于从顶盖上补入压缩空气后（在导叶和转轮之间进行补气）啸声即消失，底环强迫补气对异常噪声无明显影响这一事实，可以排除固定导叶和活动导叶产生异常噪声的可能性，可能的激振源为转轮叶片出口的卡门涡。

通过锤击法对机组转轮叶片固有频率进行测量。测试结果表明，转轮叶片在空气中第 8、9 阶固有频率分别为 434、528Hz，如果考虑水介质的影响（系数取 0.75～0.85），叶片在水中的固有频率有可能与啸声主频重合。另外，在负荷 550MW 工况下，估算转轮叶片卡门涡频率也在 281～337Hz 范围内。因此，转轮出水边叶片高阶固有频率与其卡门涡列耦合共振是引起异常啸声和振动的原因。

（四）故障处理及评价

1. 故障处理

检修期间对该机组转轮叶片进行修型，将转轮叶片出水边厚度由 11.35mm 削薄为 3mm，以提高卡门涡频率，避免共振。

2. 故障处理效果评价

叶片修型后，机组全工况运行范围内，在自然补气的条件下，水车室噪声均在 94dB(A) 以下，330、440Hz 左右的高频得以消除。机组各部件的振动、摆度均无异常。

三、转轮下止漏环空蚀缺陷分析及处理

（一）设备简述

某立轴混流式水轮发电机组转轮为不锈钢铸焊结构，包括上冠、叶片、下环和泄水锥。

转轮转动止漏环分为上止漏环和下止漏环，加工完成后采用热套工艺分别将其固定在上冠

及下环的外圈，然后按照设计尺寸对止漏环外圆进行机加工。密封形式为间隙式密封，通过转轮转动止漏环与顶盖及底环的固定止漏环之间形成均匀的间隙配合，防止运行过程中大量水上翻，减小水推力。

（二）故障现象

检修期间发现，下止漏环上缘进水边 *R* 角处存在锯齿状空蚀区域。空蚀区域棱角宽度为10mm，大部分区域厚度减小约 2mm，具体如图 1-11 所示。转轮下止漏环与转轮本体间，环缝间隙偏大。

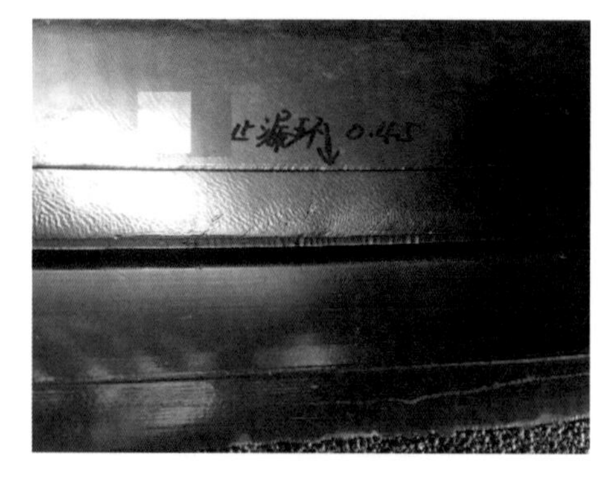

图 1-11　下止漏环缺陷

（三）故障诊断

转轮转动止漏环与固定止漏环之间存在一定间隙，水流流经止漏环会产生间隙空蚀，在水流长期冲刷的作用下，止漏环外缘变得凹凸不平；凹凸不平的表面会加剧间隙空蚀，使止漏环产生锯齿状空蚀及磨损。

（四）故障处理及评价

1. 故障处理

对下止漏环外缘空蚀部位进行激光熔覆补焊，激光熔覆粉末采用 Settlte6 钴基合金粉末，材料及工艺均满足现场要求，修复并打磨完成后，下止漏环使用 R3 半径规检查修型，并进行渗透探伤。

2. 故障处理效果评价

通过激光熔覆方式，转轮下止漏环上端部锯齿状缺陷得以消除，满足图纸设计要求；封焊填补转轮与下止漏环间隙，修复区域打磨、渗透探伤均合格。

（五）后续建议

转轮下止漏环区域焊接难度大，外形尺寸精度要求高，传统手工电弧焊方式难以达到要求。而激光熔覆具有稀释度小、组织致密、熔覆层与基材接合强度高、选用高性能材料能提高耐蚀性能等优点，且此项技术已经在该水电站机组下止漏环缺陷处理中成功应用，可靠性高。因此，建议对下止漏环空蚀缺陷进行激光熔覆修复以消除缺陷，保障机组安全稳定运行。

四、止漏环脱落问题分析与处理

（一）设备简述

某机组转轮转动止漏环在工厂分三瓣拼焊加工，并且通过热套工艺安装到转轮上，其收缩量为 5～6mm，转动止漏环材料是 X3CrNiMo13-4（国家标准是 04Cr13Ni5Mo），材料硬度（HB）为 200～300。

（二）故障现象

运行监控系统频繁报“机组水轮机顶盖振动报警”“机组水轮机顶盖振动报警复归”。现场检查，机组水车室内有异常噪声，蜗壳及锥管进人门处有较大撞击声。查询趋势分析系统数据，发现机组上导轴承、水导轴承、顶盖振动值均异常增大。

机组顶盖振动、尾水下游压力脉动、蜗壳水压脉动、推力轴瓦温度都明显增大。其中顶盖振动增大 3～12 倍，尾水下游压力脉动增大 4 倍，蜗壳水压脉动也增大了 3 倍，见表 1-9。

表 1-9　　监　测　数　据

项目	正常运行值	异常情况前 1h 运行值	异常情况下运行值
有功功率（MW）	679	679	679
上导轴承摆度 $+x$(μm)	79	98.21	98.93
上导轴承摆度 $+y$(μm)	78	98.68	100.48
下导轴承摆度 $+x$(μm)	214	199.01	210.11
下导轴承摆度 $+y$(μm)	171	166.99	171.94
水导轴承摆度 $+x$(μm)	56	83.71	124.72
水导轴承摆度 $+y$(μm)	61	81.76	117.18
上机架水平振动(μm)	6.14	6.55	7.64
上机架垂直振动(μm)	10.53	12.94	15.51
下机架水平振动(μm)	17.08	15.54	21.98
下机架垂直振动(μm)	22.88	38.58	48.95
顶盖水平振动(μm)	14.48	18.64	67.87
顶盖垂直振动(μm)	6.11	9.89	125.22
无叶区压力脉动(%)	1.30	1.14	1.14
尾水上游压力脉动(%)	0.48	0.45	2.44
尾水下游压力脉动(%)	0.64	0.60	2.42
蜗壳水压脉动(%)	1.30	1.14	3.41

（三）故障诊断

1. 设备检查

机组停机后对相关部件进行检查。

（1）转轮上止漏环检查。对水轮机流道进行检查，发现转轮上止漏环已断裂，悬于转轮上冠与顶盖固定止漏环之间，并存在严重磨损，如图 1-12 所示。

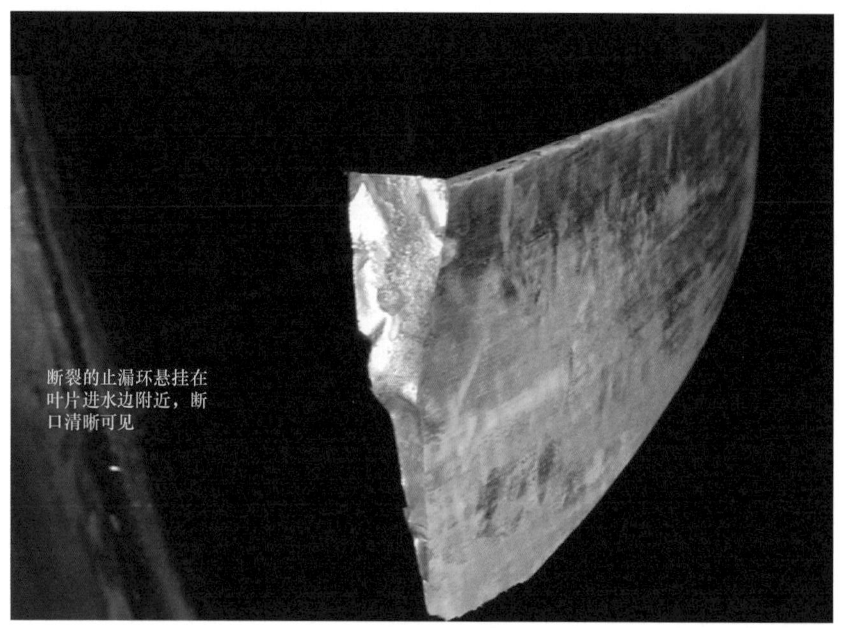

(a)上止漏环断裂情况

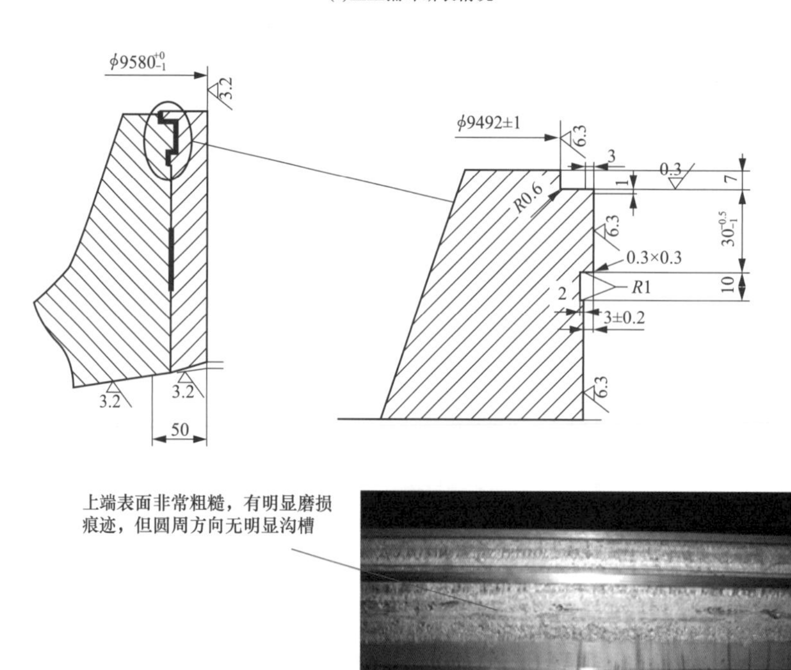

(b)转轮上冠磨损情况

图 1-12　转轮上止漏环检查情况（单位：mm）

（2）顶盖固定止漏环检查。顶盖止漏环上端面磨损严重，深度约为 2mm，宽度约为 50mm，如图 1-13 所示。

2. 转轮上止漏环材质化验报告

将转轮上止漏环的损伤部位取样，送专业材料检测机构进行材料金相组织分析、材料化学成分分析、材料力学性能测试和硬度测试、断口检验和磨损形貌分析。主要结论如下：

（1）上止漏环所用材料的化学成分基本合格。

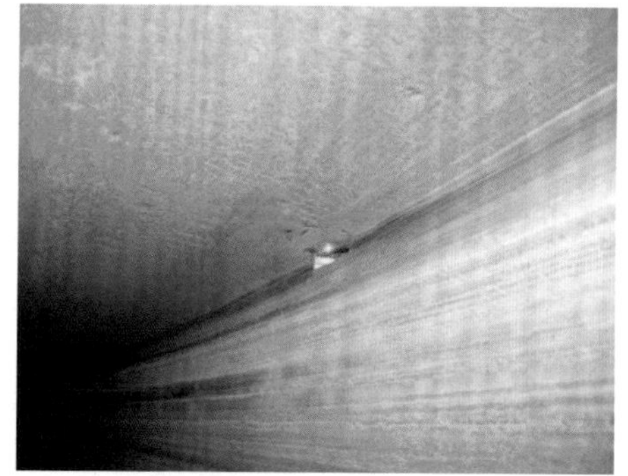

图 1-13　顶盖固定止漏环磨损

（2）非断口材料处所有检测的力学性能项目的检测值都满足设计要求，断口处和非断口处材料的硬度检测值也满足设计要求。

（3）上止漏环断裂样件下部环面所在的配合面没有发生磨损，排除上止漏环断裂是由微动疲劳造成的可能。上止漏环断裂样件上部环面所在的配合面发生磨损，但是磨损面具备泥沙冲蚀磨损的典型特征，也排除了上止漏环断裂是由微动疲劳造成的可能。

（4）由送检的上止漏环断裂样件的外表面分析可知，其磨损面呈犁沟状，磨损严重，表明转轮在运行时上止漏环与其他零件发生了接触和机械摩擦。

3. 故障原因

转轮上止漏环采用拼焊加工，通过热套安装在转轮上冠上，在长期运行过程中，反复受水流冲击和振动的作用，导致转轮上止漏环断裂脱落。

（四）故障处理及评价

1. 故障处理

对该机组止漏环进行更换并封焊处理，对同类型机组止漏环进行加固处理，防止同类缺陷再次发生。具体处理措施如下：

（1）顶盖开孔。

（2）转动止漏环上端面加固处理。

1）转轮与转动止漏环上部之间焊接坡口制备，如图 1-14 所示。

2）转轮与转动止漏环上部之间坡口焊接。

（3）转动止漏环下端面加固处理。

1）转轮与转动止漏环下部之间焊接坡口制备，如图 1-15 所示。

2）转轮与转动止漏环下部之间坡口焊接。

（4）维修孔装焊。

2. 故障处理效果评价

经过上述处理，设备在随后的多年运行中再未出现类似问题，设备运行稳定。

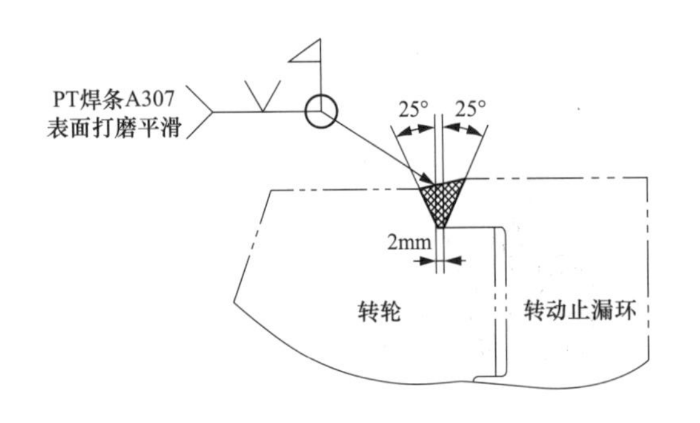

图 1-14　止漏环上缘焊接坡口示意图

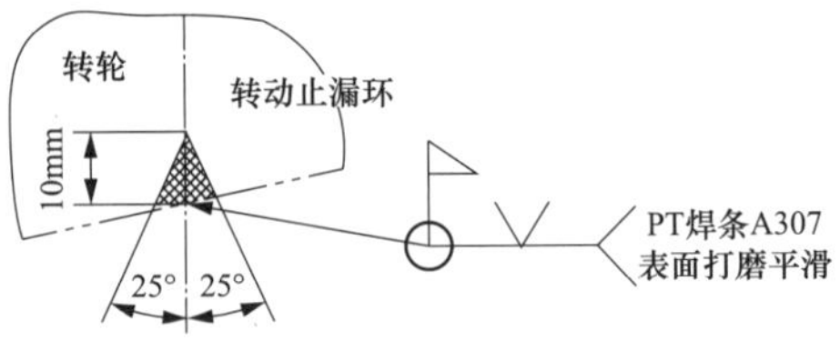

图 1-15　止漏环下缘焊接坡口示意图

（五）后续建议

建议对类似结构的转轮止漏环进行结构改造，采取止漏环焊接加固方式取代热套工艺。另外，由于设计、材料和加工技术的提高，可直接取消外加式止漏环，在转轮上直接精确加工配合间隙，实现止漏环功能。

五、大轴法兰漏油缺陷分析及处理

（一）设备简述

某立式轴流转桨式水轮发电机组基本参数如下：转轮直径为 8400mm；水头运行范围为 14～25m；额定水头为 21.3m；最大水头为 25m；最小水头为 14m；额定功率为 110.8MW；额定流量为 536m^3/s；额定转速为 78.26r/min；飞逸转速为 200r/min；额定效率为 89.02%；叶片数为 5 片；转轮质量为 279.5t。

（二）故障现象

大修后在对主轴密封部位进行外部清扫的过程中，发现主轴密封支座与顶盖连接部位有油迹，擦干后仍有油渗出。拆除空气围带进气口接头，发现不断有油涌出，可以判断围带下部腔室内有油。

（三）故障诊断

1. 故障初步分析

（1）大轴与转轮连接结构。该机组大轴与转轮连接结构、空气围带结构如图 1-16、图 1-17所示，水轮机轴与转轮通过 16 个 M160 联轴螺栓连接，法兰面为止口配合，止口处安装 O 型密封圈。转轮内部设有排水管，排水管在大轴与转轮法兰面处设置有接头，接头处安装 O 型密封圈，同时在大轴法兰侧面设置排水管堵头。

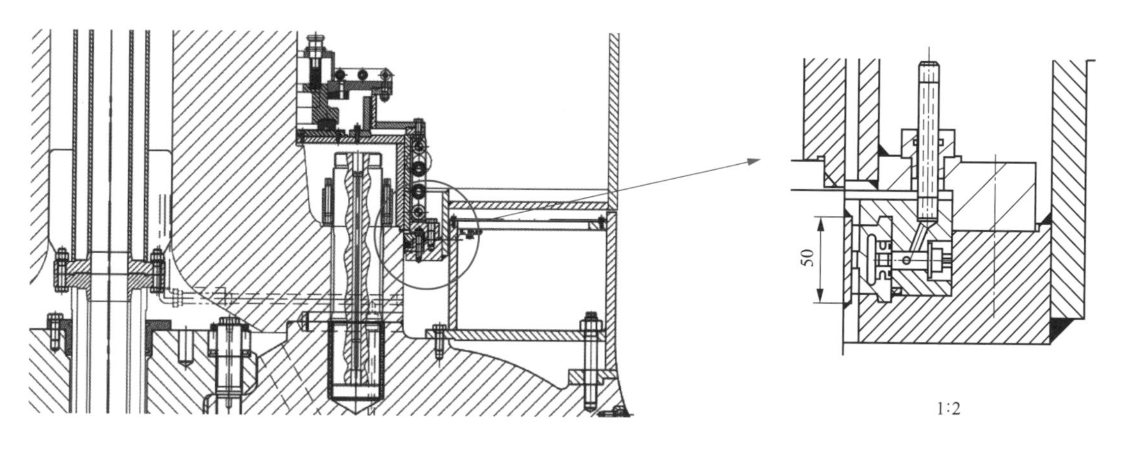

图 1-16　大轴与转轮连接结构图　　　图 1-17　空气围带装配图(单位：mm)

（2）初步分析。经分析，空气围带下部与转轮间的腔室内有油，可能的原因主要有以下几种：

1）大轴与转轮法兰接合面主密封漏油，如图 1-18 中密封 1 所示；

2）大轴法兰侧面排水管堵头漏油；

3）转轮内部排水管在大轴与转轮法兰接合面接头处的密封漏油，如图 1-18 中密封 2 所示。

2. 设备检查

为防止漏油量的增大及进一步查明漏油原因，对大轴内进行排油处理，排油至水轮机轴和转轮法兰接合面下方。拆除主轴工作密封、空气围带及大轴护罩。

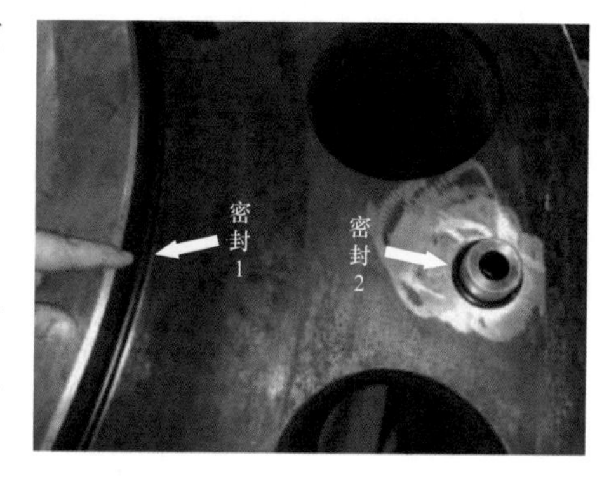

图 1-18　转轮与大轴法兰密封

在拆除大轴护罩螺栓时，发现护罩螺栓孔也往外冒油，说明大轴护罩内也充满了油。对护罩内进行排油处理，并拆除护罩。检查发现有两个联轴螺栓紧固螺母部位有缓缓出油迹象。这两个螺栓的方位与大轴上法兰处排水管出口方位一致，因此技术人员推断排水管在大轴与转轮法兰接合面接头处的密封漏油可能性较大。

为检查堵头处是否漏油，在空气围带座部位钻小孔，并排出空气围带座下部腔内的积油。用内窥镜检查，并盘车找到堵头，未发现堵头处漏油。

3. 故障原因

根据上述分析，转轮内部排水管在大轴与转轮法兰接合面接头处的密封漏油可能性最大，暂不能排除大轴与转轮法兰接合面主密封是否存在渗漏。

（四）故障处理及评价

1. 故障处理

若大轴法兰主密封漏油，在不重新吊转子、顶盖、大轴等造成重大返工的情况下，需封焊大轴法兰接合面接缝处。而要进行封焊处理，需割除空气围带座与内顶盖的焊接部位或者在转轮上部的内外围板开进人孔，工作量也非常大。另外，割除及焊接上述部位，难以保证转动部件和固定部件的间隙均匀。

经研究决定，先解决排水管在大轴与转轮法兰面接头处可能的密封渗漏。为最大程度减少工作量，采用钻孔配销来封堵的方式，并对圆柱销进行特殊设计。圆柱销上设置 3 道密封，上部密封防止油从销孔渗出，中部密封防止径向孔的油从法兰面渗出，下部密封防止下部轴向孔的油从法兰面渗出。为防止安装圆柱销时径向孔对密封可能造成损伤，对钻孔的尺寸及圆柱销的尺寸进行合理设计。此外，圆柱销在对应于法兰接合面部位开 4 个径向孔，用以监测法兰接合面是否漏油。

为减小钻孔尺寸，精确定位原有的排水孔显得极其重要。除根据原图纸确定位置外，还应用超声设备对排水孔位置进一步确定。为防止钻孔时产生的铁屑进入转轮，局部打开转轮泄水锥与轮毂围板，找到并截断排水管。钻孔完成后，进行高压气体吹扫，最后对下部排水管进行封堵处理。

为防止安装圆柱销时对密封造成损伤，在销子及密封部位涂抹润滑脂，预装完成后，重新取出销子并对三道密封进行检查，预装试验证明，密封无损伤。

销子安装完毕后，重新对大轴加油，并观察 48h。通过内窥镜检查大轴法兰面、空气围带座下部腔内，均不再有油渗出，同时对大轴内部油位进行监测，油位无变化。通过上述检查，可以确定大轴法兰漏油是由转轮内排水管在大轴与转轮法兰接合面接头处的密封渗漏引起的，大轴法兰接合面主密封无渗漏。

2. 故障处理效果评价

采用钻孔配销来封堵转轮内排水管在大轴与转轮法兰面接头处的密封渗漏，成功解决了大轴法兰面漏油的缺陷。虽然该方式封堵了原有的转轮内部排水孔（该排水孔为老结构设计，长期也没有发挥作用），但避免了重新拆卸机组等重大返工，也避免了封焊法兰面所需要的较大工作量及对原有结构部件较大的损伤。

（五）后续建议

（1）加强机组安装过程中对关键部位的密封安装质量控制。大轴与转轮法兰面主密封，现场在安装时往往非常重视，也能保证安装质量，但对于转轮内排水管在大轴与转轮法兰面接头处的小密封可能重视不够。

（2）可考虑在转轮与大轴接合后，在大轴法兰堵头部位进行打压（封堵上下接头），以检查该处密封。待安装泄水锥时，再打开下部接头，并与泄水锥内的管路进行连接。

六、转轮叶片密封漏油问题分析及处理

（一）设备简述

某轴流转桨式水轮发电机组，转轮叶片密封为单层λ型带顶紧环的转轮密封结构（见图1-19），材料为丁腈橡胶，密封原理是依靠顶紧环的弹簧和油压的作用，以及密封圈的断面压缩，使λ型密封圈压缩变形，从而在密封面上获得足够大的接触压力来实现对介质进行密封。这种密封结构是20世纪70年代设计的，实际运行中漏油的概率较大，而且密封结构较复杂、性能不稳定、密封补偿量不明确、安装工艺要求高，检修质量难以控制。

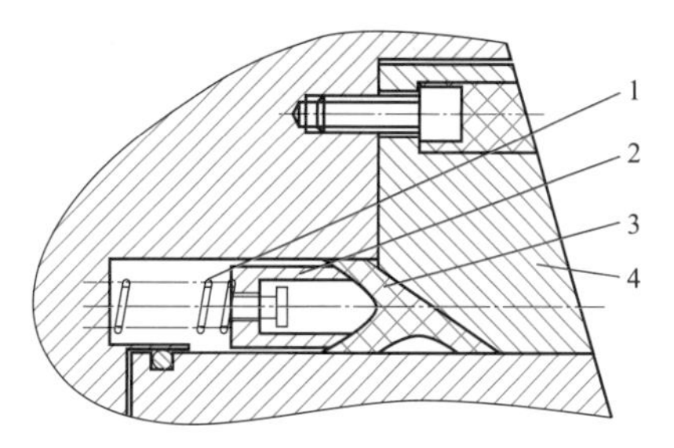

图1-19 λ型转轮密封结构

1—弹簧；2—顶紧环；3—λ型密封圈；4—压板

（二）故障现象

该机组检修时发现叶片密封在转轮叶片开度37%左右时存在漏油缺陷。

（三）故障诊断

1. 故障初步分析

（1）由于担心密封效果，往往在装配时施加大的压紧力，造成橡胶与枢轴和转轮体之间的干摩擦，引起密封圈的磨损、撕裂，而出现漏油。

（2）机组运行中，当叶片轴瓦磨损或叶片枢轴受力产生位移后，密封圈在弹性范围内无法进行补偿填充而造成漏油。

（3）当顶起环受周围弹簧力不均匀时，容易出现倾斜发卡，密封圈局部被挤压，造成局部磨损，以致撕裂漏油。

（4）在大型机组中，随着机组几何尺寸的增大，密封断面尺寸也随之增大，密封圈各断面压紧量就很难做到均匀，这样当叶片枢轴旋转时就会引起密封圈受力不均匀而损坏漏油。

2. 设备检查

拆除叶片密封压板，检查发现压板空蚀较严重。将旧λ型密封圈剪断后从密封槽中抽出。检查旧λ型密封圈的密封情况，发现密封圈整体完好，没有明显破损现象。

3. 故障原因

根据其他同类型机组叶片密封漏油的经验及现场拆卸后的检查情况，该机组漏油的原因为密封形式的固有缺陷。

（四）故障处理及评价

1. 故障处理

对转轮叶片密封进行改造换型，采用多层V型密封结构，即3层V型密封封水、3层V型密封封油，密封件材质采用抗水解聚氨酯。其结构如图1-20所示。

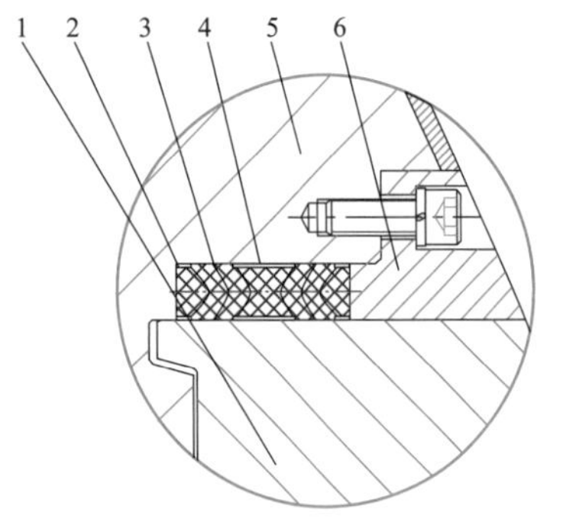

图1-20　叶片密封结构

1—叶片；2—D型密封；3—V型密封；4—支撑环；5—转轮；6—压板

多层V型密封结构设计原理方案无须对原密封槽进行镶套处理，仅取消原密封装置中的顶紧环、弹簧，仍采用原压板进行压紧。

2. 故障处理效果评价

多层V型密封具有内、外共6层密封面，提高了密封的可靠性，密封结构靠“自封性”密封，设计为很小的压紧量（即能保证工作表面具有足够的密封压力），因而摩擦阻力小，在运行过程中磨损小、寿命长。

第三节　水轮机轴及补气系统典型故障案例

一、大轴自然补气系统补气阀缺陷分析及处理

（一）设备简述

机组大轴自然补气是水轮发电机组运行时的主要补气方式，其缓冲装置主要有液压缓冲和气缓冲两种结构形式。某水电站机组大轴自然补气阀采用液压油作为缓冲介质，在缓冲活塞缸上钻制几个截流孔，当该阀工作时，活塞随阀盖一起下移，液压油产生一定阻力，实现缓冲效果；补气结束后，阀盖在弹簧作用下回弹，缓冲油对活塞有阻尼，从而起到缓冲作用。

（二）故障现象

对补气阀进行解体检查，主要发现以下几个问题：

（1）补气阀阀杆螺母锁定片脱落、损坏。

（2）补气阀限位螺杆断裂、螺杆螺母掉落起不到限位作用，以及螺母移位将补气阀锁死失去补气作用。

（3）阀杆密封磨损油缸漏油，导致阀杆与油缸产生干摩擦，以致阀杆磨损，造成补气阀发卡。

（4）补气阀的浮筒被真空吸瘪。

（5）限位螺杆与阀盘等相互磨损。

（6）阀筒背帽掉落、背帽锁定片脱落。

（三）故障诊断

（1）该机组补气阀采用液压油作为缓冲介质，缓冲活塞缸的截流孔通过截流作为液压缓冲，可靠性较差，导致补气不流畅（即补气有阻力）；补气结束后，阀盖在弹簧作用下回弹时，缓冲油对活塞有缓冲效果，同时也给缓冲油加压，常常伴有缓冲油泄漏现象。经验表明，该补气阀使用2个月左右就会出现缓冲油泄漏的现象，造成缓冲油缸与活塞润滑失效，从而使补气阀失去缓冲功能，造成设备异响、零部件损伤。

（2）该机组补气阀缓冲腔的结构由两个部件组成，同心度很难一致，当阀轴上下移动时会产生很大的摩擦力，摩擦力使阀盖关闭不严，而阀盖关闭不严，会造成主轴内腔空气泄漏，这样缓冲腔对水轮机上涌的水就失去了缓冲效果，上涌的水对下面的浮筒造成强烈冲击，以致浮筒损伤。此外，还存在一些问题，例如，补气阀下面的浮筒迎水面外形不合理，受力面积大；阀筒与上端补气管内壁距离较近，不利于补气等。

（四）故障处理

将原补气阀本体组件拆除，更换为空气压缩缓冲技术新型补气阀，补气阻力和关闭阻力极小。如图1-21所示，缓冲活塞上设有几个空气反弹截止阀，当缓冲活塞下移时，空气反弹截止阀全部打开，空气迅速进入缓冲腔；反弹时，空气反弹截止阀全部关闭，对空气进行压缩来实现缓冲后关闭。另外，新补气阀轴与缓冲活塞采用万向连接器，所以动、静部套的同心度极好，不会出现卡塞现象。阀盖关闭时很严，所以主轴内部空气不会泄漏，这样缓冲装置可以长期免维护（空气不需补充）。同时，浮筒下面采用球形设计，对上涌的水力冲击也有很好的缓冲效果，即使上涌的水冲击力很大，对浮筒向上的作用力也被分解成很小。阀轴的轴套也采用单轴套自润滑密封形式。

此外，该水电站部分机组补气阀安装高程低于尾水水位，当补气阀发卡不能全关时，下游水将通过补气阀进入顶罩，轻则造成机组短路，重则水淹厂房。针对以上情况，对补气阀做如下改造：基于现有补气阀，不改变原设计，在支撑筒下安装一浮球装置在停机及发生反水锤时起密封作用，设计一法兰盘安装在支撑筒下方用于安装浮球装置。

浮球装置结构简单，如图1-22所示，浮球与导向杆之间有数毫米的间隙，不会发卡；在水位上升运动过程中，具有自动定心能力的浮球，可在任意角度下实现密封；即便在浮球与导向杆有接触时，因它们之间为滚动摩擦，具有最小的上升阻力，不影响浮球自由上下移动；球形浮子具有较大的浮力和承压能力。

该补气阀应用后，称为双补气阀结构，可应用在补气阀安装高程低于尾水水位的机组，既能保证机组补气量，又能有效防止大轴补气管返水。

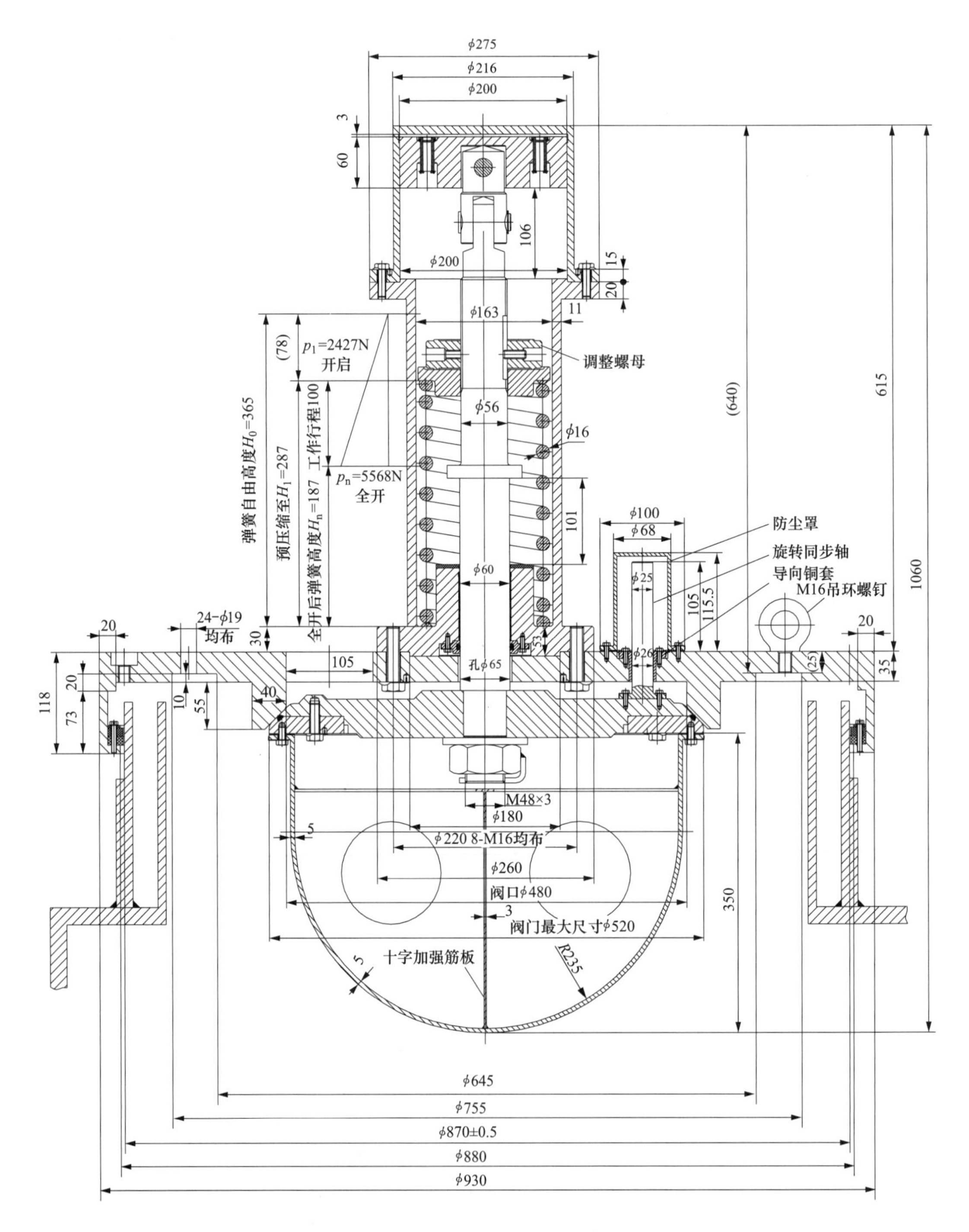

图 1-21　补气阀结构图（单位：mm）

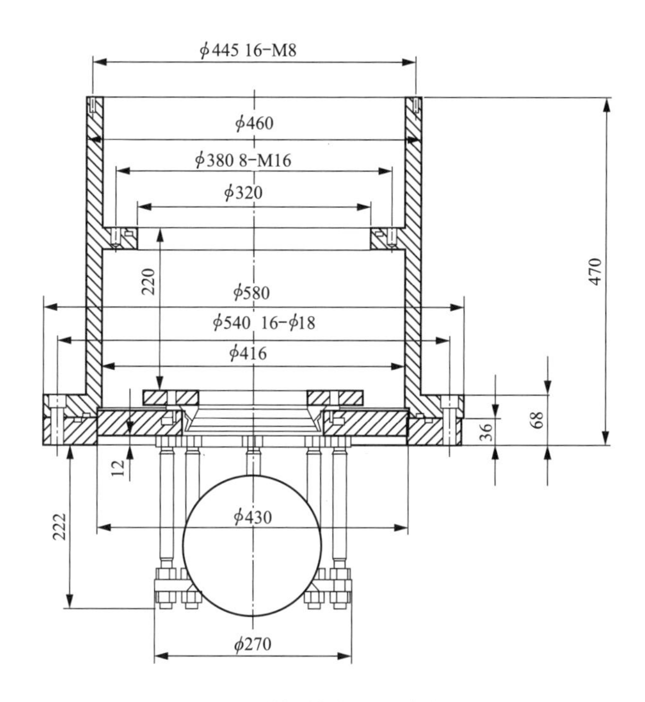

图 1-22　浮球阀结构图（单位：mm）

二、真空破坏阀缺陷处理

（一）设备简述

某机组真空破坏阀安装在支持盖上，原为ϕ500mm 吸力式真空破坏阀，其结构如图 1-23 所示。

（二）故障现象

机组在开、停机运行过程中真空破坏阀频繁启动，且啸声较大，阀盘与支持盖频繁撞击，导致阀盘变形、漏水等缺陷，机组运行中也出现过阀轴断裂造成水淹水导轴承的严重事故。

（三）故障诊断

1. 故障分析

（1）真空破坏阀设计不合理。

1）阀盘没有缓冲装置，动作过程中阀盘与阀体频繁撞击，易造成阀盘密封损坏、阀盘变形、阀杆断裂、零部件损坏等缺陷。

2）阀盘密封为平板密封，通过压板进行固定，在水流或异物的冲击下易产生翻转，密封效果失效。

3）防返水装置由于使用时间较长、频繁拆装等原因，均易产生不同程度的变形，导致发卡漏水缺陷。

（2）真空破坏阀的主要部件长期工作在潮湿的环境中，其阀盘、密封压圈等部件容易出现锈蚀，造成阀门失效。

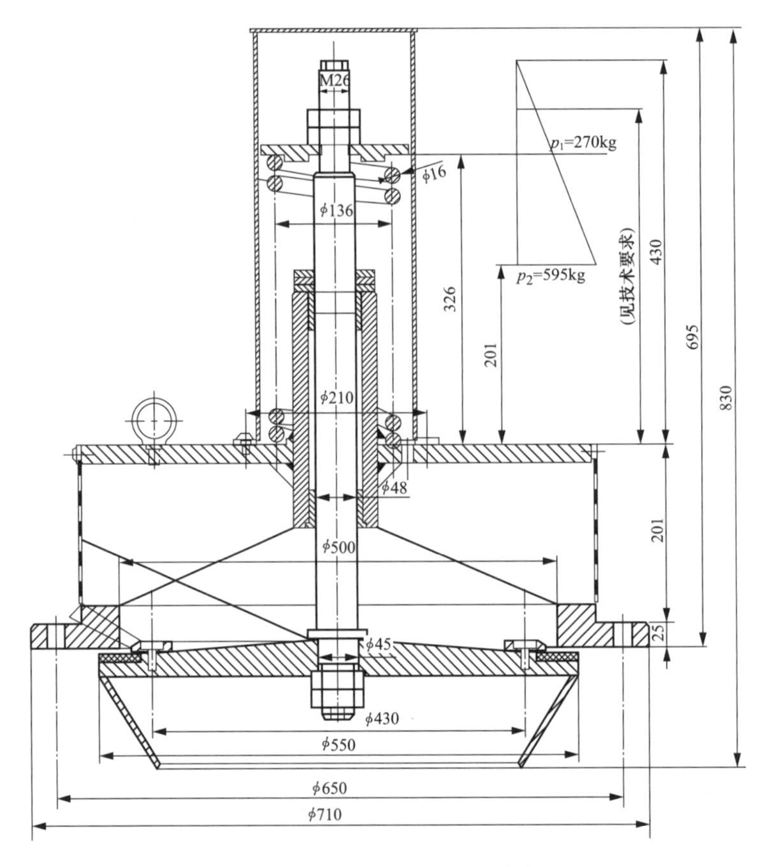

图 1-23　原真空破坏阀结构图（单位：mm）

(3) 吸力式真空破坏阀在其快速开启、闭合的过程中会产生啸声。

2. 设备检查

检查发现原真空破坏阀的结构设计不甚合理，经常出现密封失效、零部件锈蚀、变形，甚至断裂等缺陷。

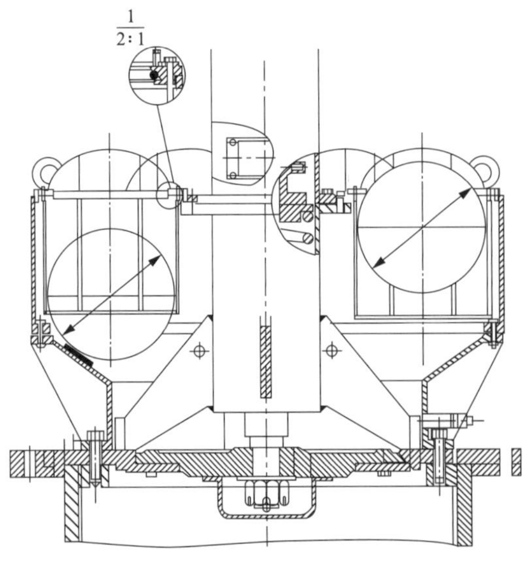

图 1-24　新型真空破坏阀结构图（单位：mm）

（四）故障处理及评价

1. 故障处理

对真空破坏阀进行改造换型，将吸力式真空破坏阀改为缓冲式真空破坏阀，缓冲式真空破坏阀采用浮球结构，且浮球为不锈钢材料，增加了稳定性，结构如图 1-24 所示，较原吸力式真空破坏阀在结构上增加了缓冲关闭装置，有效地解决阀盘与阀体撞击问题。缓冲式真空破坏阀在阀盘处做了改进，阀盘与阀体的接触方式由平板式改为带橡胶密封圈的锥形接触方式，若橡胶密封圈失效，锥形接触方式仍可起密封作用，结构更安全。密封压圈的安装部位由原来的阀盘上方改为阀盘的下方，更换阀盘密封时不需解体真空破坏阀，检修更方便。缓冲式真空破坏阀自带防返水装置的结构，该结构与阀体形成一个整体，结构紧凑，不易变形，且拆装简单。新型真空破坏阀整体采用不锈钢材料，避免了阀体等部件在潮湿环境中运行产生的锈蚀缺陷。

2. 故障处理效果评价

真空破坏阀改造换型后，机组运行时真空破坏阀噪声明显减小，阀盘动作时金属撞击声消失，无漏水等异常现象，运行效果良好。

三、主轴中心补气管漏水缺陷与处理

（一）设备简述

大轴补气系统属于机组自然补气系统，当机组在运行过程中，转轮出口处出现真空时，外界空气在压差的作用下，通过补气管，向转轮下腔补入一定量的空气，以降低转轮出口处的真空度，减小机组的空蚀和振动。

某机组中心补气系统如图 1-25 所示，大轴内共有五节，上面四节通过第二节的上部法兰悬挂在上端轴顶部。上面四节之间为法兰连接，法兰面之间设置有 ϕ8mm 的 O 型密封圈。补气阀安装在第一节补气管上，浮球阀安装在第二节补气管上。第四节与第五节之间为止口密封，止口之间有两道 ϕ8mm 的 O 型密封圈，两道密封圈之间设有一处用于检查密封性的打压孔。第五节下部为锥形，通过螺栓固定在转轮泄水锥上，与泄水锥之间通过 ϕ8mm 的 O 型密封圈进行密封，螺栓孔顶部焊接有密封盖。

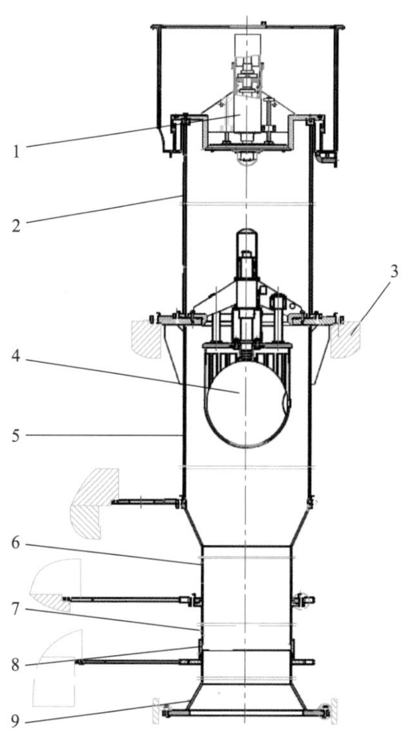

图 1-25　大轴补气管示意图

1—补气阀；2—第一节补气管；
3—上端轴；4—浮球阀；5—第二节补气管；
6—第三节补气管；7—第四节补气管；
8—第四、第五节补气管密封；9—第五节补气管

（二）故障现象

该类型机组大轴补气管内均出现了不同程度的漏水现象。漏水聚集在转轮内腔，水量不多，虽未对机组正常运行产生影响，但该隐患不容忽视。进入大轴内部检查，发现漏水部位均位于第四节补气管与第五节补气管连接处，如图 1-26 所示。

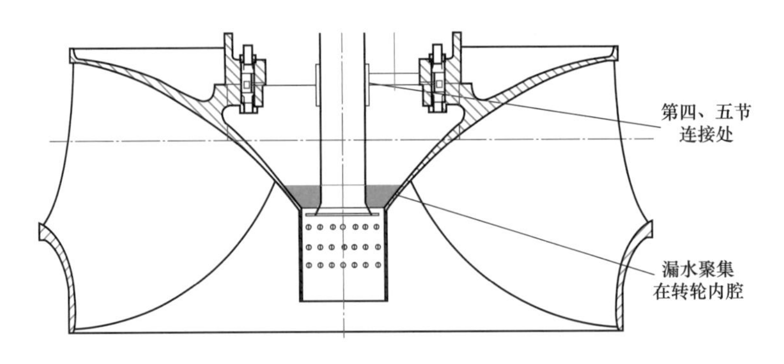

图 1-26　大轴补气管积水位置图

（三）故障诊断

大轴补气管第四节与第五节之间为插装式结构，如图 1-27 所示，在第四节补气管上装有两道 ϕ8mm 的密封条。机组安装过程中，先将第五段补气管安装到位，再将第二、第三、第四共三节补气管整体落下与第五节补气管装配，由于三节补气管一起起吊，补气管在空中摆动较大，在安装过程中密封条损坏的概率较大。同时，因上面四节补气管悬挂在上端轴顶部，在机组运行过程中，第四节补气管下端摆度较大，产生的摩擦也可能导致密封条损坏。该处密封条损坏后，江水就会通过补气管渗进大轴内部。

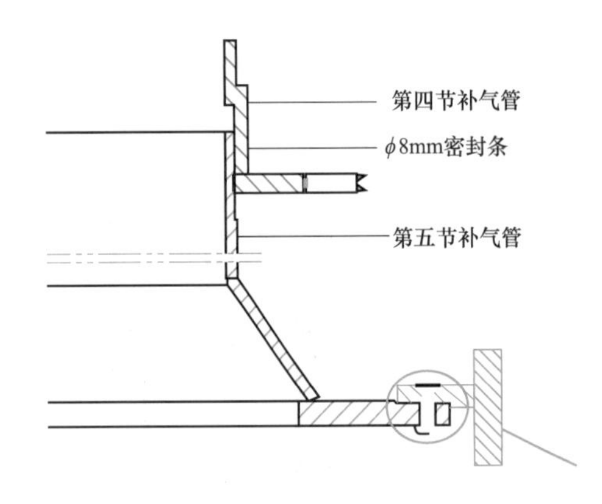

图 1-27　第四节补气管与第五节补气管示意图

（四）故障处理

结合机组岁修先后对大轴补气管漏水机组第四节与第五节补气管连接处的密封进行更换。

密封更换后，通过补气管上的打压孔进行打压试验，密封情况良好；机组蜗壳充水后，检查补气管未发现漏水；机组运行到汛期后，进入大轴内部检查补气管，仍未发现漏水。

（五）后续建议

目前国内较多大型混流式水轮发电机组大轴补气系统最后两节补气管采用插装式密封形式，从运行情况来看，此类密封出现漏水的情况较多，且一旦出现漏水，必须将补气阀及前四段补气管整体起吊后才能更换密封，工作量较大。建议后续机组在设计时对最后两节补气管之间的密封形式进行优化，在保证密封可靠性的同时，考虑密封更换的易操作性。

第二章　导水机构

第一节　设备概述及常见故障分析与处理

一、导水机构概述

导水机构是水轮发电机组的核心部件之一，是机组运行时控制水流大小和方向的装置，对机组运行的安全性和稳定性至关重要。导水机构根据机组负荷变化调节水轮机流量，实现水轮机功率与发电机负荷的平衡。导水机构出现故障将导致机组不能正常开、停机，无法正常调整机组负荷，极端情况甚至造成机组飞逸等重大事故。

导水机构应满足以下基本性能：

（1）最大开度要可靠，并留有一定的裕量，以保证足够的过流能力。

（2）应有安全保护装置，以防止导水机构被异物卡住时引起部件损坏。

（3）在停机时，应有良好的封水性能。

（4）导叶的轴承、连杆、拐臂等的摩擦面应润滑良好。

（5）结构应简单、可靠，便于安装和拆卸，能满足间隙及配合尺寸的调整。

按水流流经导叶时与水轮机轴线的相对位置，导水机构一般可分为：水流方向与主轴垂直的径向式导水机构，主要用于混流式水轮机和轴流式水轮机；水流与主轴平行的轴向式导水机构，用于贯流式水轮机；水流与主轴斜交的斜向式导水机构，主要用于灯泡贯流式或斜流式水轮机。

随着水轮机朝着大功率、高水头、大流量等方向的快速发展，对导水机构提出了更高的要求，也促进了导水机构设计加工及制造技术的全面发展。

国内外一些高水头水电站，河水含沙量较高，停机时导叶间隙漏水对导叶的冲蚀比较严重，考虑保护导水机构及快速截断水流等功能的需要，部分水电站还设置了筒形阀。

导水机构主要由过流部件、导叶操作机构及其附件等组成，如图 2-1 所示。过流部件主要包括座环、底环、活动导叶、顶盖等。导叶操作机构主要包括转臂、连接板、连接销、控制环等。

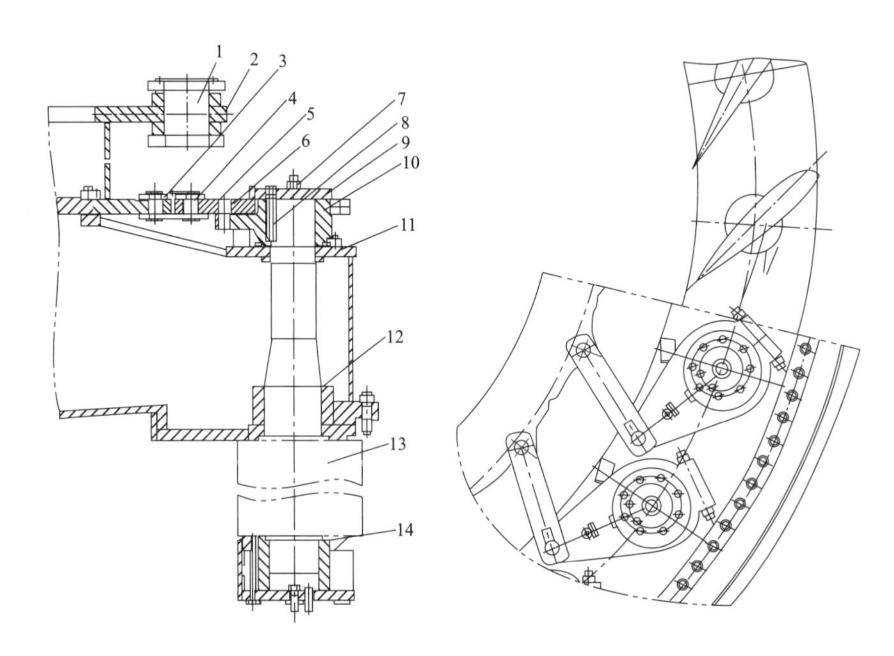

图 2-1　导水机构装配简图

1—接力器圆柱销；2—控制环；3—双连板；4—偏心销；5—剪断销；6—摩擦装置；7—导叶提升螺栓；8—弹性柱销；9—端盖板；10—转臂；11—顶盖；12—中轴套；13—导叶；14—下轴套

（1）座环、底环。座环承受其上部混凝土的重量，并以最小的水力损失将水流引入导水机构。在整体机组安装中起着基准定位的作用。底环安装有导叶下轴套，用来支撑活动导叶下端面。

（2）活动导叶及其附件。

1）活动导叶。活动导叶用于控制和引导水流进入转轮，当负荷变化时，调速系统操作主接力器，主接力器通过控制环等传动机构同步转动所有导叶，改变导叶的开度，使水轮机的流量发生相应的变化。当相邻的导叶首尾相连即全关后，关闭水流进入转轮的通道，使机组停机。

2）轴套及轴套密封。导叶上、中、下轴颈部位分别安装轴套，轴套的主要作用是支撑导叶转动，承受径向荷载。轴套密封安装于导叶轴颈与导叶轴套之间，可以防止泥沙进入磨损轴颈和江水渗入顶盖发生水淹水导轴承等事故。

3）导叶端面及立面密封。为使导叶在全关位置相邻两活动导叶间漏水量减至最小，在相邻两块活动导叶搭接部位设置立面密封。为减小导叶上、下端面与顶盖及底环间的漏水量，在顶盖、底环与活动导叶上、下端面间相应部位设置端面密封。

（3）顶盖。水轮机顶盖是密封水流和支撑导水机构、导轴承的主要部件，应具有足够的强度和刚度。顶盖的主要功能有：

1）支撑和导向活动导叶。

2）支撑导叶操作机构。

3）安装固定止漏环。

4）支撑水导轴承和油箱。

5）安装水导轴承的冷却系统及主轴密封的管道系统。

6）设置顶盖平压管，减小转轮上冠的向下推力及顶盖的水压力。

7）设置顶盖排水设施，防止产生水淹水导轴承等事故。

8）预留补气管路。

（4）导叶操作机构及保护装置。导叶操作机构主要由控制环和传动机构组成；传动机构设置有导叶臂、连杆（连接板）、连接销等，另设有转臂止推装置、剪断销（拉断销）、限位块、摩擦环等保护装置。

1）传动原理。如图 2-2 所示，接力器通过推拉杆把力传递给控制环并形成力矩，控制环把力矩均匀地分配给各个连杆，通过连接板及拐臂带动活动导叶同步转动。

2）端面、立面间隙调整机构。活动导叶由抗重螺栓拉起，悬挂于转臂端盖上，通过端盖与导叶上部间可撕垫片的增减起到调节导叶端面间隙的作用。

双连杆用偏心销与连接板连接，用偏心销的偏心量来弥补因加工造成的各连接件间的形位误差，调整导叶立面间隙。

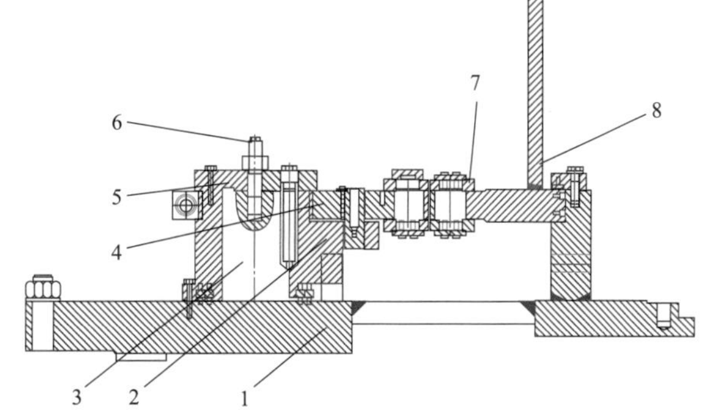

图 2-2　导叶传动机构剖视图

1—顶盖；2—转臂；3—导叶；4—连接板；
5—端盖；6—抗重螺栓；7—双连板；8—控制环

3）保护装置。在导叶上轴承法兰与转臂接触处设置有自润滑材料制成的推力环和反向止推块，以承受导叶的重量和水推力。在拐臂与连接板之间设置有剪断销（也有水电站使用拉断套），以保证在某个导叶被异物卡住后，不致影响其他导叶的正常动作。在拐臂与连接板之间设置摩擦环，以防止导叶在剪断销断开后在水流的作用下反复急速摆动，撞击导叶限位块。在顶盖上设有双向导叶限位块，以防止导叶在剪断销断开后出现旋转，撞击相邻导叶或相邻导叶传动部件。

（5）筒形阀。筒形阀是一种新型可紧急关机的隔断阀，装设于固定导叶与活动导叶之

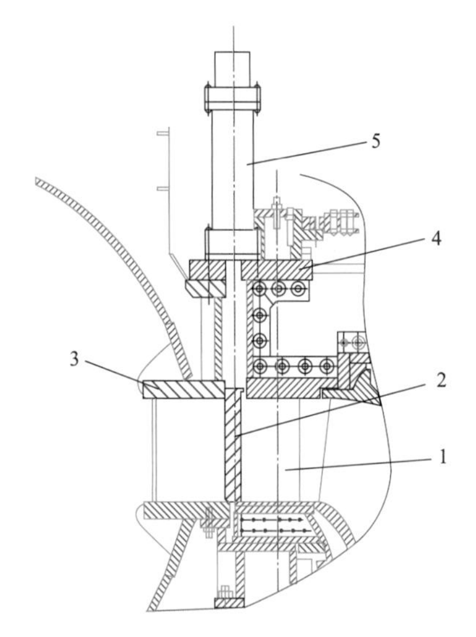

图 2-3　筒形阀布置简图

1—活动导叶；2—筒形阀；3—座环；4—顶盖；5—接力器

间，如图 2-3 所示，具有结构紧凑、操作灵活、水力损失小、密封性好等特点。筒形阀只处于全开或全关位置，不具备流量调节作用。

筒形阀通常由筒体、操作机构、同步机构三部分组成。

1）筒体是薄而短的大直径圆筒，在关闭位置时，筒体位于固定导叶与活动导叶之间，与底环及顶盖配合进行密封并承受外侧的水压力。

2）操作机构通常采用直缸接力器，下缸盖直接固定于顶盖法兰上，直缸接力器的活塞与连接筒体的提升杆套管做成一体，多个接力器组成一组，同步动作提升或下落筒体。

3）同步机构的作用是使所有直缸接力器同步运动，使筒体上下垂直运动，不倾斜发卡；主要分为链条式机械同步及电液同步，精度较高及采用较多的是电液同步装置。

二、常见故障分析及处理

导水机构故障原因是多方面的，有设计制造不合理、材质使用不当、安装调试等造成的质量缺陷，也有运行维护不良造成的后期问题等。但其控制原理基本相似，既往发生的故障类型也有迹可循，因此分析历史数据、借鉴以往经验等方式可为导水机构的故障预防及维护处理提供了参考，掌握导水机构的运行规律及易发故障的原因，可以有效避免故障的发生，提高故障处理效率。

导水机构主要有导叶拒动作渗漏、顶盖排水系统缺陷、筒形阀漏油、发卡等缺陷。

（一）导叶拒动作

1. 故障现象

导叶拒动作是指导叶不按照调速系统的控制意图动作，包含导叶不动作及导叶自由动作。导叶拒动作通常有以下几种情况：

（1）单个导叶拒动作。单个导叶拒动作通常由于卡塞所致，被卡塞的导叶无法正常活动，引起卡塞的原因可能为导叶间存在异物。当控制环施加在导叶拐臂上的力大于剪断销或拉断套等保护装置的保护值时，保护装置断开，其他导叶仍可以正常动作。某些河流水质在较差的情况下，可能出现多个保护装置同时断裂、多个导叶同时拒动作的情况。

（2）导叶整体拒动作。导叶整体拒动作较为常见的是导叶整体不动作。导致导叶整体拒动作的原因通常有：

1）控制机构设计缺陷。主要包括调速系统接力器缸径偏小、油压不足、设计余量不足等导致控制机构操作力矩不足。

2）材质问题。控制环、拐臂、连接销等设备因抗磨材料磨损致使各处间隙变化，导致导叶与其他部位摩擦力矩增大；另外，采用吸水膨胀类材质轴套，运行中轴套与导叶轴颈间隙变小导致摩擦力矩增大也是较为常见的故障原因。

3）安装质量问题。接力器与控制环、控制环与拐臂之间，导叶上、下端面等处的配合精度，以及导叶上、中、下轴套间的同心度等都会影响导叶操作所需力矩的大小。

4）运行维护情况。由于控制环、拐臂及导叶上、下端面等各处的配合尺寸都会影响导叶的操作力矩，因此各处材料的抗磨、润滑及磨损情况也会直接影响导叶正常动作，这些部件若检查维护不及时也将导致导叶整体拒动作的情况出现。

2. 故障处理

导叶拒动作类故障是影响机组安全、稳定运行的重要故障，处理导叶拒动作类故障，首先应注意出现拒动作故障的是个别导叶拒动作还是导叶整体拒动作。

（1）单个导叶拒动作通常会破坏剪断销或拉断套等保护装置，一般情况下只要将卡塞的异物清除或导叶端面间隙调整到设计值范围内，更换新的保护装置，设备即可正常运行。

（2）导叶整体拒动作应从系统的设计要求、安装质量、安装精度、抗磨损材料及润滑材料的选型设计、系统检修维护工作的落实情况等方面综合考虑，检查接力器操作油压，校核各部件安装尺寸精度，测量接力器、控制环、拐臂、导叶等的受力情况等，找出影响导叶拒动作的主要因素及次要因素，进行合理的优化改进，以达到使导水机构正常工作的最终效果。

（二）渗漏

1. 故障表现

（1）座环与顶盖之间密封漏水、顶盖与主轴密封之间密封漏水及导叶轴套密封漏水。该类缺陷常导致顶盖排水泵启动频繁，增加顶盖排水泵的排水负担，可能存在水淹水导轴承的风险。造成该类缺陷的主要原因有：

1）密封结构设计不合理。密封槽的尺寸、形状、位置等设计有误，密封件选择不当导致密封效果不佳。

2）安装质量缺陷。密封件安装时密封面清洁程度不够、密封件未正确放置到位、密封件被破坏、密封接口未处理好及螺栓紧固不当等。

3）密封件老化。密封件使用时间超过其设计使用年限或使用环境不良造成密封件老化变形、塑性变形等。

（2）导叶端面、立面间隙漏水。导叶端面及立面间隙漏水过大将导致停机状态下导叶漏水量增大，造成停机蠕动，且加快导水机构空蚀；另外，导叶端面、立面间隙漏水量大会导致机组快速门提门困难，影响机组的正常开、停机。导致该类缺陷的原因通常有：

1）端面、立面间隙设计错误。主要包括导叶压紧行程不足、导叶端面密封间隙设计不合理、密封件尺寸设计错误等。

2）安装质量问题。主要包括密封件未正确安装，导叶端面、立面间隙调整不正确等。

3）密封件材质问题。导叶端面、立面密封常使用橡胶件及铜条密封件，密封件长时间使用易出现橡胶件老化、铜条密封件被导叶动作磨损及水流冲蚀，造成导叶端面、立面密封失效、漏水量增大的情况。

2. 故障处理

“三漏”（漏水、漏油、漏气）是机械设备的常见故障，占机械设备故障的绝大部分。针对水力发电机组导水机构漏水问题的处理，应注意以下几点：

（1）从设计着手。确保导水机构顶盖与座环、顶盖与主轴密封之间、轴套与轴颈之间、筒形阀相关部件间等密封设计合理、密封形式正确、密封件选择适当。

（2）注重安装质量。密封安装前要确认所有密封面干净清洁，密封件放置到位，避免错位，需要现场制作的密封件应确保密封接口良好，密封件的紧固应严格按照标准执行。

（3）关注密封件老化情况。导水机构除部分水电站导叶端面、立面密封为金属密封外，其余各处密封基本都是橡胶密封，橡胶密封件有一定的使用寿命年限，在设备使用过程中，维护检修人员应重点关注密封件的使用年限，提前做好相关密封件的更换工作，防止密封件老化带来的漏水、漏油故障。

（4）导叶端面、立面漏水。导叶端面、立面密封在导水机构设计方面是允许存在一定的漏水量的，但由于水流长时间的冲蚀、导叶磨损及密封件变形的影响，端面、立面漏水量不断变大，直至影响机组正常运行。因此在处理导叶端面、立面漏水故障时也应以预防为主，定期测量导叶端面、立面间隙数值，观察密封件磨蚀情况，发现异常及时调整间隙值或更换密封件。

（三）顶盖排水系统缺陷

1. 故障现象

导水机构附件易发生的故障有：

（1）顶盖排水系统排水不正常。顶盖排水系统排水不正常的故障原因通常有控制系统故障、排水泵电动机转向错误、电动机缺相运行、电动机故障、泵体叶轮卡塞、出水管路堵塞等。

（2）顶盖平压管漏水。机组为减小顶盖及转轮轴向水推力，通常在顶盖上设有平压导水管路，平压管内的紊流易导致管道空蚀而产生漏水现象，最易出现漏水故障的位置为平压管与筋板连接的焊缝处。

2. 故障处理

顶盖排水系统是排出顶盖内渗漏水、保护顶盖内设备安全的重要设备。顶盖排水系统排水不正常应检查其控制系统工作是否正常、排水泵电动机转向是否正确、排水泵电动机供电是否正常、电动机能否正常转动、泵体叶轮有无异物卡塞、出水管路有无堵塞等。

特别应注意排水泵出口设置有止回阀的顶盖排水系统，由于顶盖内污水通常含有泥沙等杂质，易导致顶盖排水泵出口止回阀堵塞，因此，顶盖排水系统应重点检查止回阀的通畅情况，确保顶盖排水系统能正常运行。

（四）筒形阀漏油、发卡等缺陷

1. 故障现象

筒形阀有结构紧凑、操作灵活、密封性好等明显优点，在已知的故障类型中，通常有以下几种情况：

（1）漏油。筒形阀是一个由液压系统操动的设备，漏油是液压系统设备较为常见的故障，包括压油装置、控制系统、接力器等组件在内的筒形阀系统部件都有可能发生漏油现象。漏油的主要原因包括密封部件设计错误、安装质量问题及密封件老化等。

（2）发卡。筒形阀接力器行程不同步或筒体初始位置错误，筒体与座环固定导叶间的导向条间隙不均匀、筒体歪斜，从而导致筒形阀出现发卡现象。另外，控制系统油压异常、控制器异常、比例阀故障等也可能导致筒形阀出现发卡现象。

2. 故障处理

处理筒形阀发卡故障应确保筒形阀液压操作系统所用的液压油油质良好，比例阀等工作正常，接力器供油均匀正常，位移反馈装置反馈正常，筒体初始位置调整精确，筒体与导向条间隙均匀适当，控制系统工作正常等。

第二节 导叶及传动机构典型故障案例

一、负荷波动故障分析与处理

（一）设备简述

某机组导水机构结构如图 2-4 所示，主要由控制环、拐臂和 16 根活动导叶组成。控制环与顶盖之间的相对运动通过类似滚动轴承的结构来实现，其内部均匀布置了相同大小的滚轮，滚轮安装方式如图 2-5 所示。为了保证滚轮能够灵活转动，滚动轴承设置了油脂注入系统。

图 2-4　导水机构结构

图 2-5　控制环内部滚轮

（二）故障现象

该机组在正常运行期间出现接力器和控制环动作卡涩、活动导叶拒动作现象，其他机组也出现不同程度的接力器和控制环卡涩现象。所有机组运行状态与刚投产时相比，在带相同负荷状态下，接力器动作压力明显增大，控制环与活动导叶动作不灵活，出现卡涩现象。

（三）故障诊断

1. 故障初步分析

（1）活动导叶与轴套配合间隙过小。活动导叶与轴套配合间隙过小往往会导致接力器和控制环操作力矩偏大，极端情况下也会出现活动导叶拒动作，机组无法实现顺利开停机。

（2）活动导叶端面间隙过小。活动导叶端面间隙过小，导致活动导叶与顶盖或底环直接接触，会直接导致活动导叶拒动作，剪断销断裂，使接力器操作力矩变大，控制环动作不顺畅。

（3）控制环与顶盖之间的摩擦力偏大。控制环与顶盖之间采用滚轮的结构形式，一旦存在较多的滚轮损坏，那么会直接导致控制环与顶盖之间的摩擦力变大，使控制环动作卡涩。

2. 检查情况

（1）活动导叶端面间隙检查。机组停机排水后，对活动导叶端面间隙进行检查，用塞尺测量发现，活动导叶端面间隙值在设计间隙以内，活动导叶动作区域不存在剐蹭现象。

（2）控制环与顶盖的滚动轴承检查。将控制环与顶盖之间的滚动轴承进行拆卸检查，发现滚动轴承存在以下几个问题（见图 2-6）：①滚动轴承上部区域无油脂润滑，滚轮锈蚀严重，并且滚动轴承盖板存在较多的压痕；②滚动轴承右边区域存在许多附着大量油泥的油脂，润滑情况较差，并且滚轮安装顺序错误，如图 2-7 所示；③滚动轴承下部区域存在许多附着大量油泥的油脂，润滑情况较差，并且滚动轴承盖板存在较多压痕。

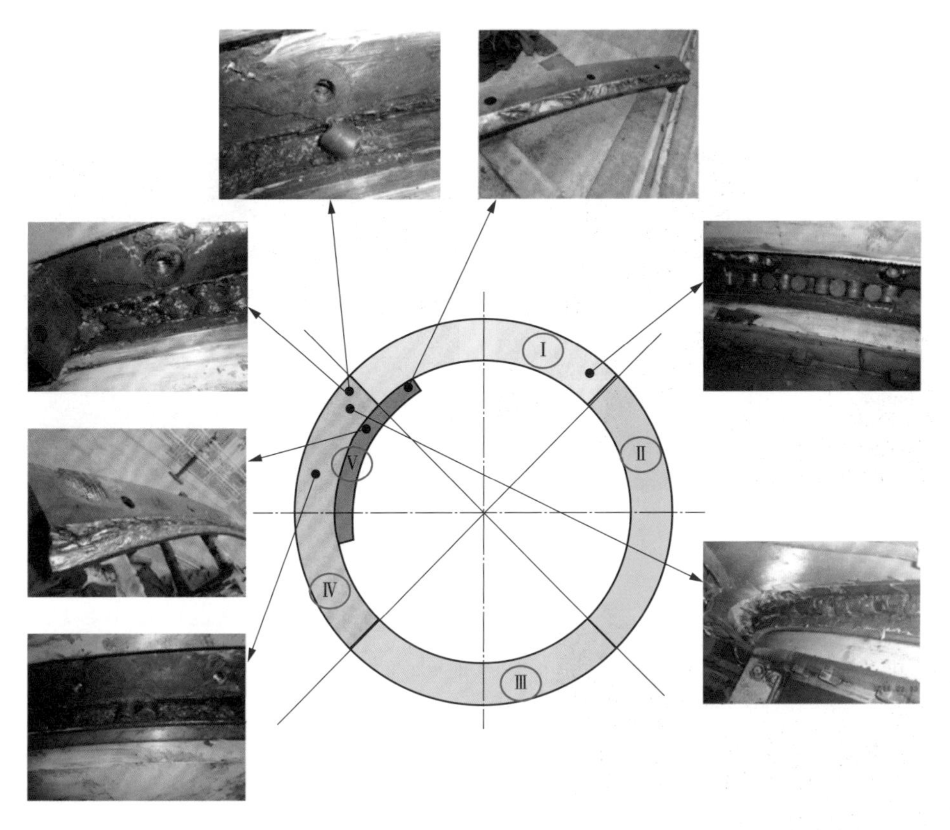

图 2-6　滚动轴承内部检查情况

3. 故障原因

从导水机构检查情况可以看出，控制环与顶盖之间的滚动轴承存在油脂润滑不够，上部区域无油脂润滑，其他部位虽有油脂润滑但油脂质量差，附着大量的油泥；同时，由于滚动轴承局部的滚轮安装顺序错误，虽机组投运初期不会明显导致控制环动作卡涩，但经过控制环长期的动作，安装错误的滚轮逐步碾压轴承盖板，造成盖板上存在不同程度的压痕，从而进一步增大了滚动轴承的摩擦力，最终导致控制环卡涩，无法顺利动作。

图 2-7　滚轮顺序安装错误

（四）故障处理及评价

1. 故障处理

将控制环与顶盖之间的滚动轴承解体后，拆除所有的滚轮，对滚轮的运动面进行清扫、补焊、打磨处理，确保滚轮运动面光滑、无明显凸起，然后全部更换并安装新的滚轮，在安装新滚轮时，严格控制安装顺序，避免再次出现安装顺序错误的事件，安装完毕后均匀涂抹润滑油脂，如图 2-8 所示。

图 2-8　滚动轴承修复和安装

图 2-9　滚动轴承油脂注入孔

因原油脂注入孔的位置设置不合理，导致油脂只能进入到轴承盖板与控制环的接触面，如图 2-9 所示，所以造成滚轮的润滑不够，部分滚轮上无油脂，锈蚀严重。针对滚轮润滑较差的问题，对轴承盖板的油脂注入孔进行改进，如图 2-10 和图 2-11 所示，封堵原油脂注入孔，并在轴承盖板与滚轮接触面上开孔，确保油脂能够直接注入。

2. 故障处理效果评价

对控制环与顶盖的滚动轴承进行修复改进后，机组运行情况良好，接力器和控制环动作灵活，无卡涩现象。

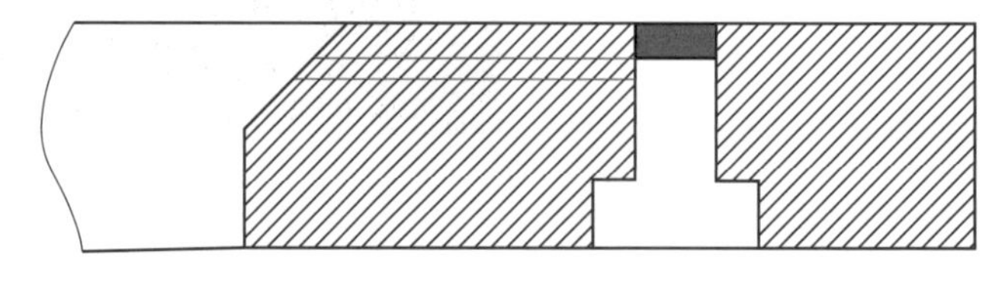

图 2-10　滚动轴承油脂注入孔改进图

（五）后续建议

1. 持续跟踪接力器和控制环的运行状态

虽然通过解体检修，更换滚动轴承内部的全部滚轮、修复滚轮动作面、重新设计油脂注入孔，但是并未改变控制环和顶盖之间的滚动轴承结构，一旦滚轮出现破损，或润滑不够，类似的情况同样会发生。因此建议在机组运行中，时刻监视跟踪接力器开关腔的压力变化趋势，对控制环的油脂注入系统进行定期检查维护。

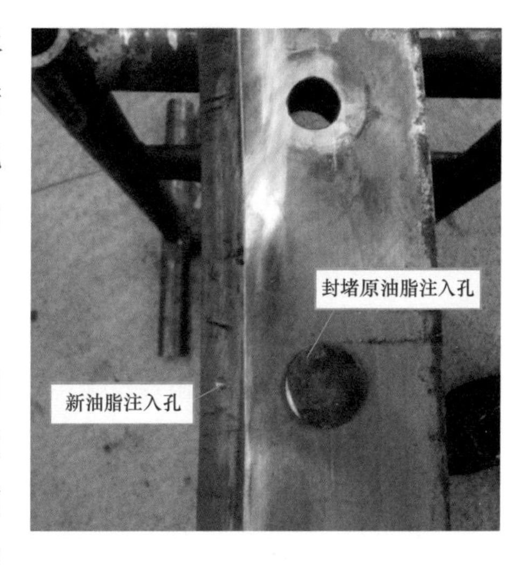

图 2-11 滚动轴承油脂注入孔改进实物图

2. 控制环与顶盖更换为自润滑结构

随着自润滑材料的广泛应用，可以考虑将控制环与顶盖之间的相对运动通过自润滑材料实现。如图 2-12 所示，在控制环上安装自润滑材料，在顶盖上与自润滑材料接触的区域安装不锈钢板，取消原来的油脂注入系统，可以做到免维护，大大减少日常巡检和维护的工作量。

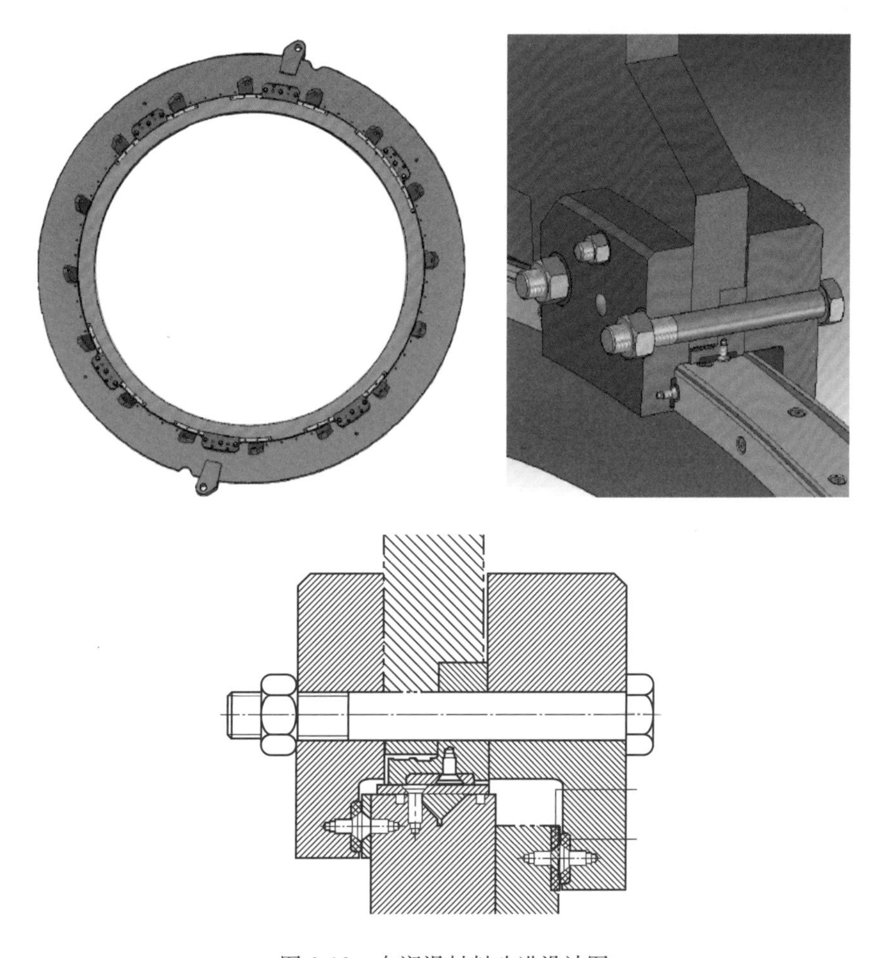

图 2-12 自润滑材料改进设计图

二、导叶关闭规律异常分析及处理

（一）设备简述

某水电站混流式水轮发电机组调速系统油压装置额定压力为 6.3MPa。

（二）故障现象

机组在较低水头进行过速试验时，导叶在关闭过程中出现了关闭曲线异常现象，当导叶关闭至较低开度时，关闭曲线出现停顿甚至反向回开，而机组在静水试验中导叶关闭规律正常。

机组在进行过速试验时，试验水头最低的机组异常现象最为突出。当机组转速达到过速动作值时，通过动作紧急停机电磁阀关机，导叶在关闭过程中出现关闭规律异常，导叶关闭到 17.71％接力器行程左右时，导叶出现反向回开，接力器行程回开至 25.58％左右时调头回关，直至导叶全关。而在整个动作过程中，主配压阀一直在关位，紧急停机电磁阀投入状态未发生改变。机组过速紧急停机过程曲线见图 2-13。

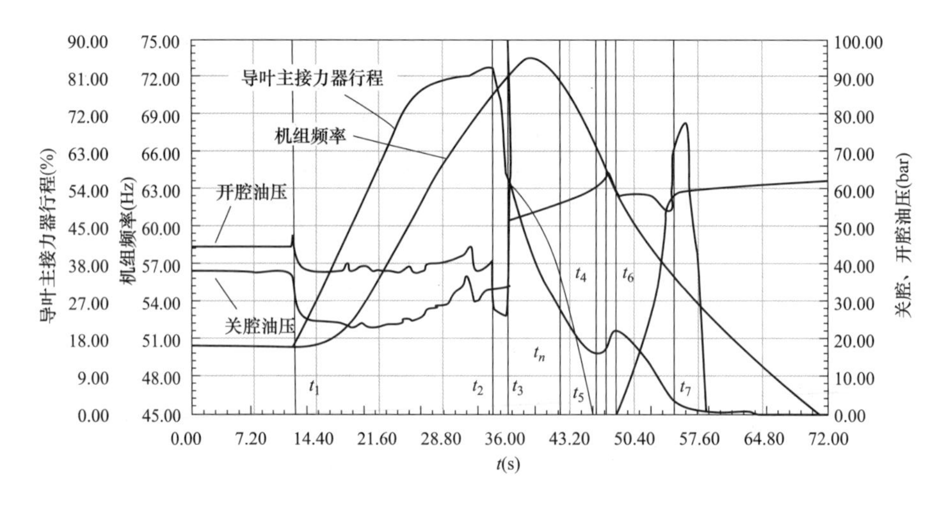

图 2-13　机组过速紧急停机过程曲线（1bar＝100kPa）

（三）故障诊断

1. 受力分析

接力器在工作过程中的受力情况如图 2-14 所示。根据物体受力及运动原理，在接力器静止或者匀速运动过程中存在的水平受力关系 $F_C+F_S=F_O$（忽略机械阻力），其中，F_S 为水力机械作用在接力器上的力；F_C 为关腔油作用在接力器上的力；p_C 为关腔油压；F_O 为开腔油作用在接力器上的力；p_O 为开腔油压；S 为接力器活塞的受力面积。一旦该平衡关系受到破坏，接力器将会进行加速或减速运动，从而改变运动状态。根据试验观测，整个关闭过程中，导叶始终具有自关趋势。

对该机组在过速过程中接力器受力情况进行分解剖析，将机组过速紧急停机过程曲线（见图 2-13）进行划分：t_1 为开始增速点；t_2 为投紧急停机点；t_3 为关闭规律第一拐点；t_4 为接力器开腔压力最低点；t_5 为关腔压力最大点；t_6 为导叶回开最大开度；t_7 为关闭规律第二拐点。由此可知：

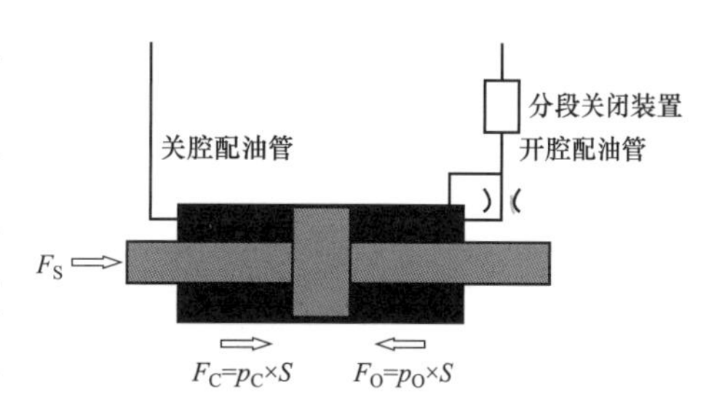

图 2-14　接力器受力情况示意图

（1）在 0～t_2 段，机组从额定转速开始增速，$F_O-F_S>F_C$，接力器在两腔压差及水力的作用下，向开启方向运动。

（2）在 t_2～t_3 段，由于在 t_2 时刻投入调速器紧急停机电磁阀，接力器关腔通压力油，开腔通回油，此时 $F_C+F_S>F_O$，接力器以第一段关闭速率匀速关闭；在 t_3 时刻，接力器关闭到第一拐点（60%），分段关闭装置对开腔回油节流，导叶关闭速率降低到第二速率，此时 F_C、F_O 同时增大。

（3）在 t_3～t_4 段，特别是在 t_n～t_4 段，接力器关闭速率逐渐变小，开腔压力油 F_O（与回油箱连通）快速变小（最小值为 0.4MPa），关腔压力油 F_C（压力油罐油源连通）却逐渐变大，可推断在此期间，流道水力因素发生了改变，F_S 发生转向，对接力器产生开启方向的作用，使关腔压力迅速上升。

（4）在 t_4～t_5 段，F_S 反向并逐渐增强，$F_O+F_S>F_C$，推动接力器反向朝开启方向运动，接力器关腔油开始向压力油罐倒流。在 t_5 时刻，F_S 达到最大值，此时关腔油的压强也达到最大值 6.454MPa，压力油罐的压力由 5.8MPa 升高至 6.1MPa。

（5）在 t_6～t_7 段，F_S 对接力器的作用逐渐减弱并恢复正常，其对接力器的作用方向也逐渐由开启方向朝关闭方向转变，在关腔压力油的作用下，接力器从 t_6 时刻转而向关闭方向运动，逐渐恢复正常。

2. 水压分析

图 2-15 所示为机组过速过程中无叶区压力与转速的关系曲线，可知：在投入紧急停机过程中，转速从最高点开始下降时，无叶区压力也开始下降，当下降到 278kPa 时，开始迅速抬升，最高升至 363kPa。据此可推断，在导叶关闭后期，活动导叶与转轮进口之间区域产生了 85kPa 的水压抬升效应。

3. 模型试验

通过模型试验可以得出如下结论：

（1）反水泵工况出现在导叶开度为 2°，$n_{11}=82$r/min 时。

（2）正常运行时 n_{11} 的最大值为 73r/min，因此导叶关闭异常现象不会出现在正常运行范围内，也不会出现在飞逸工况。

（3）最大的泵作用力出现在导叶开度为5°～8°时。

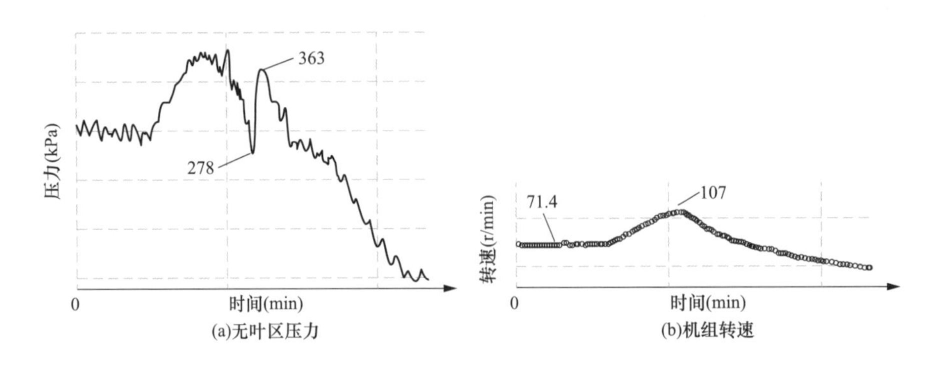

图2-15　机组过速过程中无叶区压力与转速的关系曲线

（四）故障处理及评价

1. 故障处理

随试验水头的逐渐增大，导叶在关闭过程中的异常现象也随之减缓直至消失，说明机组在低于设计运行水头情况下才会出现反水泵工况。

2. 故障处理效果评价

随着二期蓄水，上游水位升高，机组的运行水头不会再出现低水头试验工况，因此导叶关闭异常情况没有再出现。

三、导叶拒动作故障分析与处理

（一）设备简述

某水电站机组调速器采用步进电机＋主配压阀的结构形式，系统额定油压为4.0MPa，是带机械位移反馈的二级调速系统。

（二）故障现象

该机组在运行时频发调速器故障，只能单方向减小导叶开度，无法增大导叶开度，导致负荷无法增加。

机组调速器故障初发时，调速器导叶侧步进电机丝杆已与回复杠杆脱开，导叶侧主配压阀阀芯处于极限开启位置，导叶接力器开关腔压差达到4.0MPa（最大压差），且与压力油罐压力波动趋势一致，但导叶无法正常开启，只能缓慢蠕动。转轮叶片侧调速器工作正常。调速控制环无异响及异动现象，抗磨板、导轨无异常剐蹭现象；过速系统、分段关闭装置等部位均无异常。相关曲线情况见图2-16。其余故障现象均与此类似。

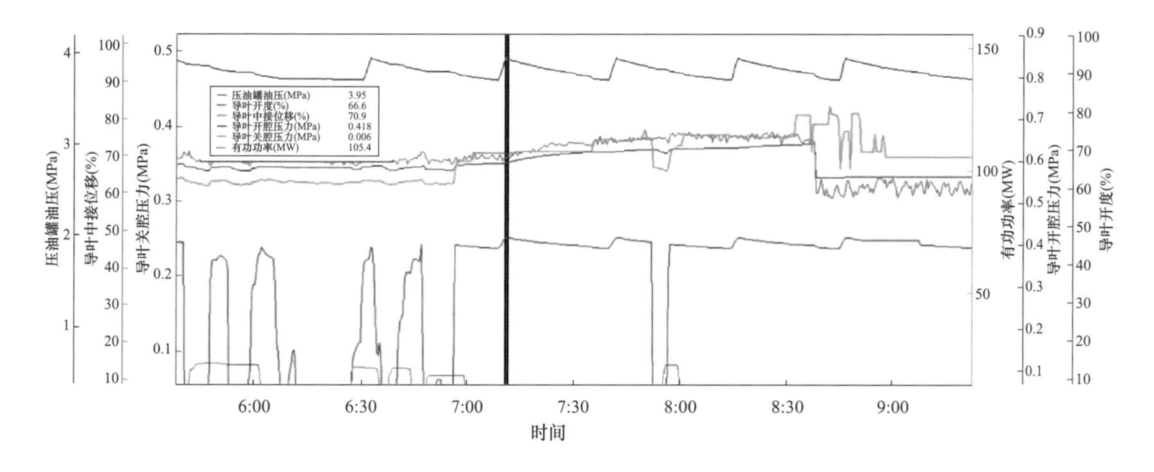

图 2-16　导叶开启拒动作曲线

（三）故障诊断

1. 故障初步分析

综合机组故障现象，特点有：

（1）导叶侧调速器的电调部分、中接及主配压阀等正常动作，完成了向接力器配油的工作。

（2）导叶接力器开关腔形成 4.0MPa 的持续压差，但接力器动作异常缓慢，导叶开启拒动作。

（3）导叶在关闭过程中接力器关腔与开启压差也在 2.0MPa 左右，压差水平较高，但能正常操作导叶。导叶开启与关闭过程中接力器压差不一致与水流对导叶关闭有帮助关作用力有关。

因此，故障过程中调速器整体工作正常，液压动力成功传递至接力器处，导叶开启拒动作的根本原因是导叶操作机构阻力异常增大。异常的阻力可能存在于接力器、控制环及导叶装配三个部位。

2. 设备检查

（1）应力试验。为了准确定位存在异常阻力的部位，对同类型的故障机组（简称 A 机组）与正常机组（简称 B 机组）进行对比应力试验。

两台机组均在停机备用工况下安装应力测试片，然后开机至满负荷运行。试验主要工况点为 82%→75%→80%→70%→75%→65%→70%→60%→82%→60%（根据实际水头情况确定），共计 9 个开关导叶过渡过程。试验全程记录了开关导叶过程中所有导叶连杆与接力器推拉杆的应力变化。

试验数据显示开关导叶过程中：

1）A 机组在各工况下所有接力器推拉杆受力基本一致（最大偏差为 10%～15%），接力器推拉杆合力是 B 机组的 4.4 倍，测值与开关腔压差绝对值相对应，表明接力器开关腔压差全部转化为推拉杆的作用力，无内部异常阻力。

2）A机组导叶连杆合力是B机组的2.8倍，因此导叶连杆结构阻塞是机组导叶拒动作故障的主要原因。

3）在同样结构的导叶操作机构条件下，A机组接力器与导叶连杆的作用力输出、输入比仅为40.5%（B机组为62.9%），因此A机组控制环摩擦力较大，是机组导叶拒动作故障的次要原因。

通过对比应力试验的定量分析，可以确认异常阻力主要发生在导叶装配处。

（2）蜗壳排水检查。为了进一步确定导叶装配异常阻力的具体位置，对A机组蜗壳排水后进行检查。在活动导叶开度约为60%的状态下，检查活动导叶上、下端面间隙及下方底环状态：

1）活动导叶间隙偏差较大，与大修后数据对比，上端面间隙无增大现象，表明导叶无下沉现象。

2）检查过程中发现部分活动导叶下方底环的环氧涂层局部有刮痕，但在60%～100%开度下环氧涂层基本全部脱落，不影响该开度下导叶正常动作。

3）对导叶实际操作力进行测量（将拐臂连杆销拔出，用导链拉动活动导叶，导链上挂电子秤用于测量导叶动作的拉力），结果再次确认导叶装配阻力异常增大的情况真实存在，且与应力试验测试值存在良好的对应关系。

3. 故障原因

检查结果表明，导叶上、下端面无产生异常阻力的现象。结合机组上次检修情况，在活动导叶的三个轴套中，下轴套无明显磨损未更换，中轴套全部更换，且轴套材质由尼龙1010更换为MC纳米尼龙，上轴套与导叶轴颈有5mm设计间隙。因此分析认为是因中轴套全部更换且变更材质后，在运行过程中尼龙遇水发胀，膨胀的中轴套将导叶轴抱得太紧，导致摩擦力异常增大，引发导叶操作拒动作。

（四）故障处理及评价

1. 故障处理

在不拆解接力器供油管路的前提下，拆解导叶连杆、拐臂，吊出导叶套筒，对中轴套进行更换。拆卸后检查中轴套发现内壁有明显摩擦痕迹，数据显示，与机组上次检修时加工尺寸相比，中轴套膨胀后内径平均减小0.72mm，最大达1.2mm。各轴套均存在过盈配合区域，无间隙。

处理过程中，对于机组上投运过的旧轴套，内径按照设计值$\phi 400^{+0.60}_{+0.40}$mm二次加工，更换的新MC纳米尼龙轴套，内径按照$\phi 400^{+0.80}_{+0.60}$mm加工，均按上偏差控制。

修后同样进行拉力测试，发现导叶操作力比修前均有大幅度下降。

2. 故障处理效果评价

故障处理后，运行过程中导叶调节时无卡阻现象。与处理前同工况下导叶开启、关闭过程中开关腔压力进行对比，如图 2-17、图 2-18 所示，可见导叶动作时，开、关腔压差有明显减小，具备安全运行的条件。

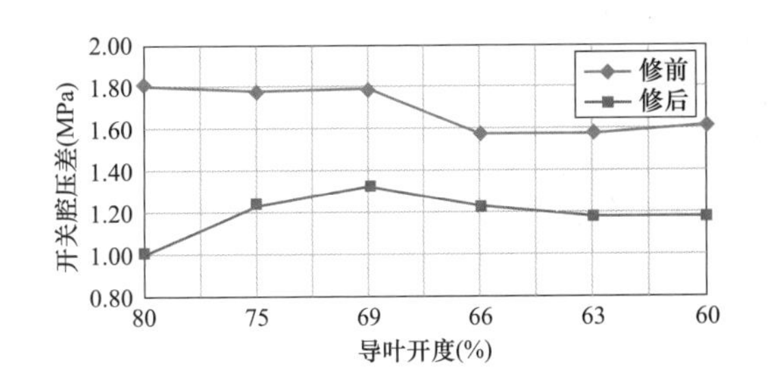

图 2-17　故障处理前后导叶开启过程压差对比

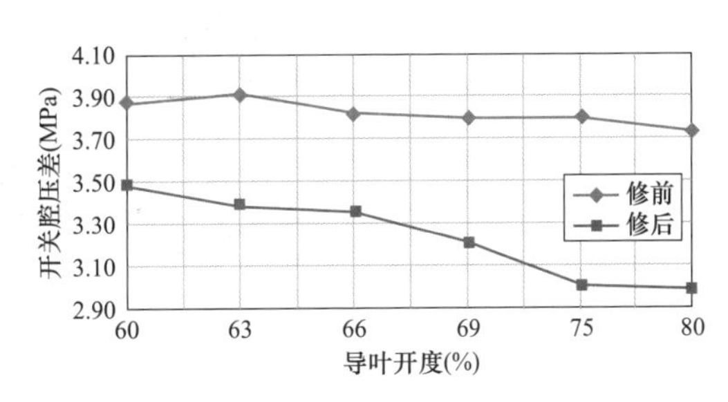

图 2-18　故障处理前后导叶关闭过程压差对比

（五）后续建议

由于采用 MC 纳米尼龙替换尼龙 1010 材质的轴套时，没有意识到 MC 纳米尼龙遇水膨胀性能的不同，精加工时沿用旧的尺寸标准，机组投运后两年时间内，中轴套吸水膨胀，导致导叶操作阻力逐渐增大，最终引发导叶操作拒动作的故障。

故障发生后，通过各种检查、对比分析，尤其通过在线应力测试、定量分析，确定了故障原因。在故障不同阶段，提出了针对性的应对措施，实现了机组的安全度汛，并最终通过重新加工中轴套尺寸消除了故障。

（1）中轴套遇水膨胀导致导叶卡阻，极大地危及了机组的安全运行。后续一方面要彻底排查所有采用该类型尼龙材质的中轴套，逐一安排处理，消除设备隐患；另一方面应该积极研究新型金属、非金属材质的中轴套，成熟后推进相关改造工作，保障设备长期本质安全。

（2）此次缺陷的监测手段主要依据导叶开关腔油压，在实际分析过程中，人工将开关腔油压换算成压差，效率较低，精度较差，建议在线监测系统中开发相关的自动计算模块，以提高工作效率。

（3）此次缺陷的检测手段主要是专项应力试验，试验结果清晰直观，可以在后续工作中考虑在线应力监测装置的试点。

四、开机过程导叶拒动作问题分析与处理

（一）设备简述

某机组导水机构由顶盖、座环、控制环、活动导叶及其操作机构等部件组成，共有 24 个导叶，导叶操作机构结构如图 2-19 所示，由安装在水车室的两个接力器驱动进行机组开停机操作，机组的活动导叶中轴套材料采用非金属材料，该非金属材料的摩擦系数为 0.14，水中膨胀率小于壁厚的 0.1%。

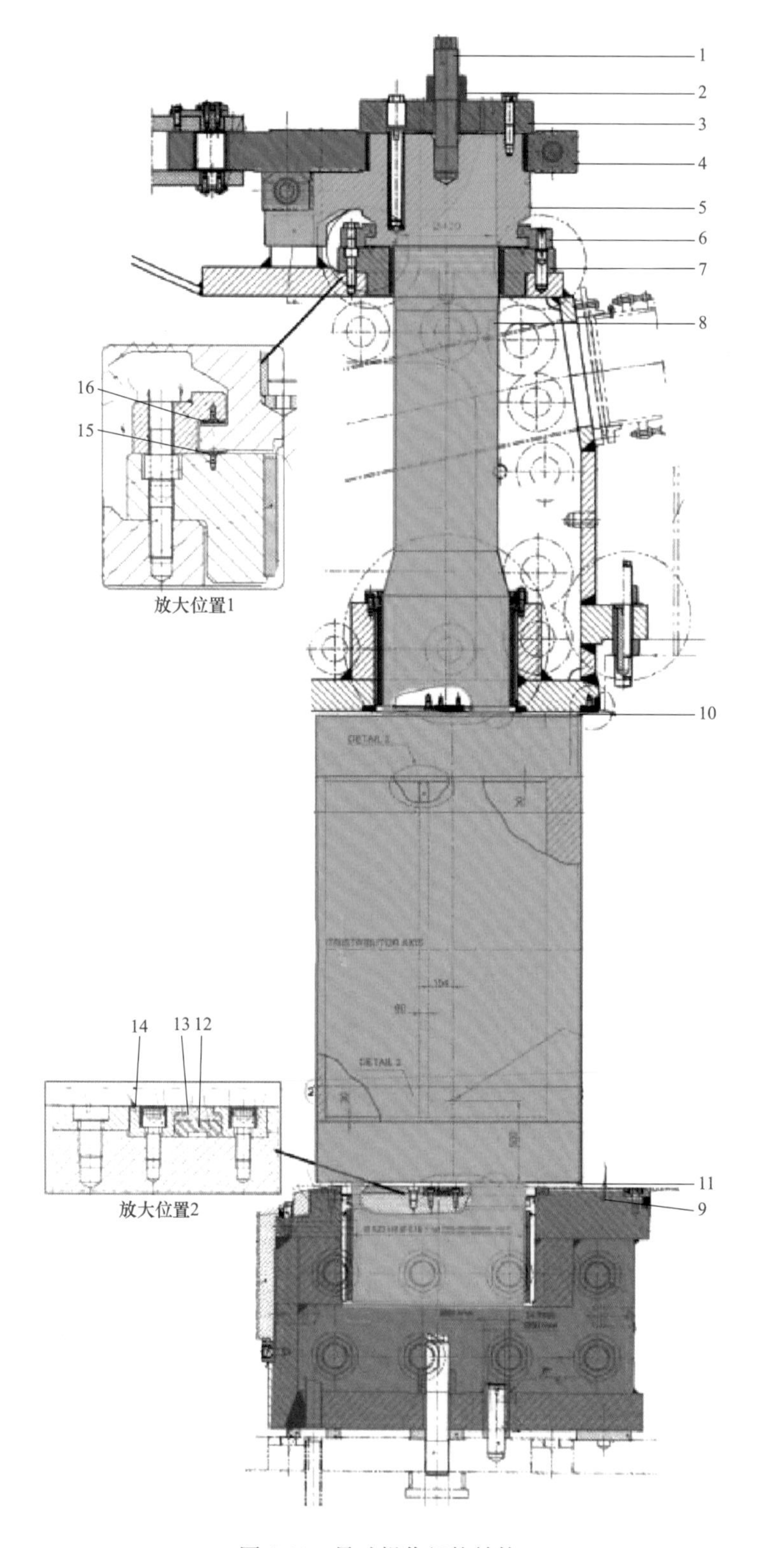

图 2-19　导叶操作机构结构

1—承重螺栓；2—承重螺栓螺母；3—支撑盖；4—副拐臂；5—主拐臂；6—防跳板；7—上轴套；8—活动导叶；9—底环；10—上端面间隙；11—下端面间隙；12—橡胶；13—密封铜条；14—密封压板；15—抗磨块；16—防跳板间隙

（二）故障现象

该机组在开机过程中，小开度（2%～6%）出现活动导叶开启缓慢，甚至出现开机超时，导叶自动关闭现象。

如图 2-20、表 2-1 所示，机组开机从第 39.7s 开始，接力器开腔压力逐渐增大，在第 43.8s（导叶开度为 3.63%），接力器开腔压为达到最大值 6.231MPa，开关腔压差也达最大值 6.06MPa，导叶开始缓慢动作，直到第 107.9s（导叶开度为 6%），接力器开腔压力逐渐减小，关腔压力逐渐增大，开关腔压差也开始减小，说明接力器动作开始变快，导叶动作缓慢过程结束，共耗时 64.1s。

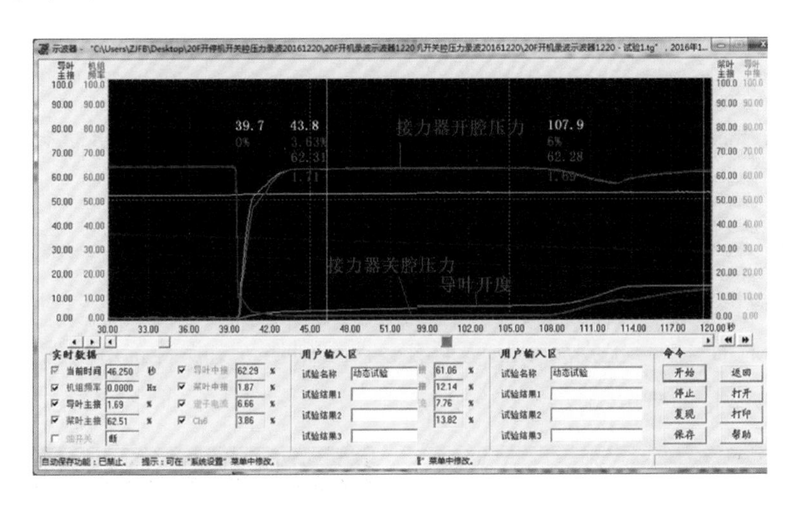

图 2-20　开机过程

表 2-1　　开　机　数　据

导叶开度(%)	0.8	3.63	6	13.47
接力器开腔压力(MPa)	1.015	6.231	6.228	5.80
接力器关腔压力(MPa)	0.167	0.171	0.169	0.766
开关腔压差(MPa)	0.848	6.06	6.059	5.034
时间(s)	39.7	43.8	107.9	113.7

（三）故障诊断

机组活动导叶动作由驱动力矩和阻力矩之间的差值决定，当驱动力矩大于阻力矩时导叶正常动作，若阻力矩接近或大于驱动力矩，则导叶动作缓慢甚至拒动作。

驱动力矩在机组设计时已经确定，力矩来自接力器，由压力油提供动力，与接力器缸径相关。

阻力矩可分为传动机构摩擦阻力矩及水流冲击力矩。摩擦阻力矩与控制环、双连板、拐臂、轴套等安装因素有关，且与各部件间抗磨材料的磨损情况相关；水流冲击力矩与水头及导叶开度相关。

该水电站同类型机组共有四台，其他三台机组均未出现过导叶拒动作现象，因此初步判断驱动力矩正常，导叶拒动作主要与阻力矩增大有关，且主要原因为传动部件阻力矩异常增大，需要进行针对性检查。

（四）故障处理及评价

1. 故障处理

对可能导致阻力矩异常增大的部件进行检查，检查情况如下：

（1）过流部件检查。蜗壳检查无异常，蜗壳导流板无裂纹或撕裂，固定导叶无锈蚀；活动导叶立面及端面间隙检查，顶盖、底环、转轮检查未见异常。

（2）接力器水平检查及解体检查。接力器本体无划伤，操作管道无堵塞，水平正常。

（3）控制环与顶盖间立面、水平抗磨块检查。测量控制环与顶盖的立面间隙及控制环防跳板的间隙，控制环与顶盖立面、水平抗磨块检查未见异常磨损。

（4）导叶双连板检查。双连板未见变形，6、19、22 号导叶双连板与控制环间隙为零，并有轻微划痕，如图 2-21 所示。

（5）副拐臂与控制环高程差检查。副拐臂高于控制环 2mm 的有 5 个，最大值为 5.9mm；低于控制环 2mm 的有 4 个，最大值为 6.3mm。

（6）主拐臂检查。1 号主拐臂下法兰面有较严重划伤，主拐臂抗磨块磨损，如图 2-22、图 2-23 所示；其余抗磨块正常。

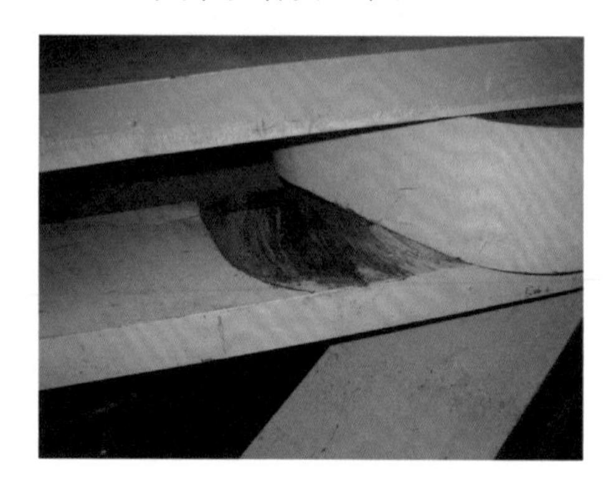

图 2-21　双连板轻微划痕

图 2-22　主拐臂抗磨板划伤

（7）上轴套检查。内径尺寸及轴套间隙均满足设计要求。

（8）中轴套检查。中轴套有轻微磨痕，21 个中轴套内径及间隙小于设计值，如图 2-24 所示。

（9）单个导叶开关力矩检查。用电子吊秤测量单个导叶在开关过程中的力矩，并对处理前后的数据进行对比。

（10）接力器动作试验。对处理后无水及开机情况，测量开关活动导叶过程中的接力器开关腔压力。修后接力器开关腔压差比修前减小了 0.1MPa；修后在开机时接力器开关腔压差比修前减小了 1.3MPa。

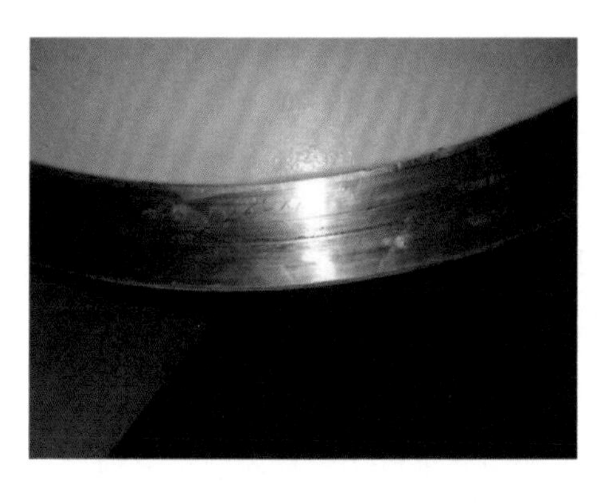
图 2-23　主拐臂下法兰面划伤

图 2-24　中轴套磨损

（11）控制环形态检测状态良好。

（12）根据检查结论对存在的问题进行处理，处理情况如下：

1）副拐臂与控制环高程差偏大的处理。副拐臂与控制环产生高程差的原因是加工副拐臂前端上下表面时与基准面发生偏差，导致副拐臂前端与后端发生偏差。对高程差超过 2mm 的副拐臂进行机加工，使其与控制环保持在同一水平。

2）主拐臂处理。更换新抗磨块，主拐臂下法兰面进行补焊、抛光加工。

3）中轴套处理。对 21 个中轴套进行加工，扩大内径，使其与导叶臂的间隙满足设计要求。

2. 故障处理效果评价

通过检查及处理，接力器前后腔压差明显减小，说明阻力矩明显减小，处理效果显著，主要原因为中轴套间隙较小。

（五）后续建议

（1）传动部件阻力矩与机组安装质量关系密切，因此建议加强机组安装时的质量控制。

（2）通过分析其他同类型机组开机过程中接力器前后腔压差，此种类型机组接力器操作功裕量较小，当阻力矩稍有增大时即出现导叶开启缓慢或拒动作现象，因此可考虑重新选择适当的接力器。

五、活动导叶异常下沉问题分析与处理

（一）设备简述

某机组活动导叶由上、中、下三部自润滑轴套固定在顶盖与底环上。为减小导叶漏水量，在顶盖、底环与导叶端面间隙处设置有端面密封。上、下端面间隙利用抗重螺栓和可撕垫片进行调节。

（二）故障现象

检修发现，该机型多台机组导水机构均出现了活动导叶下沉、端面间隙分配关系改变这

一异常现象（注：上端面间隙增大，下端面间隙减小）。导叶下沉最为严重的机组活动导叶下端面间隙为0，导致活动导叶在调节过程中将底环上表面及活动导叶下端面密封严重刮伤。

（三）故障诊断

导水机构结构如图2-19所示，转动部分主要包括控制环、双层连板、主副拐臂、膨胀销（用于主拐臂与活动导叶轴连接）及连接柱销、偏心销（用于调整活动导叶立面间隙）等部件；执行部分主要包括活动导叶。其中，在主拐臂与上轴套的接触表面直径方向对称安装有两块带自润滑材料的铜瓦（抗磨块），每块抗磨块分别用3个沉头螺栓固定在上轴套上。同时，为了控制活动导叶在机组运行调节过程中的轴向窜动，在主拐臂左右两侧各设计安装了一个防跳板。防跳板与主拐臂之间的设计间隙为0.55～0.85mm。在防跳板上与主拐臂接触的表面同样各安装有一块带自润滑材料的铜瓦（抗磨块），每块抗磨块分别用3个沉头螺栓固定在防跳板上。

主拐臂与上轴套之间的抗磨块主要承受导水机构转动部分的重量。在活动导叶动作时，为了防止主拐臂与上轴套接触表面磨损，故在易损部位设计安装抗磨块，此种结构便于检修，同时可降低检修成本。同理，在主拐臂与防跳板之间设计有抗磨块，以保护两者接触面。

为了找出机组导水机构在运行中出现活动导叶下沉这一异常现象的原因，对机组导水机构进行检查：测量活动导叶的上、下端面间隙；测量导水机构主拐臂导叶与防跳板之间的间隙。

根据检查项目结果，发现活动导叶主拐臂与防跳板之间的间隙有较大改变，现场测量间隙值均超过1mm，远大于设计间隙值。随后检查防跳板固定螺栓未见松动，故初步判定活动导叶向下移动可能是因为主拐臂下面的抗磨部件的非正常磨损所致。

在对该类型机组所有抗磨块检查后发现，所有抗磨块的磨损量均超过其正常磨损量0.05mm/年的设计要求，甚至出现活动导叶抗磨块完全损坏情况。有些固定螺栓刚刚处在抗磨块表面极限处，甚至已将主拐臂下表面破坏，严重刮伤。

根据以上检查结果可判定，活动导叶下沉是由抗磨块的超常磨损引起的。

（四）故障处理及评价

1. 故障处理

在原有抗磨块垂直方向的位置加装2块新的抗磨块，即安装4块抗磨块。加大一倍抗磨块接触面积，降低磨损率，延长抗磨块使用寿命，使其磨损量达到或接近0.05mm/年的设计要求。

2. 故障处理效果评价

按照此方案改进安装运行多年后，未见导叶端面间隙异常变化，未见抗磨块明显磨损，改进方案效果显著。

六、活动导叶端面密封压板下沉分析及处理

（一）设备简述

某机组在活动导叶上、下端面分别设置了导叶端面密封，密封材质为金属铜条，以减小停机时活动导叶端面的漏水量。铜条的两侧用金属压板固定在顶盖和底环上。为方便机组检修时对铜条进行更换，机组内外侧铜条压板均分为两段，两段长度不一致，较长段设置有4个固定螺栓，较短段设置有2个固定螺栓。

（二）故障现象

该机组调速器升压做无水试验，导叶关闭过程中10号活动导叶剪断销剪断。

（三）故障诊断

1. 故障初步分析

机组剪断销剪断，一般原因均为导叶之间有异物卡涩。

2. 检查情况

机组排水后，开启蜗壳进人门检查发现，10号活动导叶上端面密封短压板由于螺栓断裂部分下沉，卡滞在10号活动导叶与顶盖之间，10活动导叶关闭阻力过大，导致剪断销剪断。下沉损坏的导叶端面密封短压板如图2-25所示。

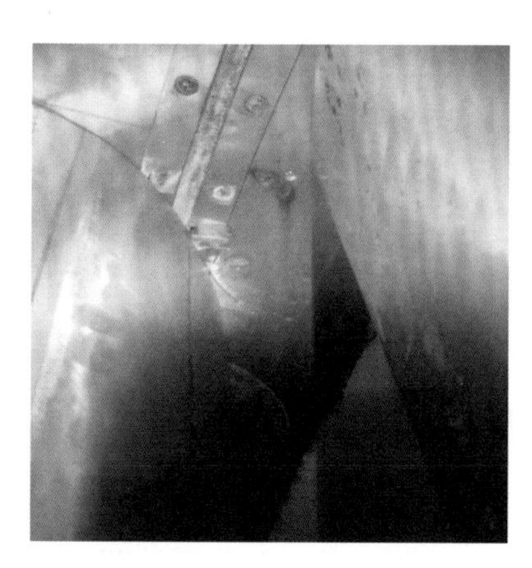
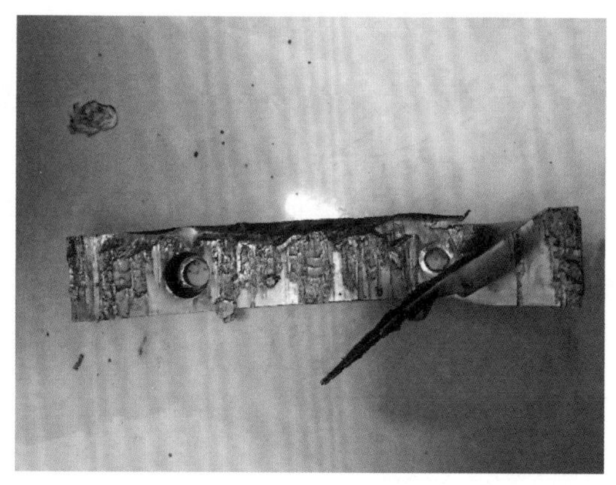

图2-25　下沉损坏的导叶端面密封短压板

3. 故障原因

导叶剪断销剪断的直接原因是10号活动导叶端面密封短压板一个螺栓断裂，导致该压板远端下沉，卡塞在导叶与顶盖抗磨板之间，活动导叶关闭时与压板挤压，压板受压损坏后进一步卡塞导叶，最终导致该导叶卡死，剪断销剪断。对导叶端面密封压板结构进行分析，发现压板螺栓断裂可能有如下三个方面的原因：

（1）短压板螺栓偏少导致压板下沉。为拆装方便，将导叶端面密封压板分为长短两块，

其中短压板只设置 2 个螺栓，如果 1 个螺栓发生断裂，则可能导致压板下沉，突出抗磨板，导叶操作时将不可避免地对其进行剐蹭，剐蹭又会加剧压板下沉，并最终完全卡死导叶，导致剪断销剪断。

（2）螺栓强度不足导致螺栓断裂。当活动导叶与压板之间有异物时，两者之间会产生相对较大的挤压力。若螺栓强度不够，则可能发生断裂。在机组检修中发现，导叶端面密封压板螺栓存在一定数量的断裂现象，从螺栓断口情况来看，有部分螺栓断裂是强度不足所致，如图 2-26 所示。

图 2-26　部分螺栓伞状断口情况

（3）压板螺栓安装工艺不规范导致螺栓断裂。压板螺栓为 M12 圆头内六角螺栓，设计等级为 6.8 级，螺栓较小，设计预紧力矩较小，仅为 15N・m。如螺栓安装时未严格按照规定力矩进行拧紧，安装力矩过大，则在运行中始终处于过力矩状态。在水力冲击、机组振动等工况下，过力矩的螺栓将会反复受到影响，并最终断裂。

（四）故障处理

针对上述问题，从三个方面对导叶端面密封结构及安装工艺进行优化：

（1）优化密封压板分段，提高压板紧固螺栓数量。导叶端面密封压板有内外两侧压板，为方便端面密封铜条更换，两侧压板均设置为两段。现场检查发现，在不拆除导叶的情况下，若要对导叶端面密封铜条进行更换，外侧压板必须分段才能取出，但内侧压板可以在不分段的情况下取出。因此可以将内侧压板做成整段。整段压板由 6 个螺栓固定在顶盖及底环上，即使有个别螺栓断裂也不会出现压板下沉或上翘的情况。同时，将外侧压板分段进行优化，将两段等分，每块压板上设置 3 个螺栓，防止 1 个螺栓断裂就出现压板下沉或上翘的情况。

（2）增大螺栓直径，增加螺栓数量，提高螺栓强度。为避免活动导叶与压板之间有异物时，两者之间的挤压力剪断螺栓，可适当增大压板紧固螺栓的直径，增加紧固螺栓的数量，同时提高螺栓的强度等级。

（3）严控螺栓安装工艺。导叶端面密封回装过程中，应严格使用力矩扳手拧紧压板螺栓，确保力矩满足设计要求，杜绝出现过力矩或力矩不足的现象。

（五）后续建议

活动导叶端面密封压板在设计时，除考虑密封的更换问题外，还应将压板在运行中受到的水力、振动、摩擦、挤压、剐蹭等影响一并考虑进去，尽量提高压板固定螺栓的抗剪切强度，从源头上杜绝螺栓断裂导致压板下沉或上翘引起的剪断销剪断等一系列问题。

七、活动导叶漏水缺陷检查与处理

（一）设备简述

某机组导水机构设置有28个活动导叶。活动导叶由上、中、下三部自润滑轴套固定在顶盖与底环上。为减小导叶漏水量，在顶盖、底环与导叶端面间隙处设置有端面密封。上、下端面间隙利用抗重螺栓和可撕垫片进行调节。上端面设计间隙为0.9～1.1mm，且大于轴向止推块间隙0.20mm，下端面设计间隙为0.5～1.0mm。

导叶端面密封由密封铜条和其下部的成型橡胶楔块组合而成，依靠成型橡胶楔块的弹性和渗入橡胶楔块内部的水压实现密封。密封铜条和成型橡胶楔块靠密封铜条两侧不锈钢压板将其固定在顶盖和底环上。在底环和顶盖过流面上导叶运动范围内设置有不锈钢抗磨板，如图2-27所示。

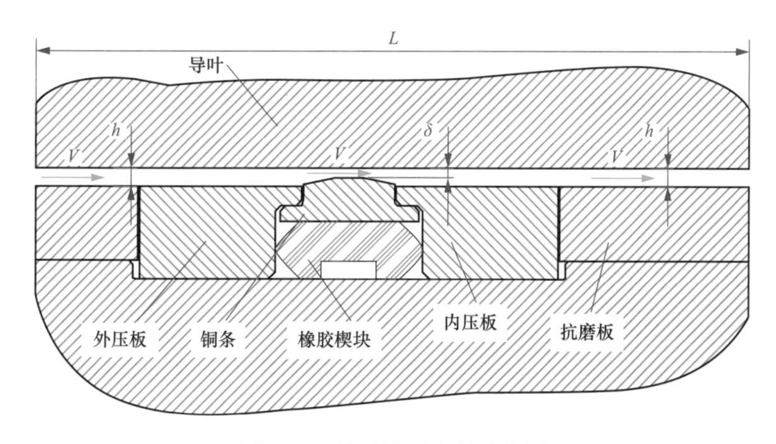

图2-27　导叶端面密封示意图

（二）故障现象

该机组多次出现液压系统在额定工作压力下无法开启快速门的情况，只能依靠增大液压系统操作压力方能开启快速门。现场检查压力钢管平压阀处于全开状态，但快速门前后水头差别较大，导致提门时需要的操作力矩过大。经分析，快速门前后水头差别较大的原因为水轮机导水机构漏水量过大。经计算，当导叶漏水量超过压力钢管平压阀补水量时，快速门前后将一直保持一定的压差，无法平压，这将增大快速门操作液压力。如果快速门前后压差过大，则开启快速门只能超压操作。超压操作将给快速门启闭系统带来安全隐患，不利于机组安全稳定运行。

（三）故障诊断

机组快速门前后压差过大的直接原因为水轮机导水机构漏水量偏大。通过分析主要有以下三个方面的因素可能引起水轮机导水机构漏水量偏大。

1. 导叶立面间隙不满足要求

如图2-28所示，导叶全关时，活动导叶之间是刚性接触，导叶之间通过立面金属接触面进行密封。机组检修时，对导叶之间的立面间隙进行测量，所有立面间隙基本为0mm，个别导叶局部有不超过0.1mm的间隙，但长度较短，立面间隙值均在设计范围内。因此，可以确定导叶立面间隙不是导水机构漏水量偏大的主要原因。

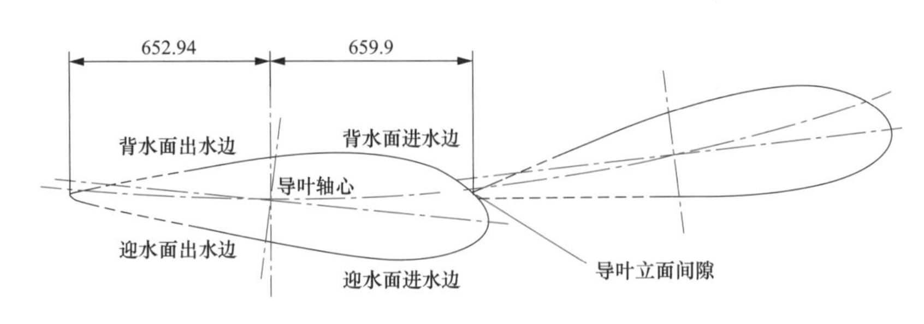

图2-28　导叶全关示意图（单位：mm）

2. 导叶端面间隙不满足要求

活动导叶总端面间隙设计值为1.4～2.1mm。机组检修期间对导叶端面间隙进行测量，上端面间隙平均值约为1.4mm，下端面间隙平均值约为1.35mm，上、下端面总间隙平均值为2.75mm，比设计值平均大约1mm。因此，可以确定导叶端面总间隙偏大是导水机构漏水量偏大的主要原因。

3. 导叶端面密封磨损过大

机组检修过程中，对导叶上、下端面的铜条进行检查，发现导叶全关时，铜条与导叶端面之间存在较多的局部间隙，最大间隙达到0.5mm。铜条外观普遍存在明显的磨损痕迹，如图2-29所示，表面布满密密麻麻的凹坑，凹坑深度实测最大值约为0.2mm。拆卸导叶下部的旧密封铜条进行测量，铜条平均磨损量为0.35mm。因此，可以确定铜条磨损是导水机构漏水量偏大的次要原因。

图2-29　铜条磨损实物图

（四）故障处理及评价

1. 故障处理

在机组不大修的情况下，导叶上、下端面总间隙无法调整，经过方案比选，最终采用下端面更换加厚铜条，并重新分配导叶端面间隙的处理方案。

具体处理方案如下：机组导叶上端面间隙平均值约为1.40mm，下端面间隙平均值约为1.35mm。设计端面间隙值为上端面1.0mm±0.1mm，下端面0.75mm±0.25mm。端面间隙值与设计间隙值相比较，上端面偏大0.4mm，下端面偏大0.6mm。理论上，可以将上部铜条增厚 0.4mm，下部增厚 0.6mm，考虑测量误差及施工难度，最终采用上部铜条厚度保持不变，下部铜条厚度增加 0.8mm，并将全部导叶整体提升 0.3mm 的方案。实际施工时，以 0.3mm 为提升幅度基准，根据每个导叶实测的上、下端面间隙值适当调整其导叶提升量，以达到最佳调整效果。

2. 故障处理效果评价

经上述处理后，在导叶全关状态下对导叶立面间隙、铜条端面间隙及拐臂止推环与止推块轴向间隙进行测量。立面间隙、端面间隙、止推块间隙均在合格范围内，其中导叶全关时铜条与导叶端面之间的间隙基本为 0mm，比修前大幅度改善。对活动导叶进行开关试验，导叶动作灵活、无卡塞，端面密封及压板无剐蹭。

检修后对机组上游压力钢管充水，快速门前后的水头差由 4.7m 降到 0.9m，快速门液压操作机构提门油压从 18.8MPa 降至 9.3MPa，已恢复至额定工作油压之内，快速门提门困难问题得以解决。

（五）后续建议

该机组导叶端面密封为铜密封，从目前运行情况观察分析，此种材质的抗磨及抗空蚀性能较差，机组运行 3～5 年后，密封普遍存在磨损及空蚀的情况，建议导叶端面密封选用抗磨及抗空蚀性能较好的材质，从根源上解决导叶端面密封易磨损及空蚀的问题。

导叶端面总间隙在不拆卸顶盖的情况下是无法调整的。因此在机组安装过程中，导叶端面总间隙的控制至关重要，对于已经存在导叶总端面间隙偏大的情况，可参考该机组处理经验，结合自身实际情况制定改进措施，以解决导叶总端面间隙偏大带来的漏水等一系列问题。

八、活动导叶立面密封缺陷分析及处理

（一）设备简述

某机组导叶立面密封为燕尾槽橡胶条密封形式，其结构如图 2-30 所示。

（二）故障现象

该水电站多台机组存在停机困难和停机后蠕动的现象。

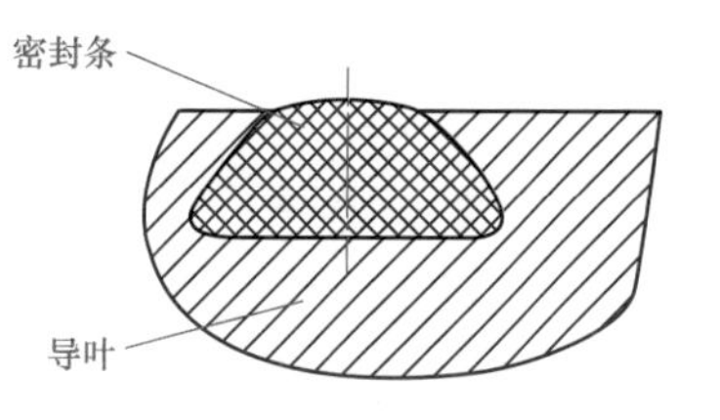

图 2-30　导叶立面密封结构

（三）故障诊断

1. 故障初步分析

（1）导叶立面密封损坏。由于密封老化、密封硬度不够及泥沙磨损等原因，导叶立面密封损坏，导叶关闭不严，导致蜗壳内的高压水流冲击转轮，使机组停机困难或者停机后蠕动。

（2）导叶压紧行程不够。导叶压紧行程不够使导叶立面密封未压紧，导致蜗壳内的高压

水流冲击转轮，使机组停机困难或者停机后蠕动。

2. 设备检查

在机组检修中，发现导叶立面密封橡胶条普遍脱落，立面密封槽被空蚀破坏非常严重，已经无法可靠固定密封橡胶条。

3. 故障原因

导叶立面密封橡胶条脱落，导致导叶封水不严，在高速水流的冲击下，导叶立面密封槽被空蚀破坏，已经无法可靠固定密封橡胶条，在这种情况下，造成导叶全关后导叶立面密封失效，从而引起机组停机困难和停机后蠕动。

（四）故障处理及评价

1. 故障处理

将导叶密封形式由原来的单一橡胶条密封改为组合半硬密封的形式，如图 2-31 所示，密封材料硬度增加，密封压板采用不锈钢压板并用不锈钢内六角沉头螺钉紧固后涂抹环氧树脂；改进组合密封形式在导叶全关后有 1～2mm 的压缩量，保证新型密封的封水性能；改进后的组合立面密封性能良好，牢固可靠，能抵抗机组的水力作用，使用寿命长，检修和更换简单方便；修复导叶立面密封槽两侧和下端面的空蚀破坏，恢复导叶设计叶型。

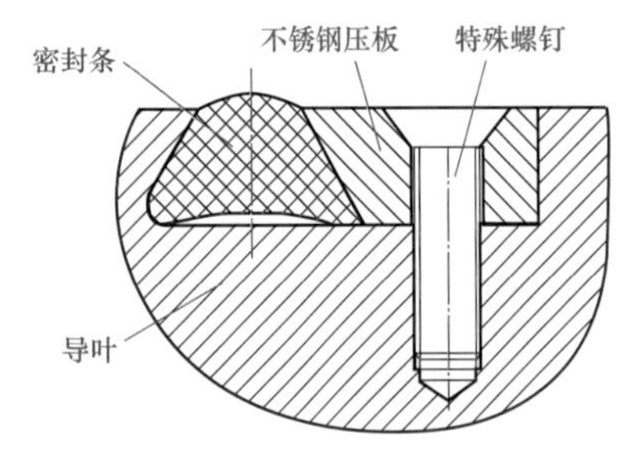

图 2-31　改造后的导叶立面密封形式

2. 故障处理效果评价

导叶立面密封改造后可提高导叶全关状态下的封水性能，改善正常停机时因导叶漏水量增大而导致的机组蠕动现象，有效地控制了原立面密封橡胶条容易脱落的问题，保障机组的顺利开停机。同时解决了密封条脱落后安装难度大、劳动强度高的问题，保障了机组检修工期。出水边单侧不锈钢压板具有优良的抗泥沙磨损性能，可缓解密封槽及导叶端面的空蚀破坏，减小导叶修复的难度与工作量。在改造后的密封条上刷涂环氧胶可以使密封条具有较好的抗泥沙磨损性能，减小密封条因夹渣、泥沙冲蚀磨损的程度。通过现场检查，大部分不锈钢密封压板紧固螺钉孔内的环氧材料被保留，螺钉没有松动迹象，导叶立面密封改造的效果较好。

九、固定导叶裂纹产生原因分析与处理

（一）设备简述

某水电站共安装 20 台混流式水轮发电机组，总装机容量为 3444MW，保证容量为 1731.5MW。水轮发电机组主要参数见表 2-2。

表 2-2　　水轮发电机组主要参数

名称		参数		
		170MW 机组	174MW 机组	176MW 机组
概况	水轮机类型	混流式		
	额定水头(m)	46.4		
	最大水头(m)	49	49	49
	最小水头(m)	34	34	34
	额定转速(r/min)	85.71	85.71	85.71
	额定流量(m^3/s)	398	398	398
转轮	标称直径(mm)	7370	7370	7380
	转轮高度	5355	5355	5791
	叶片数	12	12	12
	转轮材料	碳钢	碳钢	碳钢
	转轮质量(t)	145	145	136

（二）故障现象

该水电站机组多次发现固定导叶出现裂纹缺陷，甚至在固定导叶根部发现断裂现象，如图 2-32 所示。

（三）故障诊断

1. 故障初步分析

（1）固定导叶结构。机组的座环由上环板、下环板和 26 根固定导叶焊接组成，推力轴承均布置在顶盖上，顶盖安装在座环上，因此座环需承受机组转动部分重量及水推力、蜗壳内水流产生的力。座环和蜗壳结构如图 2-33 所示。

图 2-32　固定导叶根部断裂

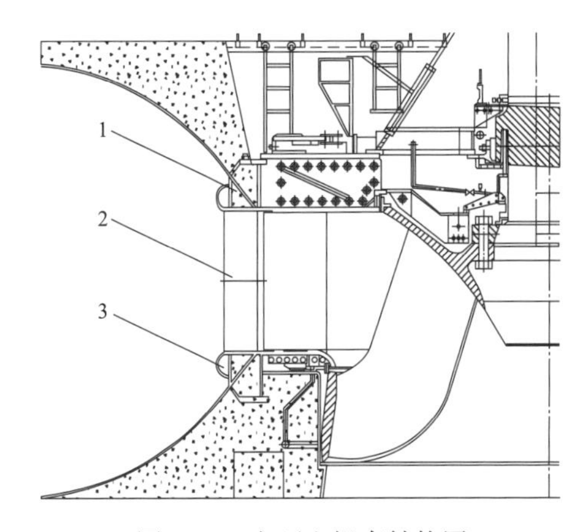

图 2-33　座环和蜗壳结构图

1—上环板；2—固定导叶；3—下环板

（2）可能原因分析。

1）座环设计缺陷。水轮机座环选型设计只能依赖于模型试验数据和计算来预测其性能，不可能完全满足实际运行要求，易出现疲劳损伤，产生裂纹、断裂现象。

2）焊接缺陷。低应力、大圆角的铸件具有良好的抗疲劳性能，而焊接结构往往不可避免地出现焊缝缺陷，同时在工地装配和焊接时，结构件中的残余应力不可能完全消除。

3）固定导叶较薄。焊接式座环设计与铸造式座环有几何相似性，其上环板是与蜗壳形成光滑的流道曲面。这种设计水力性能好，但上、下环板需要滚压成型，制造难度大，并且固定导叶与环板连接处承受着蜗壳水压引起的弯矩。为避免这种力矩的存在，并提高制造的可行性和经济性，开发了箱式结构，这种结构容易制造，更重要的是减小固定导叶的弯矩，使固定导叶截面应力分布更加均匀。但该结构座环一般采用较薄的固定导叶，容易引起振动。

4）卡门涡引起的共振。水流经过固定导叶出水边往往会出现脱流现象，这种脱流而形成的旋涡一般称为卡门涡。如果卡门涡的频率与固定导叶的固有频率相重合，就会引发固定导叶的共振，极易引发疲劳损伤，进而产生裂纹，甚至断裂。

2. 检查情况

（1）水轮机排水检查。对固定导叶表面、根部进行渗透探伤检测，对裂纹或断裂的区域进行标记，并做好检修前的记录。

（2）应力及振动测量。在固定导叶与座环上、下环板之间的焊接过渡区域安装应力传感器和振动传感器，用来测量固定导叶的应力变化和振动值。固定导叶的正压面和负压面分别布置 4 个应变片，每个应变片布置在固定导叶的上进水边、上出水边、下进水边和下出水边。传感器布置完毕后用环氧树脂涂抹裸露的导线，以保护传感器和导线。提门、充水并进行开机试验，逐步增加至额定负荷，测量并记录固定导叶的振动值和应变。

3. 故障原因

通过测量发现，固定导叶在机组负荷超过 160MW 后，导叶的应力值变化不大，但振动突然偏大，在接近 70Hz 频率处幅值最大，而 70Hz 非常接近固定导叶在该状态下的固有频率，因此可以判断固定导叶裂纹、断裂缺陷是由卡门涡共振引起的。测量数据如图 2-34～图 2-36所示。

（四）故障处理及评价

对断裂的固定导叶进行修复，并对所有固定导叶进行修型，尽量减少固定导叶的脱流现象，从而避免卡门涡引起的共振。

1. 故障处理

（1）CFD 分析。结合图纸，现场测绘固定导叶尺寸，建立三维模型，通过计算机仿真软件，对水流经固定导叶的状态进行分析，并通过修改固定导叶出水边型线，观察是否存在脱流现象，以确定合适的固定导叶出水边型线，如图 2-37 所示。

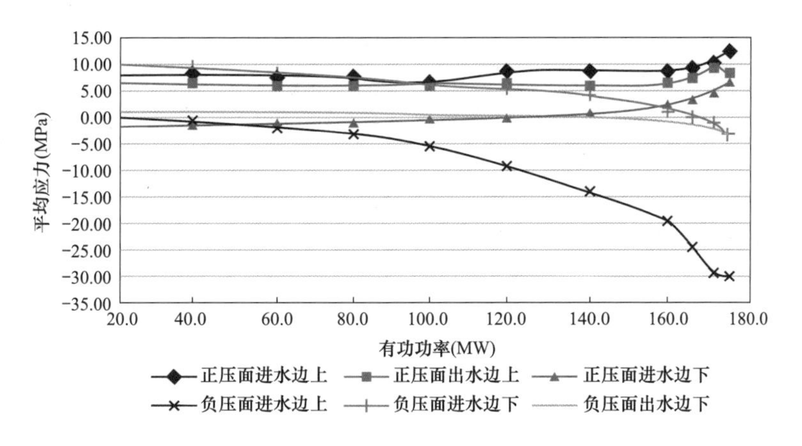

图 2-34　固定导叶应力值

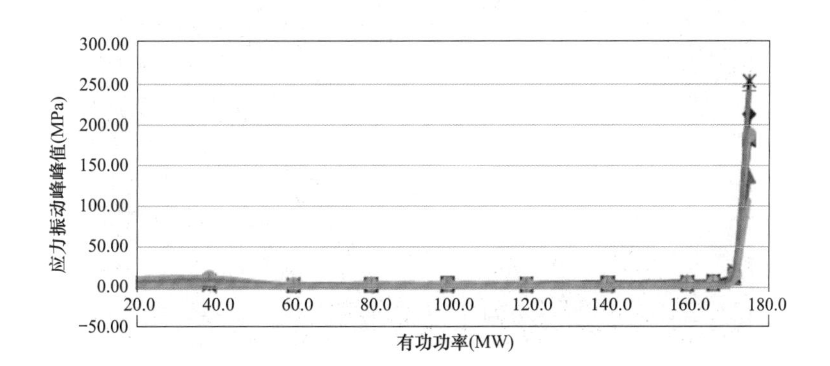

图 2-35　固定导叶振动值

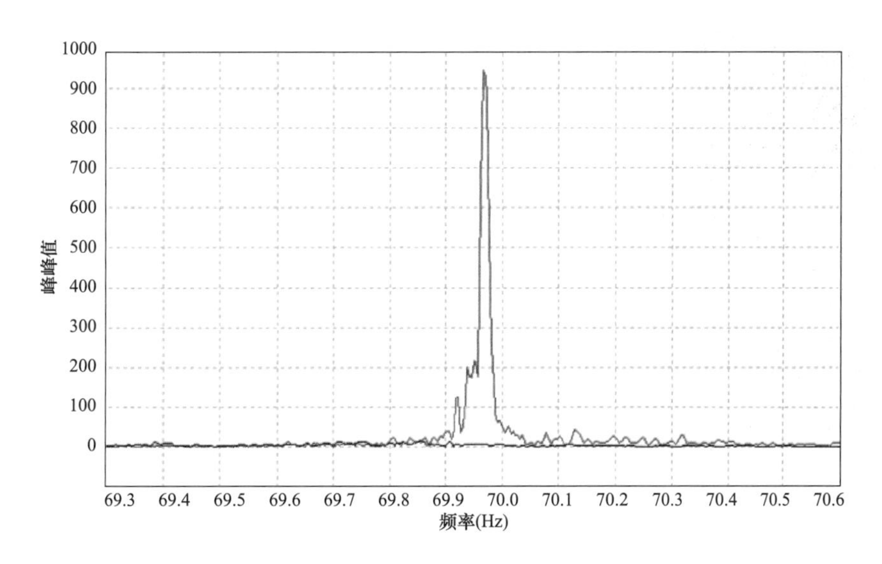

图 2-36　固定导叶频谱图

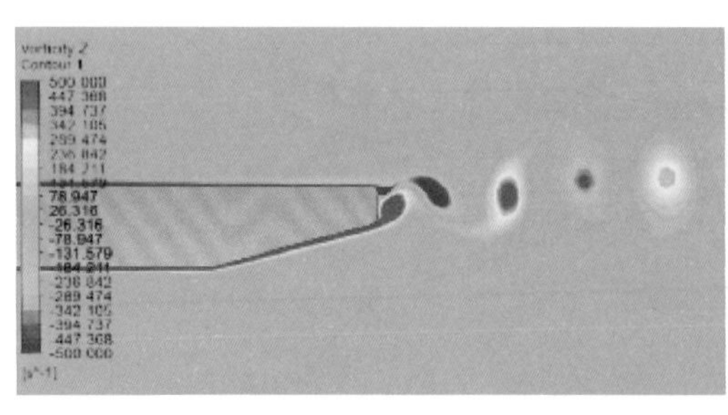

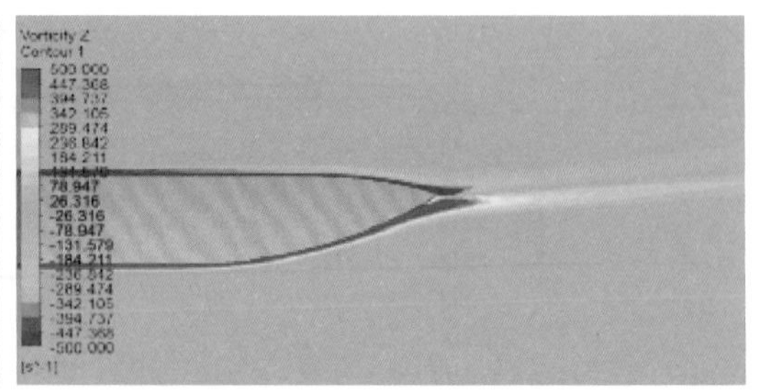

图 2-37　CFD 分析图

（2）模型试验分析。为了进一步验证 CFD 的分析结果，通过制作活动导叶模型，进行模拟试验，以观察在模型试验中是否存在脱流现象，如图 2-38、图 2-39 所示。

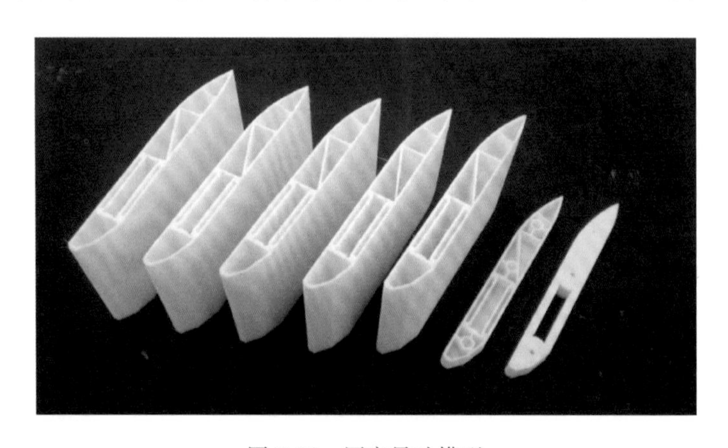

图 2-38　固定导叶模型

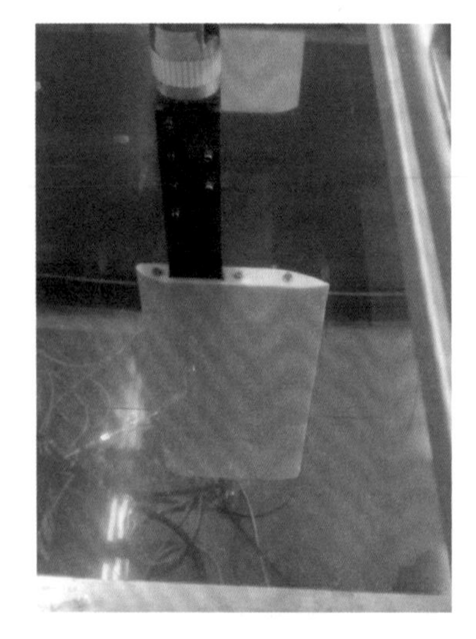

图 2-39　模型试验

（3）根据模型试验结果确定固定导叶型线。通过几种固定导叶的模型比选，最终确定固定导叶出水边的型线。

（4）现场补焊和修型处理。刨除固定导叶裂纹或断裂位置处母材，并打磨光滑过渡。采用专用的车床对固定导叶出水边车削修型。

2. 故障处理效果评价

固定导叶修型完成后，再次安装传感器，开机试验检测数据显示固定导叶应力值与修型前基本相同，70Hz 频率振动幅值大幅度减小，这说明通过修型解决了固定导叶出水边的脱流现象，卡门涡引起的共振现象消失。

（五）后续建议

在机组运行过程中，密切监视机组噪声和振动情况，并在 A、B 修期间进行排水检查，进一步验证修型后的效果。

十、中轴套缺陷分析及处理

（一）设备简述

某机组活动导叶有上、中、下三部轴套，上、中两部轴套分别布置在顶盖两端。其中，中轴套设计在顶盖下端，直接与蜗壳相通。机组在运行时，蜗壳内充满了水，为了阻止蜗壳内的水通过中轴套上溢，中轴套内设置有密封结构。

中轴套嵌入轴孔后，中轴套上端外法兰和密封压板用螺栓连接固定。另外，中轴套内壁覆盖一层自润滑材料，在活动导叶动作时，用于减小导叶轴与轴套间的摩擦力，保护中轴套。由于活动导叶中轴套采用镶套式结构，为了防止蜗壳内的水从轴孔与中轴套之间的间隙渗出，在中轴套外侧靠近下端处沿中轴套圆周加工一圈矩形密封槽，槽内安装O型密封圈。在中轴套上端外法兰内侧加工一圈矩形密封槽，槽内安装O型密封圈。同时，在中轴套内侧靠近下端处加工一圈矩形密封槽，安装唇形密封条，用于阻止蜗壳内的水从中轴套内侧与活动导叶轴之间的间隙渗出，如图2-40所示。

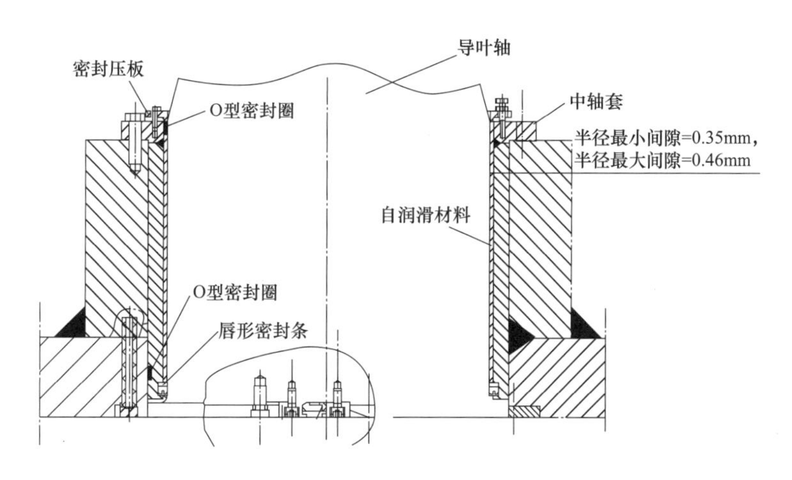

图2-40　中轴套密封结构

（二）故障现象

该机组运行时发现导叶中轴套出现了漏水现象，需要顶盖排水泵一直运行才能维持顶盖水位，因此加重了顶盖排水泵的负担，缩短了顶盖排水泵的使用寿命，当中轴套漏水量大于顶盖排水泵和自流排水总排水量时，可能造成水淹水导轴承事故，严重影响机组的安全运行。

（三）故障诊段

1. 故障初步分析

由中轴套密封结构分析，中轴套与导叶轴之间有相对旋转运动，密封性质属于接触性动密封，当蜗壳充满水时，蜗壳的压力水可能通过唇形密封条往上渗漏，而中轴套上端的O型密封圈效果不好，导致中轴套漏水。

2. 故障原因

导叶中轴套在运行期间，漏水部位主要集中在中轴套与活动导叶轴之间的密封面。机组运行时，中轴套与导叶轴之间有相对旋转运动，该处采用弹性体唇形密封条，属于接触性动密封。在原设计中，唇形密封条极有可能并没有和导叶轴接触，或是局部接触，蜗壳内的压力水可能通过唇形密封条往上渗漏，而中轴套上端的O型密封圈效果不好，最终导致中轴套漏水现象。

（四）故障处理及评价

1. 故障处理

结合机组中轴套密封结构，对中轴套密封进行改造，如图2-41所示。

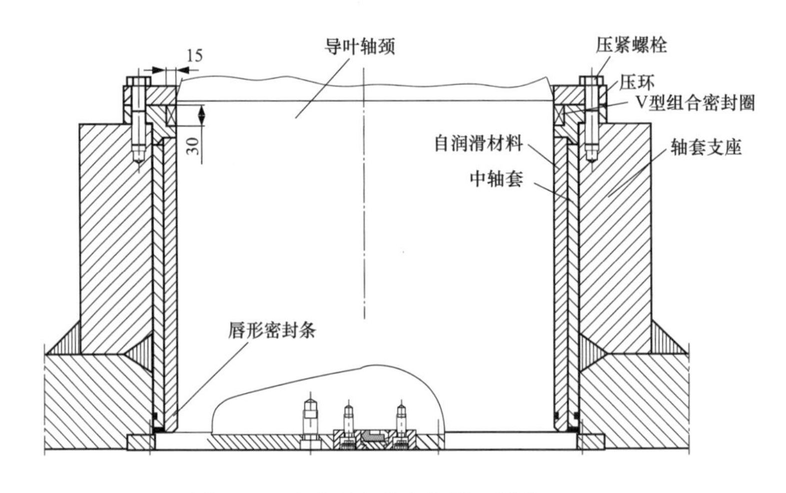

图2-41　改造后中轴套密封（单位：mm）

（1）把中轴套上端的O型密封圈改为V型组合密封圈，密封槽尺寸扩大为：径向深度单边15mm，轴向深度30mm。

（2）在中轴套上端外法兰上，设计加装一层压紧环，用于V型组合密封圈圆周的轴向压紧，以保证V型组合密封圈在安装时可获得足够的初始过盈和预压缩，从而保证密封效果。

2. 故障处理效果评价

按照以上方案对中轴套的密封结构进行改进，机组检修后投入运行，中轴套的密封未发现明显渗漏，有效地解决了中轴套漏水的缺陷，对机组安全稳定运行提供了重要保证。

（五）后续建议

在中轴套密封结构的设计过程中，要充分考虑密封所处位置的工作状态，合理选择密封形式，优化密封结构，提高密封可靠性。

第三节　顶盖部件典型案例

一、支持盖振动增大故障分析及处理

（一）设备简述

某水电站水轮发电机组基本参数如下：额定功率为176MW；额定转速为54.6r/min；设计水头为18.6m；额定流量为1130m^3/s；转轮直径为11.3m；轮毂比为0.4；最大轴向水推力为3800t；转轮体高2.75m，长和宽各为4.024m，质量为120t，转轮体为球形结构，球体直径为4.52m，装有4个可转动叶片，其转角范围为$-10°\sim+24°$，操作叶片转动的接力器直径为2.85m。

（二）故障现象

常规检修后，开机运行时发现支持盖垂直振动整体偏大接近上限值（标准不超过110μm），且偶有超标情况，水平振动正常。经查询支持盖历史稳定性数据发现（见图2-42），机组检修前支持盖垂直及水平振动均正常。

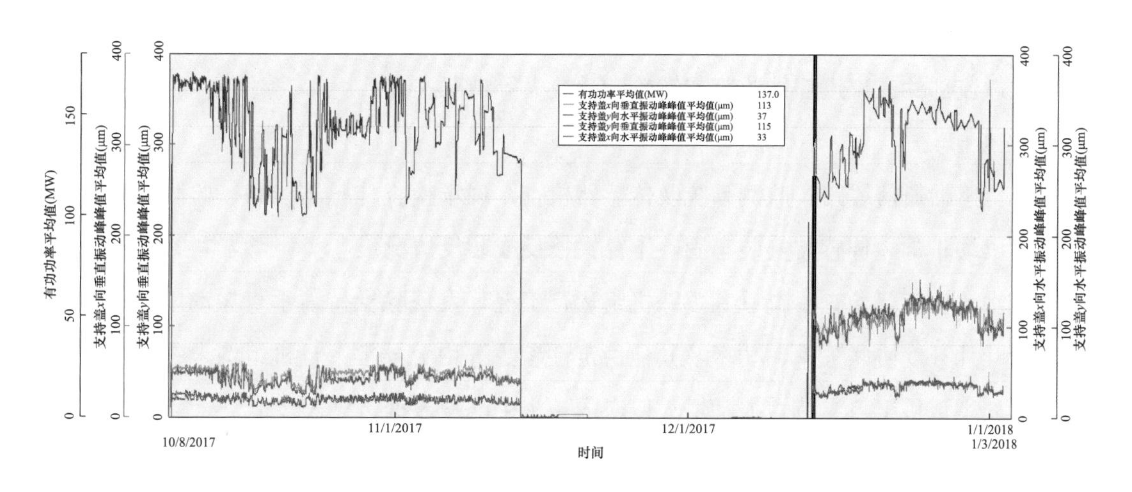

图2-42　支持盖振动变化趋势图

（三）故障诊断

1. 支持盖结构及传感器布局

机组水轮机支持盖结构形式如图2-43所示，外形尺寸（外径×内径×高）为ϕ11780mm×ϕ5000mm×2670mm，布置于顶盖内侧，是水轮机导水机构的重要组成部分。

支持盖水平及垂直振动传感器互成90°，布置于支持盖内侧$+x$和$+y$方向处，传感器形式为低频速度传感器。

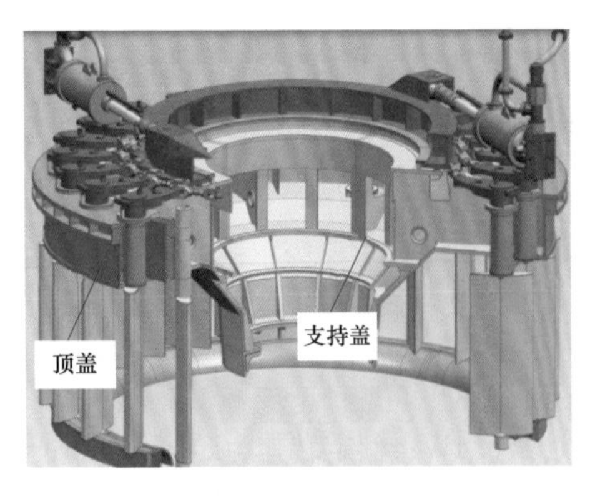

图 2-43　支持盖三维示意图

2. 可能原因分析

（1）传感器通信线路或系统软件故障。水轮机支持盖振动传感器属于在线监测系统的一部分。由于在线监测系统数据主要通过电缆、转接端子、采集箱等元件进行传输，而这些电缆或者接线端子随着长时间的运行后可能松动或者脱落，使其接触不良，造成传感器输出信号异常，导致在线监测系统显示值与实际值不符。

另外，在线监测系统运行过程中需要采集、分析、存储各种状态量，可能产生刷新数据不及时等情况，导致数据失真。

（2）传感器异常。水轮机支持盖振动传感器运行环境比较复杂，长时间运行后可能会导致性能异常或损坏，最终影响水轮机支持盖真实振动值的输出。

（3）水轮机工况不佳。水轮机未在协联工况或在振动区下运行，导致支持盖振动增大。

（4）水轮机水下部件异常。水轮机过流部件偏差、流道偏差、导叶控制部件转动偏差、转轮安装高程偏差及转轮叶片形态异常等均有可能导致支持盖振动异常。由于机组在此之前的运行状态、稳定性均正常，因此可以排除导叶控制部件运动偏差、转轮安装高程偏差。但可能存在过流部件、流道部件脱落或转轮叶片缺失等情况。

3. 检查情况

（1）传感器通信线路、监测系统及传感器检查。现场检查传感器线路、监测系统及传感器电压输出均正常。传感器安装牢固，不存在接反或装反情况。

（2）水轮机工况检查。查看和跟踪机组运行工况，发现除支持盖垂直振动以外，导叶开度、转轮叶片开度协联关系、功率及其他稳定性参数等均无异常，且机组均未在振动区运行过。以下列举该机组自支持盖振动增大以来的 4 个工况点数据，见表 2-3。

表 2-3　机组稳定性数据

工况点	1	2	3	4
水头(m)	24.5	24.3	18.8	14.1
导叶开度(%)	59.6	49.3	82.7	90.0
转轮叶片开度(%)	38.1	18.9	73.0	77.2
功率(MW)	137.7	104.3	164.8	120.4
水导轴承 x 向摆度(μm)	98	93	105	100
水导轴承 y 向摆度(μm)	102	99	122	102
支持盖 x 向水平振动(μm)	30	27	37	32

续表

工况点	1	2	3	4
支持盖 y 向水平振动(μm)	29	28	38	27
支持盖 x 向垂直振动(μm)	114	95	96	98
支持盖 y 向垂直振动(μm)	124	92	112	95

注　其他稳定性数据如上导轴承摆度、上机架振动均正常。其中水导轴承摆度不超过 600μm，支持盖水平振动不超过 90μm，支持盖垂直振动不超过 110μm。

长期跟踪该机组运行情况发现，自支持盖垂直振动增大以来，除在低负荷运行时有所降低和改善外，其他大部分负荷区间运行时垂直振动趋势并未随工况的变化而有明显的变化，且振动值基本处于上限或偶有超标情况。图 2-44 所示为自支持盖垂直振动增大后 1 年的支持盖振动趋势概览。

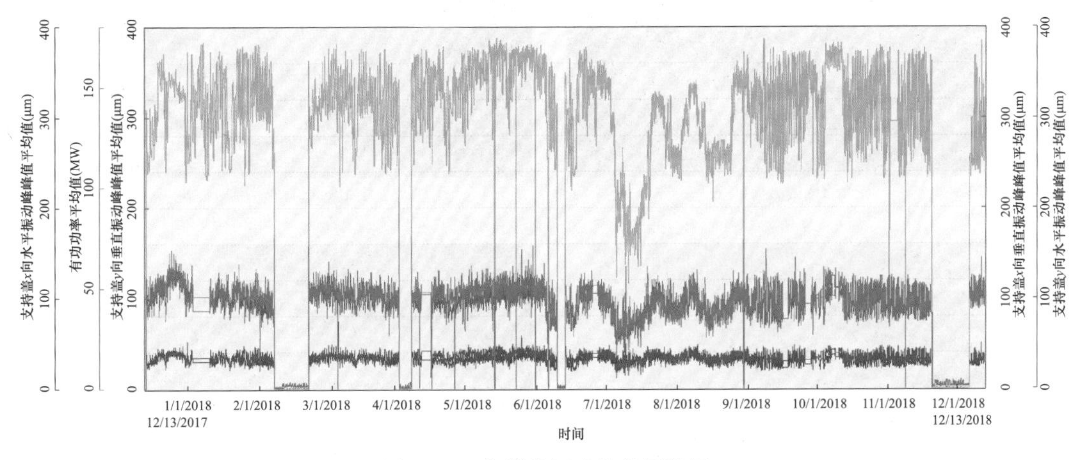

图 2-44　支持盖振动趋势概览图

（3）水下部件检查。结合机组 B 级检修，对水下部件进行详细检查。检查发现，一个叶片出水边靠近裙边侧有约 975mm×880mm 的扇形区域叶片断裂缺失（见图 2-45），距离叶片内圆约 2180mm，整体延伸至叶片裙边根部，且叶片进水边、出水边、叶片根部均存在不同程度的裂纹缺陷。其他水下部件如过流部件、转轮室、流道等除存在一定磨蚀以外，无其他异常情况。由此可知，该叶片靠出水边侧局部断裂脱落是导致机组支持盖垂直振动增大的根本原因。

图 2-45　叶片出水边脱落

（四）故障处理及评价

1. 故障处理

为保证叶片脱落区域的处理效果及叶片处理后叶型匹配性和完整性，委托机组厂家对缺失叶片区域进行加工，并提供处理方案。具体处理情况如下：

（1）叶片脱落部位缺陷处理。现场测量叶片脱落区域接口处型线尺寸，在没有缺陷的叶片同一位置处描绘出脱落部分模型，确定镶块模型尺寸；对原断口位置进行吹割打磨处理，打磨深度约为5mm；装焊镶块，调整好镶块位置，焊前采用烤枪预热，多层多道焊接，清根焊透，每次焊接前检查焊缝表面质量；焊后打磨，焊接位置处圆滑过渡，无突变；PT探伤和超声波探伤检查，无裂纹等缺陷。主要处理过程如图2-46所示。

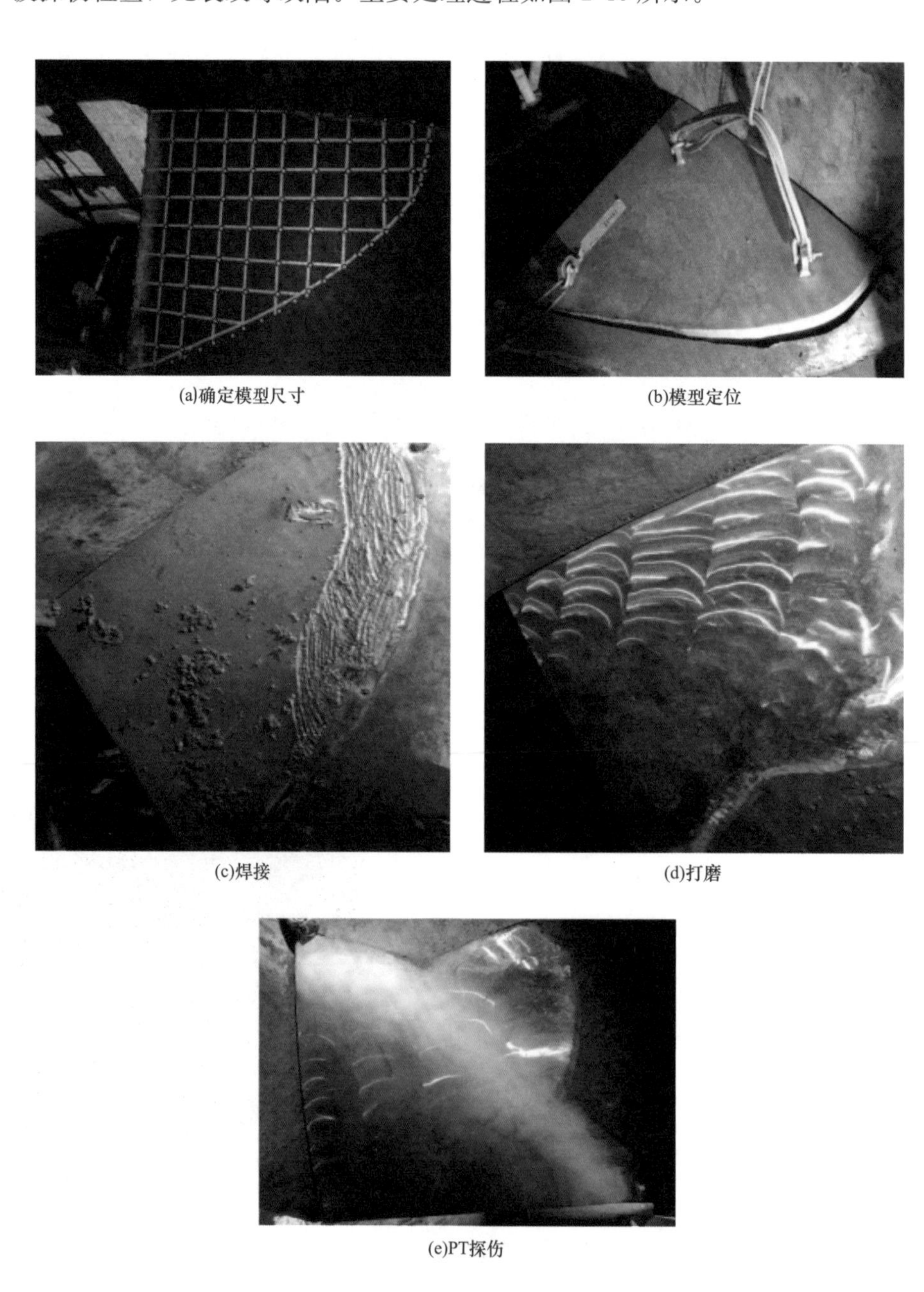

(a)确定模型尺寸　(b)模型定位　(c)焊接　(d)打磨　(e)PT探伤

图2-46　主要处理过程

（2）裂纹区域处理。叶片裂纹主要为：进水边长约170mm的贯穿性裂纹，出水边正面长360mm、背面长470mm的贯穿性裂纹，叶片根部背面R角两处长约70mm的裂纹。

对裂纹处进行清理并进行PT探伤，确定叶片裂纹源头后，在源头端钻止裂孔，防止吹刨时裂纹扩展；先从叶片下部吹刨叶片厚度的1/2并进行补焊，再从叶片正面进行吹刨补焊；焊接及处理工艺与叶片脱落区域处理工艺基本一致。

（3）对叶片空蚀区域进行补焊打磨，叶片光滑过渡。

2. 故障处理效果评价

缺陷处理完成，开机运行后跟踪查看机组稳定性情况，发现支持盖垂直振动明显减小。对比处理前后支持盖垂直振动基本由95～115μm减少至72～85μm，降幅为26%～35%。其他稳定性数据均正常。此次处理达到了预期效果，同时也找到了支持盖垂直振动增大的根本原因，为后续其他机组出现类似缺陷分析处理提供了参考。

（五）后续建议

（1）充分考虑机组水下部件运行环境和运行状态的复杂性。结合机组水下部件运行寿命及检修周期，按要求对水下部件进行仔细检查和处理，确保机组安全稳定运行。

（2）机组在运行过程中如支持盖振动等稳定性指标出现恶化，应立即停机进行检查，避免机组相关部件造成不可预估的损失。

二、顶盖垂直振动异常故障分析及处理

（一）设备简述

某轴流转桨式水轮发电机组主要性能参数如下：最大水头为53.2m；固定导叶数为23片；额定水头为44m；额定流量为352.57m^3/s；最小水头为39m；额定功率为142.9MW；转速为93.75r/min；活动导叶数为24片；转轮叶片数为13片。

（二）故障现象

自投产以来，通过在线监测系统发现，机组顶盖垂直振动异常。图2-47、表2-4所示为现场测试振动值（净水头为45m）。其他水头下机组振动情况与45m水头类似。

表2-4　　45m净水头下机组振动真机实测值

测点	幅值范围(μm)	限值(μm)	结论
下导轴承x向摆度	124.2～167.1	450	合格
下导轴承y向摆度	124～153.3	450	合格
水导轴承x向摆度	154.1～293.9	450	合格
水导轴承y向摆度	156.5～291.1	450	合格

续表

测点	幅值范围(μm)	限值(μm)	结论
上机架水平振动	4.9～18.4	110	合格
定子机架水平振动	21.5～23.8	40	合格
下机架水平振动	5.3～13.6	110	合格
下机架垂直振动	9.9～37.9	80	合格
顶盖水平振动	13.8～63.9	90	合格

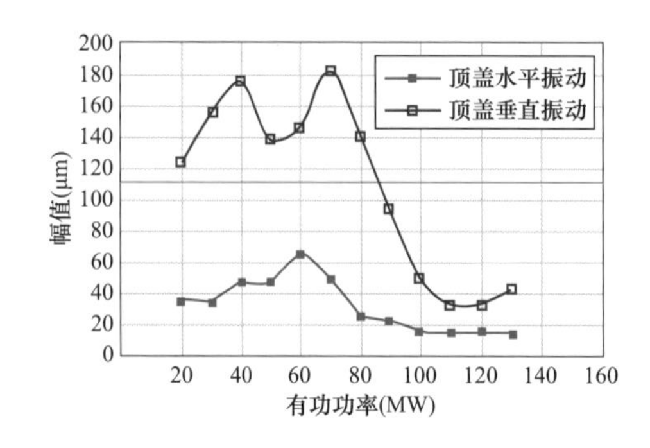

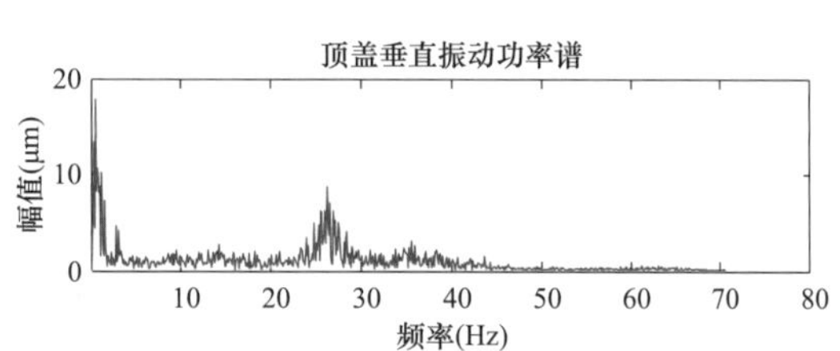

图 2-47　45m 净水头下机组顶盖垂直振动频谱

（三）故障诊断

1. 试验数据分析

由机组不同工况的真机稳定性试验数据可知：

（1）在各试验水头及有功功率下，水导轴承摆度值、定子机座水平振动值、下机架振动值、顶盖水平振动值均合格。

（2）机组振动与转速大小及电磁力大小关联性很小，而与机组水头、有功功率存在较大的关联性，低水头下机组顶盖垂直振动正常，在中、高水头下，顶盖垂直振动随负荷变化趋势曲线中存在 40MW 和 70MW 两个峰值点，顶盖垂直振动最大达到 171μm，且机组顶盖垂直振动超标的有功功率区间大，导致机组运行区间过窄。可初步诊断，机组顶盖垂直振动异常主要是由水力因素引起的。

（3）机组顶盖垂直振动异常时，功率谱图显示频率分量分两类：①低频分量（低于转频），该频率分量主要来源于尾水低频涡带。②当机组负荷超过 70MW 时，尾水涡带迅速减弱，25～45Hz 频率分量逐渐增多，该频率分量在机组运行于中、高水头下出现，与机组过机流量、净水头等的关系不大，在机组顶盖垂直振动异常时恒定出现。该频率分量是引起顶盖垂直振动异常的主要因素。

2. 动力特性建模与实测

鉴于机组顶盖垂直振动异常时出现频率为 25～45Hz 的高频分量，需要校核该高频分量是否与顶盖的固有频率一致从而产生受迫共振，采用动力特性建模与实测的方式，获取机组顶盖的固有频率。

（1）基于有限元的机组顶盖动力特性建模与仿真。通过模型仿真，获取机组顶盖的前两阶固有频率与振型，见表 2-5 及图 2-48。

表 2-5　　顶盖固有频率有限元计算结果与实测结果比较

阶数	实测频率(Hz)	计算频率(Hz)	振型	计算频率相对实测频率偏差(%)
1	39.9	42.1	轴向振型	5.5
2	60.6	58.6	两瓣振型	−3.3

(a) 一阶模态　　(b) 二阶模态

图 2-48　机组顶盖仿真模态

（2）机组顶盖模态实测。为了验证仿真的动力学模型的准确性，现场开展顶盖模态实测，获取水轮机顶盖的固有频率、振型。模态试验将水轮机顶盖简化为单平面结构。采用移动锤击、固定点采集的方式，对水轮机顶盖进行模态试验，顶盖共 12 个立筋，沿每个立筋方向（机组水平径向）设置 5 个试验节点，总试验结点数为 60 个（见图 2-49）。

通过测试，获得顶盖前两阶固有频率和振型，见表 2-5 及图 2-50。

计算和测试结果表明，机组顶盖垂直振动异常时存在的 25～45Hz 高频分量，与其固有频率存在交叉，且该固有频率的振型为轴向振型，表现为垂直振动过大。

3. 振源分析

根据混流式水轮机水力振动情况，可将水轮机运行工况分为叶道涡区 A、部分负荷涡带区 B、特殊压力脉动区 C、无涡带区 D、满负荷（反向涡带）区 E、叶片进口边正面脱流区 F、叶片出水边背面空化区 H、叶片进口边背面脱流区 G 等，如图 2-51 所示。

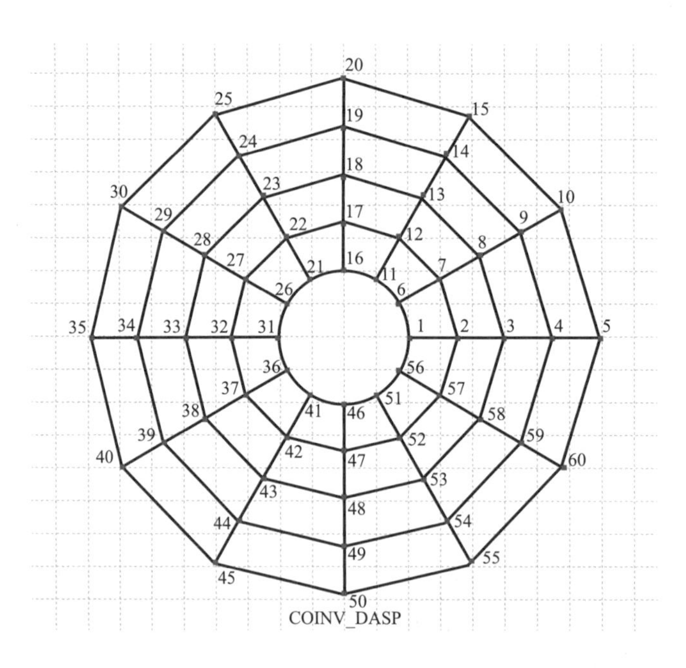

图 2-49　顶盖模态试验网格

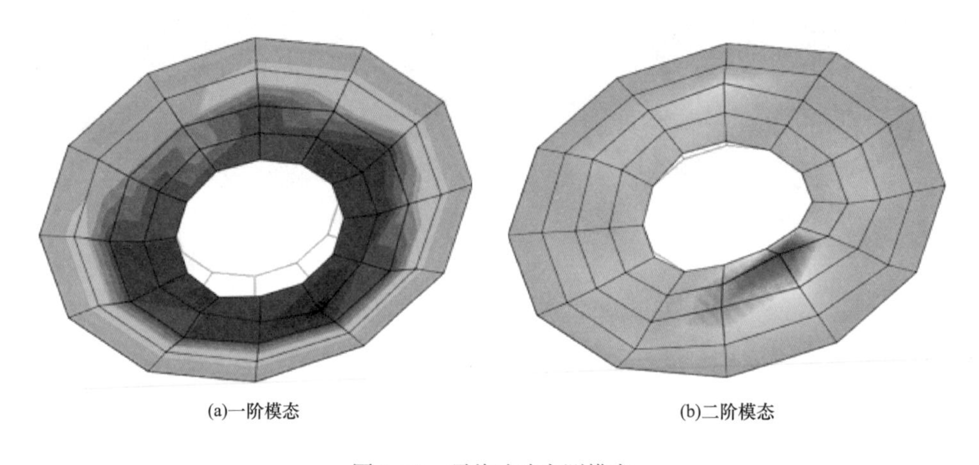

(a)一阶模态　　(b)二阶模态

图 2-50　顶盖试验实测模态

一般情况下，水轮机的稳定区为无涡带区 D，较稳定区为满负荷（反向涡带）区 E 和叶片进口边正面脱流区 F，不稳定区为叶道涡区 A（压力脉动大，出现在小负荷区）、部分负荷涡带区 B、特殊压力脉动区 C、叶片进口边背面脱流区 G。同时部分机组还出现过由于过流部件（固定导叶、活动导叶、叶片）卡门涡引起的机组不稳定情况。结合图 2-51 采用排除法分析机组顶盖垂直振动异常的原因，具体见表 2-6。

（1）机组顶盖垂直振动异常的叶片进口边背面脱流、机组导叶与叶片动静干涉联合引起的。

（2）机组设计比转速过高、最优工况区设计不当可能是造成机组顶盖垂直振动异常的重要原因。

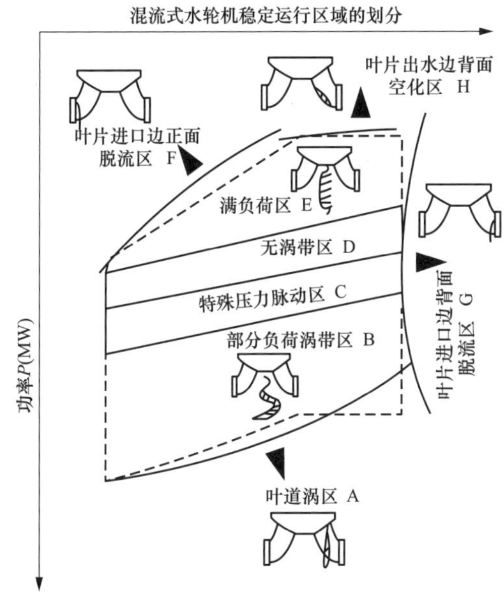

图 2-51　混流式水轮机稳定运行区域的划分

表 2-6　　　　机组顶盖垂直振动异常原因分析

振动原因	表现特征	机组顶盖垂直振动特征	结论
尾水涡带	（1）出现在机组较低负荷区，一般在50%额定负荷及以下。 （2）振动主频为0.16～0.5倍转频	（1）振动异常主要发生在70～90MW工况。 （2）特征频率为25～45Hz	排除
叶道涡	（1）出现在机组低负荷区，一般低于尾水涡带。 （2）振动主频为中高频，超过100Hz	（1）振动异常主要发生在机组带70～90MW负荷区。 （2）特征频率为25～45Hz	排除
固定导叶、活动导叶或叶片卡门涡	（1）引发的振动频率一般很高，且伴随啸声。 （2）振动主频与机组流量相关，流量越大，振动频率越大	（1）真机试验现场无异常声响。 （2）特征频率为25～45Hz。 （3）不同流量下振动频率基本稳定	排除
特殊压力脉动	（1）出现在高部分负荷区，伴有强噪声。 （2）振动频率与转频比值在1～4.5倍间变化，该机组转频为1.56Hz，则特殊压力脉动区对应的频率应在1.56～7.02Hz范围内	（1）振动异常出现在机组高负荷区。 （2）特征频率为25～45Hz	排除
叶片进口边正面脱流	主要发生在小流量、低负荷工况	振动异常主要出自高负荷区	排除
叶片出口边背面空化	（1）发生在机组超额定功率运行工况。 （2）振动主频很高	（1）振动异常主要发生在70～90MW工况。 （2）特征频率为25～45Hz	排除
叶片进口背面脱流	（1）发生在机组带中高负荷区。 （2）机组低水头下不会发生，主要发生在中高水头下	（1）振动异常主要发生在70～90MW工况。 （2）主要发生在中高水头，低水头未出现	可能

续表

振动原因	表现特征	机组顶盖垂直振动特征	结论
导叶叶片动静干涉	（1）特征频率与转频、活动导叶片数、水轮机叶片数有关，该机组活动导叶数为24，水轮机叶片数为13，转频为1.56Hz，对应的主频应为20.28～37.44Hz（或者区间的倍频）。 （2）易发生在比转速较高的水轮机上	（1）特征频率为25Hz～45Hz。 （2）该机组比转速为312.7，属于较高水平	可能

（3）叶片进口边背面脱流、机组导叶与叶片动静干涉联合产生的25～45Hz的周期性刺激力与顶盖一阶固有频率（振型为轴向振型）存在交叉，导致顶盖产生受迫共振，同时顶盖轴向设计刚度不够，最终造成垂直振动异常。

（四）故障处理及评价

1. 故障处理

针对上述原因分析，可采用下列两种方案解决该机组的顶盖垂直振动异常问题：

（1）更换水轮机，重新设计水轮机比转速与最优工况区，使机组在正常运行区，避开叶片进口边背面脱流区、机组导叶与叶片动静干涉区。

（2）对机组顶盖进行补强加固，增加其强度，同时改变其固有频率。

鉴于该机组除顶盖垂直振动异常外，其他位置振动正常，且更换水轮机投资巨大，检修周期长，采用顶盖补强加固方案。

结合检修机会采用焊接封堵大筋板开孔的方式对顶盖进行补强加固处理，处理后进行真机振动测试试验、顶盖动力特性建模分析及实测，并以此评价顶盖加固处理效果。

2. 故障处理效果评价

（1）补强加固后顶盖模态试验。顶盖补强加固后重新对顶盖开展动力特性建模分析及实测，获得顶盖前两阶固有频率（见表2-7），顶盖1、2阶频率仿真计算结果与实测结果较为接近，且均偏离高负荷区存在的25～45Hz频率成分，机组叶片进口边背面脱流、导叶与叶片动静干涉联合产生的周期性应力不会造成顶盖出现受迫共振现象。

表2-7　顶盖补强加固后仿真计算固有频率与实测值比较

阶数	实测频率(Hz)	计算频率(Hz)	振型	计算频率相对实测频率偏差(%)
1	59.1	56.3	轴向振型	−4.7
2	89.7	84.9	两瓣振型	−4.2

（2）补强加固后顶盖现场振动测试。现场开展顶盖补强加固后的真机稳定性试验，为了

保证对比试验的有效性，加固前后的稳定性试验水头基本保持一致。

试验结果表明，顶盖补强加固后，顶盖振动存在明显改善，相同工况下顶盖水平振动最大降幅 20.8%，顶盖垂直振动最大降幅 55.7%（见图 2-52），在各个试验水头下，顶盖垂直振动全负荷段均满足要求。

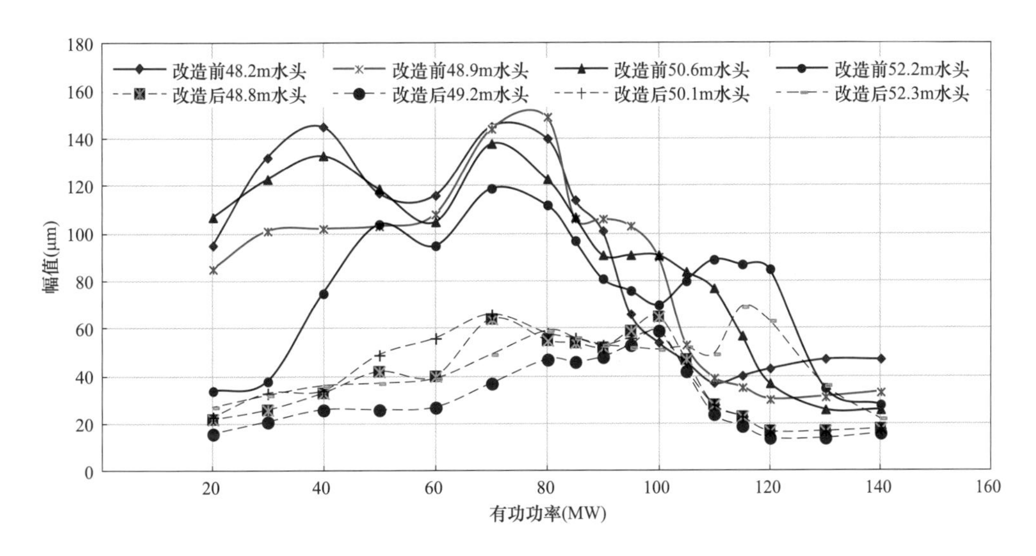

图 2-52　机组顶盖补强加固前后不同水头下垂直振动随有功功率的关系曲线

三、顶盖与座环密封缺陷分析及处理

（一）设备简述

某机组顶盖与座环密封安装在蜗壳内的顶盖下表面，如图 2-53 所示，主要是通过安装在顶盖与座环之间的 O 型密封圈，防止江水进入水车室。其中顶盖侧密封面为机加工面，尺寸和精度控制较好，可以满足密封安装要求；座环内侧 15mm 厚上环板安装时为非机加工面，且预留一定的现场切割加工余量，需要根据机组安装中心，进行现场切割和手工打磨，局部还要对切割过量部位进行补焊处理，因此造成密封面粗糙度存在超标的情况。如果密封面现场加工、处理及验收控制不严，甚至会出现顶盖密封槽宽度不均匀、密封面存在凹凸等不足，严重影响密封圈的密封效果，也会给机组的安全运行带来隐患。

（二）故障现象

机组运行时陆续发现顶盖水位持续上升，排水泵频繁启动现象，经现场检查发现，顶盖自流排水孔有水反流至顶盖上平面外，而机组水车室内其他供、排水系统未发现有漏水情况，经分析最终确定机组顶盖与座环密封存在漏水现象。

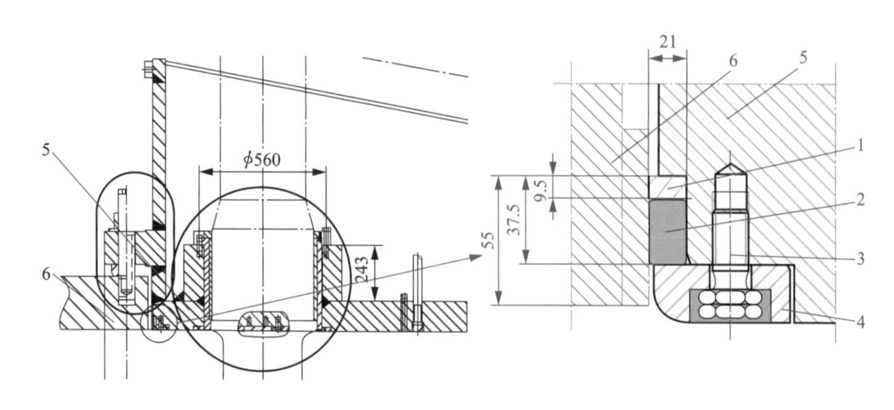

图 2-53　顶盖与座环原密封结构图（单位：mm）

1—密封环；2—橡胶条 ϕ25；3—特殊螺钉 M20；4—密封护板；5—顶盖；6—座环

（三）故障诊断

机组停机检修时，在蜗壳内对密封安装情况进行现场检查，发现座环与密封护板之间的缝隙存在五处漏水点，拆除漏水部位密封护板后，发现密封圈本身完好，但与顶盖和座环之间存在间隙，经实地测量，部分漏水部位密封槽宽度大于 25mm，最大处达到 27mm，致使密封圈完全失去作用。设备安装时，施工单位为了防止漏水，在密封圈两侧填充了破布、麻绳等填充物，暂时起到了止水作用，然而随着机组的运行，填充物逐渐失去作用，致使江水进入顶盖内。

拆除顶盖与座环之间 ϕ25mm 的 O 型密封圈后，对密封槽进一步检查发现：靠近顶盖侧密封槽壁比较光滑，可以满足密封圈现场工作需要，但靠近座环侧密封槽壁比较粗糙，局部还有一些大小不一的凹坑和高点，经现场观察和分析，最终确定顶盖漏水产生的原因：在机组安装时，为了确保机组安装中心线满足要求，就需要对座环上的密封接触面进行现场切割和修磨，由于现场切割和修磨的工艺有限，导致座环与顶盖密封槽宽度不均匀、密封接触面光洁度不够，密封安装到位后，现场施工人员在发现密封槽宽度大于密封圈直径时，未采取有效的处理方法，最终导致顶盖与座环出现漏水现象。

（四）故障处理及评价

1. 故障处理

设备长期运行后，密封槽内出现许多锈斑和沉积物，为了保证新型密封安装效果，现场采用专业刻磨工具，对整个密封槽进行现场修磨，除去锈斑及密封槽凸出高点，使整个密封接触面光洁度满足工作需要；同时，对过深凹槽部位的两侧进行专项修磨，尽量保证密封接触面的平整度和光洁度，为密封的最终安装效果提供保证。

（1）新型密封结构设计要求。为了彻底消除机组漏水安全隐患，就必须对顶盖与座环密封的结构形式进行重新设计，新型密封的设计主要考虑以下五个方面：

1）在不改变密封固定方式的情况下，拆除原有密封槽底部的密封环，增大新型密封与密封槽两侧的接触面积，提高新型密封的止水性能。

2）密封槽每隔 150mm 长度，测量并记录一次密封槽宽度和深度，为新型密封的设计结构提供数据参考。

3）考虑即使对密封槽进行修磨，也无法完全消除密封接触面上的较大的凹坑，新型密封在结构上要具备多层止水功能。

4）新型密封的材质要选用抗拉、抗压强度大的材料，且能在机组润滑油和江水的长期浸泡下不易老化变质。

5）新型密封设计结构要满足现场实际工作需要，且要方便现场施工及后期密封检修维护。

（2）新型密封最终设计结构。经过对现场测量数据的多次分析，考虑密封槽结构和密封接触面的实际情况，最终将新型密封结构形式定型为爪形＋心形的双层结构形式，如图 2-54 所示。密封安装时，爪形采用开口部分向下。

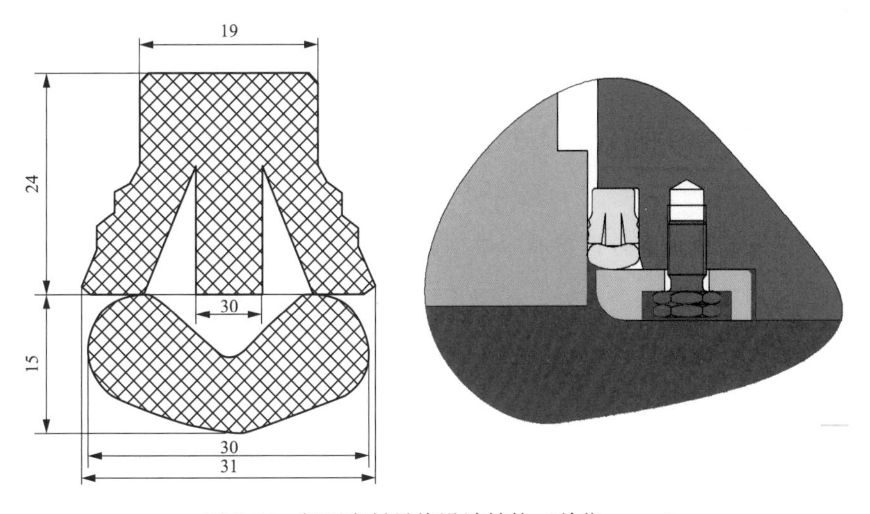

图 2-54　新型密封最终设计结构（单位：mm）

（3）新型密封的现场安装。

1）密封槽清理干净后，将爪形密封顶端朝向密封槽底部，依次缓慢压入密封槽底，并确认已与密封槽底完全贴实，安装时，可在密封的两侧涂抹适量润滑脂，以降低摩擦阻力，防止两侧密封接触面被破坏。

2）爪形密封安装完成后，用平面密封胶均匀涂抹两侧槽壁与密封接触面，密封胶涂抹要连续且无断点，厚度适中，轻压密封胶，使其能填充至两侧密封接触面缝隙内。

3）待平面密封胶表面轻微固化后，将心形密封开口朝上安装至密封槽内，密封的两侧要完全进入密封槽，且要与爪形密封底部完全接触。同时要逐段安装密封护板，防止心形密封拱起脱落。

4）心形密封接口应与爪形密封接口对称分布，在接口黏接好并安装到位后，应在接口处涂抹适量的平面密封胶，以最大限度地减小接口漏水的可能性。

5）密封护板全部压紧后，应在顶盖内充入300mm深的清洁水，静置1～2h后，再次观察密封漏水情况，确认无漏水后，可对机组蜗壳进行充水，在水压作用下，再次观察顶盖内四周，未发现有漏水情况。

2. 故障处理效果评价

顶盖密封改造完成后，经过多年的高水头、大负荷运行，定期对顶盖漏水情况进行跟踪观察，未发有漏水情况，充分证明新型密封具有良好的止水效果。

（五）后续建议

新型密封结构和作用达到了预期效果，由于爪形密封的材质为聚氨酯高分子材料，使用寿命长达15～20年；而心形密封为耐油丁腈橡胶，正常工作寿命为5～8年，为了机组的正常安全运行，建议在改造6～8年后，根据机组检修计划，对新型密封实际工作情况进行现场检查确认，并重新更换心形密封。

四、顶盖平压管空蚀缺陷分析及处理

（一）设备简述

某大型混流式水轮机顶盖处设置有8根平压管，平压管管口延伸到顶盖底部，与顶盖底部和转轮上冠顶部所形成的水腔相通，用以将机组运行时顶盖和转轮上冠之间的压力水及时排出，以减小作用在转动部件及顶盖上的轴向力。

（二）故障现象

在对该机组进行大修时，发现在顶盖下表面的8根平压管的排水管口处发生了较严重的空蚀现象（见图2-55），8处空蚀区域范围大致相同；每根平压管处空蚀范围长约340mm，宽约100mm，最大深度约为5mm，面积约为0.34m^2。

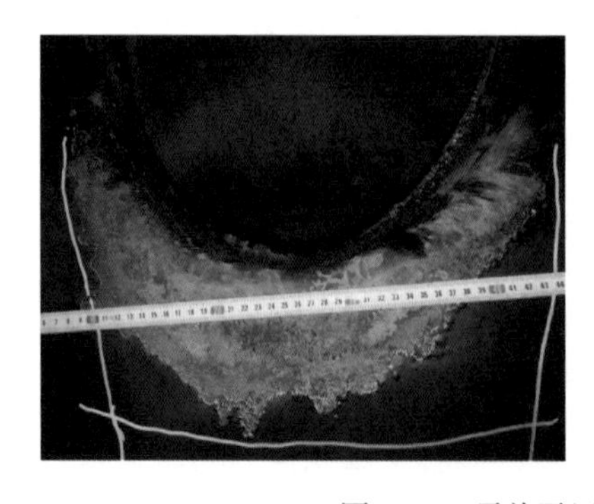

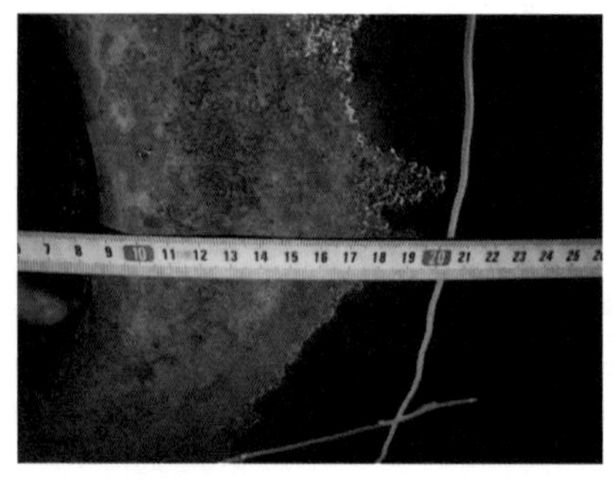

图2-55　顶盖平压管排水口空蚀情况

（三）故障诊断

由于转轮是转动部件，而顶盖是静止部件，机组运行时势必引起转轮上冠顶部和顶盖底部形成水腔的江水跟着旋转，同时旋转的江水一部分会经过平压管排出，因此，当江水在流经平压管管口附近区域时，流动边界发生改变，流态也相应变化，长期运行后易产生空蚀。

（四）故障处理

采用手动打磨的方式对空蚀部位进行处理，将空蚀部位打磨至露出金属光泽。对平压管焊缝用钢丝轮及角磨机去除表面锈迹直至露出金属本体。之后对打磨后的空蚀区域进行渗透探伤检查，如有凹坑、空蚀等缺陷，必须将缺陷打磨消除，直到探伤合格。最后对平压管空蚀区域进行焊接（使用手工电弧焊）。焊接过程中每焊完一层焊缝应立即用打渣锤或气动针凿全部击打一遍，以清除焊渣和消除应力。焊接完成后对焊接的平压管管口区域进行打磨处理，最后对整个平压管管口区域进行渗透探伤合格为止（见图 2-56）。

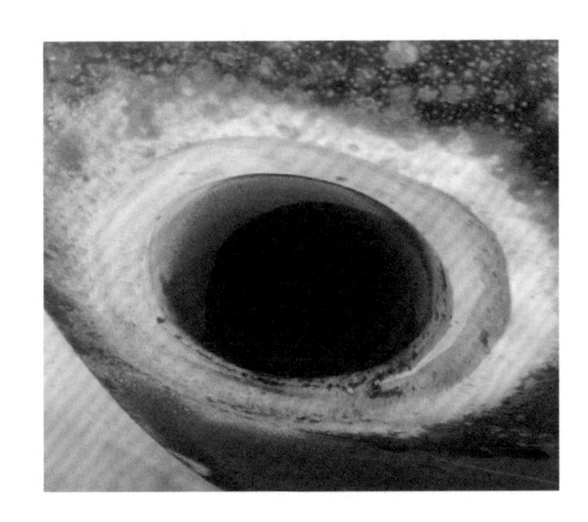
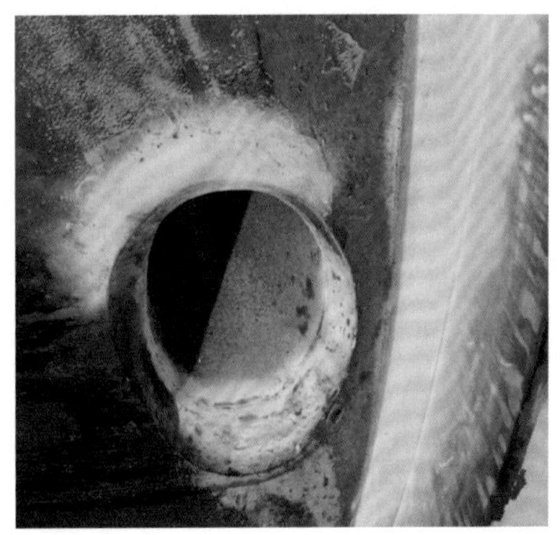

图 2-56　顶盖平压管排水口空蚀修复后探伤结果

第四节　筒形阀典型案例

一、筒形阀提升杆缺陷分析及处理

（一）设备简述

某高水头电站机组在活动导叶与座环固定导叶之间设置筒形阀，停机时，筒形阀处于关闭状态，阀体下落处于固定导叶与活动导叶之间，上端紧压布置在顶盖上的密封圈，下端紧压布置在座环上的密封圈，从而达到截流止水的作用；在机组要开启时，首先开启筒形阀，将阀体提升到座环上环与顶盖形成的空腔内，筒形阀底面与顶盖下端面齐平，不干扰水流流动。在正常开机工况下，先开启筒形阀，然后开启活动导叶；在正常关机工况下，先关闭导叶，然后关闭筒形阀。在机组出现事故的情况下，筒形阀可以实现动水自关闭。

筒形阀机械液压系统设备主要包括油压装置、速度控制单元、调节单元及接力器，控制系统形式为电气-液压同步。

（二）故障现象

该机组在检修期间检查发现4号接力器提升杆发生较大幅度晃动，随后将接力器提升杆起吊，确定提升杆已断裂，断裂部位为提升杆 ϕ200mm与 ϕ120mm变径处，断口呈锤形，为陈旧性断口。

（三）故障诊断

在筒形阀系统建压恢复后，进行如下工作：

（1）开关数次，未发现任何异常，筒形阀开关平稳。

（2）筒形阀在全关位置时，单个点动接力器开启6mm，待油压稳定后观察单个接力器上、下腔的压力变化，数据见表2-8，4号接力器上、下腔压差仅有0.5MPa，小于其他接力器上、下腔压差1.6～4.8MPa。

表2-8　筒形阀全关后单个接力器开启6mm进行压力检查　mm

接力器编号	位置	压力	压差	接力器编号	位置	压力	压差
1号	下腔	4.9	4.8	4号	下腔	1.9	0.5
	上腔	0.1			上腔	1.4	
2号	下腔	5.9	4.8	5号	下腔	4.2	2.7
	上腔	1.1			上腔	1.5	
3号	下腔	2.9	2.8	6号	下腔	4.8	1.6
	上腔	0.1			上腔	0.2	

（3）对提升杆与筒体的接合面进行探伤检查，除4号提升杆在断裂处有反射波外，其余均无异常，同时辅助用内窥镜对接力器提升杆进行检查，未发现异常。

测量筒形阀在不同开度下的导向条间隙值，导向条在全开、50%开度、全关三个位置的间隙均正常，导向条无明显刮擦痕迹。

根据上述检查情况，基本可以判断，除4号接力器提升杆已断裂外，其余接力器提升杆并未发生断裂，在开关过程中，筒体没有明显的偏心现象，同时并未与固定导叶上的导向条发生刮擦，筒形阀整体运行状态较好。

在开展设备检查的同时，对下部断杆进行分析，分析结果为断口左右区域凹凸不平，而与之相对应的（90°夹角）区域断口较为平整；平整区域出现疲劳断裂的特征，但与传统疲劳断口不同的是，其裂纹扩展纹理过于粗糙，可能原因是疲劳断裂的应力较大；凹凸不平区域的断裂纹理出现台阶状扩展现象，台阶顶部出现塑性变形痕迹，显示该区域为瞬间断裂；断裂区的直径过渡处无倒角，呈现尖锐过渡的结构特征，该结构会在过渡处根部产生显著的应力集中。

由以上分析可知，引起提升杆断裂的内因主要是尖锐过渡的结构特征，会在过渡处根部产生显著的应力集中，进而缩短疲劳寿命；外因主要是在服役过程中不仅受到沿轴向的单轴拉应力作用，而且受到左右晃动引起的应力作用，在沿轴向的拉应力和沿径向的晃动应力作用下发生低周疲劳断裂；最初断裂的区域是断口中较为平整的区域，最后因平整区域的断裂使提升杆受力截面缩小，导致瞬间断裂，出现凹凸不平的断裂纹理。

（四）故障处理

针对提升杆故障，主要开展的改进工作包括提升杆两端 ϕ120～ϕ200mm 变径处倒角从 R1.5mm 增加到 R5mm，减小应力集中；距离提升杆下端 525mm、ϕ200mm 直径处改为一段 ϕ130mm、长 220mm 的缩颈段，变径处倒角为 R35mm，进一步提升整个提升杆的受力情况；机加工过程中，将提升杆冷却方式从空冷改为油冷。改进后提升杆的最大等效应力从 194MPa 减小为 159MPa，提升杆危险处最大等效应力从 169MPa 减小为 103MPa。根据新的设计结构，重新加工提升杆，并将所有的提升杆进行更换，更换后，筒形阀无发卡现象，效果良好。

（五）后续建议

在进行筒形阀提升杆等受力部件设计时，应充分考虑其强度及应力情况，在满足水轮机基本技术条件下，通过优化结构来减小应力集中，避免出现疲劳断裂。

第三章　水导轴承

第一节　设备概述及常见故障分析

一、水导轴承概述

（一）水导轴承的作用

水导轴承通常安装在水轮机顶盖内靠近转轮的位置，主要作用是限制主轴摆度，是机组稳定运行的重要部件。随着水轮发电机组单机容量的增加，水轮机各部件的尺寸随之增大，水导轴承的结构也在不断地进行优化和调整，提高水导轴承的运行稳定性和可靠性是水轮机设备维护管理工作的重要内容。

（二）水导轴承的分类

1. 按照水导轴瓦的材料及结构形式分类

水导轴承可分为橡胶水导轴承、筒式水导轴承和分块瓦型水导轴承三种类型。

（1）橡胶水导轴承。橡胶水导轴承结构比较简单，主要部件包括轴承体、润滑水箱、轴封、橡胶轴瓦等。橡胶材料硬度较低，只能承受较小负荷的振动和摆度；同时，橡胶材料的导热性和耐磨性均不高，需要保持稳定的润滑水供给。橡胶水导轴承一般用于水电站水质相对洁净的小型水轮发电机组，近年来，随着新型高分子结构材料的研究和试验应用，橡胶轴瓦逐渐采用新型高分子材料代替，取得了良好的应用效果。

（2）筒式水导轴承。筒式水导轴承的主要部件包括轴瓦、轴承座、转动油盆、轴承盖、油箱、循环冷却装置等。轴承座、轴承盖、转动油盆一般采用分瓣制造，现场安装时使用螺栓与定位销钉组合。轴瓦同样为分瓣结构，一般采用铸钢基体内侧镶衬巴氏合金。筒式水导轴承的布置比较紧凑，结构相对简单，但是受其结构限制，轴承安装完成后，轴承座的调整和轴瓦检修工作比较困难，检修效率较低。

（3）分块瓦型水导轴承。分块瓦型水导轴承的主要部件包括轴瓦、轴承支座、轴瓦固定与调节装置、油箱、循环冷却装置等。各轴瓦朝向大轴沿圆周方向均匀分布，轴瓦内表面为巴氏合金，轴瓦背后通过固定和调节装置安装在轴承支座上。轴承支座为整体环形结构，通过螺栓与顶盖把合固定，将轴瓦受到的径向力传递到机组顶盖上。由于采用了分块瓦结构，可以根据轴系振摆情况单独调整每个瓦块与大轴的间隙，从而在一定程度上补偿因轴系不好带来的振动、摆度过大的影响，增强了轴承的承载能力；同时，每块瓦都可绕支点产生一定的偏转，因此对运行中振动较大的轴系有一定的自适应能力，可以提高轴承的运行稳定性。

2. 按照水轮机主轴结构形式分类

水导轴承可分为有轴领式轴承和无轴领式轴承两种类型。

（1）有轴领式轴承。轴领，是指主轴外侧圆周方向延伸出的“ㄱ”形结构，轴领的外表面为精加工表面，与水导轴瓦相互接触。有轴领式轴承通常设计有内挡油筒及轴领泵结构，内挡油筒可以兼作轴承的下油箱，通过与轴领结构配合，可以减少轴承下油箱甩油；轴领泵可以为轴承润滑油循环提供动力。随着水轮发电机组尺寸的增大，水导轴承的负荷也在不断地增大，因此对轴领的加工工艺要求不断提高，制作难度及成本也在不断升高。

（2）无轴领式轴承。在无轴领式轴承结构中，水导轴瓦直接与主轴接触，降低了对主轴加工工艺的要求。为了防止轴承上、下部油箱内润滑油沿主轴表面渗漏，通常在主轴上设置上、下甩油环结构。无轴领式轴承结构通常采用外置管道泵进行强迫油循环。

（三）水导轴承的构成及工作原理

分块瓦型水导轴承具有轴瓦受力均匀、运行可靠、安装与调节简便易行等优点，目前新投产的大型立式水轮发电机组水导轴承普遍采用分块瓦型稀油润滑水导轴承结构。以下主要介绍分块瓦型水导轴承的构成类型和工作原理。

1. 有轴领自循环式水导轴承

（1）轴承结构。有轴领自循环式水导轴承主要由轴瓦、下油箱、上油箱、支撑环、轴瓦固定调节装置、内挡油筒、油冷却器及管路等部件组成，其结构如图 3-1所示。

（2）工作原理。如图 3-1 所示，轴瓦浸入在上部冷油槽内，轴领下端的圆周方向开设有一定数量的泵孔，泵孔内侧与下油槽连通，外侧与热油腔连通，热油腔与轴领之间设置有接触式密封环，热油腔通过热油管路与油冷却器连接。

在轴领旋转时，通过泵孔的作用，将下油槽内的热油吸入热油腔，使热油腔内的润滑油压力升高，在油压的作用下，热油流经油冷却器，冷却后的冷油通过冷油支管喷入各轴瓦之间的间隙内。随着轴领的旋转，冷油被带入轴领与轴瓦之间的楔形间隙内形成油膜，起到冷却和润滑作用，并变为热油，热油通过油槽上部的溢流板及支撑环上的孔洞流入下部热油槽，在轴领泵的作用下循环流动。

为了防止轴承甩油，轴领内侧及挡油筒内壁均设置有台阶结构，防止轴领旋转时下油槽内的油沿轴领或挡油筒内壁爬升，造成油品泄漏及污染；为防止上油箱内润滑油飞溅，部分水导轴承在上油箱内设置有轴瓦盖板；在上油箱盖板与主轴接触部位设置有接触式密封结构，可以防止油雾通过上油箱盖板泄漏。

2. 无轴领强迫循环式水导轴承

（1）轴承结构。无轴领强迫循环式水导轴承主要由轴承支座、轴瓦、轴瓦间隙调整装置、油封环、甩油环、上油箱、下油箱、溢流板、外油箱及强迫循环冷却系统等部件组成，其结构如图 3-2 所示。

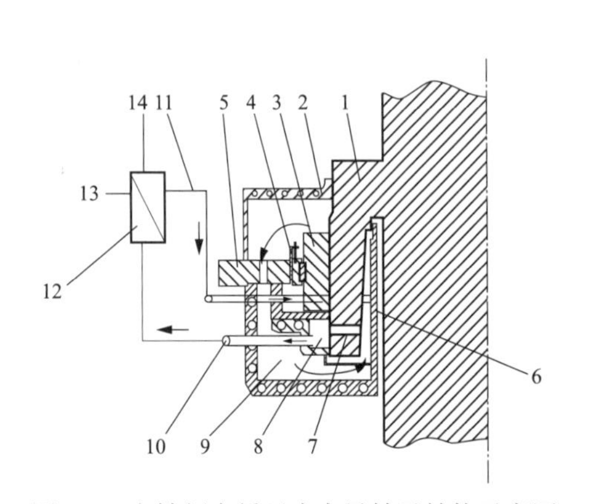

图 3-1　有轴领自循环式水导轴承结构示意图

1—轴领；2—上油箱盖；3—轴瓦；4—楔形板；5—轴承支座；6—内挡油筒；7—泵孔；8—热油腔；9—下油槽；10—热油管；11—冷油管；12—油冷却器；13—供水管；14—排水管

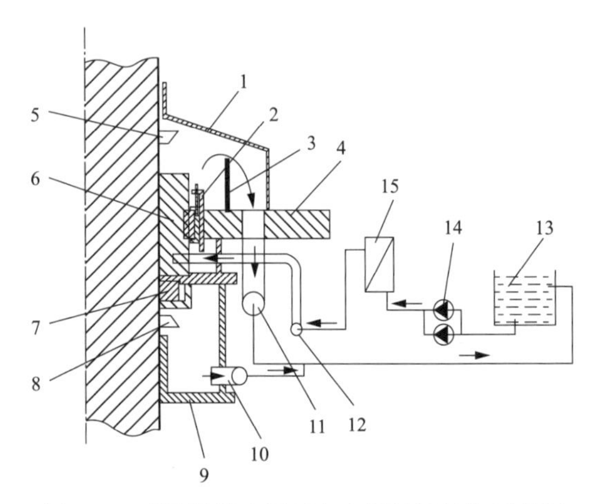

图 3-2　无轴领强迫循环式水导轴承结构示意图

1—油箱盖；2—轴瓦间隙调整装置；3—溢流板；4—轴承支架；5—上甩油环；6—水导轴瓦；7—油封环；8—下甩油环；9—下油箱；10—回油管；11—热油管；12—冷油管；13—外油箱；14—油泵；15—油冷却器

（2）工作原理。如图 3-2 所示，无轴领强迫循环式水导轴承设置有外循环冷却系统。机组停运时，水导轴承润滑油主要集中在外油箱内，机组开机前，首先启动外循环冷却系统油泵，将外油箱内的润滑油通过油冷却器送入各轴瓦之间的冷油支管中。随着主轴的旋转，油液进入水导轴瓦与主轴之间的楔形间隙内形成油膜，起到润滑与冷却的作用，从轴瓦流出的热油进入上油箱，上油箱油位升高至漫过溢流板后，润滑油经热油管自流至外油箱中，并通过循环冷却系统变为冷油后进入冷油支管循环运行。

上油箱底部设置有油封环，以减少上油箱内润滑油沿主轴表面向下的泄漏量；下甩油环固定在主轴上，通过油封环渗漏下来的润滑油，在离心力的作用下被甩油环抛入下油箱内，通过回油管流入外油箱；上油箱上部设置有上甩油环，用来防止上油箱内油位波动过大时，润滑油沿主轴向上泄漏；在上油箱盖板与主轴接触部位设置有接触式密封结构，可以防止油雾通过上油箱盖板泄漏。

水导轴承外循环冷却系统通常由循环油泵、双筒过滤器、油管路及其自动化元件组成。油管路上安装有阀门，用来控制和切断油路。单台油泵可满足水导轴承的供油量，在机组正常运行时，一台油泵工作、一台油泵备用。双筒过滤器有两个可以互相切换的滤芯，正常运行时一个滤芯工作、一个滤芯备用。

二、常见故障分析及处理

水导轴承出现的各种故障有着不同方面的原因，有自动控制系统异常、制造安装缺陷，机械疲劳损坏等方面的问题，通过仔细分析故障发生的原因，全面把握设备运行的规律，可以在故障发生时准确找到原因，及时有效地消除故障。大型水轮发电机组通常安装有完备的实时监控与报警系统，能及时发现设备运行过程中的异常现象，对于水导轴承发生的故障可以通过对比分析历史数据、试验排除等方法对故障进行查找分析，从而有针对性地做出处理。

水导轴承常见的故障主要有水导轴瓦温度异常、润滑油油位异常、水导轴承油雾过大、润滑油循环系统故障等几种类型。

（一）水导轴瓦温度异常

水导轴瓦的温度直接反映各块瓦的受力情况，理想情况下各块水导轴瓦的温度应基本一致。当出现水导轴瓦温度异常变化时，应区分不同的情况：

（1）全部水导轴瓦温度同时升高。一方面可能是机组运行工况不好，导致主轴振摆偏大，造成各水导轴瓦受力增大；另一方面可能是润滑油冷却系统或循环系统出现故障，如冷却水中断或流量降低、强迫循环冷却系统停运或润滑油流量降低、润滑油油质恶化等原因，以上情况自动监控程序通常会有对应的故障报警记录。

当全部水导轴瓦温度同时升高时，首先检查机组的振摆情况，尽量避开在不稳定区域运行；检查冷却水系统是否工作正常，将冷却水流量调整至设计范围内；检查油泵是否工作正常，确认油泵出口油压及流量在正常范围；检查确认润滑油油质是否正常，必要时进行在线滤油。

（2）少数水导轴瓦温度突然升高。一方面可能是机组在对应方向上受力较大，可能是机组轴线出现偏差，或是个别水导轴瓦间隙出现异常；另一方面可能是测温装置异常，如电阻失灵或线路传输故障等。

当少数水导轴瓦温度突然升高时，首先检查机组的振摆情况是否异常，并对相应的水导轴瓦进行间隙检查与调整；当机组振摆无明显异常时，可以通过查询机组停机状态下的水导轴瓦温度分布情况判断是否为测温电阻故障或线路故障，择机对线路进行检修或更换测温电阻。

（二）润滑油油位异常

润滑油是水导轴承的必不可少的润滑介质，润滑油油位发生异常变化时，可能对水导轴承的安全运行造成严重的后果，常见的润滑油油位异常波动有以下几种情况：

（1）油箱油位持续升高。其原因可能是润滑油中进水，导致油位升高，水分的来源通常是由于油冷却器密封损坏或铜管破损导致冷却水串入油路。另外，如果在外油箱附近设置有供排水系统管路，可能会出现水管泄漏导致水流经外油箱盖板流入外油箱的现象。

当油箱油位持续升高时，检查确认油槽油混水装置是否动作，并及时取油样对水分进行化验；对外油箱及油冷却器进行检查或打压试验，找出发生漏水的部位，及时进行处理或封堵，并根据油质化验情况对润滑油进行在线滤油处理或全部更换。

（2）油箱油位快速下降。其原因可能是油箱或油循环系统发生了较大的漏油，例如，油系统管路破损、连接法兰松动等原因导致的系统漏油，或是由于油槽某部位密封部件失效，导致润滑油大量泄漏。

当油箱油位持续下降时，应立即对油箱及油循环管路进行全面检查，对漏油部位进行处理，同时，应关注顶盖内液位变化情况，防止润滑油经顶盖排水系统排入集水井造成污染。

（3）油位超整定值范围剧烈波动。由于润滑油具有一定的运动黏度，因此机组在运行过程中，部分润滑油可能在主轴的带动下流动，在油箱内形成明显的环流。尤其是自泵式轴承，当轴承结构设计不合理时，容易在油槽内出现明显的润滑油环流现象。由于环流流态比较紊乱，油液飞溅过程中混入大量的空气，引起油的密度降低，使油面更容易大幅度波动，从而导致油位计显示值异常波动造成油位大幅度超过或低于整定值的现象。

对于油位剧烈波动的现象，需要结合具体情况进行分析，通过现场观察和试验分析判断异常波动的原因，然后结合水导轴承油槽结构进行优化改进，使油槽内润滑油恢复平稳流动。

（三）水导轴承油雾过大

水导轴承油雾过大的原因一般与局部润滑油渗漏有关，主轴旋转时，渗漏的润滑油被甩出，淤积在邻近的设备表面，或者被冷却风系统带入其他设备区域。油雾的产生主要有以下几种原因：

（1）下甩油环渗漏。下甩油环固定于主轴表面，其作用是通过离心力将沿主轴表面流动的润滑油甩至下油箱中。下甩油环与主轴之间设置有密封条，当密封效果不好或下甩油环与主轴贴合不紧密时，主轴表面的润滑油可能渗入甩油环与主轴之间的间隙，进而沿主轴表面渗漏或随主轴旋转飘散至其他设备表面，形成油雾。

可以采用具有一定柔韧性的材料作为甩油环的部件，甩油环材料的热胀冷缩膨胀率应与主轴的膨胀率接近，有利于甩油环与主轴表面实现完全贴合。当甩油环部位漏油严重时，应对甩油环的密封槽进行优化改进，使密封圈紧密地与主轴表面接触，阻止润滑油渗透穿过甩油环与主轴的贴合面。

（2）下挡油筒渗漏。有轴领式水导轴承的下油槽内润滑油油位较高，油槽结构尺寸较大，当油槽的组合面发生变形或密封圈老化后，会导致组合面的密封性能下降，使润滑油沿密封失效的部位渗漏出来。另外，当轴领与内挡油筒配合结构设计不当时，会导致润滑油沿内挡油筒与轴领之间的间隙不断爬升，最终绕过内挡油筒边沿向外渗漏，造成油雾淤积。

在下挡油筒设计及加工时应考虑足够的刚度和加工精度，确保各部件组装完成后不变形、不错位，各部位的密封件能够均匀牢固地压紧；根据设计和运行经验对挡油筒及轴领结构进行优化。例如，通过在轴领内侧设置倒台阶、在挡油筒内壁设置斜条纹等方法，可以有效减少下油槽内润滑油沿轴领和挡油筒之间的间隙渗漏。另外，在机组进行大修时，应及时对油槽把合面等部位老化的密封件进行更换，确保密封在最佳工作状态。

（四）润滑油循环系统故障

采用润滑油强迫循环方式的水导轴承，对润滑油循环系统的可靠性要求较高，润滑油循环系统关键设备均设置有相互备用、便于切换的两套及以上设备，但是在运行过程中，由于突发或意外原因，仍有可能发生润滑油循环系统故障。

（1）水导轴承油泵停运。油泵为润滑油循环提供动力，油泵停运，会使水导轴承的润滑油温度、轴瓦温度快速升高，导致机组停机事故。油泵停运预防及处理方法有以下几种：

1）确保油泵电源的可靠性，油泵电源开关容量应有适当的裕量。

2）优化油泵控制程序，当控制系统出现故障时，自动保持油泵正常的运行状态，或者及时将控制方式切换至手动运行。

3）合理设置油位过低停泵的整定值，加强对油位计及油位开关的试验和整定，保持关注外油箱的实际油位，必要时进行补油。

4）在日常维护中加强对油泵的保养维护工作，提前发现和消除油泵缺陷。

（2）润滑油流量低。过滤器滤芯被杂物堵塞、油路阀门开度发生变化、油泵运行效率低下均有可能导致润滑油流量低。润滑油流量低故障的检查与处理方法有以下几种：

1）水导轴承大修时应对油槽进行全面清理，确保油槽及油系统管路无杂物；在更换滤芯时，仔细检查和确认，确保滤芯和滤筒干净无异物。

2）对油系统管路阀门做好防动措施，采用带开度锁定机构或涡轮操作机构的阀门。

3）定期检查油泵的出口流量和压力，确保油泵在设计工况下运行。

第二节　水导轴承部件典型案例

一、水导轴瓦温度异常缺陷分析及处理

（一）设备简述

某水电站A机组水导轴承冷却系统采用3台油冷却器，冷却系统为外循环式，油冷却器设置在水轮机机坑里衬的凹槽内，油冷却器的工作压力为0.4MPa，油循环管路和冷却水管路均为并联结构（见图3-3）。

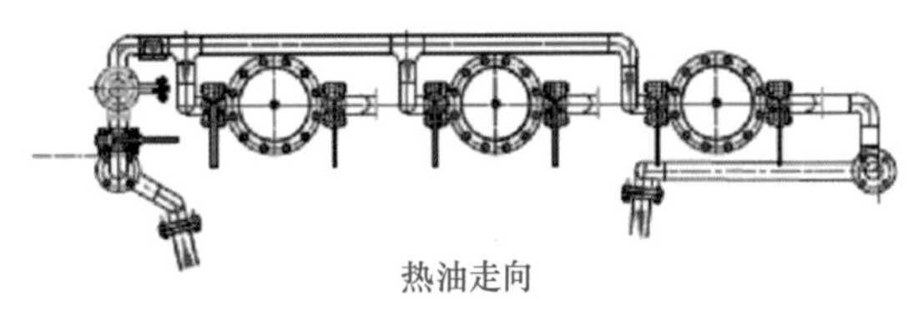

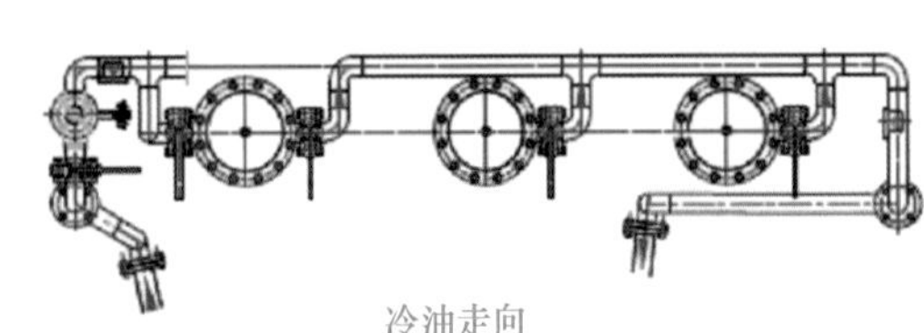

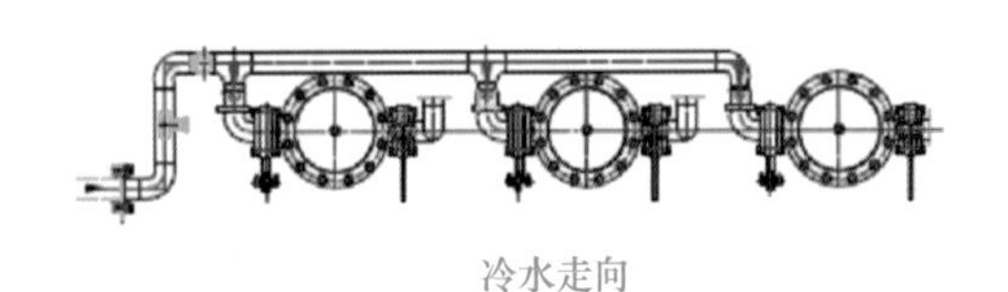

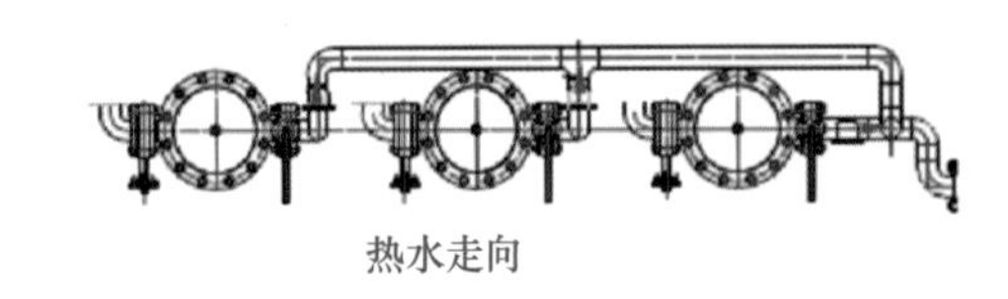

图3-3　水导轴承油冷却器油、水走向图

机组启动前，通过其上部单独的注油管将油注入轴承油箱内，使油达到设计要求的油位。机组启动时，从油冷却器供来的油通过轴瓦上部的环管将油均匀地喷淋在轴瓦之间和轴领上，通过轴领的转动和轴瓦下部迷宫环的作用，将油带入轴瓦表面，随着油位的增高，热油翻过内隔油环进入油箱，经油箱底部管路及循环泵泵入油冷却器，如此循环往复起到冷却、润滑作用。

（二）故障现象

A机组投入商业运行以来，水导轴瓦温度偏高，最高达62℃，因此对水导轴承进行以下相关试验：

（1）加大水导轴承油泵的流量，可以明显降低水导轴瓦的温度。

（2）一台水导轴承油泵运行，润滑油温度、轴瓦温度偏高。

（3）两台水导轴承油循环油泵运行，润滑油温度、轴瓦温度较低。

B机组水导轴承冷却系统也为3台油冷却器，油循环管路和冷却水管路均为串联结构。A机组与B机组两者油冷却器设计容量相同，水导轴承冷却系统油、水管路尺寸、流量均相同，对比A机组和B机组水导轴承运行情况，B机组的水导轴承运行轴瓦温度明显低于A机组。

（三）故障诊断

1. 故障可能原因分析

（1）水导轴承油、水循环冷却系统流量低。

（2）水导轴承冷却水进水温度高。

（3）水导轴承油冷却器热交换效率低。

2. 设备检查

水导轴承油、水循环管路解体检查未发现堵塞现象，水导轴承油泵流量正常，水导轴承冷却水流量、进水温度正常。

3. 故障原因

综合 A、B 机组差异与设备检查情况，认为导致水导轴瓦温度偏高的原因为水导轴承油循环效果不好，热交换不充分。

（四）故障处理及评价

1. 故障处理

参照 B 机组水导轴承油冷却器油路连接方式，将 A 机组水导轴承油循环管路改为串联结构（见图 3-4），水循环管路保持并联。

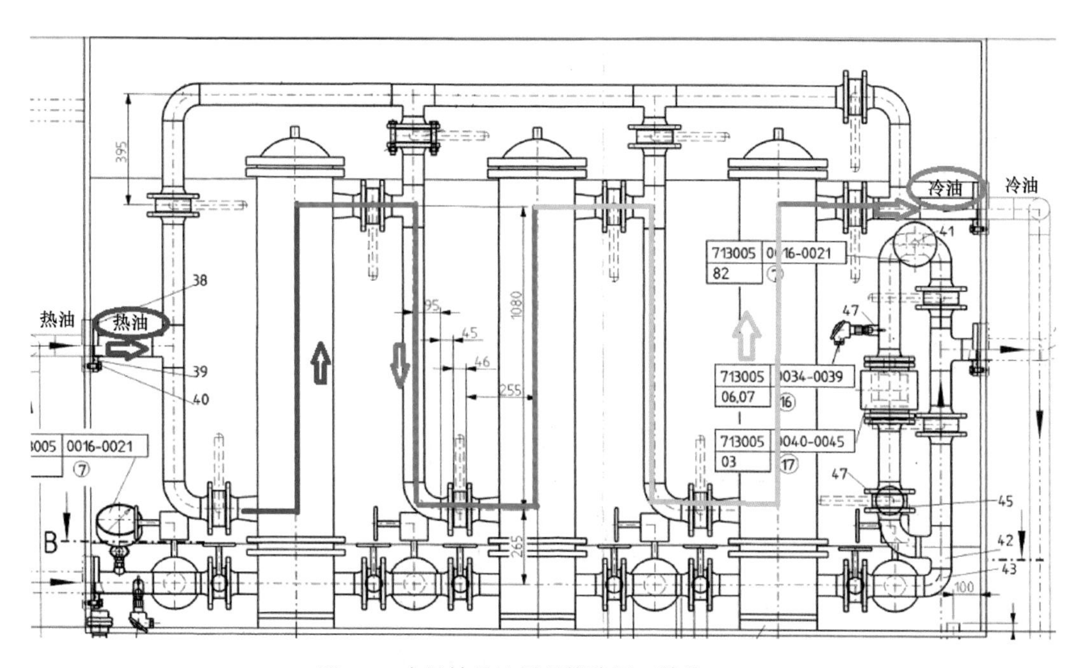

图 3-4　水导轴承油循环管路图（单位：mm）

2. 故障处理效果评价

A 机组水导轴承油冷却器油管连接方式改进后，水导轴瓦温度得到了很好的改善，运行稳定。

二、水导轴承油位波动过大分析与处理

（一）设备简述

某水电站轴流转桨式水轮发电机组，水导轴承为有轴领结构，采用分块瓦式导瓦和斜楔支撑设计。

（二）故障现象

该水电站部分机组水导轴承存在甩油过高的情况，运行时其油位比停机时的油位高出许多，导致水导轴承运行时油位易超高限。对水导轴承油位波动情况较严重的机组的油位进行统计，见表 3-1。

表 3-1　水导轴承油位波动情况

机组	停机油位(mm)	运行油位(mm)	停机到运行油位增大值(mm)
A	−3	125	128
B	−19	98	117

水导轴承油位出现异常时，对机组进行检查，发现水导轴承油槽内油液流态紊乱，油液中掺杂有大量气体，表层油液呈泡沫状，在油槽上形成悬浮状随大轴旋转方向环流。拆卸油位计进行检查，油位计浮筒能正常动作，油位计显示装置未发现异常。

（三）故障诊断分析

1. 水导轴承结构

机组的水导轴瓦结构为斜楔支撑结构形式，如图 3-5 所示，水导轴承结构主要由轴领、轴承体、水导轴瓦、内挡油筒、外油箱、水导轴瓦间隙调节装置、轴承盖等组成。水导轴承的设计冷却方式为自循环水冷，在支持盖圆周方向设置 4 个外油箱，通过与江水的接触来冷却在水导轴承内、外油箱循环流动的汽轮机油。

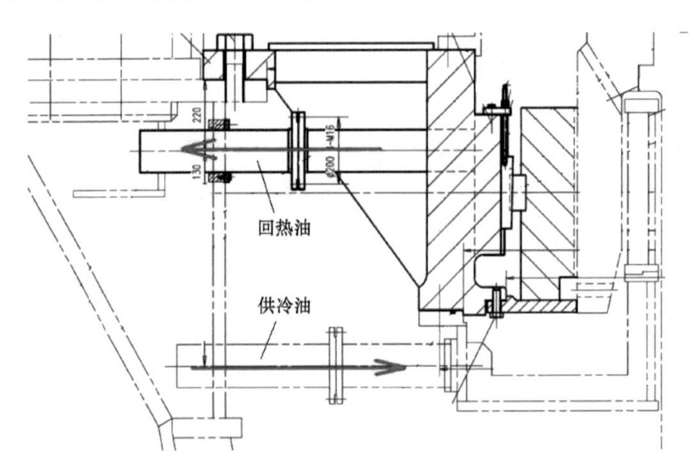

图 3-5　水导轴承汽轮机油流向图（单位：mm）

2. 故障原因

为了更好地促进润滑油在油槽里循环流动，一般在水导轴承的结构中，水导轴承主轴轴领都会设计成轴领下部开油孔。油孔形式有两种：一种是径向油孔，另一种是与径向成一定角度的进油孔。轴领下部油孔随着主轴的转动充当着油泵的角色，使润滑油在轴瓦与轴领间的空隙内流动。在主轴带动下，油孔里的油呈高速状态射向水导轴承油槽内部，润滑油由于有黏性，将会导致射出的一部分润滑油附着在油槽内部工件上。另一部分反弹至油槽内部空间，并在高速状态下分散成颗粒状油珠，引起水导轴承内部油槽液面波动较大，加剧了水导轴承油槽液面油泡的生成。油泡随着液面的转动，将会破裂成更细微的油雾状态。

同时，由于水导轴瓦因旋转摩擦升温，导致水导轴承油槽内部的汽轮机油及空气发生膨胀，形成泡沫状油。这些泡沫状油跟着主轴一起转动，绕着水导轴承流动，这就导致部分的汽轮机油没有参与到内油箱与外油箱油液流动循环中，以致外油箱的油量减少，而内油箱的油量增多。因此，机组在运行时水导轴承油槽的油位比停机时高。

另外，机组运行时，主轴旋转带动水导轴承油面做圆周转动，由于楔子板抗压块结构沿圆周方向的阻碍作用，导致产生较大的涌浪，因此机组运行时油槽中油位有较大上升。

（四）故障处理及评价

1. 故障处理

通过对水导轴承油槽油位异常的原因分析，明确水导轴承油位波动大主要是由油槽内油液流态导致的，因此对水导轴承油位波动较大的机组的水导轴承加装限流装置。机组运行时从大轴与轴瓦座间隙处甩出的油流受到限流装置的阻挡，迫使油流改变流动方向，由向上变为向两边流动，从而降低甩油高度，改善水导轴承运行时甩油过高的情况。

水导轴承限流装置结构如图 3-6 所示，由以下部件构成：限流板（不锈钢穿孔板），用于第一级限流；限流网（金属编织网，120 目），用于第二级限流，同时过滤油中的絮状物及丝状物；Z 型支架，用于将限流装置固定在轴瓦座上；两个压框，将限流板和限流网固定在 Z 型支架上。

(a)限流装置正视图

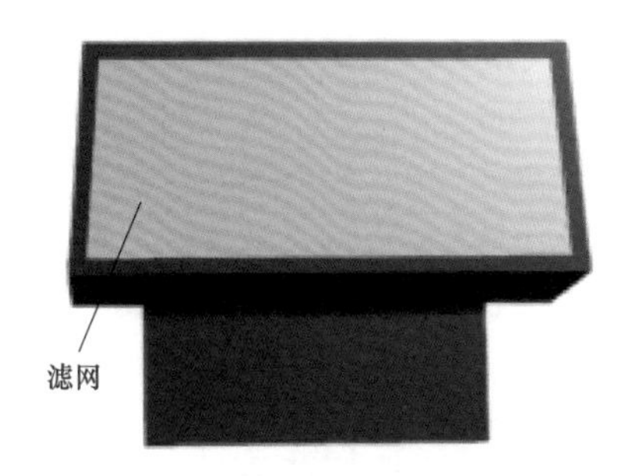

(b)限流装置俯视图

图 3-6　水导轴承限流装置结构图（一）

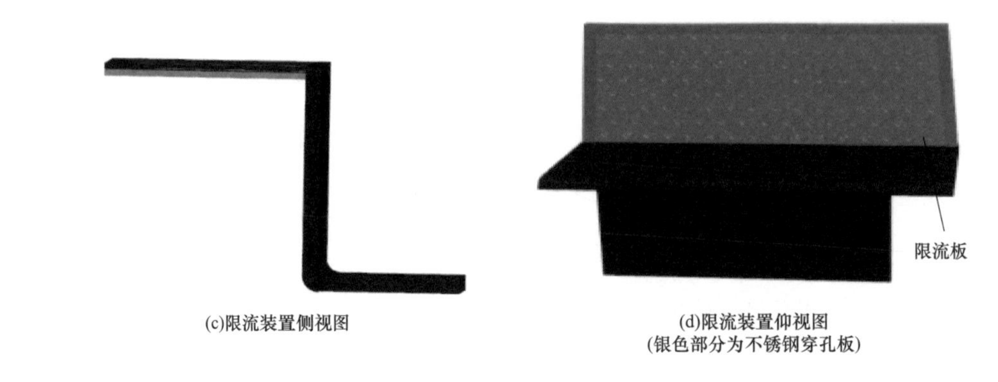

(c)限流装置侧视图

(d)限流装置仰视图
(银色部分为不锈钢穿孔板)

图 3-6　水导轴承限流装置结构图（二）

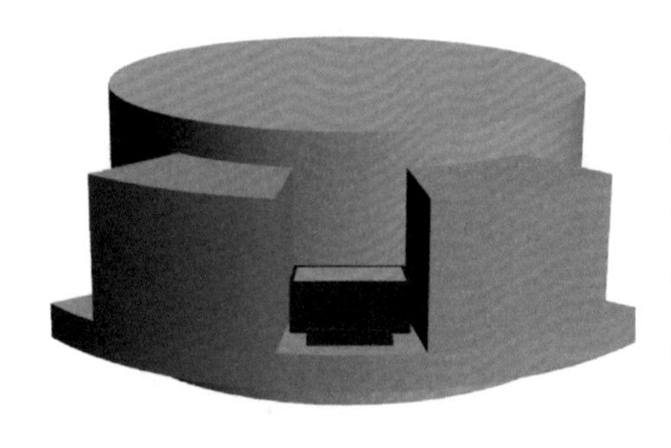

图 3-7　水导轴承限流装置安装示意图

水导轴承限流装置安装如图 3-7 所示，其工作原理：将限流装置安装在两块水导轴瓦之间的轴瓦座上、靠近水轮机大轴处（最近点距离 2～2.5mm)，机组运行时从水轮机大轴与轴瓦座间隙处甩出的油流将受到限流装置的阻挡，经过限流板的小孔时形成多股流束，流束穿过小孔进入开阔空间后相互掺杂，能量损耗，油流能量、流量被第一次削减；被减速的油流经过限流网时，因限流网孔隙率小于 0.55，限流网网丝间会形成高密度油膜，产生很大的流阻，油流能量、流量被第二次削减。同时，由于限流网的网状结构有过滤作用，可对水导轴承内的絮状物、丝状物等杂质进行过滤。

2. 故障处理效果评价

2015～2016 年，该水电站陆续对 4 台机组的水导轴承加装限流装置，具体情况见表 3-2 和表 3-3。

表 3-2　　加装限流装置前后水导轴承油位波动情况对比

机组编号	限流装置加装情况	停机油位(mm)	运行油位(mm)	停机到运行油位波动值（mm）	油位查询时间段
1	加装前	−3	125	128	2014-05-08～2014-05-12
	加装后	−22	16	38	2016-12-01～2017-02-20
2	加装前	36	1	35	2015-03-01～2015-08-01
	加装后	0	18	18	2017-03-01～2017-06-01
3	加装前	56	10	46	2016-01-01～2016-04-01
	加装后	−4	25	29	2017-05-01～2017-08-01
4	加装前	−19	98	117	2015-02-07～2015-02-09
	加装后	−21	38	59	2016-05-01～2017-04-01

由表3-2可知，水导轴承加装限流装置后，可有效限制水导轴承运行时甩油高度，减少机组水导轴承油位异常波动的现象，为机组水导轴承油槽内各部件提供了良好的运行环境。

表3-3 加装限流装置前后水导轴瓦温度变化情况对比

机组编号	限流装置加装情况	水导轴瓦温度最高值（℃）	油位查询时间段
1	加装前	50.2	2015-01-01～2015-12-31
	加装后	51.2	2016-04-01～2016-12-01
2	加装前	55.1	2015-01-01～2015-12-31
	加装后	54.9	2016-06-01～2016-10-31
3	加装前	46.2	2015-01-01～2015-12-31
	加装后	46.3	2016-07-01～2016-12-31
4	加装前	52.3	2015-02-07～2015-02-09
	加装后	53.0	2016-05-01～2016-12-31

虽然水导轴承加装限流装置后，水导轴承油位波动情况得到明显改善，但在一定程度上减小了水导轴承油槽内部热油、冷油循环流动的流速，降低了热油与冷油之间的热交换能力，使润滑冷却效果变差。由表3-3可知，该水电站4台机组水导轴承加装限流装置后，水导轴瓦温度升高了0.1～1.0℃。

此外，新增的具有网状结构的限流网，在对水导轴承油槽限流的同时起到了过滤的作用。

（五）后续建议

机组水导轴承加装限流装置后，水导轴承油位波动情况得到明显改善，后期推广机组水导轴承加装限流装置。

同时，水导轴承安装限流装置后，在一定程度上使润滑油的冷却效果变差，因此需要对水导轴承轴瓦的冷却效果进行进一步分析及处理。

三、水导轴承油位波动较大

（一）设备简述

某水电站水轮发电机组水导轴承为无轴领结构，水导轴承油槽由上部油槽、下部油槽、油槽盖及外油箱构成，其中上、下部油槽、油槽盖安装在轴承支架上，而外油箱安装在顶盖里，与顶盖焊接成一体。水导轴承油外循环冷却系统由两台油泵、四组油冷却器、两组油过滤器，以及相应的油管及监测表计等组成。水导轴承油槽的上部油槽由内、外两个腔组成，经过油泵与油冷却器冷却后的冷油进入水导轴承上部油槽的内腔，在水导轴瓦与大轴之间建立油膜，从水导轴承出来的热油经水导轴承油槽外腔的回油管流回外油箱，并经油泵加压后进入油冷却器冷却变为冷油，四组油冷却器并联运行，冷油再经过滤器过滤后，通过一个环形油管分配进入水导轴承上部油槽内腔的下部进行新的循环。机组水导轴承油槽装有 2 个翻板油位计，磁翻板油位计主要由浮筒、浮子、翻板组成，分别位于水导轴承油槽的上、下游位置。水导轴承油槽结构如图 3-8 所示。

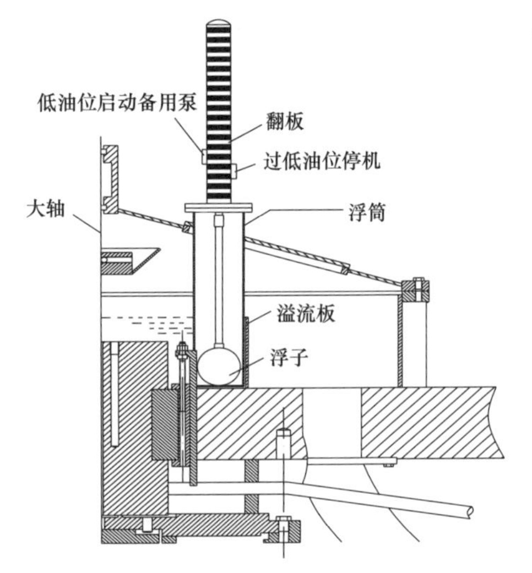

图 3-8　水导轴承油槽结构

（二）故障现象

机组自投入运行以来，水导轴承油位不稳定，出现过较大幅度波动。当油位波谷峰值达到备用泵启动开关量时，会导致水导轴承备用泵频繁启动，甚至达到低油位停机开关量动作值，从而导致机组事故停机，威胁机组的正常运行。

（三）故障诊断

1. 故障初步分析

机组水导轴承油位计浮筒既要保护浮子不受旋转油流的冲击而损坏，又要保证油槽的油稳定流入浮筒，反映水导轴承油槽真实油位。浮筒进油孔大小、位置是影响油槽油位波动的关键。浮筒进油孔大小的选择应考虑以下因素：

（1）浮筒进油孔开在迎油面或靠轴承面会导致油位波动较大。

（2）浮筒进油孔开在背油面会导致油位显示比实际油位低。

（3）浮筒底部应设有进油孔。

（4）浮筒上部应设有平压孔，否则油位反映不真实或反应延时。

（5）进油孔太大会造成旋转油对浮子的冲击大，油位波动大；进油孔太小又不能反映油槽真实油位。

2. 设备检查

对检修机组的水导轴承油槽油位计进行拆除检查，并对浮筒进油孔大小和位置进行测量，发现不同机组水导轴承油位计浮筒进油孔位置、数量有不同的差异，如图 3-9 所示。

3. 故障原因

机组在运行过程中，水导轴承油槽内旋转油流通过进油孔流入浮筒，由于浮筒进油孔开孔位置在迎油面，开孔较大，导致浮筒内的浮子不稳定，致使水导轴承油位波动较大。因此浮筒进油孔、平压孔大小及分布位置不合适是导致机组水导轴承油位波动较大的原因。

(a) 1号机组水导轴承油位计浮筒　　(b) 2号机组水导轴承油位计浮筒

图 3-9　水导轴承油槽油位计检查情况

（四）故障处理及评价

1. 故障处理

依据以上分析，对机组水导轴承油位计浮筒进油孔进行改进：

（1）保留浮筒底部均布孔径为 8mm 的 3 个进油孔。

（2）浮筒侧面的进油孔开在背离大轴方位，孔径为 8mm，数量为 4 个。

（3）浮筒平压孔开在背离大轴方位，孔径为 8mm，数量为 2 个。

（4）与改造方案一致的孔保留，与改造方案不同的，应配钻新增，多余的孔用 1mm 厚的不锈钢板氩弧焊封焊。

（5）配钻孔后，浮筒内壁毛刺或高点应去除，保证浮子与浮筒的单边间隙为 3～5mm。

改进后的水导轴承油位计浮筒结构如图 3-10 所示。

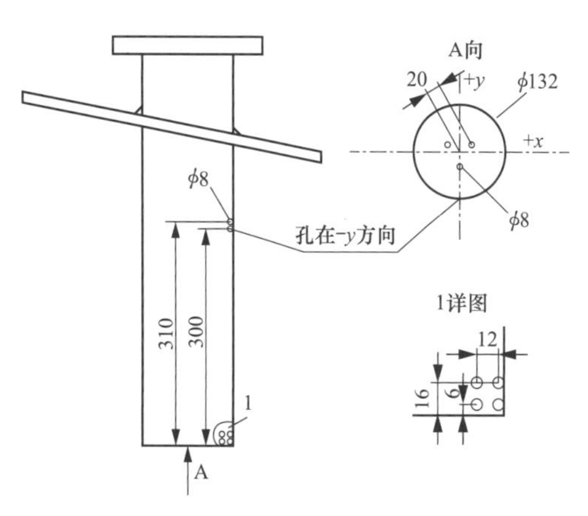

图 3-10　改进后的水导轴承油位计浮筒结构（单位：mm）

2. 故障处理效果评价

机组水导轴承油位计浮筒改造后，经过几年的跟踪观察，水导轴承油位波动减小至正常值，改造效果良好。

（五）后续建议

水导轴承油位计浮筒在设计时，应充分考虑进油孔、平压孔的大小、位置分布对水导轴承油位测量准确性的影响，提高水导轴承油位计的测量精度，解决水导轴承油位波动较大的问题。

四、水导轴承甩油环渗油分析与处理

（一）设备简述

某水电站水轮发电机组水导轴承系统主要由轴承支座、水导轴瓦、轴瓦间隙调整装置、油封环、上油箱、下油箱、外油箱及外循环冷却系统组成。因水轮机大轴直径大，顶盖空间有限，为保证大轴具有足够的强度和刚度，采用无轴领设计，同时在下油箱处的大轴上设计有甩油环。在油循环过程中，冷油进入上油箱对水导轴瓦进行冷却，热交换后，一部分热油通过溢流板自流至外油箱，另一部分热油通过大轴与油封环之间的间隙缓慢渗漏至甩油环上，在离心力的作用下甩落至下油箱。水导轴承系统结构如图 3-11 所示。

甩油环上部内侧开有 L 型半槽，组圆后与大轴表面配合形成一个完整的密封槽。在理想情况下，甩油环内壁与大轴表面应紧密贴合无间隙，以确保密封槽尺寸均匀且符合规范。甩油环剖面图如图 3-12 所示。

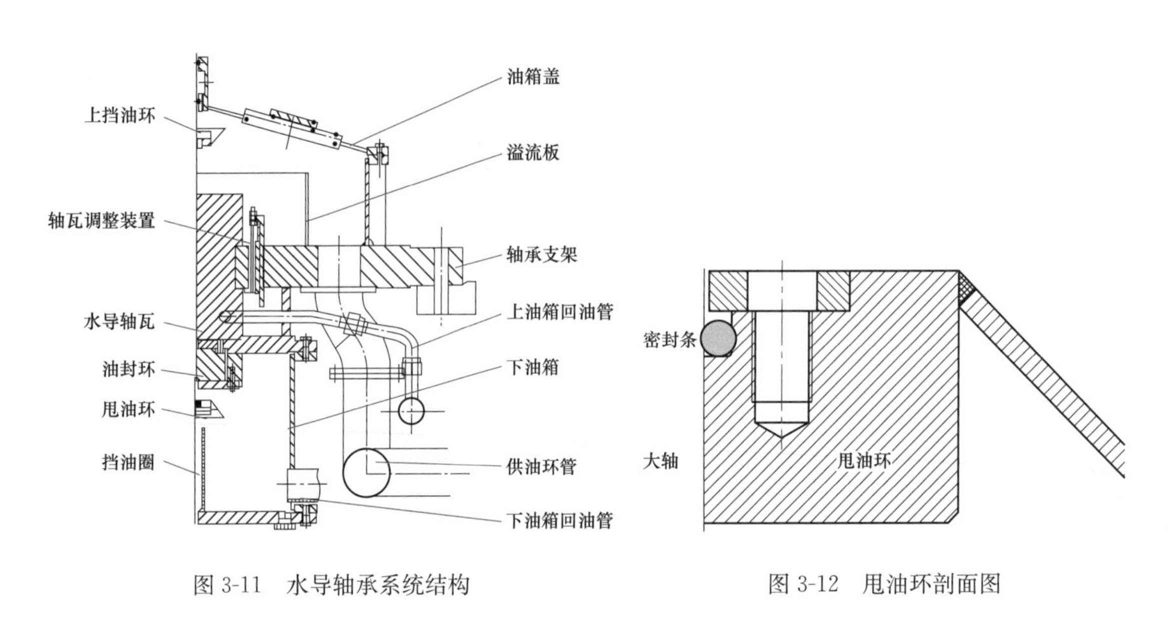

图 3-11　水导轴承系统结构　　　　图 3-12　甩油环剖面图

（二）故障现象

机组在实际运行中，汽轮机油从上油箱渗漏至甩油环上，并没有完全甩至下油箱中，有部分汽轮机油直接顺着大轴渗漏下来，出现甩油环渗油现象。甩油环长期缓慢渗油，将使水导轴承系统油位下降，给水导轴承安全稳定运行带来风险。据了解，目前国内采用无轴领设计的类似机组，普遍存在甩油环渗油现象。

（三）故障诊断

通过对机组甩油环结构及安装工艺进行分析，发现甩油环带来的渗油问题主要有以下两个方面的原因：

(1) 甩油环加工、装配精度不足。甩油环分 12 瓣加工而成，在现场通过销钉螺栓组圆后安装在大轴上，现场检查发现，甩油环内壁未紧密贴合大轴，存在 0.10～0.15mm 的不均匀间隙，这将导致整圈密封槽尺寸不统一，影响密封效果；同时，甩油环分瓣组合缝也存在 0～0.35mm 的间隙，由内至外呈 V 形分布，观察大轴表面渗漏痕迹，发现渗漏点多集中在甩油环组合缝下方。

(2) 甩油环距离下油箱内挡油圈顶部过远。甩油环距离下油箱内挡油圈顶部 45mm，该距离过远，足以形成一个较大的油雾飘散风道。经过计算分析，大轴表面的线速度高达 15.7m/s，因此机组运行时将在下油箱内形成一个快速的旋转风场。甩油环距离下油箱内挡油圈顶部越远，则风道越大，油雾在大轴旋转带动下更容易飘散至大轴上凝结形成油珠，从而造成油位降低。下油箱内油雾飘散方向如图 3-13 所示。

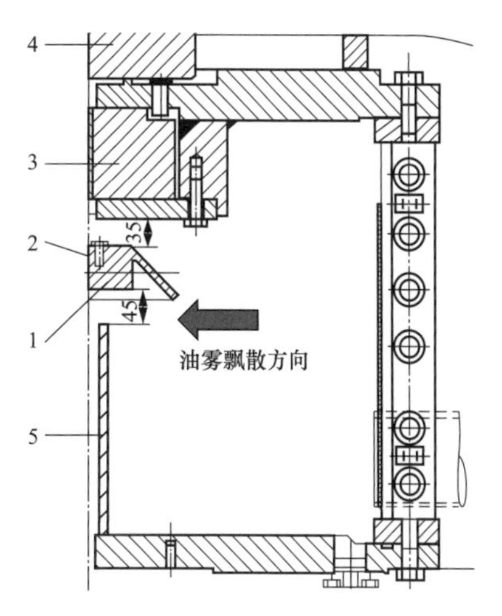

图 3-13 下油箱内油雾飘散方向
(单位：mm)
1—下甩油环；2—密封条；
3—油封环；4—水导轴瓦；5—下油箱

(四) 故障处理及评价

1. 故障处理

针对上述问题，从三个方面对甩油环结构及安装工艺进行优化：

(1) 优化密封压板设计，克服密封槽尺寸不统一问题。将甩油环密封压板从“━”形改为“┏”形，安装时，压板上的凸台将挤占一定的密封槽空间，可以适度增加密封圈压缩量，克服甩油环内壁与大轴表面之间的不均匀间隙带来的密封槽尺寸不统一问题。

(2) 优化甩油环安装位置及斜边形状，遮挡油雾飘散风道。甩油环安装位置沿大轴表面下移 30mm，使甩油环与下油箱内挡油圈顶部之间的间隙由原来的 45mm 减少至 15mm，同时将甩油环的斜边向下延伸，垂直高度由 62mm 增加至 75mm，向下超出内挡油圈顶部 10mm，此时，油雾飘散风道被完全遮挡，可以有效减少油雾逸出。

(3) 优化甩油环安装工艺，消除组合缝 V 形间隙。甩油环组圆安装后，对分瓣组合缝进行焊接封堵，使甩油环成为一个整体，完全消除分瓣缝间隙。

优化前后的甩油环结构对比如图 3-14 所示。

2. 故障处理效果评价

甩油环先后进行了优化改造，经过几年跟踪观察，均未再出现水导轴承甩油环渗油现象。

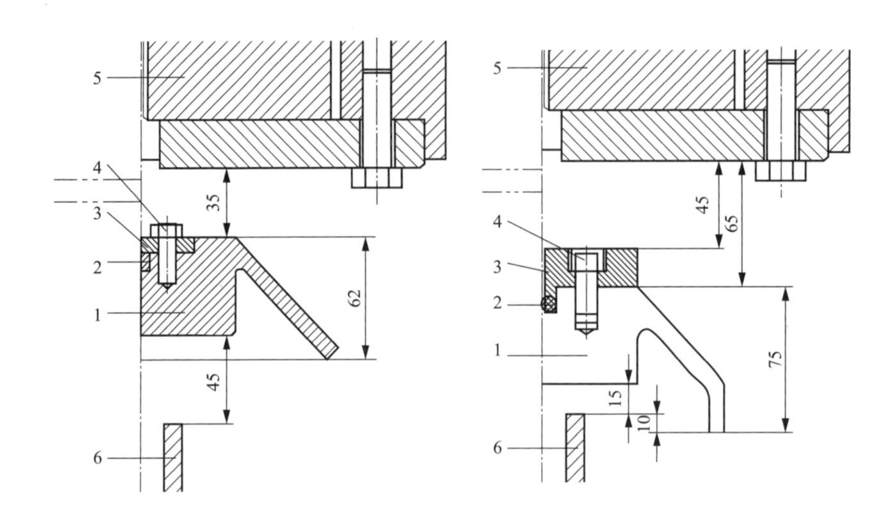

图 3-14　优化前后的甩油环结构对比（单位：mm）

1—下甩油环；2—密封圈；3—密封压板；4—螺栓；5—水导轴瓦；6—下油箱

（五）后续建议

（1）对于无轴领设计、采用甩油环的水导轴承系统，设计时应充分考虑加工及装配难度，尽量结合实际优化设计，选择可靠性更高的密封结构，从源头上杜绝甩油环带来的渗油问题。

（2）对于已经存在甩油环渗油问题的机组，可参考该案例处理经验，结合自身实际情况制定改进措施，以根治甩油环渗油缺陷。

五、水导轴承油槽下甩油环渗漏问题分析与处理

（一）设备简述

某水轮发电机组水导轴承结构如图 3-15 所示，下甩油环分为 12 瓣，通过钢球和螺栓固定在水轮机轴上，机组运行时下甩油环随水轮机轴一起旋转。下甩油环的材料为铸铝合金，其内圆与大轴配合处设有 O 型密封圈，安装时下甩油环的 12 个分瓣面之间涂有平面密封胶。

在机组正常运行时，水导轴承油槽部分热油通过油封与大轴之间的间隙（0.4～0.78mm）顺着大轴流至下油槽；机组停机后整个水导轴承上油槽的油全部通过油封与大轴之间的间隙流至下油槽并回流至外油箱，因此在机组运行及停机过程中下甩油环起到对这部分漏油的挡油功能。

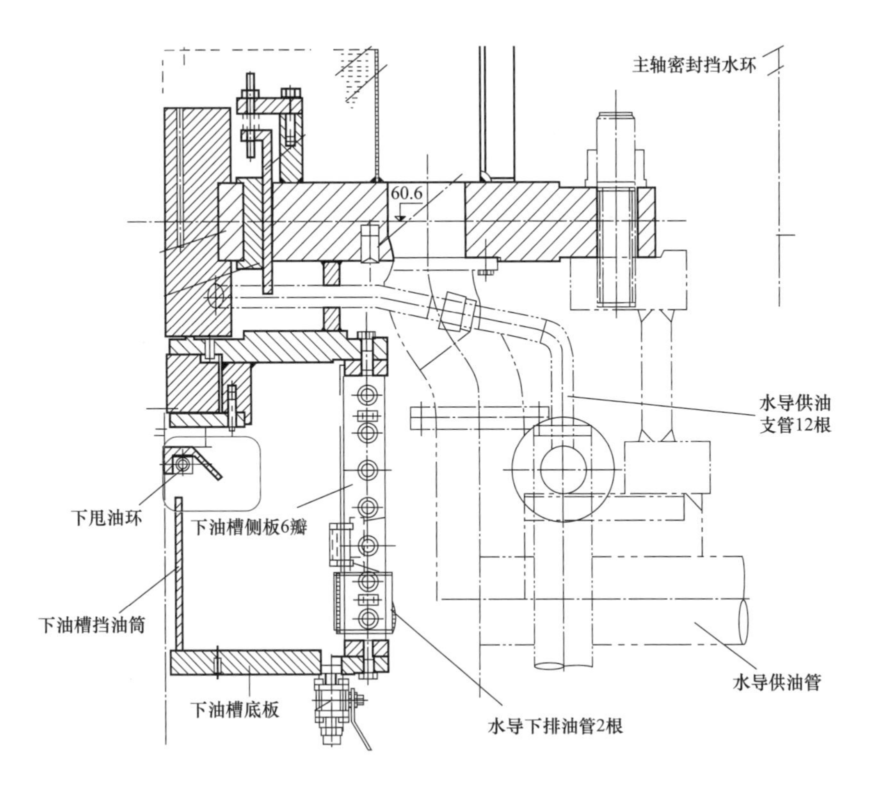

图 3-15 某水轮发电机水导轴承结构

（二）故障现象

自投产以来，水导轴承下甩油环就出现漏油问题，需要经常对水导轴承油槽进行补油，虽然经过更换密封等处理，仍存在渗漏现象。

（三）故障诊断分析

通过分析，渗漏主要原因为甩油环材料问题，当机组运行时，甩油环在离心力的作用及受热的情况下，甩油环分瓣间及与大轴产生间隙，导致漏油。

(1) 甩油环热膨胀分析。甩油环为铸铝合金制成，当机组运行一段时间后，油槽温度上升接近 20℃，大轴和甩油环在温度升高的情况下产生变形。通过热膨胀系数（见表 3-4）计算，大轴及甩油环直径为 4000mm，铸铝合金甩油环所产生的径向变形量为 0.0000236×4000mm×20＝1.88mm；大轴所产生的径向变形量为 0.0000118×4000mm×20＝0.944mm。

表 3-4　　钢及铸铝合金热膨胀系数对比

材料	热膨胀系数(1/℃)
铸铝合金	0.0000236
钢	0.0000118

（2）甩油环离心力变形分析。金属材料在承受外力时，会产生一定的变形，随着外力的增加，其变形将由弹性变形转变为塑性变形，直至断裂。水导轴承下甩油环分 12 瓣通过连接螺栓紧固在大轴上，当机组正常运行时，甩油环在离心力的作用下产生弹性变形，不同材料产生的变形是不同的，钢与铸铝合金的弹性模量 E 及泊松比 μ 见表 3-5。

表 3-5　　钢及铸铝合金材料性能比较

材料	弹性模量 E	泊松比 μ
钢	207	0.29
铸铝合金	71	27

通过比较钢与铸铝合金的弹性模量 E 及泊松比 μ，铸铝合金的弹性模量为钢的 1/3，因此容易产生塑性变形，从而导致漏油。

分析其他类型机组使用的水导轴承下甩油环与此类型水导轴承下甩油环结构类似，但材料不同，均为钢材料，质量为 357.6kg（每瓣 29.8kg），由于甩油环质量较大，工作环境顶盖内空间狭窄，因此不容易保障安装质量，在安装时也出现过漏油现象。

（四）故障处理及评价

1. 故障处理

为解决甩油环的漏油问题，结合分析此类型水导轴承甩油环存在的问题，对机组水导轴承甩油环进行优化，在机组当前运行方式下，不改变水导轴承主要尺寸和结构，并考虑解决水导轴承下甩油环漏油及水导轴承油雾外溢问题，提出图 3-16 所示改进方案。

（1）将原设计的铸铝合金下甩油环改为聚氨酯甩油环，聚氨酯甩油环为整体制造，其内径略小于水轮机轴外径，保障密封效果；甩油环与大轴接触位置设计为锯齿形，与大轴形成多道密封，提高密封效果；甩油环整体制造，为保障安装后接头位置密封效果，接头切口设计为卡口式（顶盖密封也使用同样切口形式，密封效果良好）。

（2）橡胶甩油环预紧钢带采用 6 瓣进行预紧，甩油环与托板之间连接螺栓采用大垫片加螺栓以防止螺栓孔漏油，紧固部分采用防松结构并考虑离心力的影响。

（3）橡胶甩油环下端装有 12 瓣弧形托板，借用原轴上固定下甩油环的顶珠孔安装定位，用于橡胶甩油环的轴向支撑。12 瓣托板安装后形成一个整体圆环，接合面均设有防松装置。

（4）为防止下油槽内产生正压，在槽壁上对称设有 2 个过滤式呼吸器，保证下油槽内部压力恒定。

2. 故障处理效果评价

通过使用新的甩油环解决了甩油环的漏油问题，机组未再出现漏油现象。

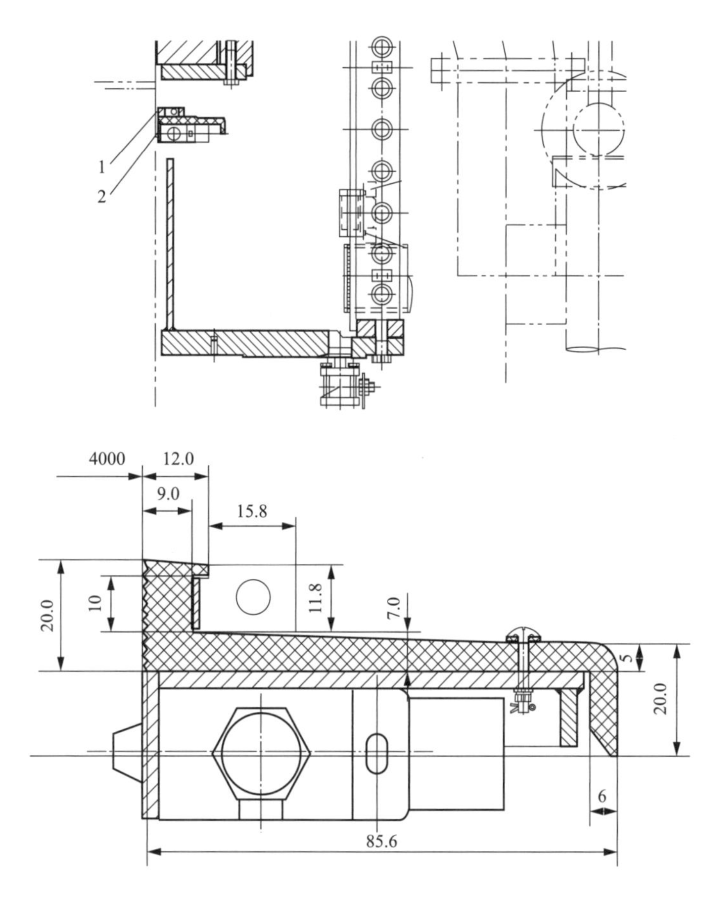

图 3-16　改进后水导轴承下甩油环结构（单位：mm）

1—橡胶甩油环；2—托板

六、水导轴承油槽密封盖缺陷分析及处理

（一）设备简述

某水电站轴流转桨式水轮发电机组，采用立轴半伞形结构，设有上导轴承、水导轴承及推力轴承。水导轴承油箱盖与主轴之间的密封结构为静态羊毛毡密封，如图 3-17 所示。

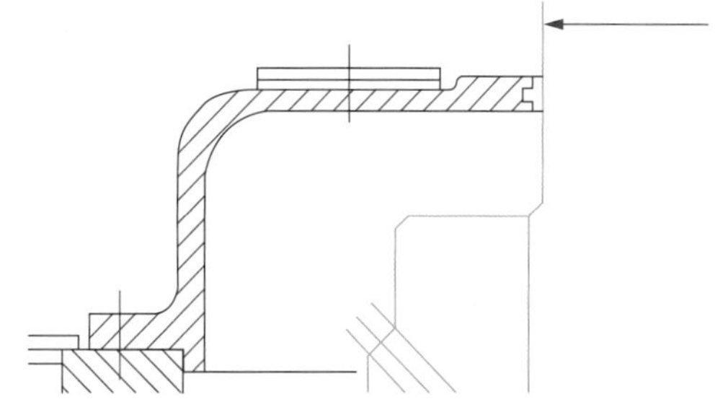

图 3-17　静态羊毛毡密封

（二）故障现象

该机组水导轴承油槽经长时间运行后，发现油槽油位存在缓慢下降趋势，且油槽盖顶部积油严重，并在逐步累积后流入顶盖集水槽。其水导轴承油位计安装在轴承回油管上，因运行油位与实际油位偏差较大，机组开机时引起水导轴承低油位报警。

（三）故障诊断分析

1. 积油现象初步检查分析

（1）水导轴承油槽油位缓慢下降，经检查油槽底部并无渗漏点。

（2）积油首先产生于油槽盖顶部，检查水导轴承油槽盖上方的推力内挡油筒处无渗漏现象。

（3）积油均匀分布于油槽盖顶部，且汛期时积油多于岁修期间。

由以上现象可确定水导轴承油槽处积油为水导轴承油雾累积所致。

2. 油雾产生原因分析

（1）该机组采用静态羊毛毡密封，羊毛毡密封在机组长时间运行后出现磨损，导致油槽盖与主轴间产生间隙，且静态羊毛毡密封不具备径向补偿功能，间隙会逐步变大。

（2）机组高速运行时，大轴带动静油旋转，在离心力的作用下油向外涌高、飞溅，同时产生大量的油气混合物，即油雾，并不断聚集在油槽上部，当油雾压力大于大气压力时，便从油槽盖与主轴的间隙处溢出。

（3）随着轴承温度的升高，特别是汛期时气温的升高，油槽内油雾体积膨胀，内压增大，进一步加剧了油雾溢出现象。

3. 运行油位与实际油位偏差较大原因分析

水导轴承油槽油位计安装在水导轴承回油管上，当机组启动时，回油管中发生较大油液流动，在回油管中产生负压，导致油位计显示不准，与实际油位产生较大偏差。

（四）故障处理及评价

1. 故障处理

（1）解决水导轴承油槽盖与主轴间的间隙问题。将静态羊毛毡密封改进为自补偿接触式密封，如图 3-18 所示。

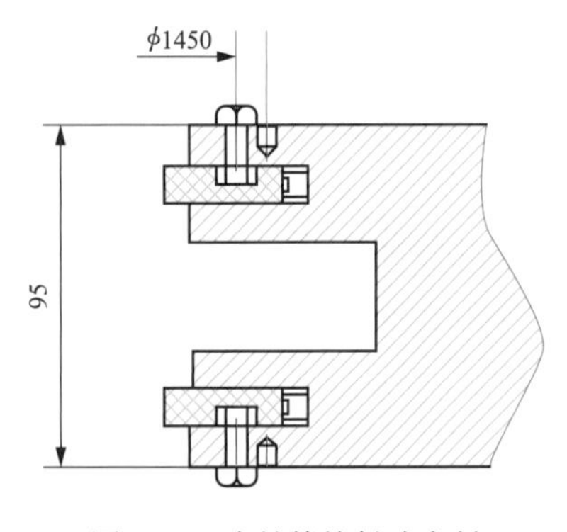

图 3-18　自补偿接触式密封（单位：mm）

由故障原因分析可知，间隙的产生，是静态羊毛毡密封结构本身所具有的缺陷。经过大量调查研究，可将其改进为自补偿接触式密封。

自补偿接触式密封盖的接触齿按圆周方向等分成若干等份，每一等份均能径向移动，接触齿在尾部弹片的作用下能紧随轴领的径向摆动做径向跟踪，确保油槽密封与轴一直保持无间隙稳定运行。接触齿按径向单边前进量不少于 1mm，径向单边后退量不少于 2.5mm 进行设计，能有效补偿在运行中的密封齿的正常磨损，使接触齿与转轴之间连续不断地接触，保证接触齿和转轴之间在任何工况下零间隙运行。

接触齿选用非金属多元复合材料，具有耐磨、耐油、耐高温、耐老化、耐化学腐蚀等特性，并且具有良好的自润滑性能。密封盖座圈采用特种轻质铝合金制成母体及支撑部件，经过特殊的表面活化处理，具有轻便和不易变形等特点。

（2）维持油槽内外压力一致，进一步解决油雾溢出问题。在油槽盖板上加装一个具备油雾过滤功能的呼吸过滤器，如图 3-19 所示。

呼吸过滤器由罩体、本体、折流板、集油器等组成。它可使油雾在通过折流板到集油器的过程中，由油雾凝结成油滴，返流回油槽内，过滤后的空气被排出，使油槽内外压差保持一致，油雾将无法从密封齿间隙处溢出。

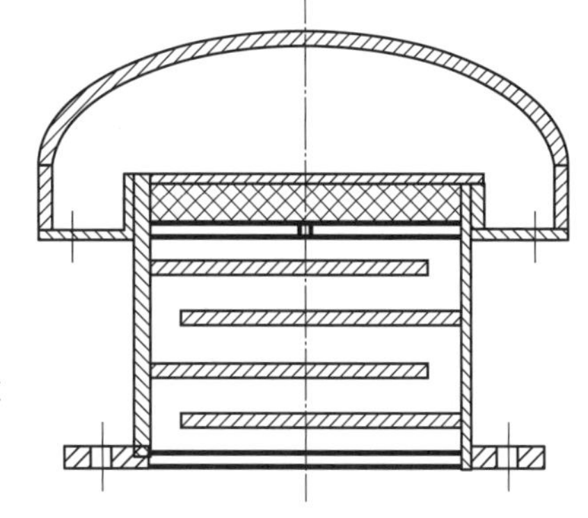

图 3-19　呼吸器内部结构

（3）改变油位计安装位置，保证油位显示的稳定性。在油槽盖$-y$方向外圆处增设油位计安装孔，同时注意油位计安装位置避开水导轴瓦，并设计一个带法兰的油位计套筒。将油位计套筒安装在油槽盖上，油位计安装在套筒法兰上，如图 3-20 所示。

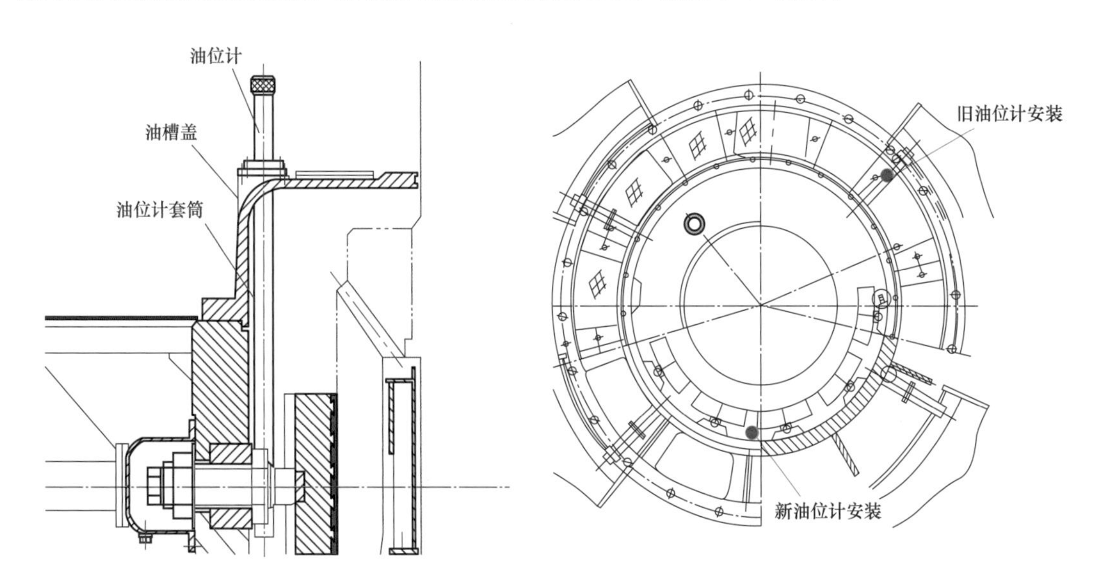

图 3-20　油位计安装示意图

2. 故障处理效果评价

该机组完成了水导轴承油槽盖的改造，将原静态羊毛毡密封改造为自补偿接触式密封，在水导轴承油槽盖上增加两个呼吸过滤器，并对称分布。水导轴承油位计安装位置未改变，依然加装在下回油管上。

（1）油雾溢出问题。在该机组水导轴承油槽盖改造后，经长时间运行，油雾溢出问题得到明显改善，相比于未改造的同类型机组，水导轴承油槽盖上积油明显减少。

（2）油位波动问题。由于该机组未改变油位计加装位置，开机后水导轴承油位下降的问题未得到改善。选取该机组与其他 2 台机组进行对比，见表 3-6。

表 3-6　　　　油位变化对比

机组	A 机组	该机组	B 机组
油槽盖板密封	静态羊毛毡密封	自补偿接触式密封	自补偿接触式密封
油位计安装位置	油槽盖	下回油管	油槽盖
开机油位变化情况	[时间] 4/10/20 13:26 —3号机组有功功率平均值(MW) 129.8 —3号机组水导油槽油位平均值(mm) 37	[时间] 11/28/19 20:27 —4号机组水导油槽油位平均值(mm) -31.1 —4号机组有功功率平均值(MW) 136.4	[时间] 4/29/20 10:36 —6号机组有功功率平均值(MW) 135.8 —6号机组水导油槽油位平均值(mm) 52.6
有功功率平均值（MW）	129.8	136.4	135.8
水导轴承油槽油位平均值（mm）	37	−31.1	52.6

由见表 3-6 可知，水导轴承油槽油位由停机到运行波动情况与油位计安装位置有关，油位计安装在下回油管时，运行油位低于停机油位；油位计安装在油槽盖上时，运行油位高于停机油位。

（五）后续建议

（1）该机组水导轴承油位计安装在下回油管上，导致开机时显示油位下降，开停机过程中水导轴承油位波动情况与其他机组相反，可在后续检修中进行改进，将油位计安装在油槽盖上，与其他机组保持一致。

（2）结合其他机组运行情况，当油位计加装在油槽盖上，机组运行时，内油槽油液随大轴旋转产生环流，部分油液无法及时回流到外油箱参与循环，导致内油槽油位升高。针对此种情况，已进行水导轴承加装限流装置的相关研究。通过限流装置改变油液流动的方向，降低机组运行时的甩油高度。通过研究，证明加装限流装置可明显降低机组运行时的甩油高度，减缓机组水导轴承油位异常波动的现象。在后续机组的改造过程中，可一并实施。

（3）结合其他机组运行情况，当水导轴承油位计加装在油槽盖上时，为保证油位计功能正常，需加装浮球导向筒，经过一段时间运行后，发现水导轴承油位准确性较差。经分析，认为机组运行一段时间后，导向筒内部容易形成一定压力，影响油位显示的准确性。后在导向筒内壁上增加一定数量的均压孔，保证内外压力平衡，解决了以上问题。在后续机组改造过程中应加以注意。

七、水导轴承油过滤器缺陷分析及处理

（一）设备简述

水导轴承油过滤器是水轮发电机组水导轴承安全运行的关键设备，按照滤芯数量可简单

分为单筒油过滤器、双筒油过滤器等。水导轴承油过滤器可过滤掉水轮发电机组水导轴承油槽中的有害杂质，保障机组的安全稳定运行。

（二）故障现象

某水电站机组水导轴承外循环油过滤器为单筒油过滤器，多次出现过滤器堵塞的情况，造成水导轴承外循环供油量降低，从而引起水导轴承油位降低及轴瓦温度升高等现象。

（三）故障诊断

通过对该水电站机组水导轴承油循环系统结构及运行情况进行分析，发现水导轴承外循环油过滤器主要存在以下问题：水导轴承油循环方式单一，该水电站机组水导轴承外循环油过滤器为单筒油过滤器，当过滤器堵塞时，水导轴承外循环供油量降低，造成了水导轴承油位低及轴瓦温度高等现象；若切换为无过滤管道时又不能保证到水导轴承油的质量，将会存在重大的安全隐患。该水电站机组在投运后出现多次过滤器堵塞的情况，直接影响机组的安全运行。

（四）故障处理

在保证满足技术要求的原则下，将原来的单筒油过滤器换为双筒油过滤器，其参数及性能如下：

（1）工作压力：2.5MPa。

（2）适合流量：480L/min。

（3）过滤精度：100μm。

（4）滤芯材料为不锈钢金属网。

（5）污染发讯器：目视/电发讯号，报警压力为0.2MPa。

从机组长期的使用情况来看，这种过滤器过滤效果好、结构简单，运行时方便切换进行维护检修。

双筒油过滤器体积较大，改造时将原旁通管取消，经现场测定，安装位置由油槽旁移到顶盖筋板处。安装前后水导轴承冷却系统如图3-21、图3-22所示。

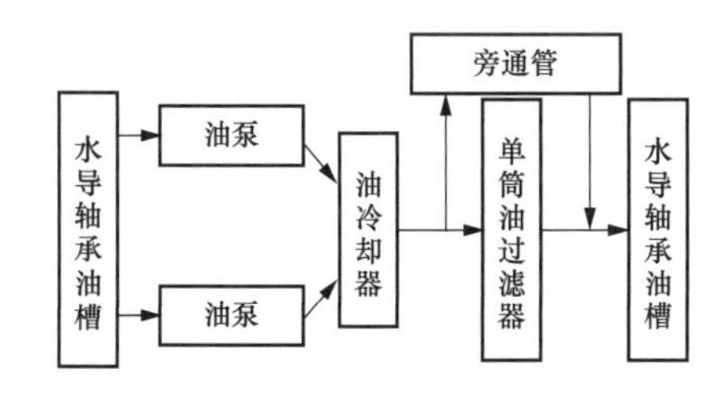

图3-21　改造前水导轴承冷却系统示意图

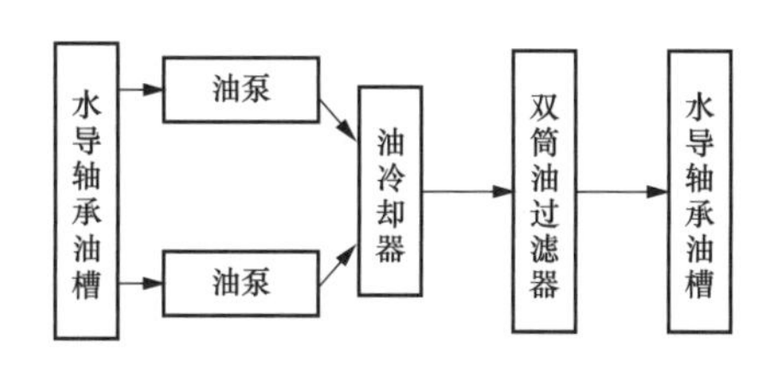

图3-22　改造后水导轴承冷却系统示意图

（五）后续建议

改造之后的双筒油过滤器一筒主用、一筒备用。实际应用过程中，可根据水导轴承油质及油过滤器的压差情况，对滤芯进行定期更换。

第四章　主轴密封

第一节　设备概述及常见故障分析

一、主轴密封简介

水轮机主轴密封安装于水轮机转轮上部与水导轴承下方之间的顶盖内，以防止压力水从主轴和顶盖（或支持盖）之间上窜到机坑内，淹没水导轴承，破坏水导轴承的工作，影响机组正常运行。

根据工作性质的不同，主轴密封一般可分为工作密封和检修密封，工作密封主要用于机组运行期间密封机组转轮与顶盖之间的水流。检修密封用于机组停机或检修时临时封堵江水，按其结构形式可分为空气围带式检修密封、机械式检修密封和抬机式检修密封。因空气围带式检修密封结构简单，操作容易，密封效果好，故在实际运用中被广泛采用。

（一）工作密封

工作密封属于旋转式动密封装置，可分为接触式密封和非接触式密封。在水轮发电机组上使用的有多种形式，如早期的盘根、填料式密封、单层和双层橡胶平板密封，以及目前常使用的径向或端面密封、水泵密封等。

1. 盘根、填料式密封

这种密封是一种较早期的密封形式（见图 4-1），它是将旋转部件与固定部件之间加工一道密封槽，装入密封盘根并压紧。这种密封结构简单，工作可靠，缺点是当密封水压力较大时不适用，摩擦损失功率大且磨损主轴。

2. 单层橡胶平板密封

该密封结构主要是利用一层平板与固定在主轴上的抗磨面之间形成的密封面，在水压的作用下，密封平板与抗磨面接触而起到密封效果。密封橡胶不与主轴直接接触，不会像盘根密封那样磨损主轴；其缺点是机组出现抬机时漏水量会增大。该密封只是用于中低水头机组，且橡胶水导轴承压力水箱密封和水质较清洁的水电站。

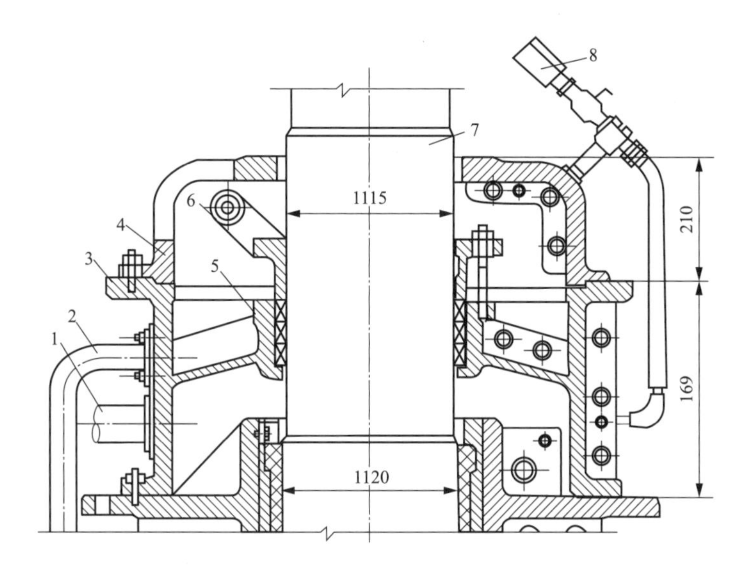

图 4-1　盘根、填料式密封（单位：mm）

1—润滑水管；2—排水管；3—盘根箱；4—轴承盖；5—橡皮石棉盘根；6—盘根压环；7—主轴；8—润滑水压表

3. 双层橡胶平板密封

该密封是将清洁水注入两层平板之间，上平板为固定部件，其上表面与转动的上抗磨面接触；下平板为旋转部件，其下表面和固定的下抗磨面接触。清洁压力水的注入会顶起上平板贴紧上抗磨面，同时下压下平板贴紧下抗磨面，从而起到阻止下游水进入水车室（见图 4-2）。与单层橡胶平板密封相比，其安全性能提高，但其结构较复杂，机组出现抬机时漏水量也会增大，调整比较复杂。该密封主要适用于水质较差、多泥沙的水电站。

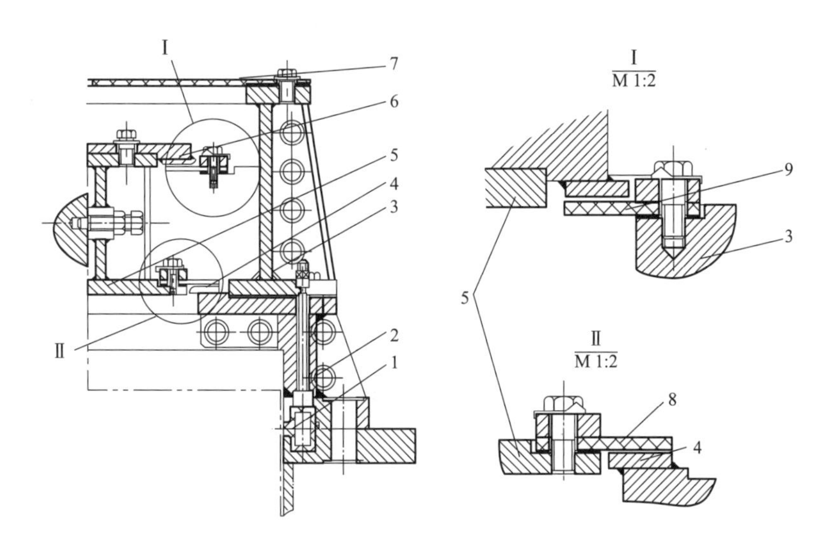

图 4-2　双层平板密封结构图

1—空气围带；2—水箱底座；3—水箱；4—下抗磨面；5—密封环；
6—上环板；7—上盖板；8—下密封平板；9—上密封平板

4. 端面密封

端面密封可分为机械式端面密封和水压式端面密封。机械式端面密封是利用若干块碳精块或尼龙等抗磨材料组成环形密封圈，支撑在托架上，利用弹性力式密封圈与固定在主轴上的环形抗磨面形成端面密封，起到止水作用，在碳精块或尼龙内部有若干个润滑水孔进行润滑和冷却（见图 4-3）。该密封具有自补偿功能，补偿量大、耐磨损性能好，可适用于各种水头的立轴式大中型水轮发电机组。该密封由于需要弹力均匀，故对弹簧的加工要求较高。

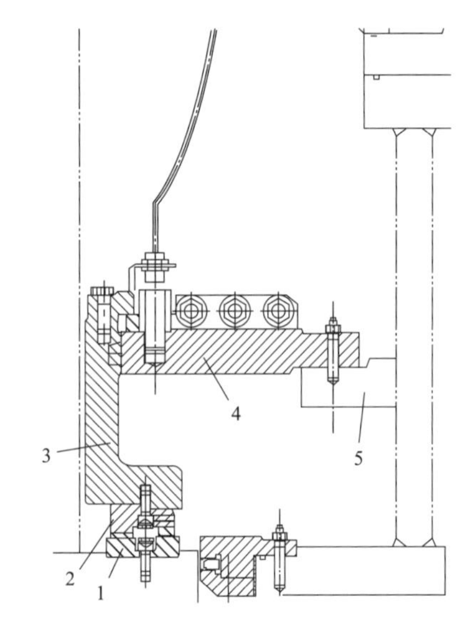

图 4-3　端面密封结构示意图
1—抗磨环；2—密封环；
3—浮动环；4—支撑环；5—支架

水压式端面密封的结构与机械式端面密封类似，只是利用水压力代替弹簧弹力，避免了弹簧弹力不均匀的缺陷。该密封在运行时一般较稳定，但由于水压腔的容积较小，随机组工况发生变化时，压力摆动较大，往往会出现密封表面烧损现象。

5. 水泵密封

该密封一般与平板密封或端面密封组成组合结构，在主轴护盖、转轮上冠处等转动部分装置一个叶轮，在运行中可以降低漏水压力和漏水量，最终依靠与其组合的其他装置来进行密封。该密封一般只作辅助密封装置，在多泥沙水电站上可以改善上部主密封性能，延长寿命。

6. 无接触式密封

近年来这种密封原理和方式曾多次被提及，但目前并没有广泛使用。其结构原理是在不需要接触密封面的情况下达到密封的效果，具体是主轴带动密封件旋转产生一种阻止漏水继续流动的阻力，破坏漏水水流的流动，从而达到密封的目的。由于该密封装置无须提供清洁压力水等附属装置，正在被一些水电站使用。

（二）检修密封

检修密封是在水轮发电机组停机或检修时投入的一种密封，防止在尾水位较高时倒灌进入顶盖。检修密封应用最广泛的是空气围带式密封，如图 4-4、图 4-5 所示，主要由空气围带、围带底座、围带盖及其供气、排气装置组成，是一种静止膨胀式密封，在机组旋转之前必须停止投入。

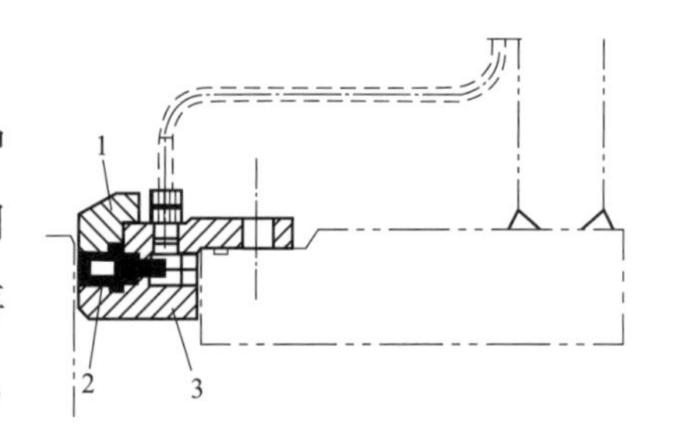

图 4-4　检修密封结构示意图
（单位：mm）
1—围带盖；2—空气围带；3—围带底座

检修密封需要投入使用时，向空气围带充入 0.7MPa 的空气，使空气围带橡皮膨胀，抱紧主轴，防止积水上窜；

当开机时，将空气围带里的压缩空气排除，使其收缩，让空气围带与主轴之间保持 3.5～4.0mm 的间隙，从而保护空气围带不受磨损。空气围带式检修密封结构简单，操作容易，密封效果好。

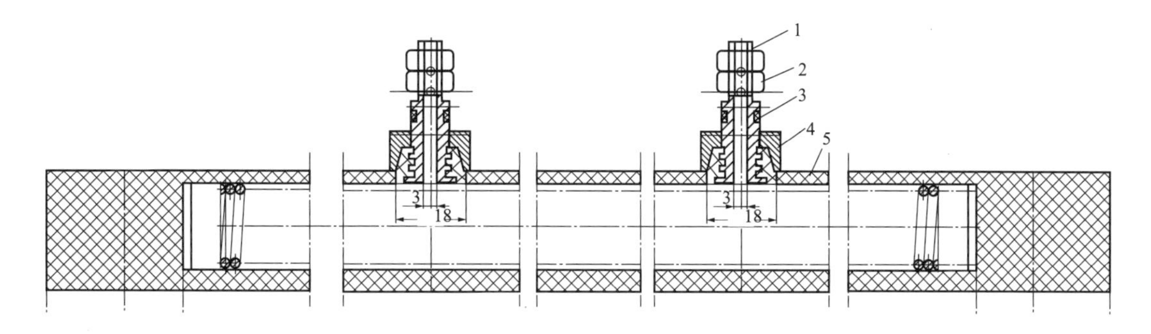

图 4-5　空气围带（单位：mm）

1—气管接头；2—螺母；3—密封；4—围带进气接头；5—空气围带

二、常见故障分析与处理

主轴密封常见故障见表 4-1，工作密封运行时，当碳精密封环出现一定的磨损后，均布在圆周方向的不锈钢弹簧会将导向环向下压，导向环带动碳精密封环向下贴紧抗磨面，始终进行有效的止水。与此同时，弹簧弹力会随之下降，在每个弹簧的上方都设有调整螺栓，用来调整弹簧弹力。在导向环的上方安装有导向环轴向位移监测装置（见图 4-6），机组运行时可以随时通过该监测装置判断碳精密封环的下沉量和磨损情况，并根据其下沉量判断弹簧弹力的下降情况，进行适当调整。一般情况下，只要各部件不发生卡阻、弹簧弹力正常，即使碳精密封环磨损较严重，也可以正常工作。若发现漏水量加大，顶盖排水系统无法及时排出积水，必须进行停机检修。

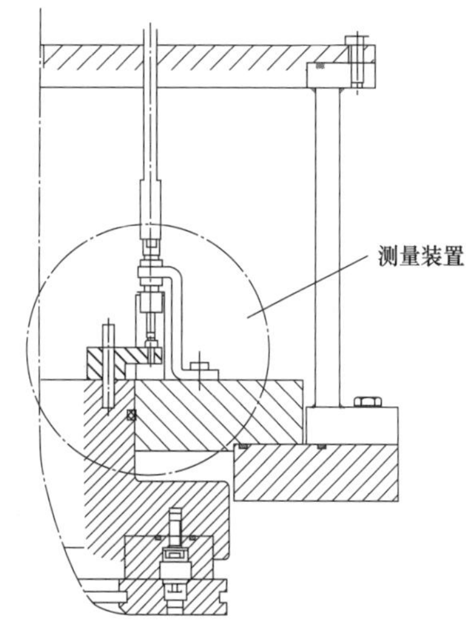

图 4-6　碳精密封环下沉测量装置

在空气围带可以正常工作的情况下，只对工作密封的检修工期较少，程序也比较简单，一般 2～3 天的时间就可以完成。如果空气围带不能正常使用，必须对主轴密封进行全面拆卸检修。

表 4-1　　主轴密封常见故障分析与处理

序号	故障现象	故障原因	处理办法
1	空气围带失效	空气围带破损；空气围带供气管路漏气	更换空气围带；检查修理空气围带供气管路
2	工作密封漏水量大	密封磨损量大；抗磨环磨损量大	更换密封；更换抗磨环

续表

序号	故障现象	故障原因	处理办法
3	工作密封温度过高（超过40℃）	工作密封供水压力不足	检查工作密封供水装置
4	工作密封供水压力不足（低于0.5MPa）	电动机及水泵故障；过滤器堵塞	检修或更换电动机及水泵；清理过滤器
5	导向环与挡水环处漏水	导向环与挡水环处的密封损坏	更换导向环与挡水环处的密封

第二节　工作密封典型故障

一、工作密封相关缺陷分析及处理

（一）设备简述

某水电站水轮发电机组工作密封主要有双层橡胶平板密封（平板密封）和自补偿型轴向端面密封（浮动式密封）两种形式。平板密封具有结构简单、易安装、运用成熟、成本低等特点，但该结构密封易受机组运行工况（水头、导叶开度等）、水质的影响，容易造成平板的损坏，需频繁检修与更换平板，严重影响机组安全稳定运行。而浮动式密封具有运行稳定、检修周期长、使用寿命长等优点。因此，为提高机组运行的稳定性，该水电站其他机组工作密封由传统的双层橡胶平板密封结构逐步改为自补偿型轴向端面密封结构。

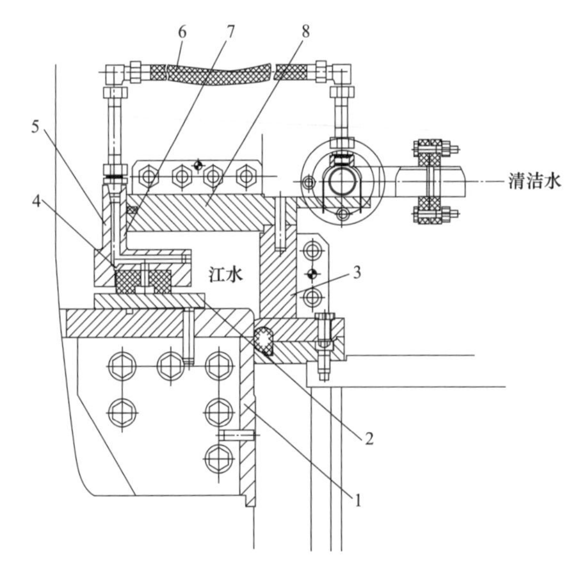

图 4-7　自补偿型轴向端面密封结构

1—主轴螺栓护盖；2—抗磨板；3—密封箱；4—密封环；5—浮动环；6—进水管；7—通水孔；8—上盖

改造后的机组自补偿型轴向端面密封结构如图 4-7 所示，由转动部件与固定部件组成，转动部件抗磨板通过螺栓安装在主轴螺栓护盖上，固定部件密封环通过螺栓固定在浮动环的下端面上，密封环下端面设计有环形密封水槽。浮动环与上盖之间装有数个弹簧，通过压紧螺母将弹簧固定在浮动环与上盖之间，浮动环与密封环内设有数个通水孔，通过供水管路引入清洁水，密封工作时依靠浮动环的重力、浮动环与上盖间的弹簧压力及清洁水压力，使密封环与抗磨板之间形成厚 0.05～0.10mm 的润滑水膜。

（二）故障现象

通过密封改造，浮动式密封总体运行情况良好，维护量大大减少，但除工作密封自身的故障外，相关设备尤其是放置于集水槽内的顶盖泵缺陷却相应增加。

1. 浮动环浮动量不足

浮动环浮动量设计值在0.05～0.10mm范围，部分机组在运行一段时间后，进行浮动环浮动试验，发现在水封压力最大时（一般为0.25MPa）也无法达到0.05mm，不满足设计要求。

2. 顶盖泵抽水效率低

顶盖泵的作用是将集水槽内的积水排出，防止水淹水导轴承。工作密封改造后，相比改造前，顶盖泵缺陷数量大幅度增加，主要表现为顶盖泵绝缘降低、无法启动、热偶动作等。

3. 顶盖泵抽水时间长

在顶盖泵抽水效率正常的情况下，工作密封改造后的机组经常出现顶盖泵长时间运行的问题，停泵时间缩短而运行时间偏长，多台机组出现单台泵连续运行时间长达一个多小时。

（三）故障诊断

1. 故障初步分析

（1）浮动环浮动量不足。浮动环浮动量是指浮动环相对于上盖的位移量，根据浮动式密封结构，造成浮动环浮动量不足的原因主要有以下几点：

1）密封环磨损。密封环磨损较多时，密封圈与抗磨板间无法建立有效厚度为0.05～0.10mm的水膜，造成浮动量不足。

2）浮动环与上盖间密封圈阻力过大。浮动环与上盖间存在O型耐油橡皮条，装配后橡皮条被压缩，与浮动环平面接触，在浮动环上下浮动时需克服摩擦阻力，当摩擦系数过大时，容易使浮动环卡涩，导致浮动环浮动量不足。

3）浮动环与上盖间杂质阻塞。当浮动环与上盖配合面存在铁锈等杂物时，也会使浮动环卡住，影响其浮动量。

（2）顶盖泵抽水效率低。当顶盖泵在启动时热偶动作甚至无法启动或者启动后抽水效率低时，可能原因有以下几点：

1）顶盖泵绝缘不合格。顶盖泵长期浸于水中，线缆破损、线缆接头密封失效等均会造成顶盖泵绝缘降低，启动后造成热偶动作。

2）三相电流不平衡。正常情况下，顶盖泵运行电流约为2A，当三相电流相差太大时，会造成启动跳电源问题。

3）反转。部分机组顶盖泵在接线时相序未按照正转来接，仍能够抽水但流量远未达到

$25m^3/h$，在顶盖水位上升较缓时未发现，当顶盖水量增加时，就会表现为顶盖泵效率忽然降低。

（3）顶盖泵抽水时间长。部分工作密封改造后的机组在运行过程中，顶盖泵排水效率基本达到 $25m^3/h$ 的额定排水量，但是持续运行时间长达一个多小时，顶盖水位下降缓慢。此时故障原因并不在顶盖泵，可从其所处环境及关联设备进行分析。

1）工作密封漏水量大。水封压力不合适、有功调节、浮动环卡涩等均是造成工作密封漏水量增大的可能因素，均会造成密封环与抗磨板之间无法建立有效的水膜阻止江水进入集水槽。

2）止回阀、出水管故障。机组 1 号和 2 号顶盖泵共用一根出水管，当其中一台泵止回阀故障（损坏或被异物卡住无法复归），另一台泵启动时出水将通过故障止回阀返回至集水槽，导致水位下降缓慢。此外，顶盖泵出水管破裂或法兰漏水也会造成顶盖泵抽水时间长。

2. 设备检查

（1）工作密封检查。

1）浮动环浮动试验。在浮动环的 $\pm x$、$\pm y$ 四个方向各架一个百分表，然后向工作密封先后通压力为 0.05、0.10、0.15、0.20、0.25MPa 的清洁水，测量浮动环的上浮量。

将所测数据进行分析，大部分工作密封改造后的机组浮动环浮动量达到 0.05～0.10mm 的设计要求，少部分机组低于 0.05mm，浮动量不足，可能造成密封效果不佳。在实际检查中，还有部分机组浮动量甚至超过 0.10mm 较多，但在实际运行过程中通过跟踪发现基本上不影响机组的安全。

2）浮动环与上盖高度差测量。根据浮动式端面密封的结构特点及检修经验，可在不分解工作密封的情况下测量密封环磨损量。通过对前、后两次测得的浮动环与上盖高度差进行对比，计算密封环磨损量。具体的测量方法为：将机组风闸复归、空气围带撤除，使机组转动部分处于自由状态，在浮动环上对称选取 4 个点（对应水箱组合密封处），测量浮动环上端面与上盖的高度差（见图 4-8），以此数据作为基准，后续检修中此高度差的变化量即代表密封环的磨损量。

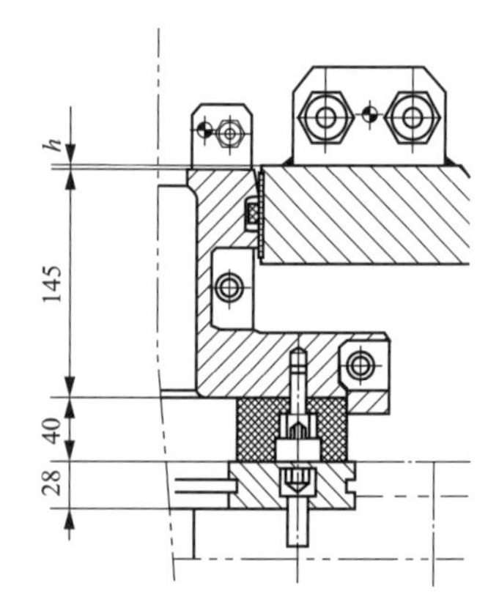

图 4-8　浮动环上端面与上盖高度差示意图（单位：mm）

在检修期通过对工作密封改造后机组浮动环与上盖高度差的测量并与上一年度数据进行比较，发现密封环几乎没有磨损。

3）浮动环与上盖间隙检查。浮动环与上盖间隙用0.05mm塞尺检查，沿圆周多个方向测量，塞尺能够塞入20mm以上，均不能通过浮动环与上盖间的密封条，间隙较为均匀。

4）工作密封解体检查。

a. 密封环与抗磨板检查。对机组工作密封进行拆解后，密封环均匀取8个点，从$+y$向沿顺时针方向对密封环磨损量进行测量。检查密封环与抗磨板表面，无明显破损部位，只有部分划痕。总体看来，密封环厚度磨损量很小，可忽略不计。检查情况如图4-9所示。

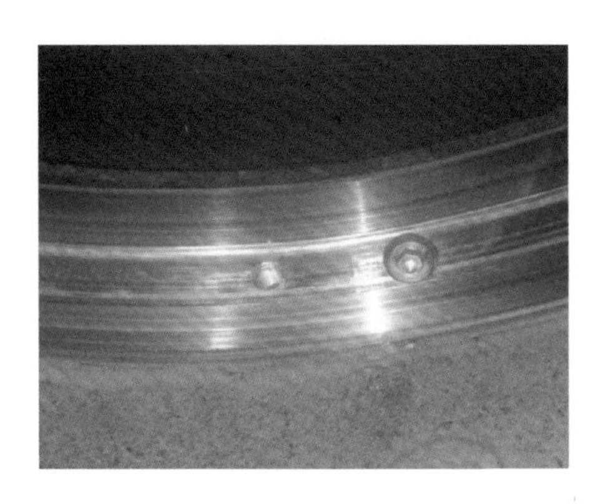

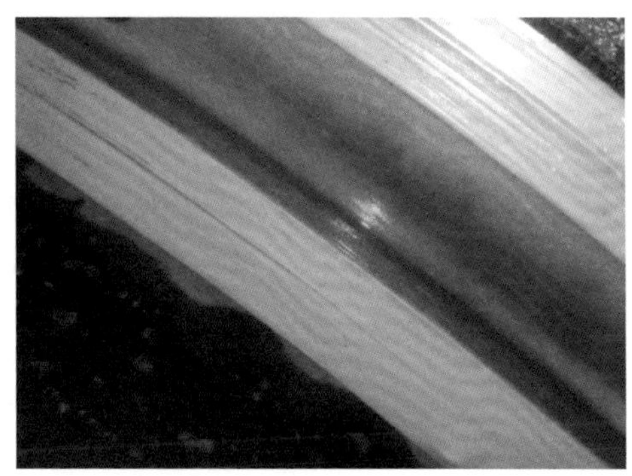

图4-9 密封环（左）与抗磨板（右）检查情况

b. 浮动环与上盖配合面检查。部分机组浮动环密封圈上下部位锈迹、铁杂质较多，部分铁锈高点较牢固，且高于密封条处；上盖与密封条配合面铁杂质较多，无明显锈蚀及划痕。浮动环与上盖配合面的铁锈、杂质较多会引起浮动环动作时卡涩。检查情况如图4-10所示。

图4-10 浮动环与上盖配合面检查情况

在起吊浮动环与上盖时，浮动环会直接跟随上盖提升，浮动环不能靠自重下落。将浮动环与上盖分离时，直接锤击，浮动环不能落下。使用千斤顶，对称4个方向将浮动环压下。说明此时由于浮动环倾斜或者杂质导致浮动环卡涩。

c. 密封环与抗磨板间隙检查。在浮动环自由落下的状态，用塞尺检查密封环与抗磨板的间隙。从$+y$向开始，沿顺时针方向，测量8个点，间隙数据如图4-11所示。在靠近$+x$向、偏$+y$向处，有间隙最大可达0.4mm，长度约为50mm。

d. 弹簧检查。弹簧检查均无断裂，将所有弹簧拆下后，检查弹性较好。

（2）顶盖泵及相关设备检查。顶盖泵和止回阀缺陷在工作密封改造后的机组上频发，经常出现的原因为顶盖泵绝缘不合格，止回阀损坏或被异物卡住。

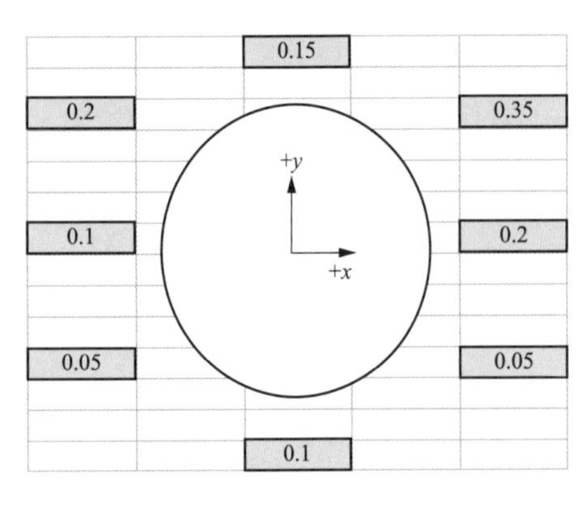

图 4-11　密封环与抗磨板间隙（单位：mm）

（3）开机状态下工作密封检查。在开机状态下，进入集水槽观察工作密封漏水量大小。相比改造前的双层橡胶平板密封，浮动式密封漏水量普遍偏大。

3. 故障原因

工作密封改造后，主要故障可分为工作密封本体故障和相关故障两大类。造成工作密封本体故障的原因主要有浮动环卡阻、密封块磨损、浮动环浮动量不达标，相关故障主要存在于顶盖泵、止回阀等相关设备，原因主要为顶盖泵效率低、止回阀损坏或被异物卡住无法复归。

（四）故障处理及评价

1. 故障处理

（1）浮动环与上盖配合面清理。针对浮动环密封圈上下部位铁锈，应及时清理干净。

（2）浮动环与上盖间密封圈更换。浮动环与上盖间密封圈为 O 型密封圈，在压缩后与浮动环平面接触，阻力可能较大，因此在另外一台机组上换成了一种新的形式，由面接触改为线接触，如图 4-12 所示。

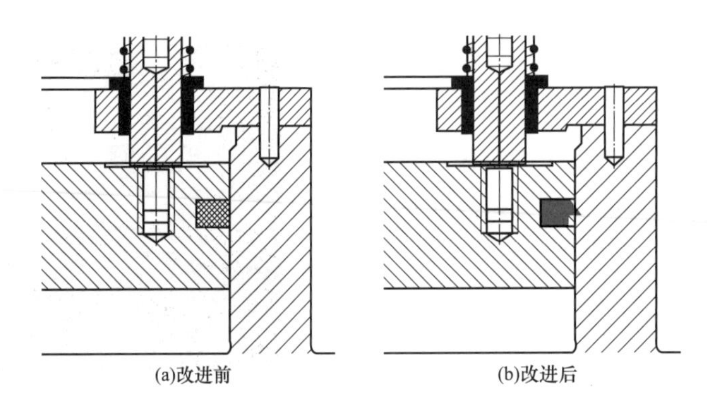

图 4-12　改进前后密封圈对比

（3）相关缺陷处理。顶盖泵效率低、止回阀故障等相关缺陷则采取更换顶盖泵、止回阀等措施。

（4）加装外部装置。

1）止水钢带。止水钢带主要结构形式如图 4-13 所示。

图 4-13 止水钢带主要结构形式

1—钢圈；2—挡水圈；3—齿片

止水钢带安装在机组工作密封内侧的大轴上，其外径与浮动环内径保持 2～3mm 的间隙，两者上端面平齐。当机组运行时，大轴顺时针旋转，同步驱动止水钢带，推动水流沿轴向向下运动，在浮动环内侧形成一定水压力，增加工作密封的漏水阻力，实现降低工作密封漏水量的效果。止水钢带安装如图 4-14 所示。

2）迷宫环。有的机组采用装设迷宫环的方式。如图 4-15 所示，迷宫环为截面为 L 形的圆环，拆除原工作密封水箱上盖板后，在其安装位置上原位安装。迷宫环靠近大轴一侧设计四级迷宫，用法兰板封堵水箱原出水管，使漏水从大轴与迷宫环之间的间隙内溢出，可增大漏水阻力，减少工作密封漏水量。为了防止迷宫环上端溢出的水或水雾喷射到水导轴承内挡油筒上，在上部加装挡水环，挡水环安装在大轴上。

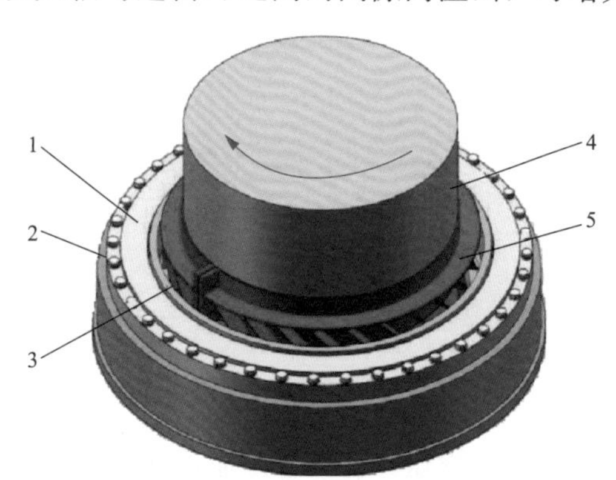

图 4-14 止水钢带安装示意图

1—支撑环；2—密封盖；3—浮动环；4—大轴；5—止水钢带

（5）降水压运行。适当降低清洁水压力时，理论上可以减少工作密封漏水量。以此为依据，对 2 台机组进行工作密封降水压运行试验，将 2 台机组工作密封工作压力由 0.20～0.25MPa 降至 0.15MPa 左右。

2. 故障处理效果评价

（1）浮动环与上盖配合面清理效果。浮动环与上盖配合面清理后，浮动环动作灵活，能有效减轻浮动环卡涩问题。

（2）浮动环与上盖间密封圈更换效果。更换浮动环与上盖间密封圈，可以提高浮动环浮动量，使浮动环动作更加灵活，同时不会导致水封漏水量的增多。通过改变密封的方式来减少浮动环卡涩，此方案具有一定的可行性。

（3）相关缺陷处理效果。顶盖泵或止回阀更换后，基本解决了顶盖水位抽不下去的问题，保证工作密封运行稳定，防止水淹水导轴承事故的发生。

（4）加装外部装置效果。

1）止水钢带效果。整体上看，在止水钢带安装的情况下，水封漏水量要更小。止水钢带对于降低工作密封漏水量效果显著。

2）迷宫环效果。整体上看，在迷宫环安装的情况下，水封漏水量要更小。

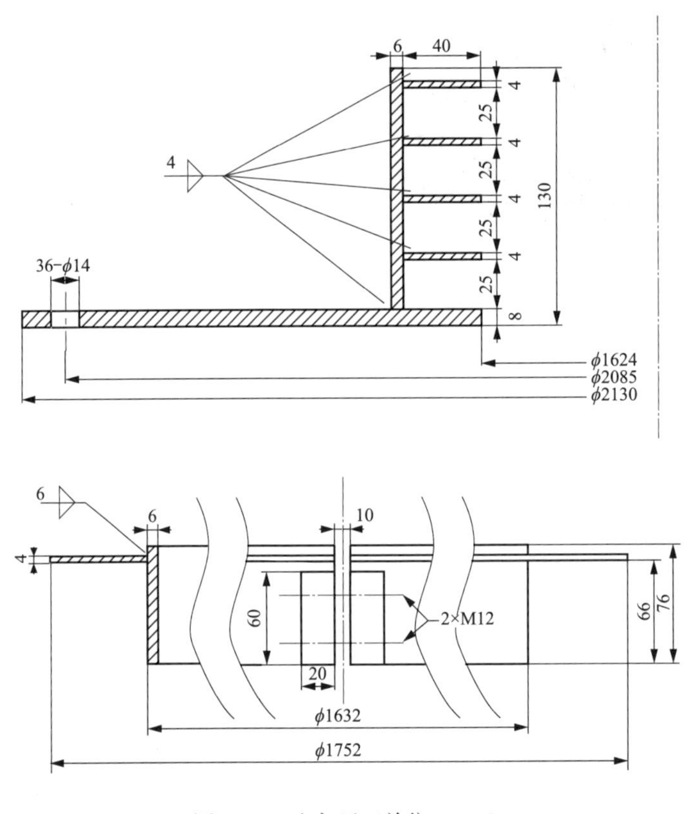

图 4-15　迷宫环（单位：mm）

（5）降水压运行效果。通过降低水封供水压力，可同时减少水封用水量与漏水量。

（五）后续建议

1. 加强工作密封运行跟踪

在机组运行时，加强顶盖水位跟踪，出现异常情况及时进行检查，对不同的故障原因进行针对性处理。

2. 研究工作密封漏水再利用

工作密封漏水汇集至集水槽内再通过顶盖泵抽至机组尾水，可考虑将这部分漏水进行收集再利用，建议设计一套循环装置，将漏水循环至水封供水，有效减轻相关设备如顶盖泵的运行压力。

二、工作密封卡阻、磨损缺陷分析及处理

（一）设备简述

某水电站水轮发电机组工作密封为端面水压式密封结构，密封元件为自补偿型，对密封环磨损可进行自动调整，密封环材料为赛龙，结构形式如图 4-16 所示。

工作密封部件主要由转动部件和固定部件两部分组成。转动部件有水轮机大轴和转动环，转动环用 4 个 M24 的顶紧螺钉固定在水轮机主轴上。固定部件主要有密封底座、密封环、密封挡环、导向销、供排水管路及附件等。其工作原理是当密封环下腔通入清洁压力水时，密封环在水压作用下克服自身重量上浮起来，在顶起密封环的同时，压力水经密封环中心孔流到密封环上端，使密封环与转动环之间形成一定厚度的水膜，不仅对密封环起到润滑和冷却作用，同时清洁水不断流动，可以阻止浑水的进入，起到密封的作用。

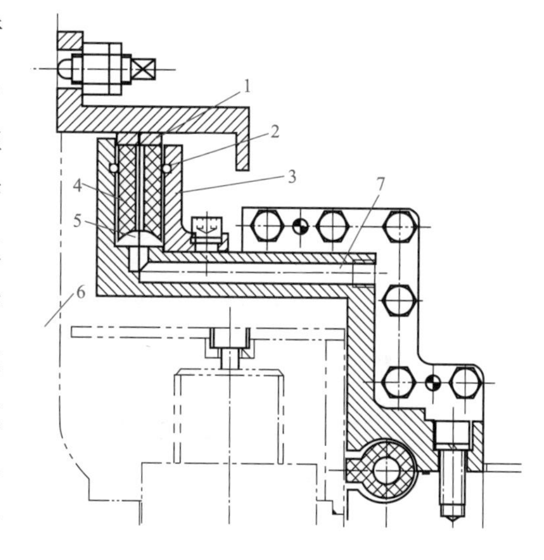

图 4-16 端面水压式工作密封结构

1—转动环；2—O 型密封圈；3—密封挡环；4—密封环；5—底托；6—大轴；7—进水管

（二）故障现象

机组启动前，转子顶起再落下后发现机组工作密封供水流量为 0.98m^3/h，压力为 0.6MPa，数据异常，开机后缓慢恢复正常。

岁修期间对工作密封进行解体检查，发现转动环、密封环均已磨损。转动环修复、赛龙材料密封更换后回装投入正常运行，运行中各项数据保持在正常范围内。后续巡检过程中发现，顶盖水位陡增至原来的 2 倍，供水流量也突然上升，供水压力和水封腔压力大幅度下降。

下一次岁修期间对密封环材料进行优化，用赛思德尔材料密封环代替赛龙材料密封环后正常投入运行。一年后年岁修期间对工作密封进行解体检查，发现转动环又出现磨损，修复后回装正常投入运行，几个月后发现工作密封漏水严重。

（三）故障诊断

1. 故障初步分析

（1）密封环复归性不良。

1）密封环在较大幅度上下自调节后复归不到位。

2）O 型密封圈摩擦阻力较大，密封环复位不均匀。

（2）密封环动作不灵活。

1）赛龙、赛思德尔材料具有一定的水胀量，在水中膨胀后会使密封环与 O 型密封圈的压紧量变大，不容易自如地上下浮动，使密封环与导向销、密封挡环之间发生发卡现象。

2）密封底托受力不均匀或进水管稍有堵塞容易导致密封环浮动不平衡产生偏磨、卡阻。

2. 设备检查

工作密封自检查发生异常后，多次解体检查均属密封环卡阻、磨损，如图 4-17 所示。

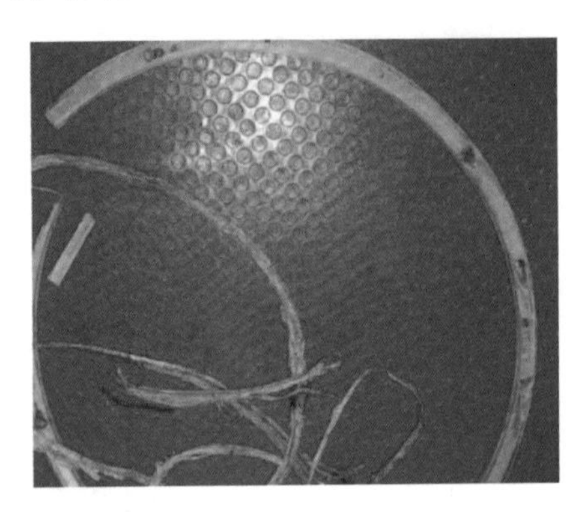

图 4-17　密封环、转动环磨损

（四）故障处理及评价

1. 故障处理

将端面水压式工作密封结构换型为端面静压式工作密封结构（见图 4-18）。换型后，工作密封由转动部件与固定部件组成，转动部件耐磨环利用螺栓固定安装于主轴联轴螺栓护罩上。固定部件主要包括工作密封块、浮动密封环、弹簧、压紧螺栓、导向环、密封水箱、工作密封块磨损指示装置、供排水管路及附件。工作密封环上开有环形密封水腔，用螺栓固定于浮动密封环下方。浮动密封环上部与导向环之间装有数个弹簧，利用导向环上的压紧螺母将弹簧压在工作密封环上，使工作密封环与耐磨环紧密接触。

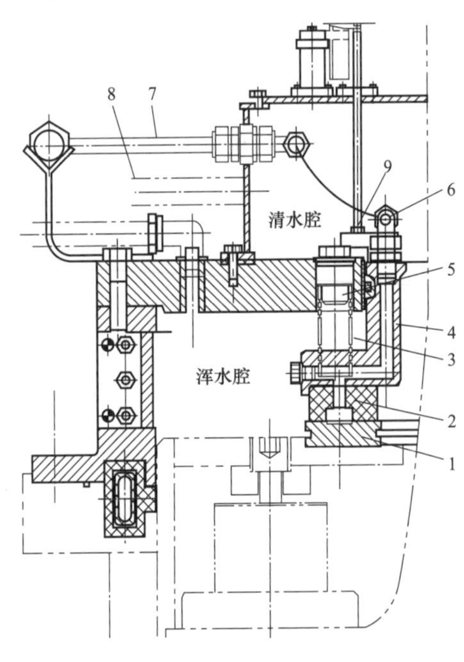

图 4-18　端面静压自调节式工作密封结构图

1—转动环；2—密封环；3—弹簧；4—浮动环；5—压紧螺栓；6—节流孔板；7—进水管；8—排水管；9—磨损量指示杆

正常工作时，密封环和转环之间没有直接接触，其间仅有润滑水，由润滑水形成一层水膜，因此密封环的磨损率极低。在事故状态时（润滑水中断），在弹簧作用下，密封环可紧贴在转环上运行，继续发挥密封作用。密封环是自补偿型，能轴向运动，所以对运行中水轮机的转动和固定部分之间产生的任何方向的相对轴向运动和磨损，密封环都能随之自动进行补偿，密封环有约 12mm 厚的磨损量，设计有密封磨损量指示杆监视密封磨损量。

2. 故障处理效果评价

工作密封换型后运行良好。

三、工作密封机械磨损量指示装置缺陷分析及处理

（一）设备简述

某水电站水轮发电机组工作密封为自补偿型，在整个使用期间，对磨损量可以进行自动调整。密封环允许最大磨损量为 12mm，通过设置密封磨损量指示装置进行监测，当密封磨损量超过 12mm 时可自动报警。工作密封还设置了 1 个带刻度的磨损量指示杆。

机组工作密封机械磨损量指示装置采用钢丝绳滑轮组传递显示其磨损量，其结构如图 4-19所示。

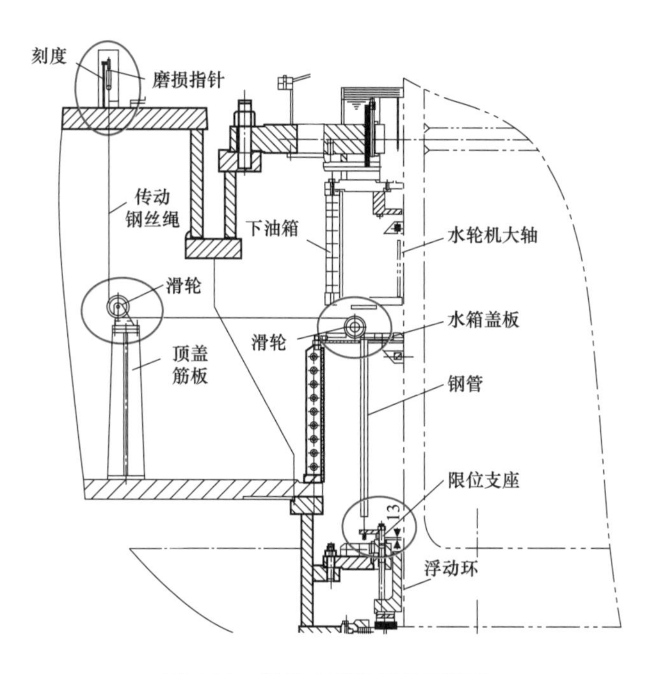

图 4-19 滑轮式磨损量指示装置

（二）故障现象

多台机组出现磨损量指示值在零刻度以上，没有真实显示工作密封块的磨损量。

（三）故障诊断

1. 故障初步分析

（1）传动螺栓松脱。

（2）传动钢丝绳断裂。

（3）传动滑轮组发生位移。

2. 设备检查

检查发现水箱内传动钢丝绳锈蚀、断裂。

3. 故障原因

传动钢丝绳长期浸泡在水中会有锈蚀情况，加上机组正常运行时，水箱内的水流力大，对水箱内的钢丝绳有一定的冲刷力，扩大了测量误差，加快了钢丝绳的断裂。

（四）故障处理及评价

1. 故障处理

改变工作密封磨损量指示方式，由钢丝绳滑轮组传动改为轴杆传动，其结构如图 4-20 所示。

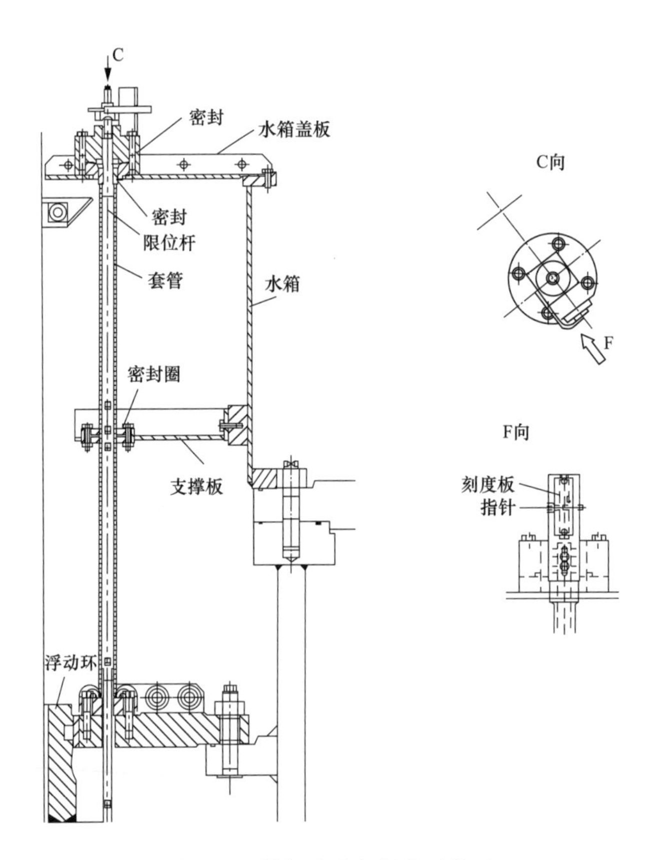

图 4-20　轴杆式磨损量指示装置

2. 故障处理效果评价

工作密封磨损量指示方式改变后，磨损量显示较为准确、稳定。

第三节　检修密封典型故障

一、设备简述

某水电站各类型机组的检修密封，虽设计结构、安装尺寸不同，但均采用了传统的空气围带式，如图 4-21 所示，主要包含密封支座、空气围带、密封盖及气源等部分。按设计要求，检修密封投入时，只需将压缩空气充入中空的橡胶空气围带，使其膨胀变形，抱紧主轴或是转轮上冠，即可有效止水；退出时，只需将压缩空气排除，中空的橡胶空气围带即可自行收缩，脱离主轴或是转轮上冠。

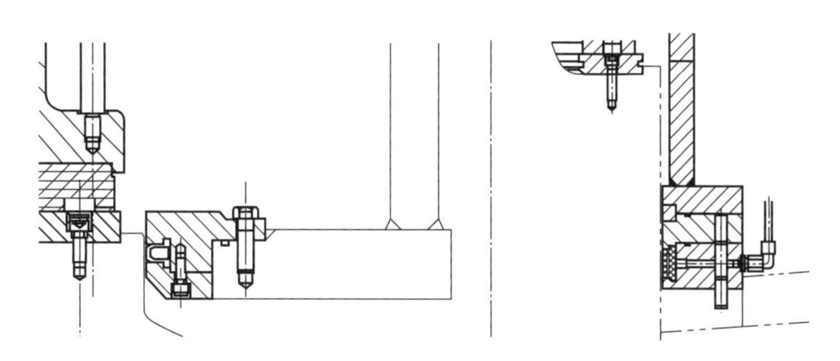

图 4-21　两种检修密封示意图

二、故障现象

该水电站各类型机组的检修密封，在投运几年时间后，均出现了橡胶空气围带不能保压，乃至从排气孔返水的现象，致使检修密封失去了作用。

三、故障诊断

该水电站各类型机组检修密封中空的橡胶空气围带壁厚较薄（3～4mm），空气围带整体强度低；机组投运后，橡胶材质老化及密封支座、密封盖采用碳钢材质引起锈蚀严重等原因，导致中空的橡胶空气围带破损不能保压，致使机组检修密封失去了密封作用，破损严重的导致排气孔返水。

四、故障处理及评价

1. 故障处理

（1）研发、设计新型空气围带，如图 4-22、图 4-23 所示。

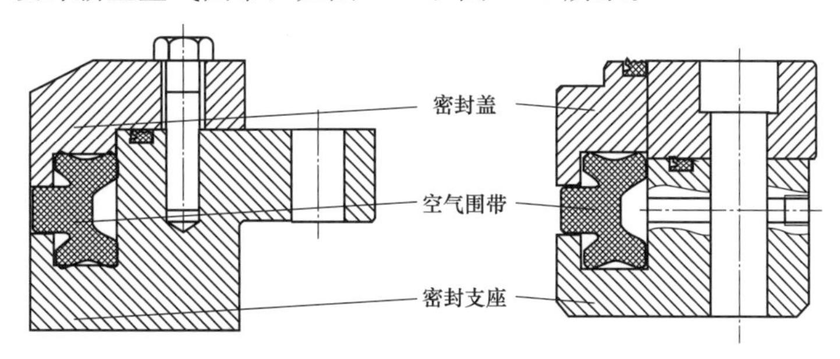

图 4-22　新型检修密封结构示意图

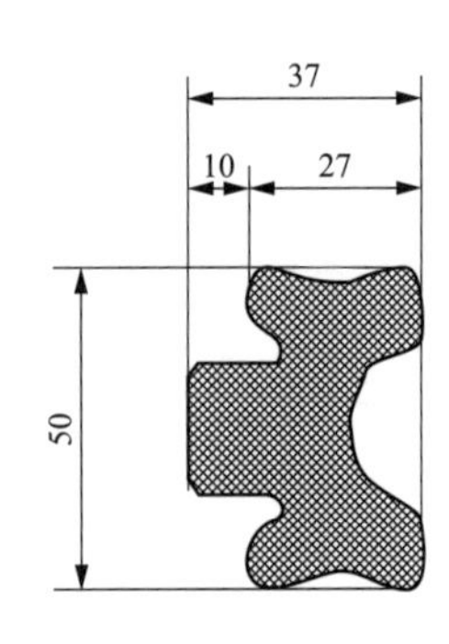

图 4-23　新型空气围带结构尺寸图（单位：mm）

（2）改密封支座及密封盖为 316 不锈钢材质，按照新型空气围带重新制作。

（3）改密封支座与密封盖之间为唇形密封，连接螺栓均改为不锈钢材质。

2. 故障处理效果评价

在新型检修密封安装运行 5 年后，该水电站对其进行了全面的检查试验：

（1）保压试验 25min，检修密封压力由 0.786MPa 下降至 0.759MPa，下降幅度仅为 3.3%，且压力下降至 0.759MPa 后，4min 无压降，新型空气围带密封性能优良。

（2）动作试验 3 次，投入气源后，新型空气围带能够抱紧大轴或转轮上冠，退出气源后，新型空气围带能够迅速回位，投入及退出过程快速、顺滑。

保压试验及动作试验充分说明，在新型检修密封安装运行 5 年后，依然具有良好的使用性能，与原检修密封相比，有了明显且巨大的改善。

第五章　金属埋件

第一节　设备概述及常见故障分析

一、金属埋件设备概述

（一）蜗壳概述

1. 蜗壳的类型

蜗壳式引水室的外形像蜗牛外壳，故通常称蜗壳。它的断面从进口到尾端（鼻端）是逐渐减小的，以保证向导水机构均匀供水，同时在导水机构前形成一定的环量。蜗壳应采用适当的尺寸，以保证水力损失较小，又可减小厂房尺寸和降低土建投资。它是一种封闭式的引水室，适用于各种水头和流量的要求，在反击式水轮机中应用最普遍。

由于水轮机水头和功率不同，蜗壳内承受的水压力和流速也不同。因此蜗壳使用的材料及结构形式也有区别。通常，根据使用水头的不同分别采用混凝土蜗壳和金属蜗壳，如图 5-1所示。

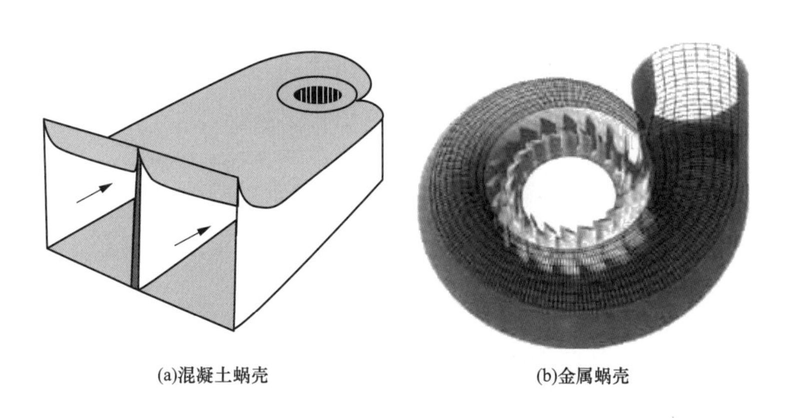

图 5-1　水轮机蜗壳示意图

（1）混凝土蜗壳。通常水头 $H<40$m 时的低水头大中型水电站采用混凝土蜗壳。它实际

上是直接在厂房水下部分大体积混凝土中做成的蜗形空腔，浇筑厂房水下部分时预先装好蜗壳的模板，模板拆除后即成蜗壳。为加强蜗壳的强度，在混凝土中配置许多钢筋，故有时也称钢筋混凝土蜗壳。混凝土蜗壳不能承受过大的水压力，为防止冲刷与渗漏，必要时应加钢板里衬。

（2）金属蜗壳。一般水头 $H>40$m 时采用金属蜗壳。根据水头和功率的不同，金属蜗壳的材料可用铸铁、铸钢或钢板焊接，如图 5-2 所示。铸铁蜗壳由铸铁整铸而成，因材料厚度的限制，仅用于水头不太高（$H\leqslant 60$m）、尺寸较小（$D\leqslant 0.5$m）的小型混流式水轮机。钢板焊接蜗壳是由若干锥形环焊接而成的。焊接蜗壳的节数不应太少，否则会影响蜗壳的水力性能，但节数过多又会给制造和安装带来困难。为节省钢材，应根据蜗壳断面受力的不同而选用不同的钢板厚度。通常蜗壳进口断面的钢板厚度较厚，接近尾端厚度较薄，具体数值由强度计算决定。蜗壳和座环之间也是靠焊接连接。焊接蜗壳应用最广，适用于水头 $H=40\sim 200$m 的大中型水轮机。当水头 $H>200$m、直径 $D\leqslant 3$m 时，因钢板太厚，卷制困难，故采用铸钢蜗壳，其结构形式与铸铁蜗壳相同。

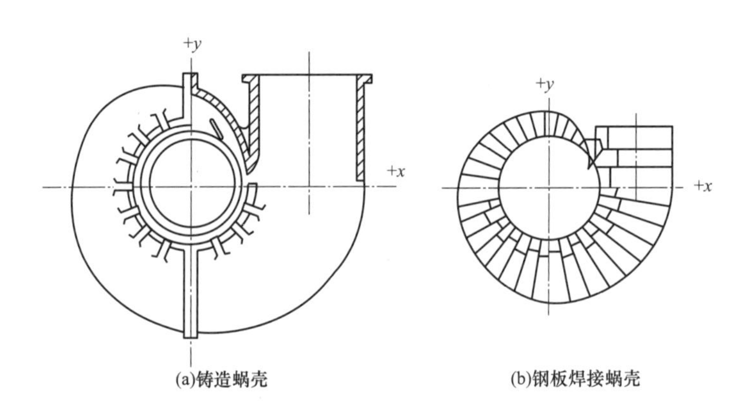

图 5-2 蜗壳类型

2. 蜗壳的作用

蜗壳是水轮机引水室的一种形式，它是水流进入水轮机的第一个部件。其作用是将水流对称地引入导水机构并进入转轮。大中型水轮机的引水室均采用蜗壳式引水室。水轮机在工作中对引水室有下列要求：

（1）尽可能减小引水室中的水力损失，以提高水轮机的效率。

（2）保证导水机构四周进水均匀，且呈轴对称分布，使转轮四周受水流的作用力均匀，以提高运行的稳定性。

（3）水流在进入导水机构前应具有一定的旋转（环量），以保证水轮机在主要工况时导叶处在不大的冲角下被绕流。

(4) 有合理的断面尺寸和形状，以降低水电站厂房投资及便于辅助设备（如导水机构接力器及传动机构）的布置。

(5) 具有必要的强度及合理的材料，以保证结构上的可靠及抗水流的冲刷。

显然，上述各项要求之间有的存在着矛盾。例如，要使水力损失小，就必须加大引水室的尺寸，而增大尺寸又会使厂房投资增加。因此，对上述各项要求应做统一、全面的考虑。

（二）基础环、座环和转轮室

基础环上装有伸缩节，后部焊在尾水管上，它是伸缩节、转轮室的基础，且与座环具有一定的同轴度和平行度要求，其上部设有转轮支承平面，在水轮机和发电机主轴脱开时承受转轮和主轴的重量；另外，还需要承受转轮室传来的水力振动。

座环位于蜗壳的内圈、导水机构的外围，由上环、固定导叶、下环组合而成。座环是整个水轮机的安装基础，承受着机组大部分的重量，也属于过流部件的一部分，使水流均匀轴对称地流入导水机构。

轴流转桨式水轮机转轮根据结构形式的不同可分为半球形转轮室、全球形转轮室等。其中国内大多轴流转桨式水轮机采用的是半球形转轮室，如图 5-3 所示。因为其方便水轮机的拆卸检修，但是由于叶片在半球形转轮室中转动时，叶片与转轮室中环间隙随转角不同而变化，其中叶片在全关时最小，叶片全开时最大。这就造成运转过程中水轮机的容积损失及叶片和转轮室的磨蚀。相反，全球形转轮室保证了叶片与中环间隙在叶片转动时始终保持一致，可减少水轮机容积损失，减轻水轮机叶片和转轮室的磨蚀。

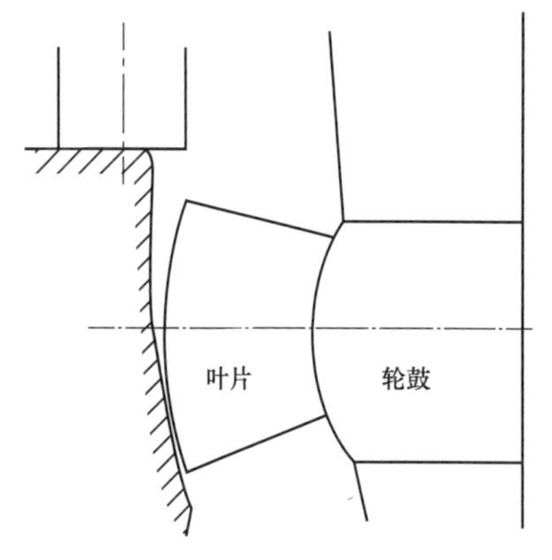

图 5-3　半球形转轮室示意图

对轴流转桨式水轮发电机组的水电站，转轮室过流部件的空蚀和泥沙磨损是普遍存在且很难解决的课题。转轮室长期在空蚀和泥沙的联合作用下，整体破坏严重，尤其是中环的损坏更为突出。

（三）尾水管

尾水管结构如图 5-4 所示，其作用简述如下：

(1) 汇集转轮出口的水流，并把它引向下游。

(2) 利用转轮出口处至下游水面的吸出高度 H_s(图 5-4 中 $H_s>0$m)，形成转轮出口的静力真空。

（3）利用转轮出口水流的大部分动能，并将其转换为动力真空。

不同比转速的水轮机，因使用水头的不同，尾水管的相对损失也不同。使用水头越低，转轮出口动能占水头的比重越大，相对能量损失也越大。因此，对高比转速水轮机，尾水管的作用显得尤为重要，其性能好坏对水轮机的效率影响甚大。通常尾水管有两种类型，小型水轮机用锥形尾水管，大中型水轮机用弯肘形尾水管。弯肘形尾水管由直锥管、肘管和水平扩散管三部分组成。直锥管为垂直的圆锥扩散管。肘管是90°的一段弯管，其断面一般由圆形过渡到矩形。水平扩散管是一个水平的矩形断面的扩散管。

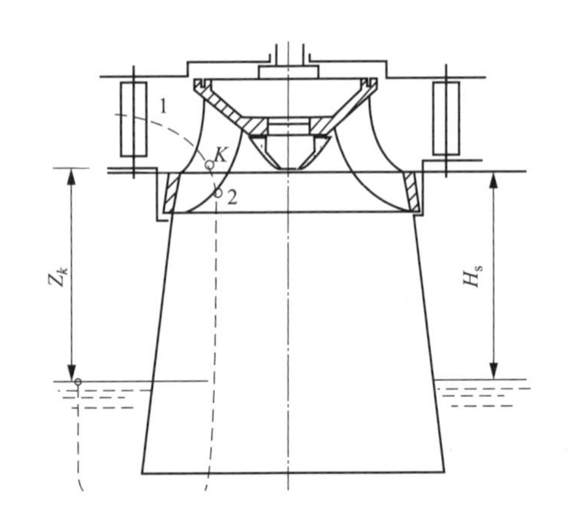

图5-4　尾水管结构示意图

1—活动导叶；2—转轮叶片

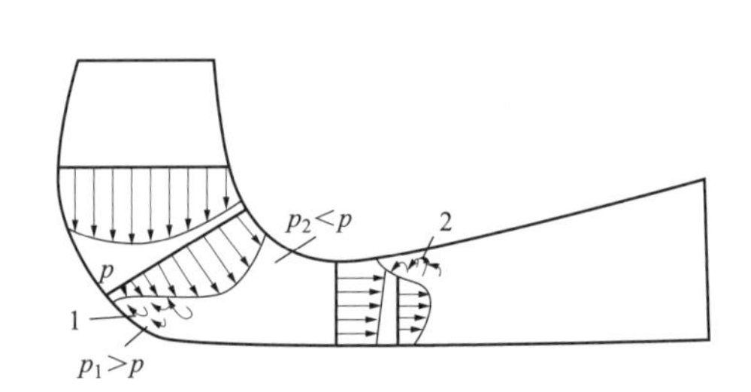

图5-5　弯肘型尾水管中的水流状况

1—外侧旋涡区；2—内侧旋涡区；p_1—外侧水压；p_2—内侧水压

在弯肘形尾水管中一般存在着沿程摩擦损失、扩散与转弯损失及与转轮出流不均匀和旋转有关的损失。沿程摩擦损失是一切黏性流体沿固体边壁流动时，均会出现的损失。尾水管是一种扩散管，由于扩散效应，在管壁处会产生脱流损失。水流在转弯的过程中（见图5-5），由于离心力的影响，在转弯部分压力从外壁向内壁逐渐减少，因此，内壁处水流收缩，而外壁处水流扩散，形成旋涡区1。水流进入水平扩散段时，原外壁处的水流压力降低，流速增加，呈收缩状，原内壁处的水流压力上升，流速下降，呈扩散状，因而形成旋涡区2。此外，由于大多数工况下转轮出口圆周分速度的存在，在直锥管和肘管中出现螺旋形运动的水流，产生旋涡损失。

（1）直锥管。弯肘形尾水管的进口段一般采用直锥形扩散管。由于进口断面的水流速度大小，对其后肘管及水平扩散管中的水力损失均有影响，而直锥段的高度与肘管的高度共同构成整个尾水管的高度。

（2）肘管。肘管的形状十分复杂，对整个尾水管的水力性能影响很大，一般地面式厂房推荐定型的标准混凝土肘管。标准混凝土肘管的尺寸可查《水电站机电设计手册》（水利电力出版社出版）。当水头 $H>200\text{m}$ 时，水流流速过大，可采用金属肘管。

（3）水平扩散管。出口段大多数为矩形断面的水平扩散管，两侧平行，顶板向上翘，倾角 $\alpha=10^{\circ}\sim13^{\circ}$。底板一般呈水平状，少数情况下，为减少开挖，要求底板上抬，此时 α 一般不超过 $6^{\circ}\sim12^{\circ}$。

二、常见故障分析与处理方法

（一）导流板撕裂

由于导流板设计强度不够、运行环境恶劣等因素，可导致导流板出现撕裂、破损情况，严重影响机组的安全稳定运行，如图 5-6 所示。导流板出现损坏后会表现出机组振动增大、噪声较大等现象。为防止导流板损坏，应从设计上采取措施降低水流压力脉动引起的导流板振动，具体可从结构设计上优化导流板的水力特性，提高导流板的抗振性，采用适宜的导流板材料，提高导流板的强度。

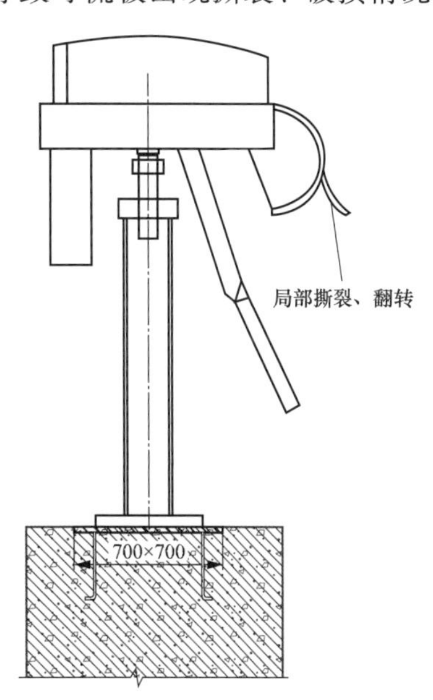

图 5-6　水轮机座环导流板撕裂（单位：mm）

（二）转轮室空蚀和磨损

对于轴流转桨式水轮机，叶片和转轮室中环间的间隙磨蚀是普遍存在的。针对转轮室的抗空蚀和磨损的措施，各水电站都在不断地探索。但是，大多数水电站都采取常规的转轮室修复方式，即对转轮室磨蚀严重的区域进行打磨、堆焊、修型，或者对局部进行镶嵌处理。此修复方法虽然能够在一定程度上修复转轮室，但是会引起转轮室大面积变形、型线凸凹不平等，且并不能从根本上缓解转轮室的磨蚀。

（三）尾水管涡带

水轮机尾水管是能量回收的重要部件，对机组的整体能量特性和稳定运行具有很大的影响。由于水轮机叶片出口水流存在圆周方向的速度分量，因此内部水流从垂直方向转向水平方向，流动受离心力的作用而存在二次流，且过流断面沿流向存在扩散、收缩、再扩散的过程，其流动复杂，常常产生局部脱流和回流等现象。尤其当机组在偏离最优工况运行时，进入尾水管的流动更加复杂，水流夹带着空化气泡在离心力的作用下形成同水流共同旋进的尾水管涡带，涡带在周期性非平衡因素的影响下产生偏心涡带，这种偏心涡带大大降低了水轮机效率，其诱发的压力脉动频率接近机组的某一个固有频率时，将会引起强烈共振，威胁机组运行的安全性。减小尾水管压力脉动的措施一般可以从改变水流运动状况、控制涡带偏心距离、引入适当的阻尼（如补气）、改进转轮叶型设计等方面开展，具体采取何种方式要结合压力脉动的状况和机组的具体情况来确定，有时需要考虑几种措施的组合。

第二节　金属埋件典型案例

一、压力钢管伸缩节导流板撕裂处理研究

（一）设备简述

某水电站水轮发电机组伸缩节结构形式为波纹管加橡胶水封密封的套筒式伸缩节。伸缩节由上下游内套管、外套管、波纹管、水封装置（水封填料、压圈及限位装置）等组成。

（二）故障现象

该机组伸缩节运行过程中发现导流板出现撕裂现象，固定螺栓出现断裂缺失，更有个别机组出现整板脱落（整个圆周安装的6块导流板，下部3块已完全脱落，且已被水流冲至蜗壳的导流叶片处，上部的3块中有2块部分脱落呈悬挂状态，仅有靠上部的1块没有异常现象），如图5-7～图5-9所示。

（三）故障诊断

（1）在现场发现遗留的导流板断裂螺栓，其断裂位置在螺栓根部应力集中处，断口的截面中心呈鼓起状，螺栓的螺纹部分则完好无损，经分析，此为典型的由应力集中和振动引起的疲劳破坏现象。而部分螺栓在导流板发生振动后因疲劳首先发生了断裂，在水流的冲击下导流板的局部被翘起，临近螺栓的受力突然变大，连接螺栓依次断裂，导流板被逐渐撕裂甚至脱落。

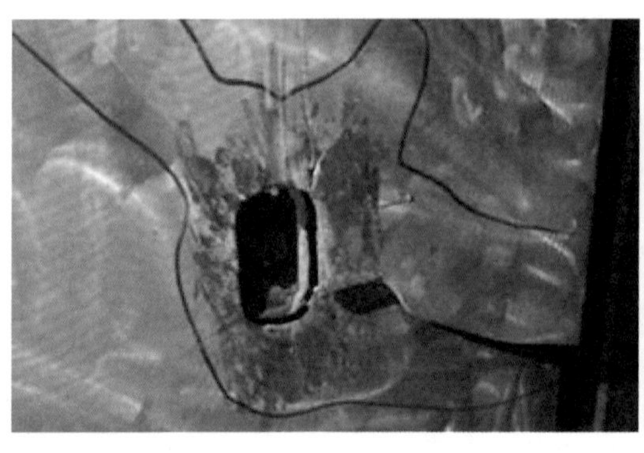
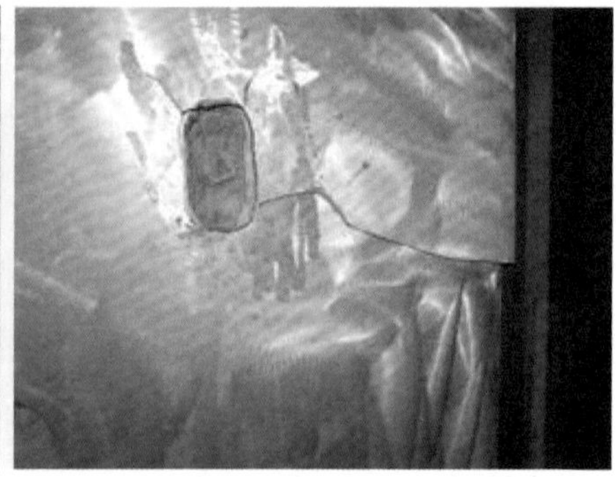

图5-7　导流板裂纹

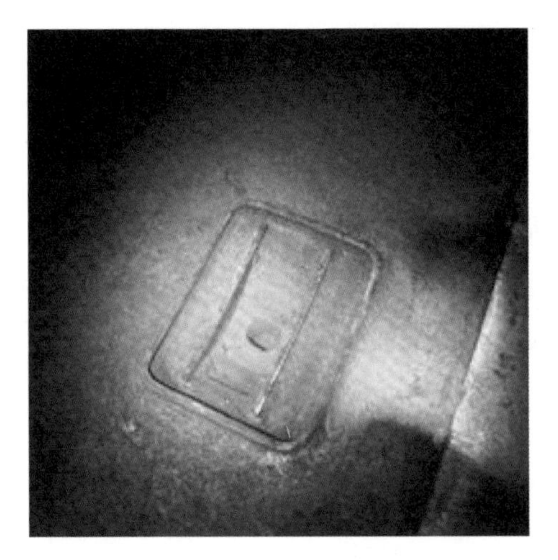

图 5-8　检查中发现的螺栓缺失情况

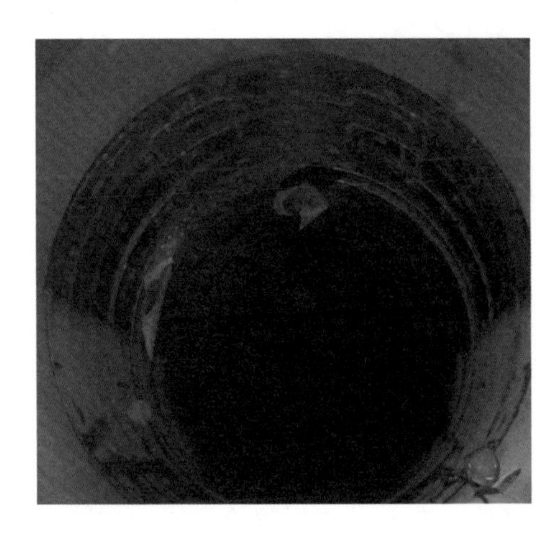
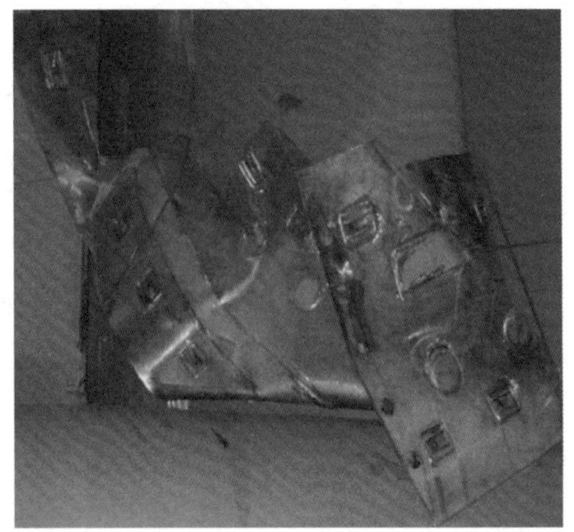

图 5-9　导流板脱落

（2）从结构布置上看，导流板是通过螺栓固定在外套管上，导流板是伸缩节的子结构。外套管的频率较低，与机组运行频率接近，在上述外力作用下，上下游内套管和外套管产生振动，通过螺栓与外套管连接的导流板也会随之产生振动，而导流板方形螺栓孔是导流板局部薄弱部位，四个尖角处又是应力集中区，机组运行时这些部位长期振动运行，最终导致疲劳撕裂。如果在螺栓孔口周边加肋，孔口局部加强后应力集中区缓解，但固定导流板的螺栓又变为局部薄弱环节，最终螺栓会产生疲劳破坏。

（3）由于引水道中的高速水流直接冲刷导流板，其振动是不可避免的。导流板在脉动水压力作用下产生了较大的脉动应力，长期持续振动的结果必然导致导流板应力较大的薄弱部位（孔口或螺栓）产生疲劳破坏。

（4）伸缩节有限元计算结果表明，静水压力作用下导流板与波纹管连接部位静应力很大，可能直接导致导流板破坏。

（四）故障处理及评价

1. 故障处理

原安装的导流板，上下游间螺栓固定的支点距离较大，而中间正好存在一个与外套管之间的空隙，当水流压力脉动时，空隙两侧的水压会有差异变化，因此在中间处增加螺栓固定点，缩小上下游间的支点距离，会对限制振动起很大的作用。采用 T 形梁连接进行技术改造，如图 5-10 所示。

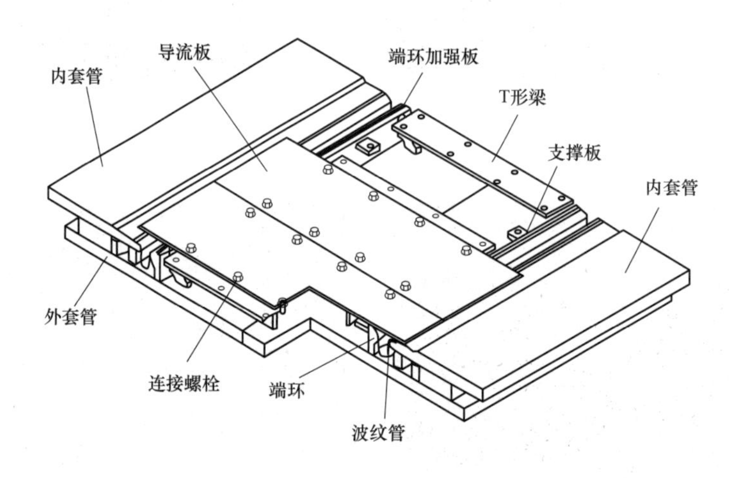

图 5-10　伸缩节安装新导流板后的局部三维剖视图

2. 故障处理效果评价

（1）消除或降低导流板螺栓孔的应力集中的措施：在原导流板螺栓孔周边加肋，逐步更换导流板时，建议将新导流板螺栓孔做成圆形的，可避免在方形孔的四角产生应力集中现象；建议新导流板上减少平压孔的数量，以增强导流板的整体性和抗振性。

（2）水流压力脉动引起导流板振动，应该在导流板上进行抗振和减振处理，如减小导流板尺寸，在连接螺栓杆上增加弹簧垫圈耗能。

（3）需要进一步加强导流板和波纹管连接部位的设计研究，以期降低该处的静应力，确保结构安全，并对伸缩节与内外套管的连接方式做进一步减振研究。

二、进人门缺陷分析及处理

（一）设备简述

某水电站轴流转桨式水轮发电机组的蜗壳、锥管、尾水管的进人门均由螺栓把紧，无其他防异常开启措施。

（二）故障现象

机组蜗壳、锥管、尾水管的进人门所受水压冲击较大，在长期运行及压力脉动的影响下，连接螺栓可能出现锈蚀、松动或者断裂现象，导致三道门异常开启或漏水，存在水淹厂房的事故隐患。

（三）故障诊断

1. 三道门安装形式检查

经现场普查，水电站所有机组根据三道门安装形式不同，总体上分为外边缘与钢筋混凝土贴合、外边缘与钢筋混凝土未贴合两种类型，如图 5-11、图 5-12 所示。

图 5-11　外边缘与钢筋混凝土贴合

图 5-12　外边缘与钢筋混凝土非贴合

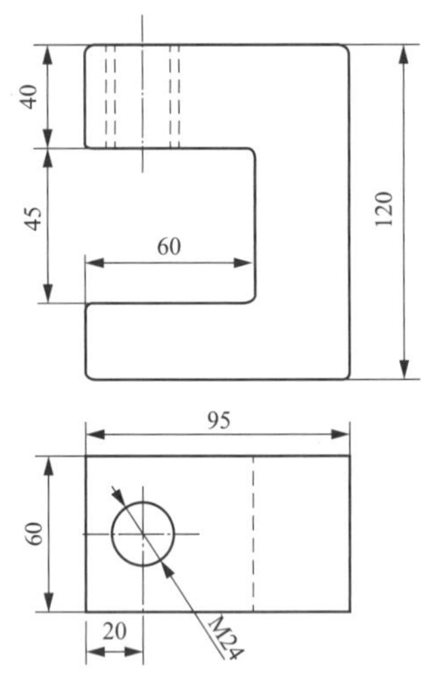

图 5-13　C 型夹（单位：mm）

2. 研究设计防异动装置

（1）C 型夹。针对外边缘与钢筋混凝土未贴合类型的三道门，采用直接安装 C 型夹，C 型夹采用 45 号钢整体加工，表面黑化处理，并设有 M24 螺孔，如图 5-13 所示。

（2）防异动装置。针对外边缘与钢筋混凝土贴合类型的三道门，不能直接安装 C 型夹，需另设计装置，其中锥管进人门属未贴合类型，均能安装 C 型夹。经现场勘查、测量，可在蜗壳进人门、尾水管进人门加装防异动装置。该装置由横梁、顶丝装配、止推块、铆钉螺栓等组成，通过 4 个顶丝顶住门盖的方式来防止门盖异常开启，如图 5-14～图 5-16 所示。

图 5-14　蜗壳进人门、尾水管进人门

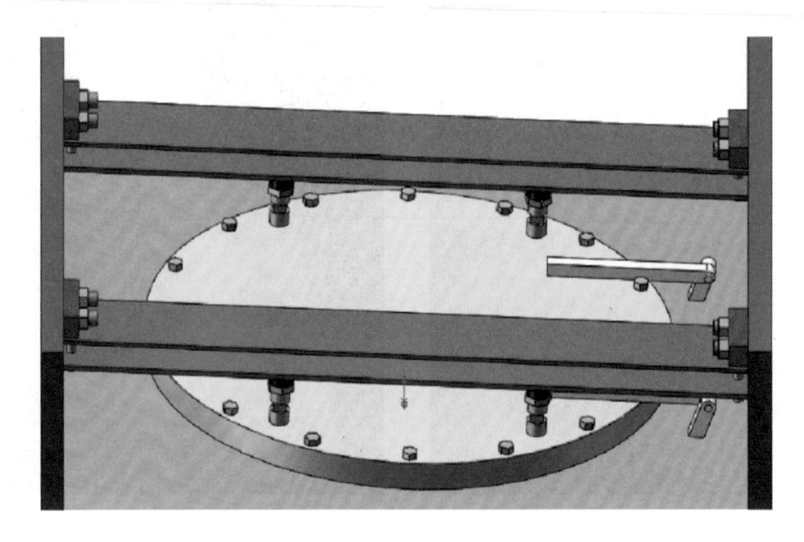

图 5-15　防异动装置

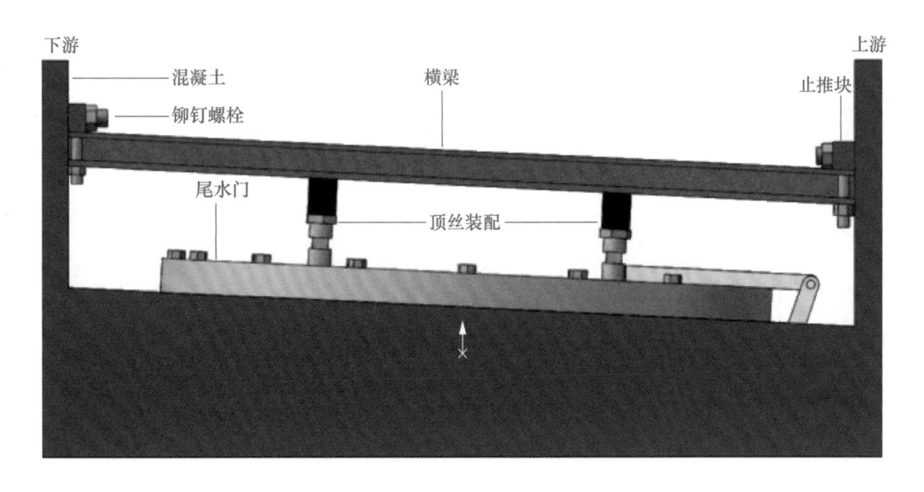

图 5-16 防异动装置安装示意图

以尾水管进人门为例，在尾水管进人门安装坑内沿 y 方向设置 2 根工字钢（型号：18 号）横梁，每根横梁上布置 2 个可调节顶丝，横梁安装位置距尾水管进人门上表面 200mm。在墙体上打孔安装铆钉螺栓，并安装止推块，每根横梁配置 2 个止推块，止推块与横梁之间通过螺栓限位，防止横梁左右摆动。

1）装置受力分析。机组运行过程中，蜗壳进人门、尾水管进人门受为力情况见表 5-1。由测量、计算数据分析，蜗壳进人门正常情况下承受来自江水的压力约为 16t，极限工况压力约为 24.2t；尾水管进人门正常情况下承受来自江水的推力约为 13.5t，为便于受力分析，均取 24.2t 进行计算、选材。

表 5-1 蜗壳进人门、尾水管进人门受力情况

部位	面积(cm^2)	水压(MPa)	受力(kgf)	机组负荷(MW)	备注
蜗壳进人门	6358.5	0.25	15896	150	机组开机试验过程
		0.38	24162		极限工况水压值
尾水管进人门	6358.5	0.21	13540	134	机组正常运行过程

注 1kgf=9.80665N。

2）横梁。进人门受力按 24.2t 计算，采用 2 根工字钢横梁，即每根横梁受力为 12.1t，每根横梁长度在 1500mm 左右。进人门受力计算简化图见图 5-17。

由图 5-17 可知，工字钢横梁力矩为

$$M = p\frac{a(2c+b)}{L}$$

$$= 60 \times \frac{0.45 \times (2 \times 0.45 + 0.6)}{1.5} = 27(\text{kN} \cdot \text{m})$$

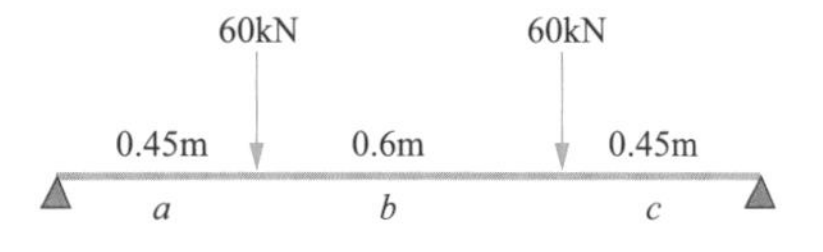

图 5-17 进人门受力计算简化图

忽略工字钢自重产生的力矩，查询工字钢（Q235）许用应力 σ=235MPa，安全系数为1.5，则截面模量为

$$W=\frac{M}{\sigma/1.5}=172(\mathrm{cm}^{-3})$$

查询工字钢型号及截面参数，可选 18 号（W=185cm^{-3}）工字钢。

3）顶丝装配。由顶丝及顶丝套组成，顶丝套通过焊接方式固定在横梁上，顶丝装配后应在长 200mm±20mm 范围内可调。该装配采用碳钢材质，顶丝规格为 M36，强度等级为 8.8 级，与门面接触部分采用圆顶工艺（见图 5-18）。

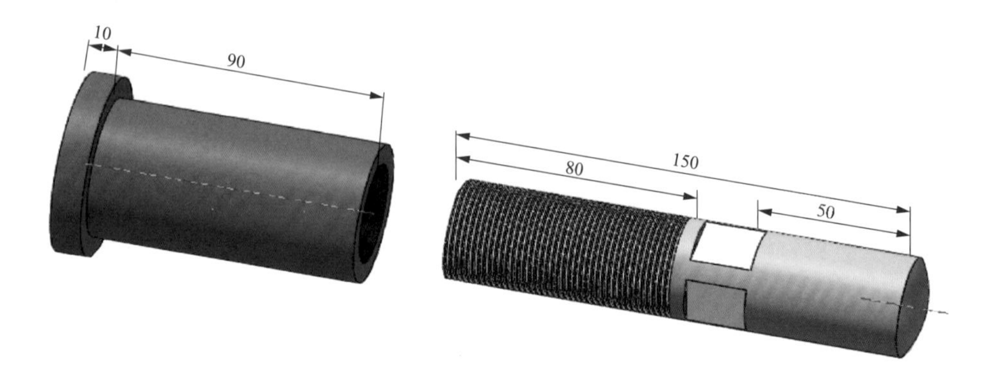

图 5-18　顶丝装配（单位：mm）

4）止推块。考虑混凝土打相邻孔时不宜太近（太近影响混凝土强度）及所选横梁工字钢宽度，初步选取止推块尺寸为 50mm×50mm×200mm，并根据蜗壳进人门、尾水管进人门安装倾斜角加工与横梁的接触面，确保横梁与止推块为面接触，增加受力面积。

5）选取铆钉螺栓及混凝土打孔。结合混凝土强度和现场施工条件限制，最终建议可选取高强度化学螺栓。

进人门推力约为 24.2t，作用于 2 根横梁，每根横梁有 4 个螺栓。

每个螺栓受剪切力为

$$\tau=\frac{24.2}{8}=3.03(\mathrm{t})$$

混凝土强度等级为 C30，根据化学螺栓参数表（见表 5-2），可选 M24 的化学螺栓，参数如下：M24×300mm，嵌入混凝土部分 210mm，设计剪切力为 4.57t（大于 3t），满足要求。

混凝土钻孔直径为 28mm，深度为 210mm，孔距为 140mm（大于 105mm），要求打孔前采用钢筋探测仪对混凝土进行钢筋探测，打孔应尽量避开预埋钢筋。

表 5-2　　化学螺栓规格参数表

锚栓规格(mm)	M10	M12	M16	M20	M24
钻孔直径(mm)	12	14	18	25	28
钻孔深度(mm)	90	110	125	170	210
螺栓长度(mm)	130	160	190	260	300
最大锚固厚度(mm)	20	25	35	65	65
锚栓的边距及混凝土构件的最小厚度要求					
锚栓规格	M10	M12	M16	M20	M24
最小边距(mm)	45	55	65	85	105
最小锚栓间距(mm)	45	55	65	85	105
基材最小厚度(mm)	110	130	145	190	230
单个锚栓平均破坏荷载及设计荷载					
锚栓规格	M10	M12	M16	M20	M24
破坏拉力(kN)(C30 混凝土)	31.87	45.57	71.58	137.69	186.69
破坏剪力(kN)(C30 混凝土)	17.25	29.05	53.43	84.42	114.15
设计拉力(kN)(C30 混凝土)	10.32	14.76	23.26	44.56	60.90
设计剪力(kN)(C30 混凝土)	5.79	9.95	14.40	28.65	45.77

凝固时间

混凝土内温度(℃)	−5～0	0～10	10～20	20 以上
凝固时间	5h	1h	20min	10min

（四）故障处理及评价

1. 故障处理

C 型夹和防异动装置加工制作完成后，进行现场安装。

C 型夹安装时，用 C 型夹夹住进人门门盖和门座，并穿入 M24 螺栓夹紧，每道进人门对称安装 6 个 C 型夹，如图 5-19 所示。

防异动装置安装时，用铆钉螺栓固定止推块，用螺栓连接带顶丝套的横梁，安装顶丝，并用扳手调整顶丝受力大小，如图 5-20 所示。

2. 故障处理效果评价

水电站始终将安全生产放在第一位，机组进人门螺栓失效作为水淹厂房风险最大危险源之一，一直被重点关注。通过设计安装进人门安全性系统装置，进一步提高了机组进人门的可靠性。当进人门螺栓失效时，C 型夹或防异动装置能替代螺栓承受进人门上的水推力，防止进人门异常开启，有效保障了水电站安全生产。

图 5-19　C 型夹安装后

图 5-20　防异动装置安装后

（五）后续建议

该案例采用的 C 型夹和防异动装置，模块化程度高，通用性强，能适应几乎所有外开式进人门。

C 型夹安装简便，工作量小，可根据不同的进人门厚度进行定制。

防异动装置采用分体式设计，横梁、止推块等部件各自为一单独模块，可根据场地灵活确定安装位置，适应性广。

综上所述，进人门安全性系统装置适用于大部分采用外开式进人门的水电站，应用前景广阔。后续建议将该防异动装置进行推广应用。

三、尾水排水阀密封损坏问题分析与处理

（一）设备简述

某水电站水轮发电机组盘型阀结构如图 5-21 所示，阀盘侧面加工有一道近似于方形的密封槽，在阀盘的侧上方，由外向内（向阀盘圆心方向）通过密封槽，加工 ϕ6mm 定位销孔。该销孔在阀盘圆周均布 12 个，与阀盘底面成 45°夹角。橡胶密封条形式为 5 边形，圆周均布 12 个 ϕ6mm 圆孔。

安装时，将橡胶密封条放入密封槽中，并将阀盘与橡胶密封条上的 ϕ6mm 圆孔对齐，然后将定位销插入，用于固定橡胶密封条。定位销形式为两端直径为 ϕ6mm，中间直径为 ϕ5mm 的阶梯销。定位销插入后，两端直径为 ϕ6mm 的部分插在阀盘上的销孔内，中间直径为 ϕ5mm 的部分插在橡胶密封条内。该结构形式可以通过销钉有效地限制橡胶密封条在密封槽中做圆周移动，避免橡胶密封条从密封槽中脱出。

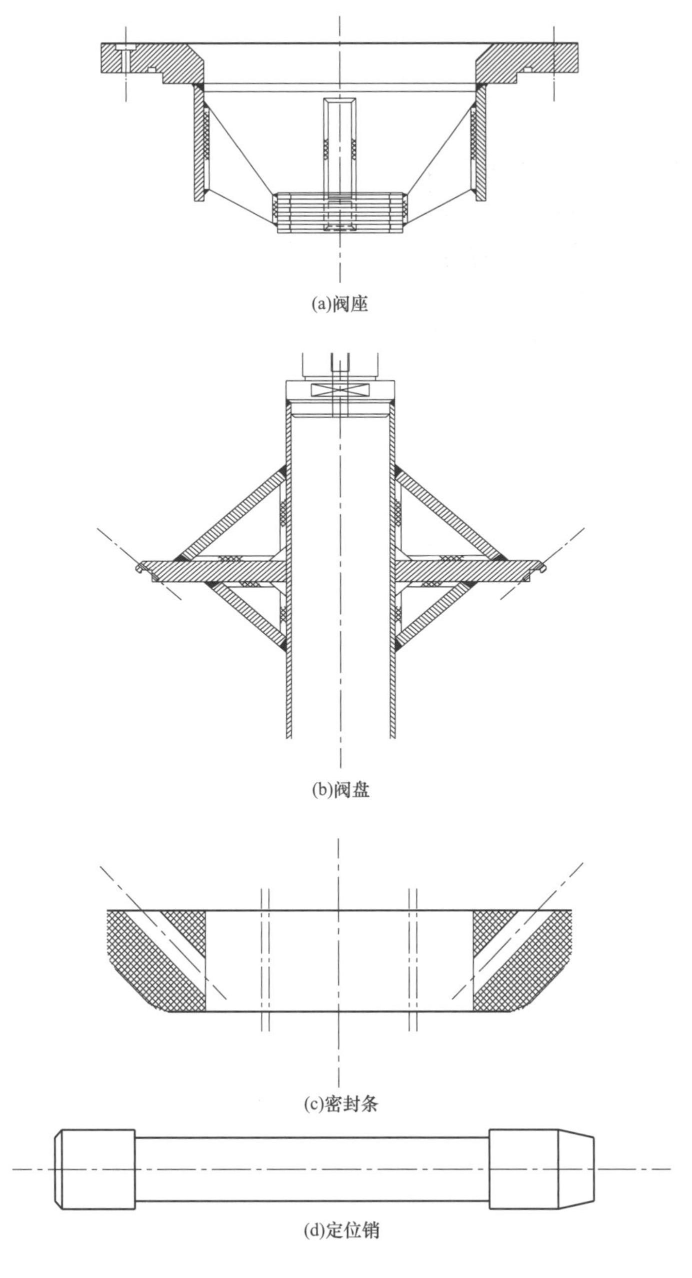

图 5-21　盘型阀结构

（二）故障现象

该机组尾水盘型阀阀盘密封设计时选用橡胶密封条，并通过紧固方式安装在阀盘上，由于阀盘开启后，水流的巨大冲力，容易导致阀盘密封脱落损坏，如图 5-22 所示。该机组在排水时检查发现阀盘密封从密封槽中脱出，阀盘橡胶密封条被盘型阀切断，密封条卡在阀盘位置，导致盘型阀关闭不严而漏水。

图 5-22　橡胶材质的盘型阀密封脱落情况

（三）故障诊断

此种结构，从理论上分析基本可以满足机组的运行需求。但是，该设计理念没有充分考虑机组盘型阀在实际运行中阀盘的受力方式，以及盘型阀在开启排水时，水流流过阀盘密封表面的方向及阀盘上橡胶密封条的受力方向。

在机组停机检修开启盘型阀排水时，先开蜗壳盘型阀，再开尾水管盘型阀，盘型阀动作操作油压为 4MPa。盘型阀关闭时，在 4MPa 操作油压的作用下，阀盘上的橡胶密封条与阀座密封面压紧，并产生较大的吸附力。盘型阀在向上开启瞬间，橡胶密封条在密封表面较大的吸附力作用下，受到从密封槽内向密封槽外的拉扯作用。另外，盘型阀在开启排水时，水流顺着密封表面由上至下流动，流速和压力均较高。水流在经过橡胶密封条时，顺着水流方向，长时间向下挤压、冲刷橡胶密封条，将橡胶密封条由密封槽内向密封槽外拉扯。同时，由于橡胶密封条上加工有 12 个 ϕ6mm 用于安装定位销的圆孔，在此部位橡胶密封条的抗拉强度降低。

由于以上几方面的原因，盘型阀在多次、长时间的重复开启与关闭操作后，阀盘上橡胶密封条极易在加工圆孔处撕裂，使橡胶密封条从密封槽中脱出，并导致橡胶密封条被切断，从而影响盘型阀关闭的密封效果，造成盘型阀漏水。

另外，在盘型阀关闭过程中，橡胶密封条与阀座密封面间的摩擦阻力可能导致橡胶密封条扭曲、损坏；在盘型阀关闭时，密封表面可能残留异物，对橡胶密封条造成损害，缩短橡胶密封条的使用寿命，影响密封效果。

（四）故障处理及评价

1. 故障处理

将原密封改为金属与橡胶相结合的形式，金属与橡胶采用硫化工艺，使金属与密封材料牢固地黏接在一起，金属成为密封材料的支撑骨架，可以解决密封被剪断的现象。采用这种方式，黏结力大于 10MPa。在排水时，蜗壳已平压水位约为 65m，盘型阀位置高程在 27m 左右，在密封位置水压力约为 0.4MPa，黏结力足以不使橡胶部分被冲掉。而新密封与阀盘采用多点点焊连接，首先保证有足够的接合力，其次不会因为焊接时产生的热量使橡胶部分受热变形、损伤。

盘型阀密封安装沟槽如图 5-23 所示，为满足密封件的安装及使用，需将其沟槽修改：

(1) 将图 5-23(a) 中 A 处销孔用焊接方式封堵，以防止水压对密封件的冲击。

(2) 将图 5-23(a) 中 B 处凸台去除（可打磨），目的是解决密封件的安装问题。修改后的沟槽结构如图 5-23(b) 所示。

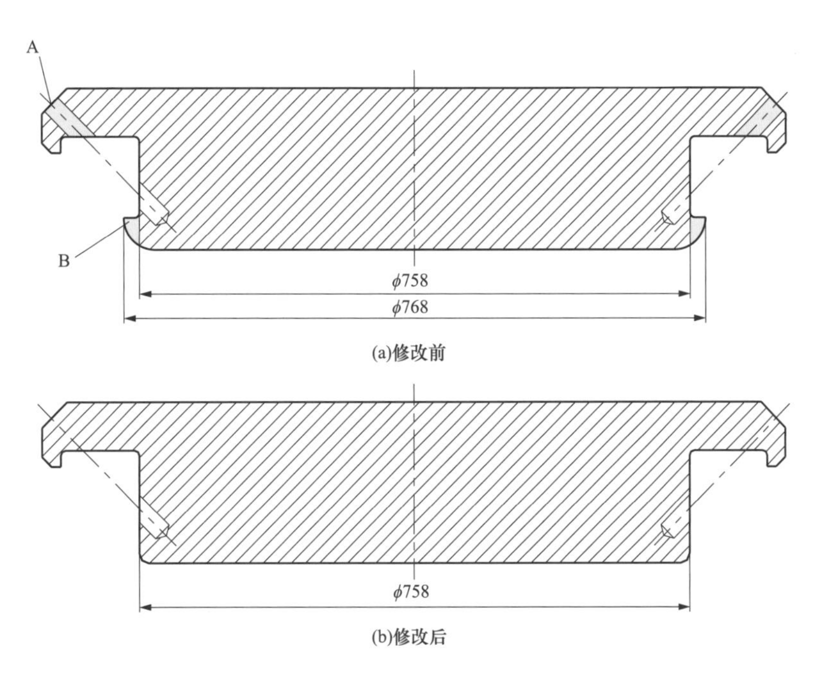

图 5-23　盘型阀密封安装沟槽（单位：mm）

密封件安装说明：密封件安装时，先将密封件装入沟槽，使密封件上表面（见图 5-24 中 C 处）与沟槽贴紧；然后固定密封件，将密封件底部金属部位（见图 5-24 中 D 处）与沟槽之间用点焊方式固定（焊点数量不低于 24 个），防止其脱落。

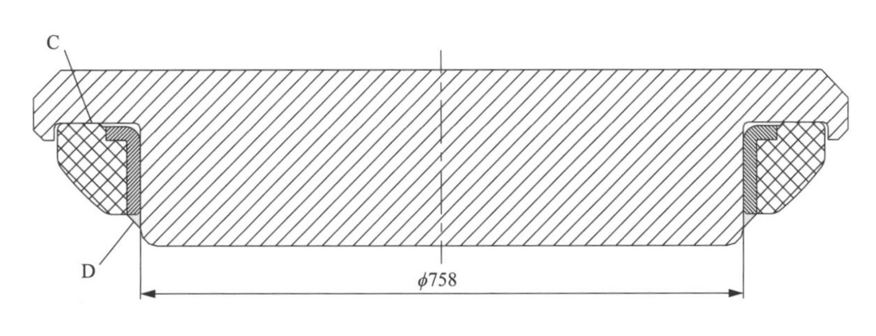

图 5-24　密封件安装示意图（单位：mm）

2. 故障处理效果评价

密封处理后经过多年运行，未再次出现密封被冲毁情况，且密封良好，未发现漏水问题。

（五）后续建议

建议蜗壳及尾水盘型阀的阀盘密封选用金属密封，并采用可靠方式进行紧固，密封设计为方便更换结构，以便于在出现故障或损坏后能够稳妥便捷地进行更换和处理，同时可以有效缓解机组在运行过程中出现橡胶密封条老化及损坏情况。

四、蜗壳取水口拦污栅堵塞处理

（一）设备简述

某水电站机组技术供水系统采用单机单元自流减压供水方式。水源取自水电站上游水库，每台机组设1个取水口，取水口布置在水轮机蜗壳弯管段，取水口设置拦污栅。水电站清洁水系统设置为机组技术供水系统的备用水源。

（二）故障现象

该水电站机组在洪水期运行时，由于蜗壳取水口的逐渐堵塞，机组技术供水系统取水压力急剧降低，当取水压力低于要求的供水压力时，机组技术供水系统不得不采用备用水源供水方式运行，极大地增加了运营成本。

（三）故障诊断

依据该水电站机组技术供水系统的布置情况、设备运行情况、开机流程等进行分析，造成蜗壳取水口堵塞的原因主要有以下几个方面：

1. 机组取水位置的影响

该水电站机组进水口位于近岸侧，洪水期大量漂浮物集聚，机组运行时，部分漂浮物通过机组进水口拦污栅进入流道，造成机组技术供水系统蜗壳取水口拦污栅堵塞。

2. 设备运行状况与开机流程的影响

随着机组运行时间的增加，活动导叶上、下端面密封逐渐磨损、空蚀，在机组停机、活动导叶全关的情况下，必然存在漏水现象。而小缝隙漏水，起到“过滤”作用，将漂浮物留在蜗壳内，逐渐增加了漂浮物总量。

开机时，机组技术供水系统先开启运行。此时，蜗壳取水口成为主要过流部位，经“过滤”增多的漂浮物更易堵塞蜗壳取水口。

3. 蜗壳取水口拦污栅的影响

在该水电站运行初期，机组技术供水系统蜗壳取水口拦污栅为平板冲孔结构。此种结构本身过流面积小，自身取水压降大；加之技术供水系统取水时，蜗壳取水口拦污栅处为负压，塑料布等片状、柔性污物极易吸附在拦污栅上，造成多处圆孔堵塞，产生严重的取水压降。

蜗壳取水口拦污栅更换为钢筋焊接成的球面网状结构拦污栅。此种结构有效增大了过流面积，但显著降低了拦污效果，较大块的塑料布等片状、柔性污物通过拦污栅，造成技术供水系统滤水器的严重堵塞，也没能解决蜗壳取水口堵塞的问题。

重新设计立体板式结构拦污栅（迎水侧高，出水侧低），安装运行后，虽然能够满足机组技术供水系统运行要求，但堵塞情况仍然非常严重，每年必须清理一次蜗壳取水口。在蜗壳取水口堵塞情况恶化明显时，不得不开启备用水源，采用技术供水及备用水源联合供水方式运行。

（四）故障处理及评价

1. 故障处理

在原立体板式结构拦污栅的基础上，重新设计两种拦污栅：新立体板式结构拦污栅（迎水侧低，出水侧高）和带包头的立体板式结构拦污栅，如图 5-25、图 5-26 所示，并进行了近 3 年的运行对比试验。

图 5-25　新立体板式结构拦污栅

图 5-26　带包头的立体板式结构拦污栅

2. 故障处理效果评价

由于该水电站机组取水位置、设备运行状况与开机流程等因素的影响，虽未能完全解决蜗壳取水口堵塞的问题，但经过运行对比试验，确认新立体板式结构拦污栅（迎水侧低，出水侧高）运行效果更优，有效降低了机组运行风险和检修维护成本。

五、转轮室缺陷分析及处理

（一）设备简述

某水电站轴流转桨式水轮发电机组，基本参数见表 5-3。

表 5-3　　　　水轮机基本参数

序号	参数项目	单位	设计值
1	形式		轴流转桨式
2	型号		ZZ560-LH-1130
3	转轮直径	mm	11300
4	叶片数量	片	4
5	额定水头	m	18.6
6	最大水头	m	27
7	最小水头	m	8.3
8	额定功率	MW	176
9	额定转速	r/min	54.6
10	飞逸转速	r/min	120
11	额定流量	m^3/s	1130
12	转轮室上环（外径×内径×高度）	mm×mm×mm	12040×11129×1798
13	转轮室下环（外径×内径×高度）	mm×mm×mm	12150×11002×2500

水轮机中环材质为 0cr13 不锈钢；下环材质为碳钢 Q235，转轮室下环为 8 瓣焊接结构，其结构如图 5-27 所示。

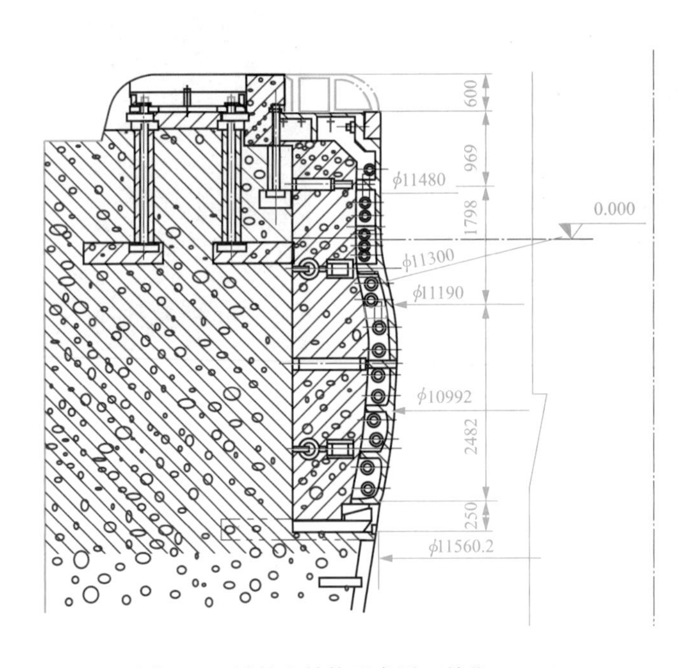

图 5-27　转轮室结构示意图（单位：mm）

（二）故障现象

检修时发现转轮室中环组合环缝整圈呈带状凹陷缺陷，转轮室纵缝有多处空蚀，转轮室中环与下环接合位置不锈钢部分整圈存在蜂窝状的空蚀状态，以及中环、下环多处局部磨蚀。

（三）故障诊断

1. 故障初步分析

转轮室存在锈蚀脱落等缺陷，转轮室部分材料为碳钢 Q235，其韧性和防空蚀性能不佳，加上机组运行中长时间受泥沙冲刷，造成材料锈蚀脱落。

2. 设备检查

对机组转轮室进行全面检查，如图 5-28 所示，发现转轮室存在以下缺陷：

(a)中环组合环缝空蚀

(b)转轮室纵缝空蚀

(c)中环下部与下环上部接合位置磨蚀

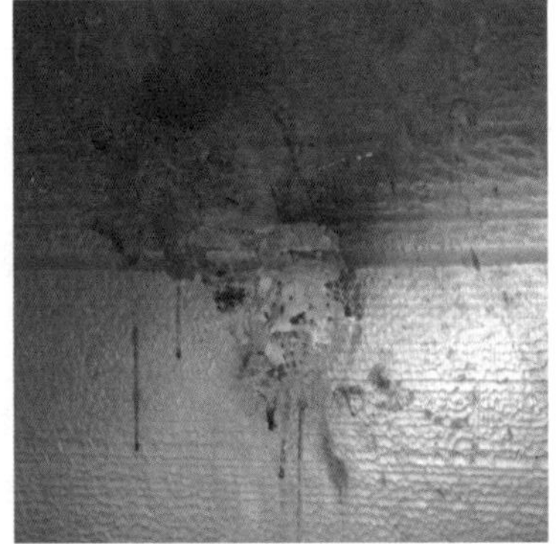

(d)中环下部磨损

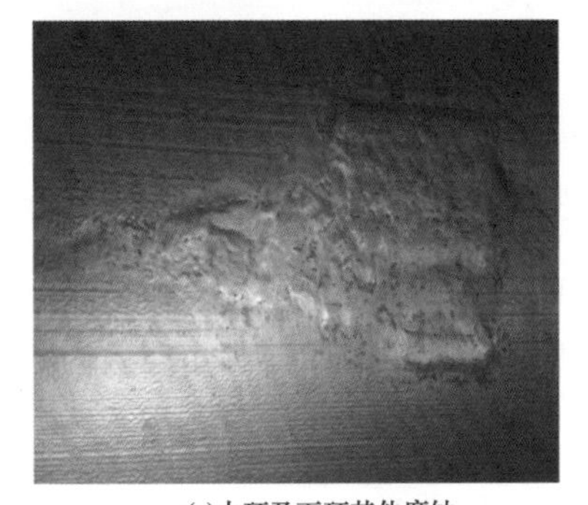

(e)中环及下环其他磨蚀

图 5-28　转轮室缺陷

（1）转轮室中环组合环缝整圈呈 0.08m 宽带状凹陷缺陷，该处转轮室直径为 11.3m，合计面积为 3.14×11.3×0.08＝2.84m^2。转轮室纵缝空蚀共计 10 条，平均每条宽 0.1m、长 2.3m，合计长 2.3×10＝23.0m。

（2）转轮室中环下部与转轮室下环上部接合位置空蚀较为严重，不锈钢部分整圈宽 0.42～0.62m 区域均存在较严重蜂窝状的空蚀状态，该处直径为 11.3m，合计面积为 3.14×11.3×0.52＝18.5m^2。转轮室中环下部存在 16 处刮磨区，宽 0.5m、高 0.6m，合计面积为 4.8m^2。

（3）转轮室中环及下环存在 10 处局部磨蚀区，该部分合计面积为 1.045m^2。下环碳钢部分与不锈钢部分接合位置存在宽 0.25m 的整圈空蚀，该处直径为 10.99m，合计面积为 3.14×10.99×0.25＝8.63m^2。

3. 故障原因

该机组已投产 30 多年，在长时间运行过程中，轮叶与转轮室间隙存在空蚀，造成转轮室材料破坏，从而导致金属晶体脱落。下环材质为碳钢 Q235，韧性和防气蚀性能不佳，气蚀严重。

（四）故障处理及评价

1. 故障处理

根据分析结论，对两台机组的转轮室中环、上环、下环出现的磨蚀及裂纹分别采用两种不同的方式进行修复处理。

（1）转轮室铺焊修复。现场测量转轮室磨蚀情况，标记所需修复位置，计算工程量。

转轮室各纵向、圆周方向组合焊缝磨蚀区域，用等离子气刨去除磨蚀层组织，并对焊缝打坡口，将焊缝两侧 100mm 范围内清扫干净，用不锈钢焊条（0Cr13Ni4Mo）进行堆焊，补焊完成后，对补焊的部位进行打磨抛光，最终表面粗糙度达到 12.5μm，打磨部位与转轮室型线光滑过渡。

转轮室中环及下环局部磨蚀、空蚀区域，用等离子气刨刨除中环及下环的磨蚀、空蚀区域，至露出母材，对等离子气刨部位进行打磨去除渗碳组织，直至露出母材，对处理后磨蚀区域进行堆焊处理，堆焊高度及焊缝高度应高于转轮室表面型线 2～3mm，对铺焊部位进行抛光，表面粗糙度达到 12.5μm，要求处理后转轮室型线误差小于±2mm。

对所有处理的表面进行目视（VT）检测，对可疑缺陷进行 PT 探伤，并进行处理直至检测合格。

堆焊工艺：第一层堆焊使用 0Cr13Ni4Mo 不锈钢焊条堆焊，堆焊厚度控制在 3～4mm。第二层、第三层堆焊采用 0Cr13Ni4Mo1.2mm 半自动气体保护焊焊丝焊接，焊接总厚度控制在 12mm 左右；采用 8～16 名焊工在对称位置、同向同速施焊方式，焊前需将母材及焊缝两侧各 150mm 的区域内进行预热，预热温度为 50℃以上。每个焊工的焊接宽度为 400～500mm，焊接顺序如图 5-29 所示。

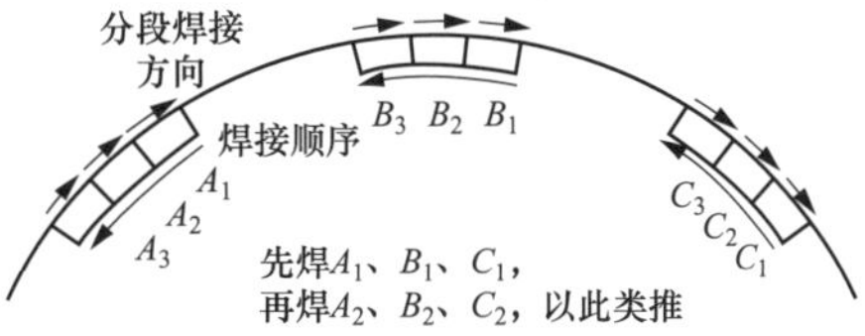

（2）转轮室激光修复。对转轮室下环进行激光表面强化处理。

1）熔覆前处理。对待熔覆表面进行手工打磨处理，去除表层氧化皮，使修复区域完全露出金属光泽，熔覆前用酒精或丙酮进行表面清理，用无尘布擦拭，达到熔覆前无氧化物、杂物等，确保熔覆的冶金质量。

图 5-29　中环焊接顺序

2）熔覆过程控制。严格按照熔覆作业要求进行，每班进行粉末测试，每班进行熔覆前、熔覆中、熔覆后的设备点检；用三维扫描检测结合百分表打表、红外测温仪、测温片进行温度场检测和监测变形。

3）熔覆。熔覆过程应减小热累积变形，采取分区熔覆，始终保持熔覆邻近区域处于较冷状态，同时采用对称焊接、变路径的方式，最大程度上减小变形和残余应力；熔覆过程若存在基材缺陷，熔覆前应对表面存在空蚀坑或缺陷的位置采用激光熔覆的方式先补焊，再手工打磨平整后熔覆，若存在缺陷及时进行补焊处理。

4）熔覆后表面处理和探伤。熔覆后的表面，采用人工打磨抛光处理，并进行着色无损探伤，探伤区域为整个修复面。

2. 故障处理效果评价

铺焊修复机组转轮室补焊修复完成后，表面粗糙度符合要求，打磨部位与转轮室型线光滑过渡，转轮室型线误差小于±2mm，PT 和超声波探伤检查，无裂纹等缺陷。激光修复机组对修复区域进行现场硬度和表面粗糙度检测，均达到技术要求，PT 和超声波探伤检查，无裂纹等缺陷。

（五）后续建议

跟踪两台该机组处理后的运行情况，并对同类型机组进行转轮室空蚀情况检查处理。

第二篇

发电机及其辅助设备

第六章　发电机定子与转子

第一节　设备概述及常见故障分析

一、发电机定子与转子概述

（一）水轮发电机的基本结构

水轮发电机由定子、转子、轴承、机架等几大部件及其附属设备组成，图 6-1 所示为某水电站水轮发电机剖面图。

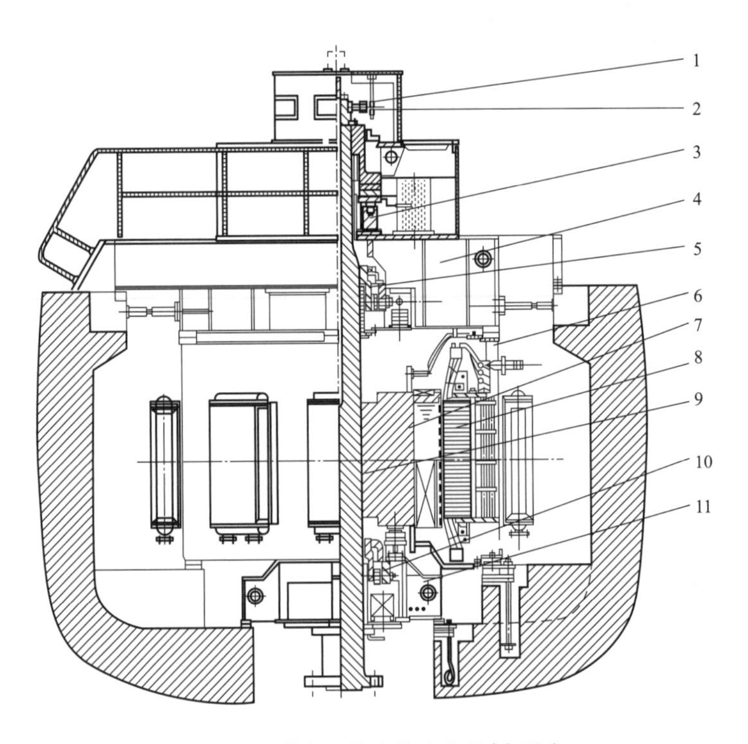

图 6-1　某水电站水轮发电机剖面图

1—集电环；2—电刷装置；3—推力轴承；4—上机架；5—上导轴承；6—定子
7—转子；8—定子铁芯；9—轴；10—下导轴承；11—下机架

水轮发电机冷却方式主要可分为空气冷却和内冷却（简称内冷）两种。利用空气循环来冷却水轮发电机内部所产生的热量，这种冷却方式称为空气冷却（简称空冷）。空冷水轮发电机一般又可分为封闭式、开启式和空调冷却式三种类型。目前大、中型水轮发电机多数采用封闭式冷却，小型水轮发电机采用开启式通风冷却。空调冷却式现在很少采用，仅在一些特殊条件下才采用。内冷水轮发电机目前有两种：一种是采用水冷却（简称水冷），即将经过处理的冷却水通入定子和转子绕组的空心导线内部，直接带走电动机产生的损耗进行冷却。定、转子绕组都进行水冷的发电机称为双水内冷水轮发电机。由于这种冷却方式转子设计制造技术比较复杂，所以一般不采用。目前大容量水轮发电机都采用定子绕组水冷，发电机转子仍采用空冷，称为半水冷水轮发电机。另一种为蒸发冷却，即将冷却介质（液态）通入定子空心铜线，通过液态介质的蒸发，利用汽化热传输热量进行电动机冷却。这种冷却技术是我国自主知识产权的一项新型冷却方式，目前处于世界领先地位。

（二）水轮发电机的构成及工作原理

1. 发电机的构成

水轮发电机是一种凸极式的同步发电机，它能把原动机（水轮机）的机械能转变成电能，通过输电线路等设备送往用户。水轮发电机主要由定子和转子组成。定子为水轮发电机的静止部分，主要由机座、铁芯和电枢绕组（定子绕组）组成；转子为转动部分，由磁极、转子绕组和转轴组成；它们构成了水轮发电机的两个主要部分。由于这两部分都装有绕组，由其电流产生耦合磁场。水轮发电机的结构布置必须使耦合磁场储能为转子角位移的函数，才能在旋转中产生持续的电动机能量转换。具体地说，定子、转子绕组中一个是励磁绕组（转子绕组），通过转轴上的集电环和电刷装置将直流电流引进，引进的电流在转子磁极上产生主磁通并形成主极磁场；另一个是电枢绕组（定子绕组），装在气隙的另一边使其与主磁场间具有相对运动。

水轮发电机是由水轮机驱动的，它的基本结构形式通常由水轮机的结构形式确定，按水轮发电机转轴布置的方式不同可分为立式（包括悬式和伞式）与卧式两种。混流式或轴流式水轮机驱动的大、中容量水轮发电机多采用立式结构；冲击式水轮机驱动的水轮发电机多采用卧式结构。一般低、中速的大、中型机组多采用立式发电机。

2. 发电机的工作原理

发电机是一种将机械能转变为电能的能量转换装置。当水轮机拖动发电机转轴（转子）旋转时，转子主极磁场旋转，切割电枢绕组，这样在绕组中感应出电动势，当电枢绕组与外界三相对称负载接通时，电枢绕组内将有交变电流，这就是水轮发电机的基本工作原理。

发电机的种类很多，同步发电机只是其中的一种。同步发电机是一种交流电机，其特点

是在稳定运行时，转速 n 与定子电流的频率 f_1 有着严格不变的关系，即

$$n = n_0 = \frac{60f_1}{p}$$

式中　n_0——同步转速；

p——转子磁极对数。

二、常见故障分析及处理

（一）定子铁芯常见故障及处理

1. 定子铁芯与机座的振动异常

发电机运行后，轴系、定子铁芯及机座的振动不可避免。采用端盖式轴承的发电机，定子铁芯及机座的振源来自两方面：一方面是来自转子传来的机械振动；另一方面是电动机电磁场产生的电磁振动。由于转子的平衡精度不可能达到理想程度，转子旋转后，由于质量不平衡引起的振动通过轴承和端盖传到定子机座，产生工频（50Hz）振动；而由于转子磁极（大齿）与小齿呈现的相互垂直的刚度的差异，则对定子产生二倍工频（100Hz）振动。由电动机电磁场产生的电磁振动力为：①因定子铁芯有交变磁通通过所产生的交变电动力导致的工频振动。在铁芯未压紧或铁芯局部过热时即产生强烈的振动和噪声。②旋转的转子加励磁后，相当于旋转的电磁铁，对定子铁芯产生使其变形的磁拉力，由此产生二倍频振动力，即椭圆振动——这也是定子铁芯振动的主要振源。发电机带负载后将使铁芯的倍频振动力加强，且由于定子端部漏磁场的轴向分量影响产生轴向的倍频振动力。当发电机发生三相短路时，将使定子铁芯的椭圆振动与变形加剧。两相短路时，定子铁芯还会发生扭转振动。

为将这些危害发电机安全运行的振动减至最小，除在设计和制造工艺方面提高定子铁芯的刚度和弹性模量，使其固有频率避开工频和二倍频外，对大型水轮发电机的定子铁芯还采用弹性固定的办法，即弹性定位筋或弹簧板隔振结构固定在定子机座上，以减小铁芯振动直接传至机座上。

2. 定子铁芯压装变松

国产及进口200MW及以上容量的大型水轮发电机曾多次发生过定子铁芯硅钢片压装变松故障，轻微者仅对松弛部位加塞涂绝缘漆的硅钢片等塞紧，或扭紧定位筋及穿心螺母进行局部处理；严重者则需将定子绕组全部抬出，相关的紧固件全部拆除，以更换损坏的整段铁芯，对铁芯进行整体压装，造成极大损失。从历次对铁芯松弛故障原因分析的结果来看，老旧机组大多因为运行年久，在交变电磁振动力及铁芯自身重力的影响下，破坏了铁芯叠片间绝缘漆膜形成的阻滞力，导致铁芯叠片变松，片间绝缘被破坏，形成片间短路和局部过热。新投入的发电机定子铁芯叠片变松的原因则是多方面的。

（二）定子绕组的常见故障及处理

1. 定子绕组松动下沉故障

绕组槽部的紧固依靠槽楔，但是由于绕组、槽楔及槽内垫条等长期处于高温运行环境中，逐渐收缩，造成绕组松动，绕组松动会在振动作用下使主绝缘磨损，还可造成定子线棒表面和槽楔之间由于失去电接触而产生高能电容性放电。

为防止绕组松动，目前主要采取以下措施：

（1）采用绝缘体弹性波纹板垫条，借波纹板垫条的反弹力抵消绕组、槽楔的收缩。

（2）采用浸有环氧树脂胶的适形垫条将线圈、槽楔等与定子铁芯黏结在一起。

（3）采用弹性硅橡胶垫条，依据垫条的弹性防止绕组的松动。

当发生发电机定子槽楔松动故障后，需先将槽楔打出，然后根据槽楔松动情况，在槽楔下增加垫条，再将槽楔打紧。对 20 世纪 70 年代以前出厂的机组，如槽楔材料为木材或酚醛层压纸板，则应更新，尽可能改用酚醛层压布板或环氧酚醛层压玻璃布板。对于大容量机组，在修理绕组松动时，最好改为楔形槽楔结构，它是由两块楔形板构成，可以紧密打紧，使绕组在槽内更加紧固，还可以采用波纹板新式结构，进一步改进施工工艺，提高定子绕组的机械强度，增强抵抗短路电动力的能力。

2. 定子绕组端部振动故障

在发电机定子绝缘结构中，绕组端部由于其形状不规则，受力大又难以绑扎固定，从而成为定子绕组绝缘的薄弱环节。发电机事故统计资料显示，定子绕组绝缘事故占有的比例很大，占事故总台次的 33%，而环氧粉云母绝缘的定子绕组端部成型不规则、固定不牢引起的定子绕组端部过量振动，是导致故障发生的主要原因。

对于新投运未定型的、运行中因事故而发生大电动力冲击及运行多年的大型发电机，都应定期进行定子绕组端部振动的固有频率测量，检查验证绕组固定、绑扎能否满足要求。对于不合格者，应立即采取加固措施，防微杜渐。

改进定子绕组端部的固定方式，防止出现 100Hz 的固有振动频率，如增加绝缘支架的切向布置，在绕组之间增加组合撑块等措施。

随着科学技术的进步和现场试验技术的不断提高，积极开展大型发电机定子绕组端部振动的在线监测，则可以更加准确、真实地反映出定子绕组端部在机组各种运行工况下的振动情况，以便于及时进行分析处理，保证发电机长期稳定地运行。

3. 定子冷却水管漏水故障

目前，世界上已投入运行的大型发电机组中 80%采用水冷却方式。冷却系统中使用高纯水作为热交换介质，具有散热快、热应力小、热膨胀所引起的潜在危险性小的优势。与空冷方式相比，水冷系统增添了数量繁多的水电接头，系统潜在接头处漏水和空心线棒堵塞的隐患。渗漏故障如果未能及时发现和排除，不仅影响冷却效果，而且会对机组绝缘性能造成影响，并有可能扩大为更严重的泄漏事故，导致机组跳闸停机。

水冷发电机应定期检查渗漏和绝缘是否完好，早在 1918 年，美国电力研究院（EPRI）就已启动定子部分水冷系统的漏水预防研究计划，研究利用改变内冷水的化学环境来减小线棒水电接头受腐蚀程度，从而防止泄漏事故发生的结论；日本东芝公司在这一领域的领先优势，主要采用电容映像探测方法和工业机器人检测技术对线棒底座绝缘状况进行自动监测。我国近 10 年来针对发电机冷却系统的漏水漏氢问题自行开发了湿度检测仪，通过比较发电机内部空气的绝对湿度和环境的绝对湿度来判断是否发生渗漏故障。三峡水电站冷却水系统由德国 DELMAS 公司制造生产，由于冷却水的电导值控制得很低，水冷系统被称为纯水系统。纯水系统为闭式循环系统，利用其渗漏故障具有隐蔽性强，不易直接观察和检测的特点，实际生产运行中，工作人员采用人工巡检、现场抄表方式进行监测，主要通过与纯水系统相连的膨胀水箱（ET 水箱）的液位高度变化来间接对渗漏情况做识别判断。

对于大型水轮发电机接头漏水故障，目前主要是由于水接头焊接质量和聚四氟乙烯软管接头密封等问题引起的。因此针对此现象，主要采用的处理办法为堵漏、更换水接头，以及更换软管、密封等。

4. 定子绕组冷却水堵塞故障

普通空气冷却发电机的定子绕组损耗产生的热量是通过绝缘传出后由空气带走的，然而，定子绕组采用水冷的发电机运行时，不但定子绕组损耗产生的热量全部由绕组内的冷却水带走，甚至少量的铁芯损耗也传入绕组的铜线后由冷却水带走。由于水的冷却效果远大于空气表面冷却的效果，因此，一旦因冷却水系统出现故障而造成水流中断时，定子线棒及汇流环内的纯水温度会迅速上升，进而危及发电机的安全运行；要保证发电机的安全，就必须立即降低发电机的负荷，甚至立即解列跳闸停机，给发电机本身和电力系统带来很大的冲击。同时，定子绕组冷却水因堵塞而中断后，冷却水不再循环，绕组空心导线内充满的水的水质会逐步变差，导电率会逐步升高，最终也会危及发电机的安全运行。

绕组水回路中发现堵塞物存在，就必须采取措施疏通堵塞的所有绕组，如果不能疏通，就要更换堵塞的发电机定子线棒，更换水内冷发电机定子线棒是一件技术难度大、工期长、工作量大的工作。所以最理想的方法是，采取有效措施，疏通堵塞的发电机定子线棒水路。对于定子绕组水冷支路的堵塞，一般采用增加水压正反冲洗法，由于水内冷线棒空心导管材料不同，有的选用不锈钢材料，有的选用铜材料，对于不同材料，空心导管还可以采用化学清洗法进行清洗，疏通清洗后，做水系统流通性检查合格后方可进行恢复。

造成绕组堵塞的主要原因是串水中杂质等水质问题，因此主要处理措施仍然是以预防为主，主要预防措施有：

（1）机组无论是大修还是安装，对各法兰连接处均要采取有效保护措施，防止异物进入内冷水系统。

（2）仔细检查各法兰连接处密封橡胶垫的情况，一旦有老化迹象及时更换，发现有局部脱落碎块现象要及时进行冲洗和反冲洗，必要时对线棒进行流量测试和局部绕组的反冲洗，并在运行中注意监测线棒及各支水路的温度有无异常。

（3）加强水质管理。

（三）转子的常见故障及处理

1. 转子不平衡

转子的重心与其轴线不重合，则在旋转中就会产生不平衡的离心力或力偶，引起设备振动。转子不平衡是机械设备振动的主要原因。不平衡转子在支撑上造成的动荷载，不仅引起整个机械设备的振动，产生噪声，加速轴承磨损，造成转子部件高频疲劳破坏和支撑部分的某些部件强迫振动损坏，降低机械设备的寿命。振动还会恶化操作人员的工作环境，过大的振动还可能引起机毁人亡的重大事故。

转子不平衡产生的激振力是造成发电机组振动的原因，其大小与转子转速的平方成正比。转速越高，激振力越大，在支撑系统的刚度及其他条件一定的情况下，产生的振幅也就越大。振动频率与转子的频率相同。

转子不平衡分三种。第一种是静不平衡，这种不平衡，可以在重力状态下确定，故称静不平衡。第二种是动不平衡，如果在一个转子上各偏心质量合成 2 个大小相等、方向相反，不同在同一直径上的不平衡力，转子在静止时虽然获得平衡，但在旋转时就会出现一个不平衡力偶，该力偶不能在静力状态下确定，而只能在动力状态下确定，故称动不平衡。第三种是混合不平衡，如果在一个转子上，既有静不平衡又有动不平衡，称为混合不平衡。混合不平衡是转子失衡的普遍状态，特别是长度与直径比较大的转子，容易产生混合不平衡。

为了消除转子不平衡力或力偶引起的危害，必须精确测出不平衡质量所在的方位和大小，然后用增加平衡质量或去掉平衡质量的方法使转子达到平衡，常用的分析法包括振动幅值分析法、频谱分析法、相位分析法、特征分析法。

2. 转子碰磨

动静件碰磨故障通常表现为其他故障的间接结果，转子质量不平衡、轴线不正、定转子间有异物都可能引发动静件碰磨。碰磨又可分为局部摩擦和整圆摩擦两种。尤其是机组在安装或检修期间，要严格按照检修规程进行作业。首先要严格检查定、转子上的螺栓或易松动部件，防止定、转子内有易松动部件掉入定、转子空气间隙中，造成短路或扫膛等严重现象。其次，在检修作业时，严防随身携带的物件掉入定、转子空气间隙中。

3. 定、转子空气间隙不均匀

按照国家标准，定、转子空气间隙实测值应该介于 $0.92\delta \sim 1.08\delta$ 之间，如果在安装或者检修期间，定、转子空气间隙严重超差，可能会引起磁拉力不均匀，引起上导轴承、下导轴承或水导轴承摆度增大，旋转中心线偏离原来机组的轴线，可能导致轴承温度过高，严重者更可能导致烧瓦等事故的发生。因此在机组安装或者检修期间，定、转子空气间隙值必须严格符合国家标准。

如果空气间隙不均匀，可以通过调节上导轴承或者水导轴承中心的办法来调整空气间隙值，在调节过程中，还需要综合考虑镜板水平、上导轴承中心、下导轴承中心、水导轴承中心和空气围带间隙的数值，在所有参数符合要求后，再综合做出评估。

（四）转子磁轭的常见故障及处理

1. 磁轭键焊缝开裂处理

机组在运行或做过速试验时，磁轭在离心力的作用下，容易造成磁轭键脱焊，严重时会影响机组安全运行，因此机组在停机检查时，对磁轭键检查一定要仔细，一旦发现磁轭键脱焊或开裂，应当及时对其处理。

（1）在打磨磁轭键脱焊处焊缝前，在磁极和定子铁芯处铺设防火布，以免有焊渣掉入磁极和铁芯中。另外，防止打磨的火花伤及磁极、磁轭、铁芯绝缘。

（2）打磨脱焊处焊缝，直到可以看到两根磁轭键搭接的位置为止，打磨完毕后清理所有焊渣。

焊接磁轭键打磨处，焊接时要做好防火措施，并根据磁轭键材料和生产厂家要求选择强度大的焊条。焊接完后，清理焊渣，并用吸尘器清理磁轭键附近区域，严防焊渣掉入定、转子空气间隙中。

2. 转子磁轭松动及下沉处理

机组在安装初期由于原磁轭铁芯压紧度不够或原磁轭键打紧量不够，在机组运行中因机械振动、温度影响及电磁力等因素影响下，可能造成磁轭发生松动下沉，磁轭键及其焊缝开裂，磁轭与支臂发生径向和切线移动现象，引起磁轭与支臂间松动，使发电机空气间隙变化，影响机组动平衡，机组会产生过大的摆度和振动，严重的还会发生支臂合缝板拉开，支臂挂钩因受到冲击而断裂等严重事故。

磁轭下沉量可以法兰面为基准检查，若有下沉情况，就必须重新对磁轭拉紧螺杆进行拉紧，压紧后磁轭应符合安装时对铁片压紧度的要求。如果发现磁轭和支臂有径向和切向位移，则要打紧磁轭键，以克服磁轭松动。

第二节　定子部件典型案例

一、定子铁芯 700Hz 振动问题

（一）设备简述

两台机组（A、B 机组）自安装以来，定子铁芯一直存在 700Hz 高频振动。对于轻微的振动，一般不会对机组造成危害，但如果是振动超出了允许的范围，特别是长时间的振动与共振，尤其高频振动的长时间存在，对机组的相关固定部件及转动部件会带来一定的损害，如降低零部件的使用寿命和疲劳极限，给机组的安全稳定运行埋下了隐患。其主要危害如下：

（1）在机组的零部件及焊缝之间产生疲劳破坏区，导致设备产生裂纹。

（2）机组上的紧固件会由于振动变松，加剧振动。

（3）若产生共振将带来更为严重的后果，若机组与厂房发生共振，将使两者均受到损坏。

（二）故障现象

在开机状态下两台机组定子铁芯 700Hz 振动值超标正常值 $2g$（重力加速度），如图 6-2、图 6-3 所示，两台机组风洞内噪声明显，主要集中于定子外围及其附近。

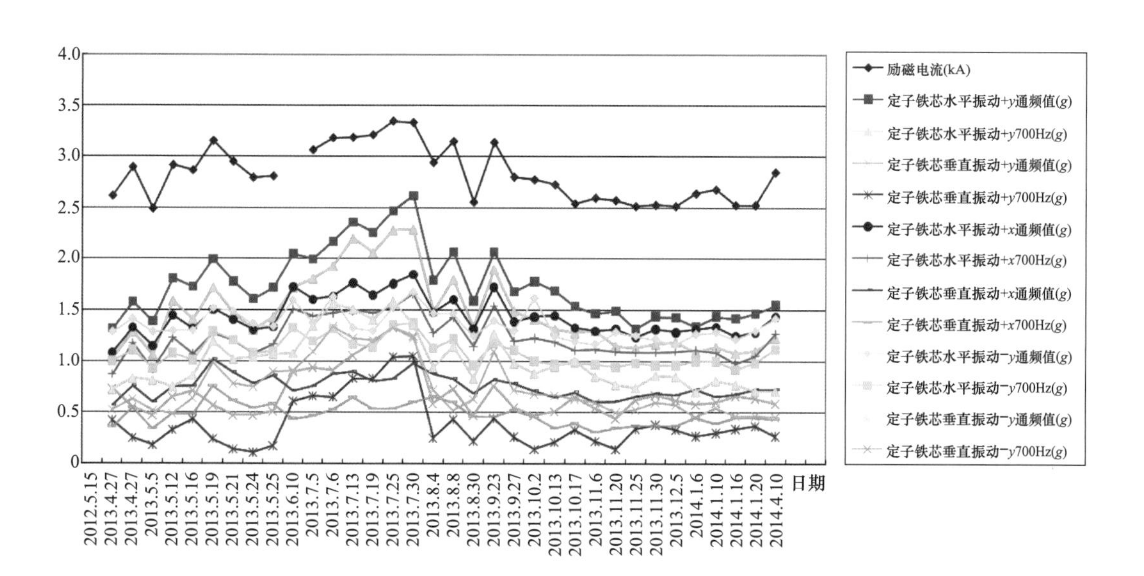

图 6-2　A 机组定子铁芯 700Hz 振动趋势图

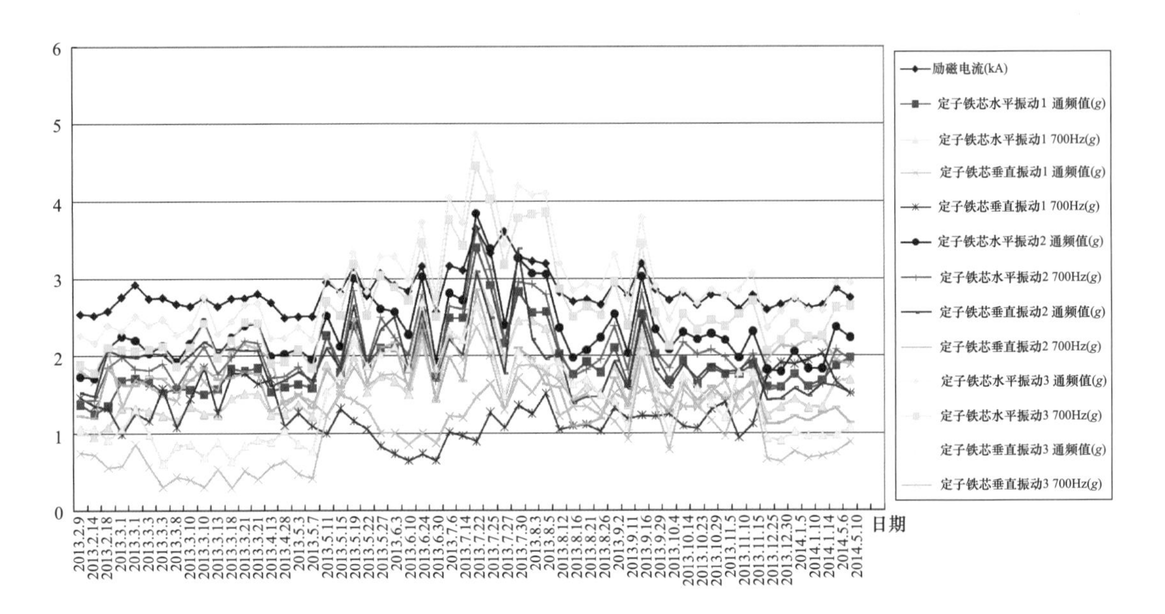

图 6-3　B 机组定子铁芯 700Hz 振动趋势图

（三）故障诊断分析

（1）定子压紧螺杆预紧力影响。定子压紧螺杆预紧力的大小会对定子铁芯的振动频率产生一些影响，其安装形式如图 6-4 所示。因此调整定子铁芯拉紧螺杆的紧固力矩，并开机检查机组 700Hz 振动及噪声数据。

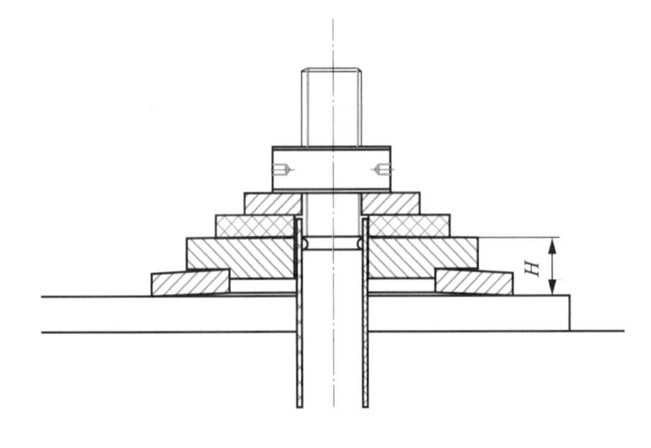

图 6-4　定子铁芯拉紧螺杆安装图

（2）下部挡风板固有频率影响。经过分析可能由于定子下部挡风板安装不够牢固，在机组运行过程中挡风板与定子铁芯等部位容易形成共振，加剧 700Hz 的振动。

（3）定子铁芯固有频率影响。定子铁芯的固有频率在机组运行过程中，容易与风洞内其余设备产生共振。

（四）故障处理及评价

1. 故障处理

（1）定子压紧螺栓增压处理。检查定子压紧螺杆的拉紧力，如图 6-5 所示，抽查 10%，首先记录螺杆拉紧前的蝶形弹簧高度，记录螺杆松动前的油压；参考安装记录，将铁芯压紧力调整至额定值的 110%，螺杆拉紧力为 135kN，螺杆伸长量为 6.93～7mm。按计算值拧紧螺栓，对称进行，检查螺杆与铁芯之间的绝缘，在发电机运行时测量定子机座、铁芯的振动及发电机噪声。

（2）定子铁芯增加配重块。在定子铁芯定位筋上增加配重块，如图 6-6 所示，用以改变定子的固有频率，进而消除共振，降低 700Hz 的振动值。具体增重的布置和数量见表 6-1。

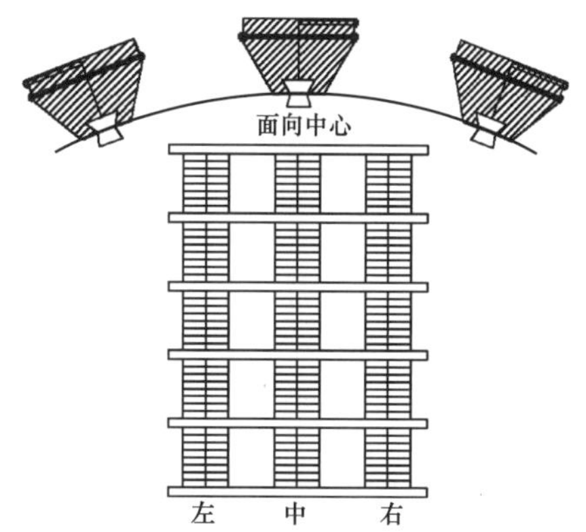

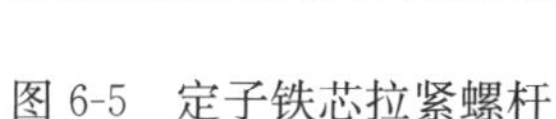
图 6-5 定子铁芯拉紧螺杆

图 6-6 配重块安装图

表 6-1 配重块安装统计

空气冷却器编号	安装数量	理论质量（kg）	空气冷却器编号	安装数量	理论质量（kg）
1 号	139	1925	11 号	140	1939
2 号	141	1953	12 号	141	1953
3 号	141	1953	13 号	141	1953
4 号	139	1925	14 号	138	1911
5 号	141	1953	15 号	140	1939
6 号	141	1953	16 号	140	1939
7 号	140	1939	17 号	140	1939
8 号	141	1953	18 号	140	1939
9 号	141	1953	19 号	141	1953
10 号	140	1935	20 号	141	1953

（3）对定子下部挡风板进行加强，如图 6-7 所示。

2. 故障处理效果评价

（1）在机组安装阶段，B 机组冷态时定子铁芯及机座固有频率为 694～697Hz，热态时固有频率为 694Hz，铁芯压紧螺杆压紧（123～135kN）后固有频率为 682～687Hz，定子机座环板加固后为 676～680Hz。

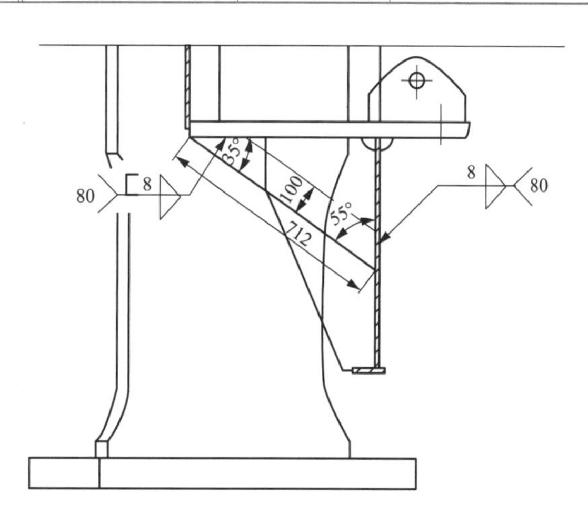

图 6-7 定子下部挡风板加强图（单位：mm）

（2）A机组在安装阶段铁芯压紧螺杆的拉伸值直接拉至135kN（32MPa），试验固有频率为671～679Hz，定子机座下环板加固后仍然是671～679Hz（启动试验阶段完成），拉伸至35.2MPa，试验固有频率还是679Hz。

变转速试验：如表6-2所示，冷态在转速69.5r/min时达到最大值，热态在69r/min时达到最大值，对应得到定子铁芯在冷态时的固有频率为681Hz，热态时的固有频率为676Hz。与配重前比固有频率变化不大，但在共振区铁芯振动的平均值由1.35*g*下降到了0.67*g*。

表6-2　　定子铁芯增加配重块后变转速试验数据

项目	启动试验	增加铁芯压紧力	下挡风板加固	增加配重块	
				冷态	热态
固有频率（Hz）	694～697	682～687	676～680	681	676
共振区振动平均值	1.3*g*	1.4*g*	1.35*g*	0.67*g*	0.82*g*

带负荷试验：如表6-3所示，铁芯振动随着负荷的增加而增大，在负荷600MW时振动平均值为1.9*g*；铁芯振动信号的700Hz频率成分显著，其分量幅值远大于其他频率成分。此外，800Hz左右频率分量幅值也占一定比重。

表6-3　　定子铁芯增加配重块后带负荷试验数据

项目	启动试验	增加铁芯压紧力	下挡风板加固	增加配重块
600MW 铁芯中部振动平均值	4.77*g*	3.35*g*	2.5*g*	1.9*g*

为了检验定子铁芯配重后机组在长时间运行下的效果，让机组带600MW负荷稳定运行1h，进行热稳定试验，试验结果：定子铁芯水平振动的平均值由开始1.9*g*，经过1.5h的稳定运行后，降低到平均1.6*g*。

（五）后续建议

（1）定期检查定子铁芯配重块安装固定情况，如图6-8所示，检查配重块是否出现移位、配重块固定螺栓及顶丝是否出现松动等，必要时对配重块的固定螺栓进行一个力矩抽查。

（2）定位筋检查，如图6-9所示，检查加装配重块和未加装配重块的定位筋是否存在差异，是否有异常现象出现。

（3）定子铁芯叠片检查。定子铁芯的外围部分，可以在空气冷却器拆卸后进行检查，而位于空气间隙侧的部分，需对个别磁极拔出进行检查。检查内容包括定子铁芯叠片是否出现变形，定子铁芯通风槽是否正常，是否有堵塞、变形等。

图 6-8 配重后现场

图 6-9 定位筋检查

二、定子铁芯阶梯片断片分析与处理

（一）设备简述

某水电站机组定子由定子机座、定子铁芯、定子绕组、铜环引线、定子测温元件等部分组成。

定子铁芯是定子的主要磁路，同时也是定子绕组的安装和固定部件。铁芯上、下端采用大齿压板结构，齿压片选用无磁性钢材料，铁芯上、下端头的一段叠片制成阶梯形，以降低漏磁的磁场强度，并采用树脂胶粘成整体，以增强铁芯刚度，减少铁芯振动和降低端部附加损耗。某水电站机组定子主要技术参数见表 6-4。

表 6-4 某水电站机组定子主要技术参数

结构形式	半伞式全空冷	定子通风槽数	109
额定容量(MVA)	855.6	定子线棒槽数	576
额定电压(kV)	20	定子接线方式	8Y、波绕
额定电流(A)	24699	每极每相槽数	4
额定频率(Hz)	50	转子磁轭表面直径(mm)	12956
功率因数	0.9	转子磁极表面直径(mm)	13734
励磁电压(功率因数为 0.9)	422	转子磁轭高度	3486
励磁电流(功率因数为 0.9)	3360	转子磁极高度	3486
短路比	1.05	磁极对数	24
气隙(mm)	33.0	每极线圈匝数	17
定子机座支撑结构	12 个径向浮动支撑	每极阻尼条数	5
空气冷却器数量	12	励磁引线	铜排连接
定子直径(不含空气冷却器)	16890	定子铁芯高度(mm)	3295
定子机座高度(mm)	5545	定子铁芯直径(mm)	13800/15000

（二）故障现象

该水电站先后有 2 台机组在运行中相继发生因铁芯端部阶梯片松动切割线棒，导致定子接地保护动作跳闸停机事故。其中 A 机组于 2017 年 12 月发生故障，故障点在第 499 槽上层线棒槽内，拆除第 499 槽上方挡风板，拔出 3 个磁极后，发现定子铁芯窜片，并损伤第 499 槽上层线棒，如图 6-10 所示。随后对该机型的定子阶梯片按照生产厂家的要求进行加固处理，B 机组在 2018 年 2 月发生故障，故障点在第 238 槽上层线棒槽内，左侧铁芯阶梯片 3 片断齿切割线棒，将线棒主绝缘损坏，造成第 238 槽上层线棒接地短路，如图 6-11 所示。

图 6-10　A 机组定子铁芯第 499 槽上层线棒

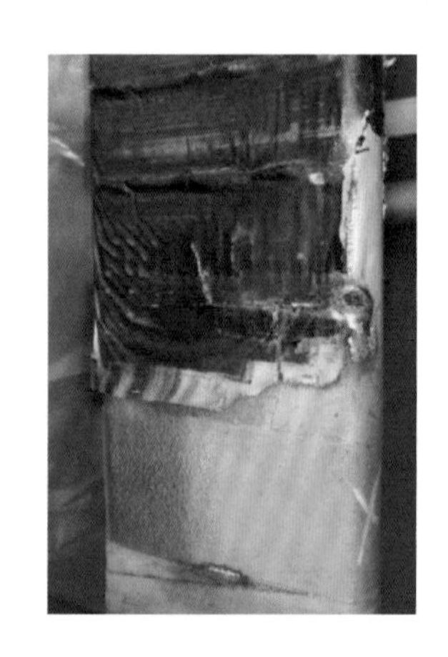

图 6-11　B 机组定子铁芯碎片及第 238 槽上层线棒

（三）故障诊断

A 机组故障出现后，先后对电气和机械设备进行检查，首先检查故障录波装置记录情况，录波波形数据显示，A 套注入式定子接地保护先动作跳开开关后，B 套基波零序定子接地保护后续动作，保护动作时间为 541.6ms，发电机中性点接地电流为 3.9A。

在发电机中性点处测量发电机定子绕组绝缘，电压不能升高，用万用表测量发电机定子绕组对地电阻为 18Ω，对发电机、封闭母线、发电机出口电压互感器、励磁变压器进行检查，未发现放电现象。

断开发电机 B 相出口、中性点软连接，测量发电机 B 相定子绕组，测量电压不能升高，确定接地故障点在发电机 B 相定子绕组内。

在发电机 B 相出口端与地之间施加小电流，该电流通过故障接地点形成回路，逐一测量各分支的电流，结果发现 B 相某一分支有电流通过，而其他分支无电流通过，因此确定故障接地点所在的分支。然后逐一测量该分支的各线棒电流，发现某槽上层线棒下端有电流而上端无电流，因此确定故障点在该槽上层线棒槽内，快速准确地定位了故障点。针对 B 机组采取相同的故障定位方法。

造成阶梯片断片主要为定子铁芯端部阶梯片设计结构原因，主要有以下几个方面：①阶梯片错齿偏长，第 2、3、4 级依次为 20、12、8mm；②阶梯片黏接片为 3mm，其余为现场叠装单片，端部刚度偏小；③阶梯片开两槽，致使片齿过窄。次要原因包括以下几个方面：①阶梯片黏接强度达不到预期效果；②黏接胶选型可能不当；③生产厂家提供的单一黏接处理方案无法解决已经出现的散片问题；④由于铁芯齿片为多层叠压，已经疲劳损伤，但没有产生位移的片齿在处理过程中无法提前发现。

（四）故障处理

确认故障后，拆除割伤的线棒，清理线槽并更换为耐压检查合格的备品线棒，焊接并头块、打槽楔，重新安装绕组绝缘固定部件，对定子绕组进行耐压试验，试验电压为 $1.5U_n$。同时对定子铁芯端部进行加固修复，主要包括：①涂胶黏接和填充齿部开槽；②安装绝缘压块；③安装端部槽楔；④间隙处填胶。所有修复方法在工厂模拟试验验证合格后，才能在电厂开展现场施工。

1. 涂胶黏接和填充齿部开槽

在涂胶之前，应先确保涂胶表面足够清洁，为此，先进行两步清洗工作。第一步是初步清洗，清除表面的绝缘漆和污渍。第二步是最终清洗，先在定子铁芯冲片水平面喷涂清洗剂清洗，并依靠毛细管效应，使清洗剂进入片间。然后使用不含油和水的压缩空气进行仔细吹扫，清除灰尘颗粒。清洗剂清洗和压缩空气吹扫需重复两次，如图 6-12 所示。

图 6-12　初步清洗和最终清洗

（1）填充齿部开槽。由绝缘材料和浸 882 树脂胶的毛毡组成的齿状填充物，放入铁芯冲片齿部开槽内塞紧。

（2）涂胶。按照生产厂家标准，配制 882 树脂胶，并用毛刷涂抹在定子铁芯阶梯片的正面上，反复操作数次。

（3）压紧。涂胶完成后，用 C 型夹压紧各段阶梯片。

（4）加热。最后进行加热固化，用加热风机对所有区域进行加热，并合理控制温度，促进树脂胶的固化，缩短固化的时间，如图 6-13 所示。

图 6-13　安装 C 型夹及加热风机加热

2. 安装绝缘压块

树脂胶固化完成以后，即可拆除 C 型夹。然后进行绝缘压块及其支撑块的安装固定。

（1）安装短压指支撑块。涂胶固化完成后的第一项工作，即是在定子铁芯短压指上安装支撑块。短压指的压紧装置由两部分组成：一部分是短压指上的支撑块；另一部分是与螺柱连接的绝缘压块。焊接人员首先根据焊接工艺流程，把支撑块点焊在压指上。然后根据图纸和焊接工艺的要求，完成全部焊缝焊接的操作。

（2）安装绝缘压块。短压指支撑块完成焊接后，即可进行绝缘压块安装。安装时，把一块浸渍了 882 树脂胶的毛毡，放在绝缘压块和铁芯阶梯片之间用于适形，使两者之间保持良好接触、无间隙。绝缘压块安装好以后，将绝缘压块的支撑座焊接在短压指支撑块上。

（3）安装长压指压紧装置。长压指压紧装置的安装与短压指压紧装置的安装基本一致。不同之处在于，长压指为一体式结构，即支撑块和绝缘压块连接在一起。支撑块和绝缘压块同时安装到铁芯上面，并用浸胶毛毡适形。调整好位置以后先将支撑块点焊，然后根据图纸和焊接工艺的要求完成其在压指上的最终焊接。

（4）压紧。焊接工作完成以后，树脂胶也已经过了一定的时间完成了固化，这时可以按图纸要求施加作用力矩以压紧铁芯端部，使用数显力矩扳手进行压紧力的施加操作。

（5）力矩检查。对力矩值进行数次检查。由于采用数显力矩扳手，施加的力矩较为准确，压紧力得到了有效的控制。在最终力矩检查完成以后，用螺母锁定。

3. 安装端部槽楔

清洗端部槽口，并用调整片调整槽楔与上层线棒之间的厚度间隙。将一个 T 形玻璃纤维板涂树脂胶后安装在第一个通风沟内。然后将端部槽楔打入槽内。由于树脂胶的作用，槽楔与 T 形玻璃纤维板黏接为一体。而玻璃纤维板通过自带的 T 形卡口卡在通风沟内，防止端部槽楔在轴向移动。同时，由于端部槽楔自身形状的限制，它也不会朝径向和切向移动。

4. 间隙处填胶

在压指与铁芯冲片之间有间隙的，使用玻璃布涂胶将间隙塞实。

该方案在 A、B 机组上完成实施后，定子铁芯及线棒运行稳定，后续针对阶梯片的设计问题进行改进优化并根据新的设计结构，拆除原来的定子铁芯，重新叠装。

（五）后续建议

定子铁芯是机组发电机部分的核心部件，如果定子铁芯端部不能很好地支撑铁芯片，机组长时间运行后，可能会出现铁芯片松动，导致窜片割伤线棒，造成机组定子接地故障。在进行定子结构设计时，除电气部分复核外，还要充分考虑部件的机械受力情况。

三、定子铁芯拉紧螺杆预紧力不足检查与处理

（一）设备简述

某水电站机组发电机定子铁芯在施工场地以 1/3 的叠片方式交错叠装，以形成一个整体连续的铁芯。定子铁芯通过拉紧螺杆把合。螺杆由绝缘套筒导入以避免接触铁芯。发电机定子铁芯及机座主要参数见表 6-5。

表 6-5　　发电机定子铁芯及机座主要参数

参数名称	右岸机组	左岸机组
定子机座分瓣数量	5	5
定子机座质量(t)	200	200
定子铁芯质量(t)	990	960
定子机座外径(mm)	22028	21710
定子机座高度(mm)	6325	6315
定子铁芯外径(mm)	19990	20400
定子铁芯内径(mm)	19000	19410

续表

参数名称	右岸机组	左岸机组
定子铁芯高度(mm)	3490	3250
定子拉紧螺杆尺寸(mm)	M20	M24
定子定位筋数量	189	210
空气间隙(mm)	31.5	34
定子拉紧螺杆数量	378	420
线棒数量	756	840

定子铁芯的拉紧系统可以确保定子铁芯内的永久压力。所有的拉紧螺杆都与蝶形弹簧配合使用，以便保证长时间运行后，拉紧力仍可以维持。

（二）故障现象

在该机组岁修中发现，定子铁芯压紧螺杆存在预紧力不足的现象。

对该机组定子铁芯拉紧螺杆进行抽检，共抽检了 7 根，经检查，拉紧螺杆拉伸力和拉伸值与设计值相比均偏小，具体数据见表 6-6。

表 6-6　　定子拉紧螺杆检查结果

序号	拉紧螺杆编号（对应线棒编号）	设计压力值（MPa）	实测压力值（MPa）	设计伸长值（mm）	实际伸长值（mm）
1	356	63.6	45	6.58	3.91～4.42
2	354	63.6	45	6.58	
3	348	63.6	40	6.58	
4	334	63.6	40	6.58	
5	174	63.6	42	6.58	4.33
6	14	63.6	44	6.58	4.3
7	560	63.6	45	6.58	4.42

查阅安装记录，该机组定子铁芯拉紧螺杆实际拉伸值满足设计要求。综合以上数据可知，目前机组定子铁芯拉紧螺杆拉伸压力、伸长值与装机时相比均有所下降。若此下降趋势持续保持或者加剧，将给机组安全稳定运行带来隐患。

（三）故障诊断

根据生产厂家各种模拟试验及真机试验，发现拉紧螺杆伸长量降低是由定子铁芯冲片长期在运行高温下漆膜收缩造成的。在当前使用的涂漆材料和压紧系统下，这个问题是普遍存在的。目前在世界范围内，采用相同压紧系统的机组实际运行情况表明，在螺杆正常残余预紧力下，定子铁芯可以保持足够的紧度，不会影响机组的安全稳定运行。

（四）故障处理及评价

1. 故障处理

定子铁芯拉紧螺杆在运行后预紧力降低至设计值的多少才会影响定子铁芯运行状态尚无标准。分析认为，螺杆预紧力略显不足，应择机重新拉紧拉杆，拉紧值按 2.9～3.3mm 控制，同时应定期检查螺杆伸长量，如果低于上述值，应重新拉紧。基于上述意见，对该机组定子铁芯拉紧螺杆全部按生产厂家给定范围的平均值 3.1mm 的伸长量进行全面拉伸。整个拉伸过程中，有 31 个螺杆在压力达到要求值时未松动，故未对其进行处理，其余螺杆均有松动，已全部按要求拉伸。

2. 故障处理效果评价

对该机组定子铁芯拉紧螺杆进行重新拉伸，开机后运行情况良好。其余机组定子铁芯在残余预紧力情况下的运行情况，还需要继续跟踪观察。

（五）后续建议

（1）后续应实时监测定子铁芯水平、垂直振动，若发现异常及时处理；每年检修时应对定子铁芯拉紧螺杆预紧力进行检查，记录预紧力变化趋势，同时对预紧力明显下降的螺杆进行重新拉伸。

（2）建议在发电机设计时给出定子铁芯预紧力正常变化区间，建议处理区间及运行危险区间，以便更好地维护水轮发电机组。

四、气隙挡风板缺陷处理与分析

（一）设备简述

某水电站机组为全空冷发电机组，空气循环方式为双路循环，即冷空气同时从转子上下方的孔洞进入转子内部，再从转子磁轭、定子绕组吹出，经过空气冷却器冷却后进入新的循环。为保证更多的冷风进入定子绕组，在定子上、下端部设置有气隙挡风板，用以遮挡空气间隙，防止冷风逸出。定子气隙挡风板为分块式非金属板。该机组空气间隙为 31.5mm，空间较狭窄，考虑挡风板强度与现场安装位置，将气隙挡风板设计成上下两层配合的形式，以便更好地封堵空气间隙。每层挡风板共 84 块，每块长 710mm，挡风板上设计有 3 个固定耳柄，通过 3 个 M8 螺栓固定在定子齿压板上，螺栓通过蝶形弹簧防松。如图 6-14 所示，左侧为下层挡风板，右侧为上层挡风板，上下层挡风板之间错开 1/2 长度安装。

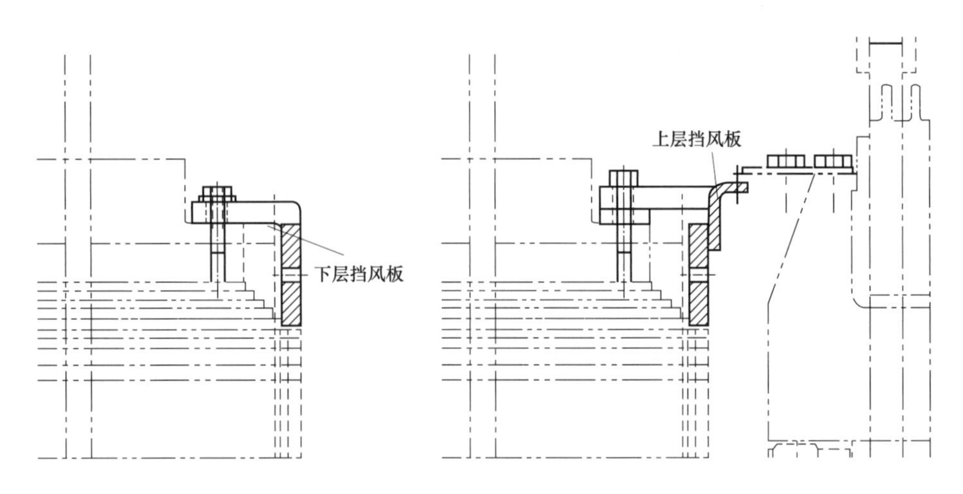

图 6-14　机组气隙定子侧挡风板

（二）故障现象

该机组投产运行几年后，检查定子气隙挡风板，发现存在两方面的缺陷：一方面是气隙挡风板耳柄与本体连接处存在裂纹，少数耳柄断裂；另一方面是大批量的气隙挡风板固定螺栓预紧力不足。

（三）故障诊断

1. 挡风板固定耳柄出现裂纹

（1）材质强度不足。该机组使用的气隙挡风板材质为 HM49。该材质强度较低，且在浇筑过程中排气不理想，导致材料内部存在很多空气泡，这将进一步导致材料强度降低。挡风板在运行时，伴随定子铁芯的振动，3 个固定耳柄受到的力度不一致，将可能导致耳柄产生裂纹或者直接断裂。

（2）耳柄与挡风板连接部位本体尺寸偏小。挡风板与耳柄连接部分本体厚度仅为 5mm，较为单薄，在强度方面的安全系数不足，在极端运行工况下，将会导致耳柄根部出现裂纹。

（3）安装工艺控制不严。安装时，3 个耳柄对应的定子齿压板螺栓孔高程不一致，需要在固定耳柄下部加装绝缘垫片，以便调平 3 个耳柄的安装高度。绝缘垫片分 1、2、4、8mm 共四种规格，绝缘垫片加得太少或加得太多，都将给固定耳柄造成不必要的内应力。3 个耳柄的安装位置如图 6-15 所示。

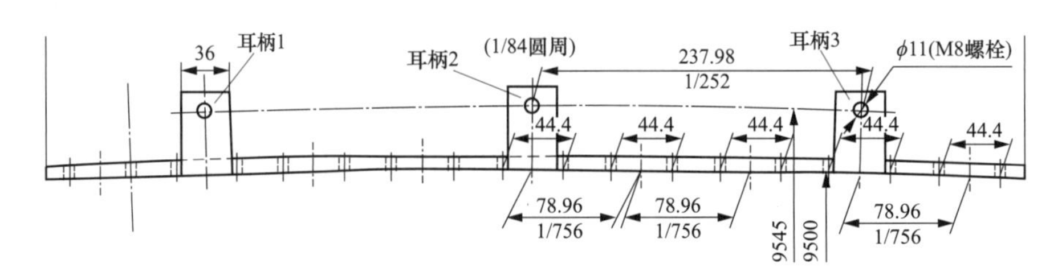

图 6-15　3 个耳柄的安装位置示意图（单位：mm）

2. 耳柄固定螺栓预紧力不足

气隙挡风板安装时，每个耳柄均由一个 M8 的螺栓固定，螺栓下方有一个平垫和一个蝶形弹簧垫防松。M8 螺栓设计预紧力为 12N·m，在实际运行过程中，该防松措施不足以保持预紧力，在定子铁芯振动的影响下，螺栓预紧力逐渐变小，慢慢出现螺栓预紧力不足的问题。

（四）故障处理及评价

1. 故障处理

（1）气隙挡风板材质、结构优化。为加强挡风板材质强度，将现有的 HM49 更换为 SMC，SMC 是一种主要应用于电气场所的片状模塑料，里面加有玻璃纤维，各项性能得到大幅度增强。SMC 材质的拉伸强度及弯曲强度相较于 HM49 得到了极大的提升，两种材质的强度对比见表 6-7。

表 6-7　　两种材质的强度对比

强度	材质	
	HM49	SMC
拉伸强度(MPa)	0.1	90
弯曲强度(MPa)	40	220

为加强挡风板耳柄根部的强度，将挡风板本体与耳柄连接部分厚度由 5mm 变为 9mm，连接强度得到较大的提升，挡风板尺寸变化前后的对比如图 6-16 所示。

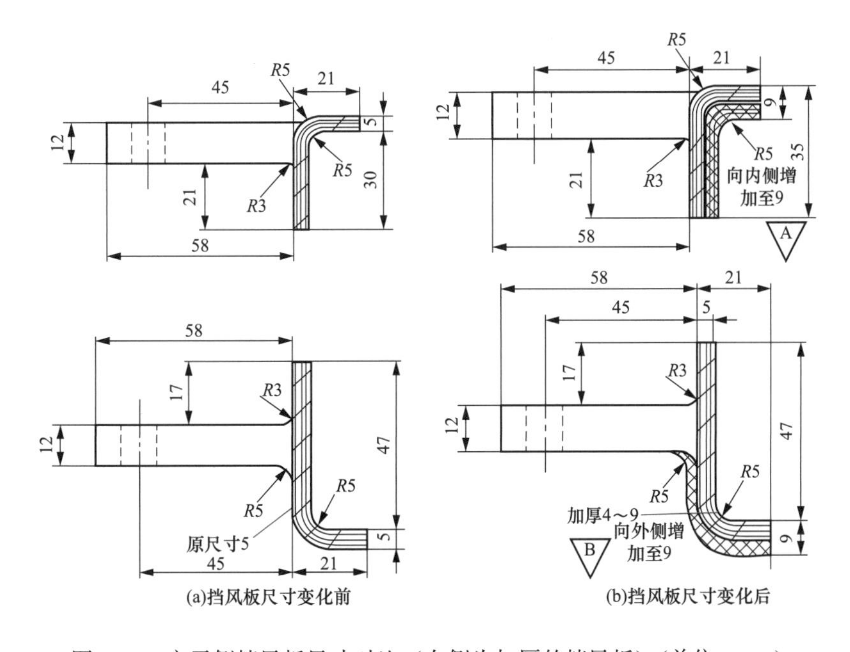

图 6-16　定子侧挡风板尺寸对比（右侧为加厚的挡风板）（单位：mm）

（2）气隙挡风板安装工艺优化。现有的防松措施仅仅只有一个蝶形弹簧垫。为防止螺栓松动，在螺栓下方重新设计一个三爪平垫圈，安装时，将三个爪折弯紧贴在挡风板耳柄上，确保平垫不发生松动位移。三爪平垫圈如图 6-17 所示。安装挡风板螺栓时，严格控制三个固定耳柄的安装高程，确保挡风板无内应力存在，同时严格使用力矩扳手拧紧螺栓，确保螺栓预紧力完全满足设计要求。

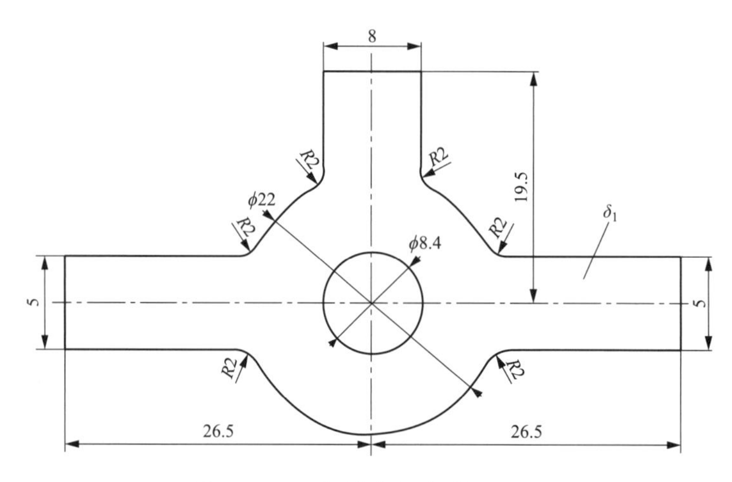

图 6-17　三爪平垫圈（单位：mm）

2. 故障处理效果评价

机组气隙挡风板经优化处理，运行一年后，检查未出现挡风板耳柄根部裂纹及螺栓预紧力不足的问题。

（五）后续建议

（1）材质方面。在设计时，应考虑使用强度更高的 SMC 材质或更优材质，不能采用强度较差的 HM 材质系列。

（2）结构方面。耳柄根部作为主要受力部位，设计时应考虑更高的安全裕度，防止根部受力断裂。

（3）制造工艺方面。制造时应严格选择工艺，避免挡风板内部形成过多、过大的气泡，对整体强度形成不利影响。

（4）安装工艺方面。在安装过程中，应严格控制固定耳柄高程，避免产生内应力，同时，严格使用力矩扳手拧紧螺栓，确保紧固力矩满足要求。

五、定子挡风板缺陷处理

（一）设备简述

某水电站机组发电机定子、转子采用风冷，转子、定子挡风板及围屏分别安装于发电机转子磁极上、下端部及定子上、下端部齿压板，以便在定、转子气隙内形成风道。定子围屏为 140 块，定子上挡风板为 70 块，下挡风板为 70 块，定子挡风板与转子挡风板间隙为 4mm。其结构如图 6-18 所示。

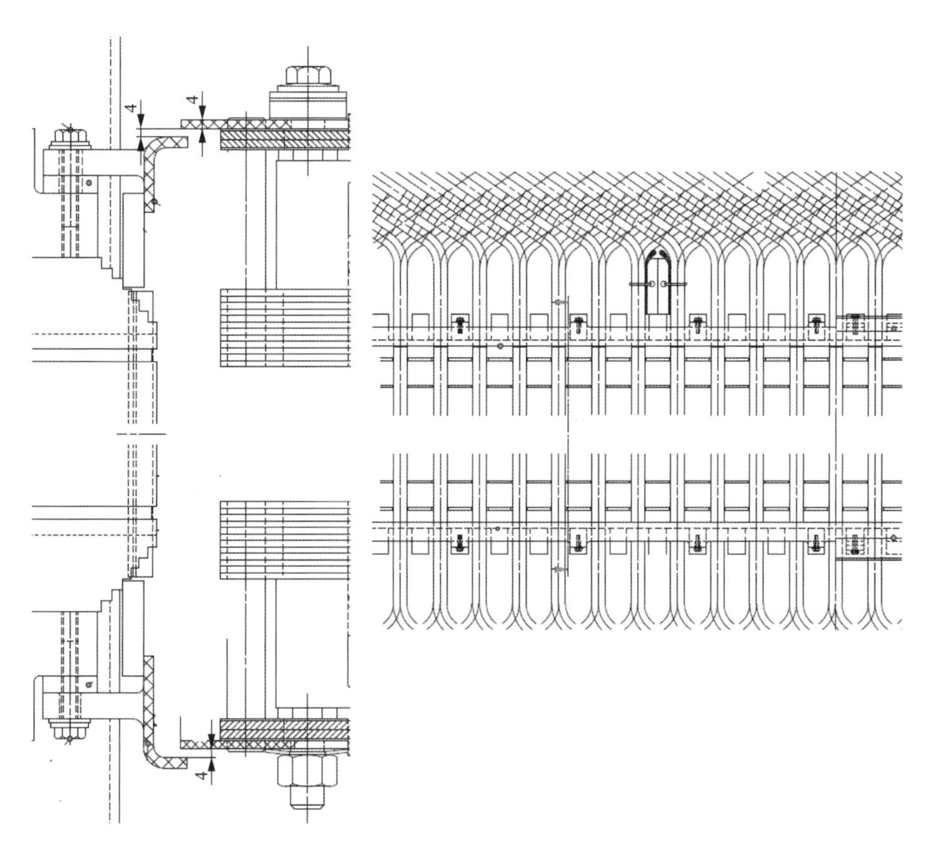

图 6-18　挡风板及围屏的安装结构图（单位：mm）

（二）故障现象

2014 年，该机组安装在定子端部压指上的非金属挡风板螺栓孔部位存在裂纹。在机组运行时，有裂纹缺陷的挡风板一旦出现断裂，挡风板碎片会掉入定转子气隙中造成“扫膛”，损坏定子线棒和转子磁极，导致机组事故停机，造成重大经济损失，严重影响发电机组设备安全稳定运行。

（三）故障诊断

1. 设备检查

检查该机组定、转子上挡风板时发现，70 块安装在定子端部压指上的非金属挡风板中有 36 块挡风板螺栓孔部位存在裂纹。

2. 故障原因

（1）在装机时，为确保挡风板间隙符合要求，对挡风板连接部位进行过打磨处理，使部分挡风板连接壁变薄。

（2）每块挡风板通过 3 个螺栓把合，这三个部位为定、转子内风压的受力点，长期受力引起疲劳产生裂纹。

（3）裂纹均发生在挡风板螺栓孔部位，也可能是由于在紧固螺栓时，用力过度，将挡风板螺栓孔部位压裂。

（四）故障处理及评价

1. 故障处理

对该机组定子挡风板进行改造更换处理。新挡风板增加厚度，并采用 SMC 材质，即片状模塑料，具有优异的电绝缘性能、机械性能、热稳定性、耐化学防腐性、质轻及工程设计容易、灵活等优点，其机械性能可以与部分金属材料相媲美；取消原结构的蝶形弹簧垫圈，将原螺栓改为带法兰盖的防松螺栓，平垫圈改为三耳形止动垫圈，材质均为不锈钢，无磁或低磁性。

2015～2016 年，检查另外两台机组定子挡风板，发现部分挡风板也有裂纹，为了能及时发现并排除同类型机组定子上、下挡风板是否存在类似缺陷，并彻底消除影响机组安全运行的隐患，在 2016～2018 年陆续对水电站其他机组定子上、下挡风板及定子围屏进行检查更换。

2. 故障处理效果评价

定子挡风板改造后，所有螺栓按要求预紧，挡风板整体牢固、可靠，裂纹缺陷未再出现。

（五）后续建议

持续关注机组定子挡风板改造后的运行情况。

六、发电机下风道缺陷分析及处理

（一）设备简述

某水电站通风系统采用无风扇双路径向端部回风密闭自循环冷却方式，冷却空气在转子旋转产生的离心力作用下经转子支架入口，流入磁轭风沟、磁极、气隙和定子通风沟，带走发电机内损耗热后通过空气冷却器冷却，然后通过上、下端风道进入机座内部，冷却定子绕组端部后进入转子支架入口，如此反复，形成密闭自循环冷却方式。

通过设计计算，机组所需风量约为 $292m^3/s$，设计风量为 $319.3m^3/s$，其中上风道风量约占总风量的 58％，下风道风量约占总风量的 42％，其通风冷却系统如图 6-19 所示。

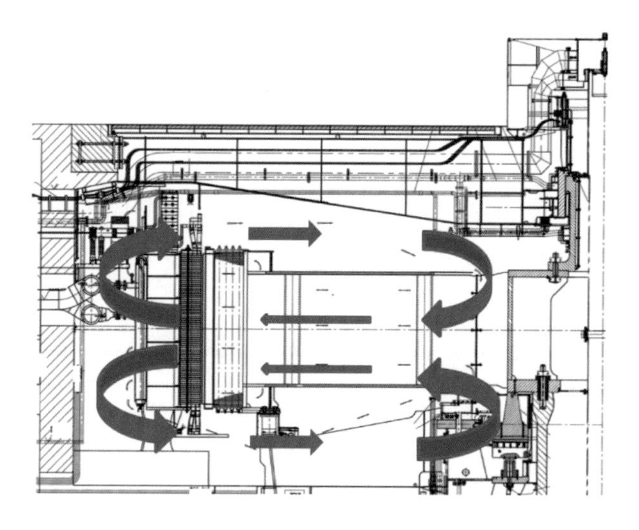

图 6-19　通风冷却系统图

该类型发电机转子上装设旋转挡风板，以挡住磁极轴向和部分气隙，减少漏风和通风损耗，转子支架与磁轭之间的间隙同样也采用密封结构，有效减少漏风，从而降低通风损耗，提高发电机的效率，如图 6-20 所示。

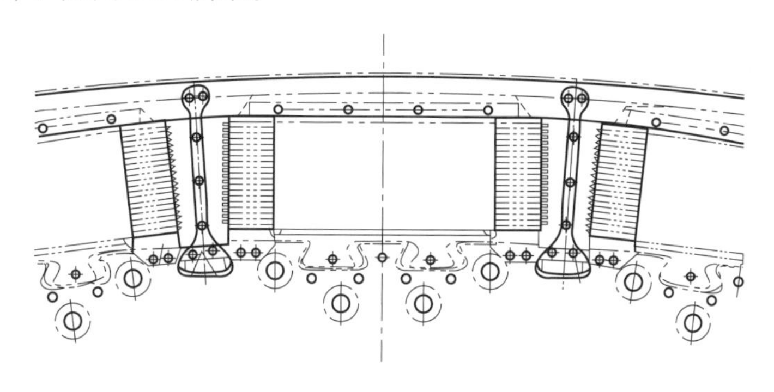

图 6-20　风道的密封结构

（二）故障现象

该水电站水轮发电机运行后，厂家进行了总风量、下风道风温的测量，其中总风量约为 341.7m³/s，下风道风温在 40.6℃左右，空气冷却器出风温度为 27.8℃左右，机组运行中发电机存在下风道甩风、漏风及机坑内温度偏高的问题。

（三）故障诊断

机组安装时，气隙处的密封间隙大于设计值，导致端部漏风量增加，而转子磁极采用分块旋转挡风板结构，当电动机旋转时，在磁极端部位置产生一定的压力，使端部漏风在该压力的作用下，在一些机座立筋对应的位置出现往机座外甩风的现象，造成下风道风温偏高。

（四）故障处理及评价

1. 故障处理

在非传动端的转子支架上焊接安装挡风板，来调整转子支架上部进风口的面积，从而重新分配上、下风道的风量，使下部的风量有所增加，即在转子中心体立筋上端（非驱动端）焊接垫块，在垫块上安装挡风板，改进后的通风结构如图 6-21 所示。

2. 故障处理效果评价

改进后发电机的总风量测量值为 327.6m^3/s，比改前有所减小，但仍高于设计值 319.3m^3/s，完全可以满足发电机冷却需求。

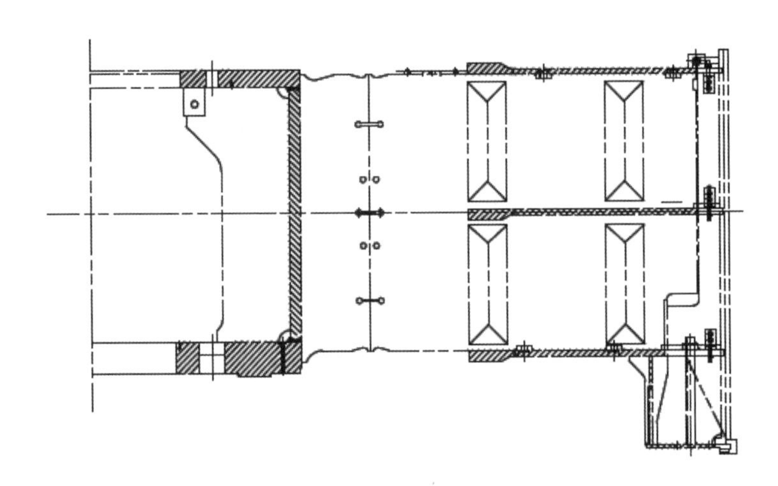

图 6-21　通风冷却系统图（单位：mm）

改进前，下风道风速平均值为 0.93m/s，而改进后下道风速平均值为 1.35m/s，下风道进风明显改善；空气冷却器出风温度为 27.8℃，下风道平均温度为 40.6℃。改进后，空气冷却器出风温度为 25.6℃，下风道平均温度为 32.6℃，下风道风温明显降低，机组的运行环境得到了改善。

（五）后续建议

在进行机组通风设计时，一方面要考虑能够对发电机组发热部件进行有效冷却，达到通风效果；另一方面也要避免被冷却部件温度的不均匀性。

七、转子圆度问题处理

（一）设备简述

该机组发电机转子由磁极、磁轭、中心体和支架组成。转子外径为 14960mm，质量为 600t。磁极由铁芯、线圈及阻尼绕组等组成。转子支架由轮毂和盒形支臂组成。转子轮毂为锻焊结构，其转子支臂有 8 个。转子为无轴结构，发电机与水轮机共用一根轴。

（二）故障现象

该机组检修中检查转子圆度及磁轭圆度时，发现转子圆度超标（见 GB/T 8564—2003《水轮发电机组安装技术规范》），影响机组安全稳定运行。

（三）故障诊断

1. 故障初步分析

该机组转子圆度超标的可能原因为磁极键松动，磁极表面油漆脱落，磁轭、磁极整体变形等，使转子部分区域半径变化，整体圆度不合格。

2. 设备检查

该机组 10～12 号转子磁极半径相对平均值小 1mm 左右，磁轭圆度 53、63 号上部，65 号中部，52～55 号下部超出合格范围 0.1～0.3mm。

3. 故障原因

通过现场检查分析，磁极键存在焊缝裂开现象，磁极键松动导致磁极圆度变化，使整体磁极圆度变差；检查磁轭圆度平面度较差，磁轭长期运行受力变形，影响磁极整体圆度。

（四）故障处理及评价

1. 故障处理

通过分析该机组转子圆度及磁轭圆度数据，对应打磨 5255、63、65 号磁轭，10～12 号磁极背部加 1mm 厚的垫片，保证磁极圆度符合标准。

（1）磁轭平面打磨。利用刀口尺检查磁轭平面度，在磁轭上标出需打磨的位置，并用粉笔做好标记，如图 6-22 所示。修前测量修磨位置处磁轭 T 形尾槽底深度及磁极 T 形尾槽高度，并做好记录。调整转子测圆架，使其与转子中心体下法兰止口内镗孔的同心度小于或等于 0.02mm，测圆架支臂旋转水平度小于或等于 0.02mm/m，同一测点多次百分表测量数据跳动值小于或等于 0.05mm，如图 6-23 所示；用角磨机打磨粉笔标记位置，每打磨 5 次后用刀口尺检查磁轭的平面度，0.05mm 塞尺无法通过，局部间隙不超过 0.10mm，并利用转子

图 6-22 转子磁轭平面检查处理

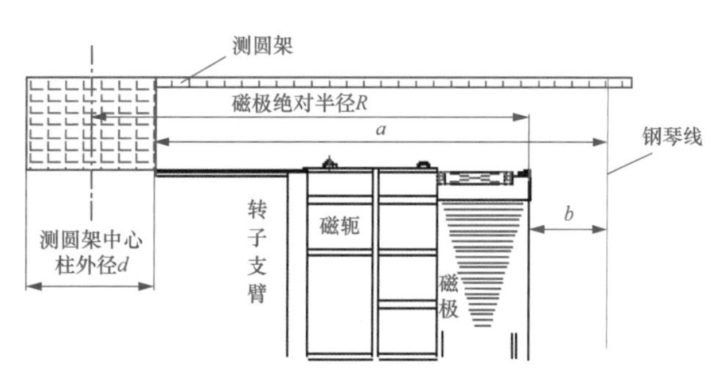

图 6-23 转子磁极圆度测量示意图

测圆架测量磁轭半径及圆度，根据修前磁轭半径及修磨后平面度检查情况，重新确认打磨的磁轭位置，直至磁轭平面度满足要求。

（2）垫片焊接。垫片上、下端与磁极上、下端磁极压板进行点焊，要求使用氩弧焊焊接牢靠，所有焊缝用着色渗透（PT）探伤，保证焊缝无裂纹，修后测量修磨位置处磁轭 T 形尾槽底深度及磁极 T 形尾槽高度，并做好记录。保证回装时磁极键打紧后磁极 T 形尾槽与磁轭 T 形尾槽有间隙。

磁极挂装后要求转子磁极各半径与平均半径之差不超过设计空气间隙值的±0.4%（0.8mm）。

2. 故障处理效果评价

通过磁极铁芯增加垫片及磁轭修磨处理，该机组转子磁极各半径与平均值半径之差均不大于 0.80mm，达到技术要求，保证机组改造增容的质量。

（五）后续建议

持续跟踪该机组的运行情况；关注其他机组运行情况，判断是否存在类似缺陷。

八、动不平衡故障及处理

（一）设备简述

某混流式水轮发电机组，在启动调试过程中，通过变转速试验发现转动部件存在质量不平衡，对该机组进行配重处理。主要性能参数如下：单机容量为 800MW，额定转速为 75r/min，转子质量为 1845t。

（二）故障现象

由图 6-24 所示变转速试验可知，上导轴承摆度和上机架振动都与转频的平方成正比关系，说明机组存在机械不平衡力。

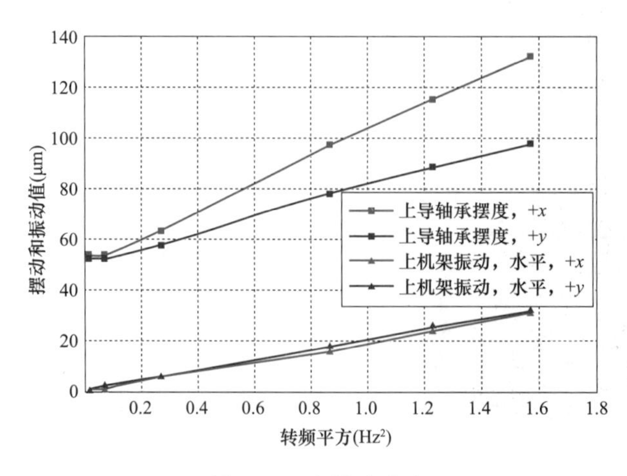

图 6-24 变转速试验

由表 6-8 可知：三部导轴承摆度的 $+x$ 和 $+y$ 方向的相位差基本为 90°，说明传感器安装位置较好。三部导轴承摆度幅值均较大，下导轴承摆度最大，说明发电机转子存在质量不平衡，且最大的不平衡力来自转子中部。

表 6-8　　配重前 100%额定转速和 100%励磁电压试验数据

测点		$100\%n_r$(额定转速)		$100\%U_r$(额定电压)	
		通频	转频	通频	转频
上导轴承摆度 $+x$	幅值(μm)	196.20	132.16	216.81	144.03
	相位(°)	—	315.57	—	301.57
上导轴承摆度 $+y$	幅值(μm)	149.84	98.13	161.59	101.94
	相位(°)	—	224.05	—	210.15
下导轴承摆度 $+x$	幅值(μm)	338.63	102.61	279.91	144.13
	相位(°)	—	289.10	—	286.28
下导轴承摆度 $+y$	幅值(μm)	171.67	76.02	235.03	109.86
	相位(°)	—	203	—	202.99
水导轴承摆度 $+x$	幅值(μm)	295.61	108.28	219.93	85.13
	相位(°)	—	168.81	—	192.51
水导轴承摆度 $+y$	幅值(μm)	278.99	107.47	214.10	80.52
	相位(°)	—	73.34	—	91.08
上机架水平振动 $+x$	幅值(μm)	62.24	31.56	88.23	48.49
	相位(°)	—	251.48	—	354.83
上机架水平振动 $+y$	幅值(μm)	63.76	31.87	93.52	48.82
	相位(°)	—	143.60	—	356.42

（三）故障处理及评价

1. 故障处理

由于机组最终是在有压状态下运行，因此配重相位应以 100%励磁电压的相位分析数据为准。由表 6-8 中有压时的主分析传感器（$+x$ 方向）测得的相位来看：

上导轴承、下导轴承和水导轴承转频相位分别为 301.57°、286.28°和 192.51°。

加励磁前后，上、下导轴承转频相位变化不大，且相位基本相同（见表 6-8），考虑上、下导轴承幅值均较大，在转子支臂相近位置的上、下端面同时配重，可以同时改善上、下导轴承摆度幅值；水导轴承的相位和上、下导轴承相位相差大约 100°，配重可能对水导轴承产生不利影响，根据经验机组带负荷后水导轴承摆度会有所改善，可以适当牺牲水导轴承摆度。因此在权衡三部导轴承摆度后，认定配重的目的主要是改善上、下导轴承摆度，其相位分别是 301.57°和 286.28°，此相位为机组超重位置，其对应的配重位置应该是其对面，大约是 121.57°和 106.28°，即从机组键相片位置开始逆时针旋转 121.57°和 106.28°。

选取转子质量的 0.0001 作为试配，即 184.5kg，考虑现场的实际情况，分别在转子支臂的上、中端面分别配置 112kg 的配重块，共计 224kg。

按上述配重方案配重后，测量结果见表 6-9。

表 6-9　　配重后 100%额定转速和 100%励磁电压试验数据

测点		100%n_r(额定转速)		100%U_r(额定电压)	
		通频	转频	通频	转频
上导轴承摆度+x	幅值(μm)	132.02	14.99	150.80	59.02
	相位(°)	—	260.34	—	269.33
上导轴承摆度+y	幅值(μm)	119.65	13.09	117.80	40.80
	相位(°)	—	210.37	—	191.50
下导轴承摆度+x	幅值(μm)	191.67	34.21	196.23	38.35
	相位(°)	—	53.34	—	172.82
下导轴承摆度+y	幅值(μm)	177.91	38.99	185.03	30.19
	相位（°）	—	324.89	—	71.92
水导轴承摆度+x	幅值(μm)	362.74	147.60	313.99	128.81
	相位(°)	—	166.07	—	165.92
水导轴承摆度+y	幅值(μm)	335.09	133.47	257.97	108.60
	相位(°)	—	66.02	—	69.04
上机架水平振动+x	幅值(μm)	55.12	15.80	63.51	26.63
	相位(°)	—	144.14	—	179.25
上机架水平振动+y	幅值(μm)	59.28	16.74	74.64	29.04
	相位(°)	—	42.98	—	71.22

2. 故障处理效果评价

由表 6-9 可知：

（1）配重后上导轴承摆度、下导摆度、上机架水平振动无论在空转还是空载状态下都相应减小，达到了预期的效果。

（2）配重显著降低了转频的幅值，从转频分量占通频分量的比例来看，在同样加载励磁的情况下，上导轴承从 144.03μm/216.81μm 降低到 59.02μm/150.80μm，下导轴承从 144.13μm/279.91μm 降低到 38.35μm/196.23μm。

第七章　机架与轴承

第一节　设备概述及常见故障分析

一、水轮发电机组机架与轴承概述

（一）推力轴承

推力轴承的作用是将立式水轮发电机组转动部分的重力传递到机组承重机架上，进而传递到混凝土基础上。推力轴承一般由推力头、镜板、推力瓦、支撑系统、推力油槽、冷却系统和高压油顶起系统组成。伞式机组推力轴承位于发电机转子下方，悬式机组的推力轴承位于发电机转子上方。

性能良好的轴承主要体现在：①能形成足够厚度的油膜；②瓦温在允许的范围内，一般在50℃左右；③循环油路畅通，冷却效果好；④油槽油面和轴瓦间隙满足设计要求，机组正常运行中机组摆度在允许范围内，一般不超过双边瓦间隙；⑤密封结构合理，不甩油；⑥结构简单，便于维护。

1. 推力头

推力头主要作用是将立式水轮发电机组转动部分重量传递到镜板上，与机组转动部分连接，随机组转动。推力头一般为铸钢件。悬式机组推力头与转子上端轴连接，伞式机组的推力头则与发电机轴或转子相连。不同容量的机组，推力头安装方式也不同。对于小型立式水轮发电机组来说，由于转子和发电机轴尺寸较小，便于加工制造，因此推力头通常与发电机轴或转子中心体加工成一体，如图7-1所示。中型和大型机组由于发电机轴结构尺寸较大，不宜整体加工，推力头一般采用热套的方法安装在发电机轴上，如图7-2所示。也有厂家将推力头与转子中心体

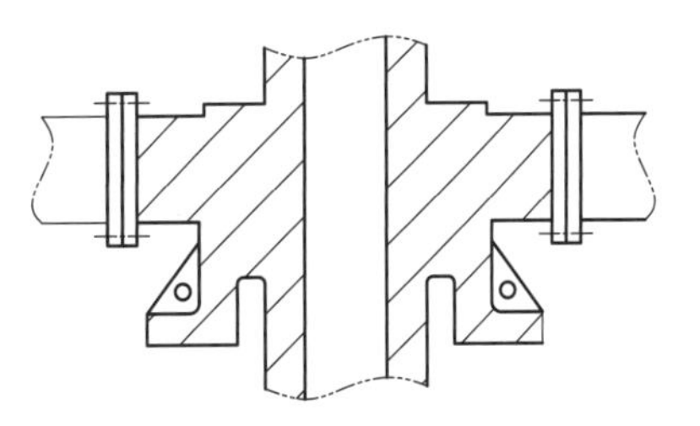

图7-1　推力头与转子中心体、大轴为整体结构

加工为一体，简化机组结构。更多的大型和特大型伞式机组则采用分离式结构，推力头通过螺栓与转子中心体连接，如图 7-3 所示。

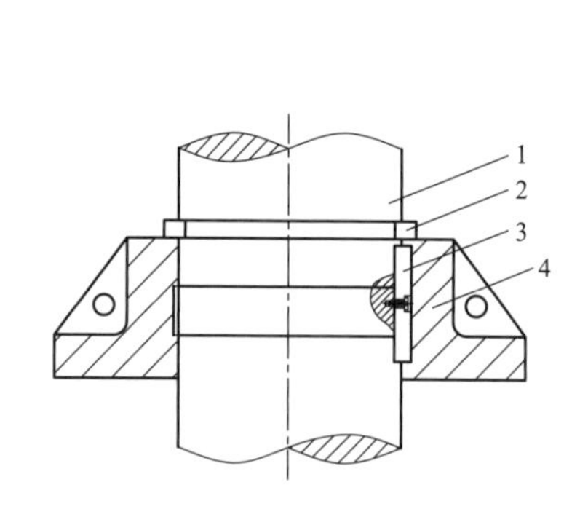

图 7-2　推力头与主轴连接

1—主轴；2—卡环；3—切向键；4—推力头

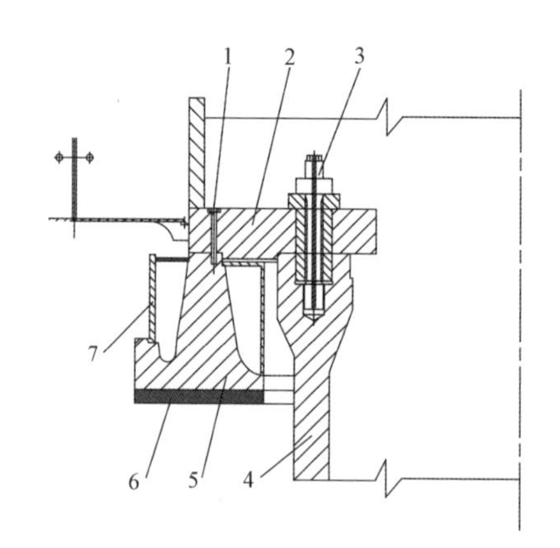

图 7-3　推力头与转子中心体连接

1—推力头连接螺栓；2—转子中心体；3—转子联轴螺栓；4—主轴；5—推力头；6—镜板；7—护罩

2. 镜板

镜板在机组运转过程中随转动部分转动，并与推力瓦面摩擦，其主要作用是将机组转动部分的重量传递到推力瓦上，是机组转动部分与固定部分之间关键的连接部件之一。镜板一般采用 45 号锻钢制作，具有较高的加工精度要求，为了降低摩擦损耗，与轴瓦相接触的表面加工精度要求达到 0.2μm。

3. 推力瓦

推力瓦在推力轴承中是静止部件。它是推力轴承的主要部件之一，一般做成扇形分块式结构。推力瓦有单层瓦和双层瓦两种结构，见图 7-4。单层瓦较厚，一般大于 200mm，多用于小型机组；双层瓦则由薄瓦和厚瓦组成，用于大中型机组。单层瓦和双层瓦的薄瓦由瓦面和钢制瓦坯组成。根据瓦面的材料不同，推力瓦可分为巴氏合金瓦和弹性金属塑料瓦两种。巴氏合金瓦是指在钢制瓦坯上浇铸一层厚约 5mm 的锡基轴承合金形成的瓦，可手工研刮，要求每平方厘米仅有 2～3 点接触，瓦面上设有高压油出口和油池。弹性金属塑料瓦是指用聚四氟乙烯做瓦面，通过铜丝垫层焊接到钢制瓦坯上形成的推力瓦，不可手工研刮，表面无高压油出口和油池。

巴氏合金瓦与弹性金属塑料瓦各有优缺点。巴氏合金瓦摩擦力相对弹性金属塑料瓦大，单承载能力高，可用于 700MW 及以上特大型立式水轮发电机组。弹性金属塑料瓦摩擦力相对较小，但承载能力相对较弱，目前国内使用弹性金属塑料瓦的立式水轮发电机组最大容量为 170MW。

推力瓦底部设有托盘，以便减小变形，防止瓦面和镜板的接触面减小。托盘安放在轴承座的支柱螺栓球面上，其支撑点与推力瓦几何重心不重合（即偏心瓦结构），机组运行过程中可自由倾斜，这样可使推力瓦的倾角随负荷和转速的变化而改变，产生适应轴承润滑的最佳楔形油膜。

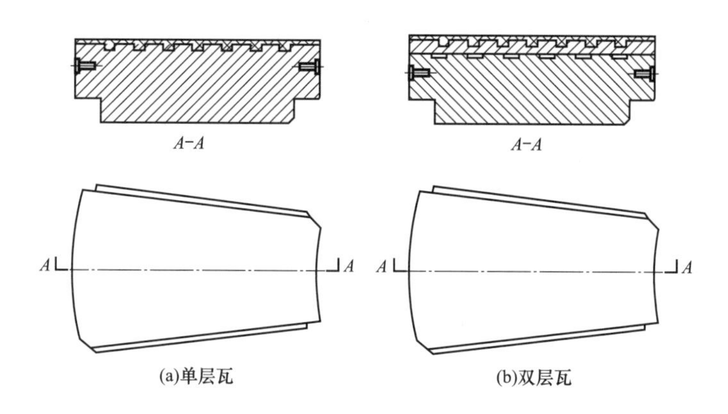

图 7-4　推力瓦结构图

一般推力轴承为单排布置，但有的大型水轮发电机组为减小瓦的变形，提高轴瓦的承载能力，还采用双排布置和在瓦内直接通水冷却的水内冷的推力瓦结构，水内冷瓦冷却效果较好，瓦温一般较低，并可使油冷却器的容量减小一半以上。

随着三峡电站的建成，700MW 水轮发电机组的研制成功，立式机组转动部分重量和水推力达到 4400t，要求推力轴承能在全速范围内可靠地承载负荷的确不易。一种新型的带弹性柱销的推力瓦随之产生。这种新型轴承的发展与新型计算机程序的联合为有效突破以前的限制提供了条件，也使得详细计算转动部件与轴瓦间的润滑油膜成为可能。

4. 支撑系统

推力轴承按支撑形式不同可分为刚性支柱式、液压弹性支柱式（弹性油箱式）、弹簧束多点支撑式、平衡块支柱式。

（1）刚性支柱式。刚性支柱式推力轴承的特点是推力瓦由头部为球面的支柱螺栓所支撑，通过调整该螺栓的高度使推力瓦保持在同一水平面上，使各瓦受力均匀。刚性支柱式支撑优点是结构简单，加工容易。缺点是安装时调水平、受力不易调准、调整工作量较大。刚性支柱式推力轴承如图 7-5 所示。

（2）液压弹性支柱式（弹性油箱式）。液压弹性支柱式推力轴承的每块推力瓦由一个弹性油箱支撑，各弹性油箱通过管道连通，油箱内充满液压油。安装时，对各瓦面高度和水平要求不高，通过调整弹性油箱上部的支柱螺栓来调节各块推力瓦的受力。由于连通的弹性油箱具有较强的自平衡能力，运行时推力瓦受力较为均匀，各瓦间温差较小（一般在 1～3℃），对于恶劣的运行工况也有较强的适应能力。因此越来越多的大型机组采用液压弹性支柱式推力轴承。

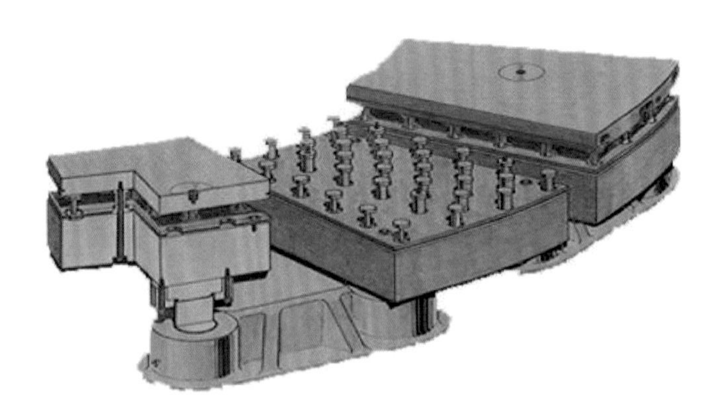

图 7-5　刚性支柱式推力轴承

（3）弹簧束多点支撑式。弹簧束多点支撑式推力轴承是近几年从国外引进的支撑形式，在国外水电机组中已有较多的成功运用。目前在国内水电机组中以三峡 VGS 和东方电机厂生产的机组为代表，也是运用该种支撑形式的推力轴承的水电机组中推力负荷最大的机组，其推力负荷已达到 4400t。弹簧束多点支撑式推力轴承的特点是机组转动部分重量由一层弹簧垫承受，每块瓦下面的弹性垫层相互独立，依靠托盘水平保证推力瓦面在同一水平面上，能够较好地均衡各瓦的推力负荷。

（4）平衡块支柱式。平衡块支柱式推力轴承是利用上下两排平衡块相互搭接，当受力时，由于杠杆原理，平衡块互相动作，连续自动调整每块瓦的受力，使各瓦负荷达到均匀。它的优点是结构简单、加工方便；缺点是各平衡块间的接触点压应力较高，长期运行后接触点处有磨损现象，自调节灵敏度降低。

5. 推力轴承冷却系统

大中型立式水轮发电机组推力轴承的冷却方式有体内自循环水冷式、体外强迫循环水冷式等形式。

体内自循环水冷是指推力油冷却器安装在推力油槽内部，由于透平油黏性较大，机组运行中推力头和镜板带动透平油循环，通过冷却器热交换铜管，热量被冷却器铜管内的冷却水带走。这种冷却方式的优点在于冷却器安装在油槽内部，透平油无需油泵即可形成循环油路通过冷却器，循环回路中无电气控制，从而减少了故障的可能性，油槽外围设备少，布置简洁。缺点是冷却器大小受油槽空间限制，冷却器容量小数量多，油槽体积较大。对冷却器密封性能要求高，因为一旦冷却器泄漏，冷却水就会进入油槽影响轴承正常运行。

体外强迫循环水冷是指推力油冷器安装在推力油槽外围，通过管道与油槽内部连通，用油泵强迫透平油经过油冷器冷却后再回到油槽的冷却方式。这种冷却方式的优点是油冷器安装空间不受油槽限制，可根据需要选择大容量冷却器，减少冷却器个数。同时油槽内部布置简洁，油循环阻力较小，油槽体积小。缺点是油泵必须处于运行状态，对电气控制回路和监控系统的可靠性要求较高，一旦油泵停电或控制回路出现故障就会导致推力轴承温度迅速升高甚至烧瓦事故。

进入 21 世纪，随着技术的发展，一种自泵式轴承的出现打破了体外循环必须靠电动泵驱动的局面。自泵轴承是在一种倾斜轴承的基础上开发出来的。瓦块浸在油中，与转动表面接触，瓦块与转动表面间有一个泵间隙，这个间隙叫“PUMPING GAP”，比正常的瓦块润滑间隙大几倍。

运转的轴把黏附的油挤进泵间隙，间隙远处的油膜突然减至正常油膜厚度，且有一个连通的泄油孔来排泄过多的油。由于结构上的原因，只有很少的一部分油能进入瓦块间隙，大部分油被排掉了。被泵出去的油流量将主要依赖排油沟的油压力。

这种结构无需另外安装油泵及电气控制装置，可靠性较高。这种结构适用于导轴承与推力轴承安装在一个油槽内，即推导联合轴承。

6. 高压油顶起系统

对于启动频繁或推力轴承单位荷载较大的立轴式水轮发电机组，为了改善推力轴承在启动和停机时的工作条件，在推力轴承中设置了液压减载装置，也称高压油顶起装置。机组启动和停机过程中，高压油顶起装置不断向推力瓦油槽孔内打入高压油，使镜板顶起，在推力瓦和镜板间预先形成约 0.04mm 厚的高压油膜，改善开停机润滑条件，降低摩擦系数，从而减少摩擦损耗，提高推力瓦的可靠性。采用这种装置不仅可缩短启动时间，还便于安装时机组盘车。

液压减载装置中设有溢流阀和滤油器，用于调整分配油管压力及清洁油质，同时将溢流出来的油排回油槽。装置中的节流阀是用来调节并均匀分配各瓦的油量，保证各瓦面的油膜厚度均匀。在轴瓦摩擦面上，根据瓦面积的大小加有 1～2 个油室，其形状有圆形和环形两种，在同样的油膜厚度和承载能力情况下，圆形油室可减少 20％的油室面积和油室压力。机组正常运行时，液压减载装置为撤除状态，为了避免压力油膜通过油室从装置的管道中漏失，降低油膜的承载能力，设置有单向密封性能良好的单向阀。

整套液压减载装置的安装布置高度，应比油槽面低，这样管道内不易积存空气，以保证装置正常工作。吸入油泵的油，应在油流较稳定的油槽底部吸取，油质应干净，油中泡沫应尽量地少，因为泡沫打入瓦面，对轴承运行是不利的。

（二）导轴承

立式水轮发电机组导轴承的作用是使水轮发电机保持在一定的中心位置运转并承受径向力。导轴承使机组主轴在导轴承的间隙范围内运转。径向力主要包括转子的静不平衡力径向分量、动不平衡力径向分量、磁拉力径向分量，水推力径向分量以及发电机在非正常工况下运行时所产生的各种径向力。

导轴承的布置方式和数目，与水轮发电机组的容量、额定转速以及结构形式等因素有关。导轴承的结构形式有浸油分块瓦式、筒式和楔子板式（即调整块式）三种。按油槽使用可分为两种类型：一种是具有单独油槽的导轴承，它适用于大、中容量的悬式水轮发电机和半伞式水轮发电机的上部导轴承；另一种是与推力轴承合用一个油槽的导轴承，它适用于全伞式水轮发电机的下部导轴承以及中、小容量悬式水轮发电机的上部导轴承。

1. 稀油润滑分块瓦式导轴承结构

水轮发电机组的上部导轴承、下部导轴承的分块瓦式导轴承的结构都大同小异。如图 7-6所示，上部导轴承结构主要由轴领、上导瓦、抗重螺栓、轴承座圈、绝缘垫板、套筒、油槽、油槽盖板、密封盖、挡油筒、分油板及冷却器等组成。

分块瓦式导轴承瓦分为钨金瓦和弹性金属塑料瓦。弹性金属塑料导轴瓦国内已研制成功并应用于大型水轮发电机组、200MW 轴流式机组等。钨金瓦分为研刮瓦和免刮瓦（即非同心轴承）两种。目前新建机组均采用免刮式钨金导轴瓦，减轻了检修维护工作量。

分块瓦式导轴瓦的结构如图 7-7 所示。瓦体的背部自上而下开偏心矩形槽（对瓦顶视对

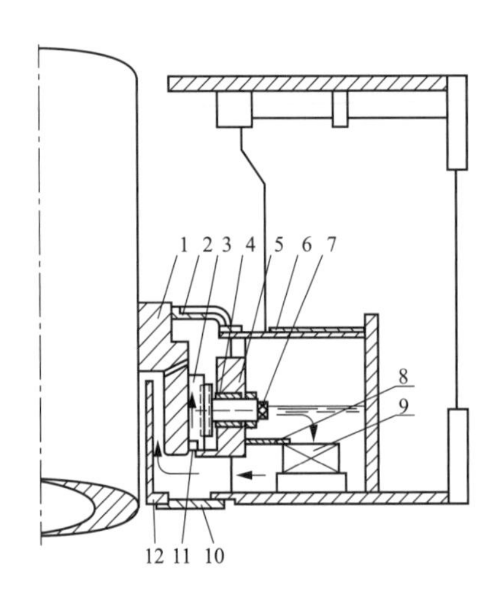

图 7-6　上导轴承结构示意

1—轴领；2—密封盖；3—上导瓦；4—套筒；5—轴承座圈；6—油槽盖板；7—抗重螺栓；8—分油板；9—冷却器；10—油槽；11—绝缘垫板；12—挡油筒

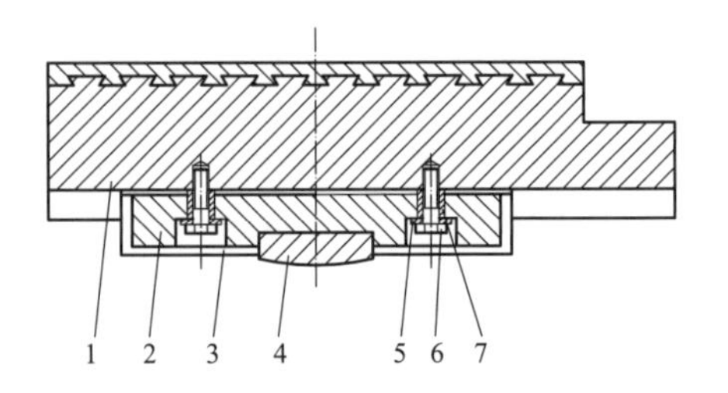

图 7-7　分块式导轴瓦

1—瓦体；2—瓦座；3—槽型绝缘；4—铬钢垫；5—绝缘垫圈；6—螺钉；7—绝缘套管

称中心而言），在槽内对应钨金纵向对称的嵌入瓦背支座（简称瓦座），上下用两个螺栓固定在瓦背上，在瓦背和瓦座之间夹有用环氧玻璃布热压成型的槽型绝缘垫（简称槽型绝缘），在瓦座中部开有圆形沉孔并镶有用30Cr圆钢制成的垫块（也称铬钢垫），瓦座的固定螺栓上也有绝缘套和绝缘垫。轴瓦的下部置于托板上（有的直接置于轴承座圈的法兰上），轴瓦下端面与托板之间视需要也要加绝缘垫板，绝缘板里缘与轴领的间隙不小于0.5mm。轴承座圈与轴承支架如用法兰连接，视需要也要设绝缘垫，用于切断轴电流回路。冷却器的位置有的装于轴瓦下方，如挡油筒上；有的装在轴瓦外围油槽里。油冷器有采用分为两瓣的环形结构，也有采用分体式结构。冷却器内管路采用紫铜或镍合金材料制作。

2. 楔子板式导轴承结构

楔子板式导轴承结构如图7-8所示，与分块瓦式导轴承结构相比，它的突出特点是采用楔子板、固定支架、调节螺杆及固定螺母等代替了抗重螺栓；用支撑环板代替了轴承座圈或者轴承支架；其余组成部件基本类似。

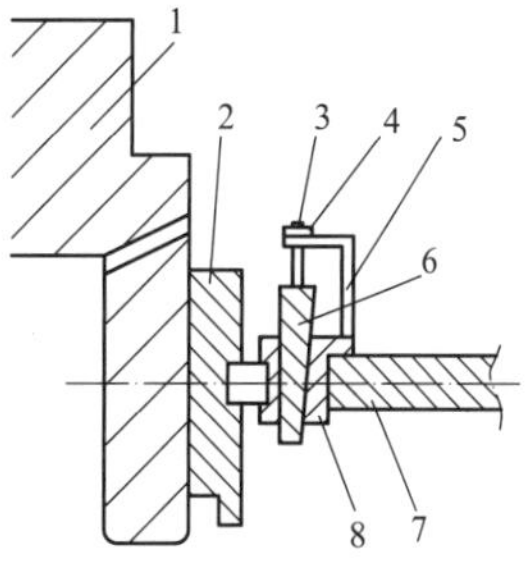

导轴瓦间隙调整时，将楔子板向下楔紧使导轴瓦顶靠轴领，然后将要求的径向间隙换算成调节螺杆的轴向上升的距离，将该距离再换算成调节螺母旋转的圈数即可。

图7-8 楔子板式导轴承结构示意图

1—轴领；2—导轴瓦；3—调节螺杆；4—固定螺母；5—固定支架；6—楔子块；7—支撑环板；8—垫块

这种导轴承的优点是：调好间隙后不变，运行可靠；无抗重螺栓，增加了径向刚度；结构简单，加工容易，有利于轴承制造质量的提高；安装、检修方便，调节导轴瓦间隙花费的时间比抗重螺栓结构要少。

目前也有的机组采用另一种由楔子板式导轴承演变来的垫板式导轴承。其结构的不同点在于使用条形板代替楔子板，取消楔子板调节螺杆。调整轴瓦间隙时要先用顶丝使导轴瓦紧靠轴领，精确测量轴瓦背部到瓦座的距离，该距离减去导轴承设计的间隙值即为条形板应有的厚度，按照该尺寸加工好条形板后对号装入导轴承。

（三）机架部件

1. 上机架

上机架一般位于水轮发电机转子上部，并与定子机座相连接形成支撑部件，通常由中心体、支臂、支撑结构等组成，内部一般装设有上导轴承。对于伞式机组，上机架主要承受机组电磁扭矩、偏心磁拉力等。对于悬式机组，推力轴承装设在上机架上方，因此上机架还承受机组转动部分重量及水推力。

2. 下机架

下机架是指位于立式水轮发电机转子下部与基础相连接的支撑部件。对于伞式机组，下机架内通常装设推力轴承和下导轴承，承受着机组运行过程中产生的全部轴向负荷，并传递给周围混凝土基础或其他支撑结构上。

二、常见故障分析及处理

水轮发电机组机架与轴承常见故障主要分为以下几类：镜板缺陷、推力瓦径向位移、推力轴承瓦温偏高、推导轴承油雾污染、推导轴承油槽油混水、机架部件故障等。

（一）镜板缺陷

镜板缺陷原因包括推力头与镜板外圈连接螺栓存在预紧力不足及推力头 U 形槽有污油囤积；镜板与发电机轴的垂直度偏差超标，造成盘车中镜板跳动超标；镜板工作面存在气孔状缺陷。

（二）推力瓦径向位移

推力瓦径向位移原因是机组停机后，机组转速的下降和高压油的投入使瓦和镜板会快速冷却。镜板和推力头冷却收缩，可能引起推力瓦及托瓦同时发生收缩，由于内径向限位板的厚度不足，其刚度也就不足以限制推力瓦收缩。由于收缩是一个较小的位移，日积月累，向内位移量变大，检修中就会发现推力瓦及其托瓦发生了较为明显的向内位移。

（三）推力轴承瓦温偏高

推力轴承瓦温偏高原因是推力轴承实际载荷高于设计载荷。当推力轴承实际载荷很大，高于设计载荷时，推力瓦与镜板之间油膜无法形成，推力瓦与镜板之间将处于半干摩擦状态，推力瓦温将急剧上升，此时无法形成油膜，不能有效地依靠润滑油将推力瓦与镜板之间产生的热量带走，进一步加剧了推力瓦的热量累积，进而发生“烧瓦”事故。当推力轴承实际载荷略高于设计载荷时，推力瓦与镜板之间油膜厚度会减薄，轴承损耗会稍有增加。减薄的油膜虽然能够建立润滑油循环回路，但会导致油温和瓦温偏高，带来较高的运行风险。

（四）推导轴承油雾污染

推导轴承油雾污染的原因是机组运行时，镜板与推力瓦摩擦产生大量的热，推力油槽透平油吸热后温度升高，黏度降低。另外，推力轴承旋转部件搅动透平油，使透平油与油槽内的部件碰撞，产生飞溅、膨化现象。这两个因素都促使透平油雾化，导致推力油槽内本身存在着大量油雾。密封部位密封不严，给油槽内油雾外泄留出通道。当油槽油雾积累到一定程度后，会使推力油槽内压力有升高趋势。同时，推力油槽处于转子中心体下方，根据风洞内冷却风循环的路径可知，机组运行时，转子下部靠近主轴区域容易呈负压状态。压力不平衡或油槽内外压力紊乱加速油雾溢出油槽。

（五）推导轴承油槽油混水

推导轴承油槽油混水的原因是：推导轴承冷却器冷却管穿孔失效；油腔密封与水腔密封失效。

（六）机架部件故障

1. 机架千斤顶故障

机组上机架千斤顶故障表现为机组上机架水平振动过大，超过标准值。机组上机架千斤顶为刚性结构，由于机组振动过大，长期运行后，千斤顶的顶丝头与基础板撞击，造成顶丝和基础板变形，千斤顶的顶丝与基础板之间出现间隙，千斤顶失效；机组振动过大，使千斤顶备紧螺母松动，导致千斤顶失效；机组振动过大，使千斤顶剪断销剪断，导致千斤顶失效。

2. 挡风板故障

挡风板缺陷造成的主要故障包括：挡风板结构缺陷，造成机组运行时挡风板振动大；上机架挡风板螺栓导磁，造成上机架挡风板及其紧固件被灼伤。

对机组运行时挡风板振动大的故障，需要分析挡风板结构，可以运用对比分析方法以及仿真计算工具，精确分析部件受力，进一步提出改造方案；通过改良挡风板结构，改造挡风板，解决机组运行时挡风板振动大的问题。

对上机架挡风板及其紧固件被灼伤的故障，在运行维护中需要加强对附件金属构件、紧固件及埋件焊接部位的检查；在复杂交变磁场环境下，金属结构件及其紧固件容易构成涡流通路，在涡流回路的接触不良的位置处，会出现发热严重甚至产生电灼伤的情况。在这种情况下，宜采用非金属材质的部件将涡流通路予以隔断。

第二节 推力轴承典型案例

一、推力头镜板缺陷分析及处理

（一）设备简述

某电站安装有12台单机容量700MW的混流式水轮发电机组。

（二）故障现象

2009～2010年度岁修过程中，检修人员发现：推力头与镜板外圈连接螺栓存在预紧力不足；推力头U形槽有污油囤积现象。若不及时处理，在机组运行过程中，这些缺陷可能引起烧推力瓦的严重故障。

（三）故障诊断

1. 推力头镜板结构

该型号机组推力头镜板结构如图7-9所示，镜板尺寸为ϕ5200×80mm，固定在推力头下面，通过内外两圈各16个M20×340mm螺栓与推力头组合成整体，推力头镜板装配总高100mm，总质量68.27t。

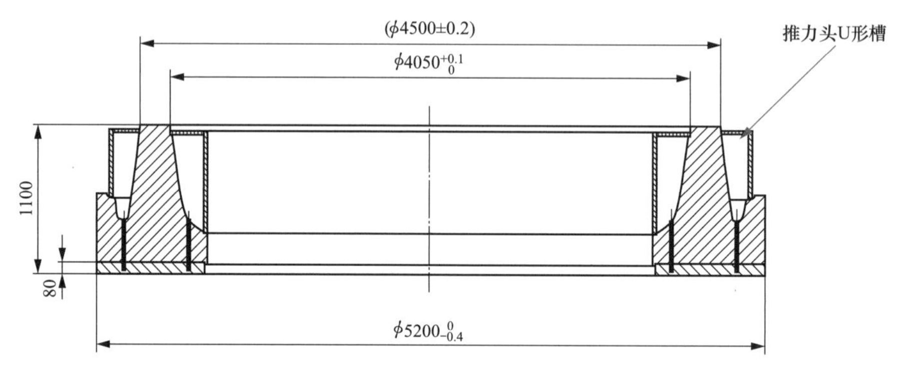

图7-9　推力头和镜板

2. 故障初步分析

(1) U形槽油污产生原因：

1) 镜板汽蚀破坏。

机组推力轴承镜板较薄，由于推力头的刚度远远大于镜板，所以将推力头视为刚体。推力轴承承重时，较薄的镜板在分块推力轴瓦的支持下，就会发生弹性变形。机组运转时，镜板就出现周期性的波浪形蠕变（图7-10）。镜板与推力头结合面在处于两块相邻推力轴瓦之间的位置处产生缝隙，当缝隙位置的镜板旋转到推力轴瓦支持部分时，缝隙就被压合，而未被推力轴瓦支持的部分就又产生缝隙。这样，在产生缝隙的瞬间，由于体积突然扩大，产生真空，油被吸入，在负压作用下，油中生成气泡；在缝隙被压合的瞬间，气泡被压缩而突然破裂，发生具有破坏力的冲击波，形成推力头和镜板结合面间的冲击剥蚀破坏，这种现象即汽蚀现象；同时，推力头与镜板结合面间产生腐蚀，腐蚀后的杂质混入油中，造成油质发黑；由于体积突然发生变化，部分污油受压迫顺着连接螺栓螺纹进入U形槽内。在机组运转过程中，气泡的产生—压缩—突然破裂的汽蚀过程周而复始，愈加严重。汽蚀破坏会使镜板结合面出现麻点、凹坑，受力面积减小。随着机组连续运转，汽蚀过程周而复始，汽蚀区逐步扩大，进而汽蚀现象愈加严重，形成恶性循环。

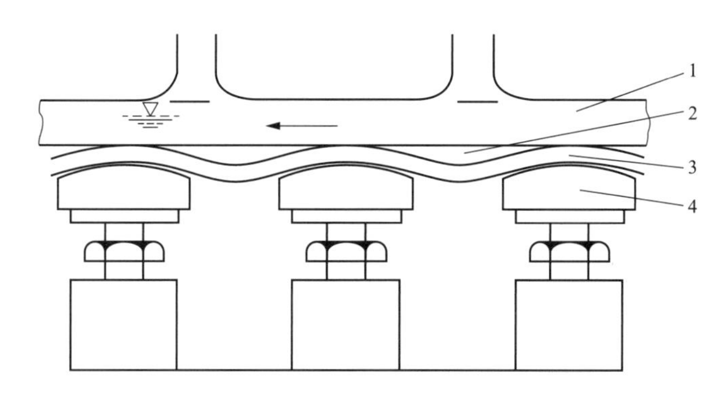

图 7-10　镜板的周期性波浪变形

1—推力头；2—缝隙；3—镜板；4—推力瓦

2）推力头与镜板加工面加工精度不够。

为了克服镜板汽蚀，我国传统结构在推力头与镜板之间加装 O 型密封圈，以防止油进入推力头与镜板缝隙之间而造成汽蚀破坏。此类机组未有此种结构，推力头与镜板之间抗汽蚀破坏主要依据镜板与推力头之间的加工精度来保证。当镜板或推力头的加工面若平面度不符合要求，特别是局部存在有中凸现象时，两者之间连接后将存在局部间隙。机组运行过程中，随着油槽内转动部件的搅动，油中产生大量的气泡，由于局部间隙的存在，这些气泡进入缝隙中，同时也由于缝隙的存在使机组在运行过程中推力头与镜板间存在微小的周期性的上下相对运动，造成上述间隙时有时无，带气泡的油液在缝隙交变过程中气泡被压缩发生破裂，从而产生类似于汽蚀破坏的现象，造成推力头及镜板表面被腐蚀。与上述原因相同，部分污油受体积变化影响顺着连接螺栓螺纹进入 U 形槽内。

（2）螺栓预紧力不足的原因：

1）安装过程中质量控制措施不严，各个螺栓预紧力不均匀；

2）螺栓未采取防松措施，受机组振动和机组运行工况的影响，各个螺栓不同程度地产生松动现象；

3）结构设计缺陷。

3. 设备检查

为判断该缺陷是否为个例，决定在对 5F 机组推力头与镜板连接部位检查的同时，也对 4F、6F 机组同部位进行检查进行对比。

（1）外圈连接螺栓预紧力检查。

此类机组推力头与镜板外圈连接螺栓为 M20×340 双头螺栓；螺栓预紧力设计值为（300±30）N·m；外圈螺栓数量为 16 个。4F、5F、6F 推力头与镜板外圈连接螺栓的力矩值分别见表 7-1～表 7-3。

表 7-1　　4F 推力头与镜板外圈连接螺栓的力矩值　　N·m

检查日期：2010-01-13

螺栓号	力矩值	螺栓号	力矩值	螺栓号	力矩值	螺栓号	力矩值
1 号	200	5 号	160	9 号	190	13 号	240
2 号	160	6 号	170	10 号	240	14 号	170
3 号	290	7 号	250	11 号	160	15 号	160
4 号	240	8 号	>300	12 号	160	16 号	160

注　4F 螺栓预紧力最大值为>300N·m（8 号螺栓），最小值 160N·m（2 号、5 号、11 号、12 号、15 号、16 号螺栓），平均值 203N·m。有 2 个螺栓符合设计要求。

表 7-2　　5F 推力头与镜板外圈连接螺栓的力矩值　　N·m

检查日期：2010-01-11

螺栓号	力矩值	螺栓号	力矩值	螺栓号	力矩值	螺栓号	力矩值
1 号	150	5 号	170	9 号	50	13 号	130
2 号	150	6 号	130	10 号	100	14 号	220
3 号	130	7 号	190	11 号	90	15 号	160
4 号	140	8 号	40	12 号	210	16 号	170

注　5F 螺栓预紧力最大值为 220N·m（14 号螺栓），最小值 40N·m（8 号螺栓），平均值 139N·m。全部不符合设计要求。

表 7-3　　6F 推力头与镜板外圈连接螺栓的力矩值　　N·m

检查日期：2010-01-12

螺栓号	力矩值	螺栓号	力矩值	螺栓号	力矩值	螺栓号	力矩值
1 号	220	5 号	0	9 号	170	13 号	260
2 号	290	6 号	200	10 号	190	14 号	250
3 号	260	7 号	160	11 号	270	15 号	290
4 号	>300	8 号	0	12 号	270	16 号	>300

注　6F 机组螺栓预紧力最大值大于 300N·m（4 号、16 号），最小值为 0N·m（5 号、8 号），平均值 214N·m。有 6 个螺栓符合设计要求。

为进一步检查螺栓松动原因，取出 6F 机组松动螺栓进行检查。在检查过程中发现，两颗松动螺栓全部断裂，其中 5 号螺栓在底部螺纹根部断裂，断裂部位距顶部 310mm，8 号螺栓断裂部位距顶部 295mm，断裂部位均为陈旧型断口，下部有红色黏稠状液体，螺帽上部螺纹没有涂紧固胶。对螺孔底部液体进行检查，5 号螺栓孔内积液深度约 5mm，8 号螺栓孔内积液深度约为 8mm。具体情况见图 7-11～图 7-14。

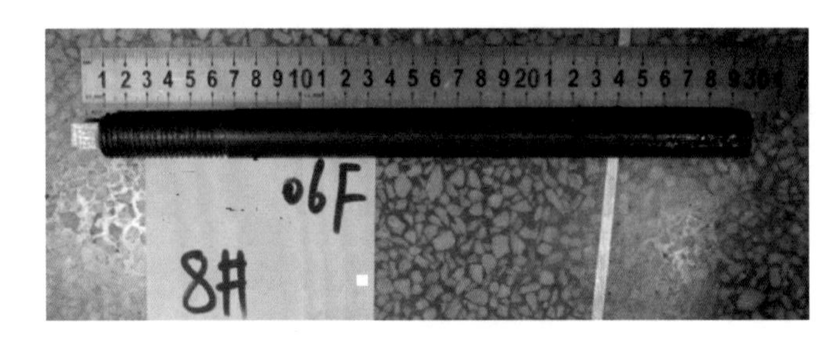

图 7-11　6F 机组 8 号断裂螺栓照片

图 7-12　6F 机组 5 号断裂螺栓照片

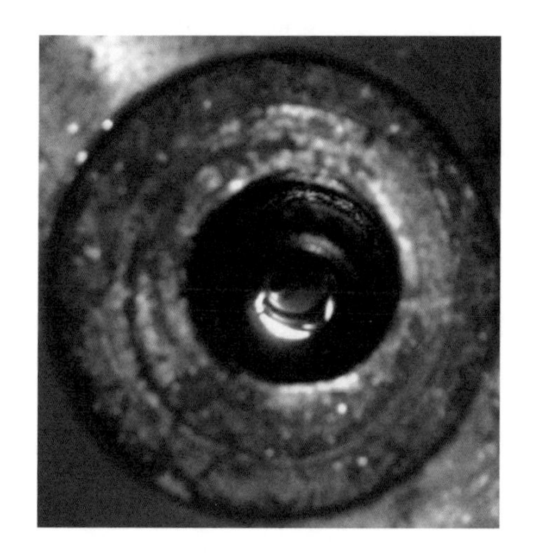

图 7-13　6F 机组 5 号螺栓孔照片

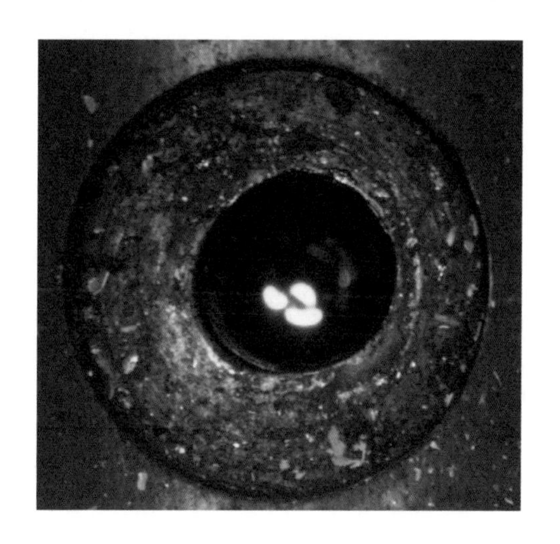

图 7-14　6F 机组 8 号螺栓孔照片

（2）U 形槽积油情况检查。

5F 机组推力头 U 形槽内有大量暗红色污油，推力头外 U 形槽内积油油位距槽底约 100mm，排出积油约 200L；4F、6F 机组推力头外 U 形槽内部无积油现象。详见图 7-15～图 7-17。

图 7-15　5F 机组推力头外 U 形槽内积油情况

图 7-16　4F 机组推力头外 U 形槽内情况

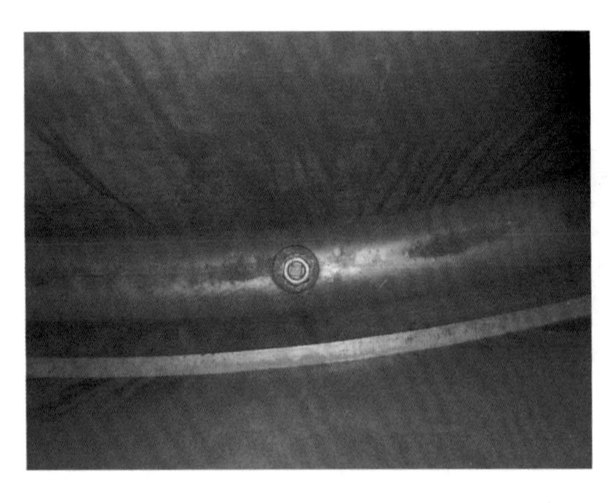

图 7-17　6F 机组推力头外 U 形槽内情况

（3）推力头与镜板间隙分解检查。

在对推力头与镜板解体前检查间隙，发现部分区域间隙值偏大；解体后，发现推力头与镜板结合面有大量油泥流出，推力头与镜板结合面出现锈蚀现象。

（四）故障处理与处理效果评价

1. 故障处理

以机加工方式修复推力头镜板，即：以加密连接螺栓的方式加强推力头与镜板的连接，由原来的内外圈各为 16-M20 螺栓增加至 32-M20，以减小镜板的变形；在推力头下工作面加工两个密封槽，加入密封条以防止透平油进入推力头与镜板结合缝；在推力头与镜板组合面的外圈均匀增加 8 个 $\phi 50$ 的骑缝销，防止机组运行过程推力头与镜板存在较大相对位移；对推力头与镜板结合面、镜板面重新加工处理，确保表面粗糙度、平面度、平行度符合要求，恢复推力头镜板的尺寸以及形位公差。

从 2012 年开始，陆续对该电站此类机组推力头与镜板结合方式缺陷进行处理，至 2017 年，已完成该电站全部 14 台此类机组推力头镜板结构优化。

2. 故障处理效果评价

该电站此类机组推力头镜板机构优化后，所有机组在运行过程中均未出现螺栓松动或预紧力不足、U 型槽积油等现象，通过增加推力头与镜板内外圈连接螺栓，减小镜板变形；在组合面增加密封条，防止油污进入组合面等措施，有效地消除了此类机组推力头与镜板组合面缺陷。

（五）后续建议

持续跟踪此类机组运行情况，重点关注推力头镜板在运行过程中是否出现异常。

二、镜板缺陷分析及激光熔覆修复处理

（一）设备简述

某水电站机组推力头与镜板为螺栓连接结构，在检修时发现推力头与镜板外圈连接螺栓存在预紧力不足，推力头 U 形槽有污油囤积等现象，需要对推力头与镜板结构进行以下优化改造：①在推力头下平面加工两个密封槽，以防止透平油进入推力头与镜板结合缝；②在推力头与镜板之间增加骑缝销，通过有针对性的措施，根除推力头与镜板的缺陷。

（二）故障现象

2015 年 11 月 17 日将该机组推力头镜板运送至武汉中铁科工进行修复加工。2015 年 12 月 18 日在镜板工作面珩磨工作结束，发现其工作面存在 2 块区域有气孔状缺陷，共 13 个气孔，分布情况如图 7-18、图 7-19 所示。

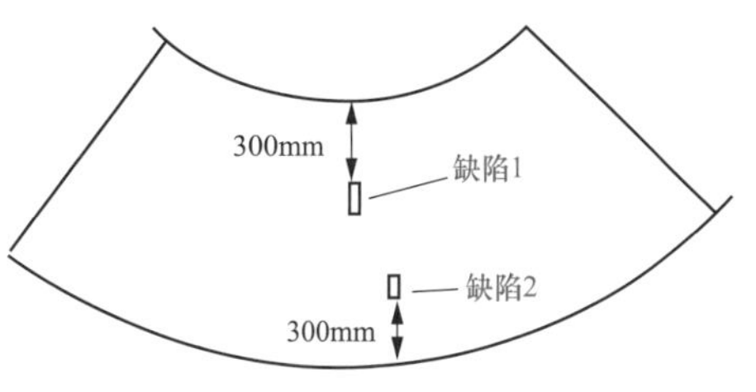

图 7-18 两处气孔状缺陷分布图

第一处共有 10 个气孔状缺陷，距离推力头内边缘 300mm，整个缺陷成带状分布，长约 50mm，最大气孔直径约 2mm，深度超过 0.2mm，周围无高点。第二处共有 3 个气孔状缺陷，距离推力头外边缘 300mm，点状分布，最大气孔直径约 2mm，深度超过 0.2mm，周围无高点。

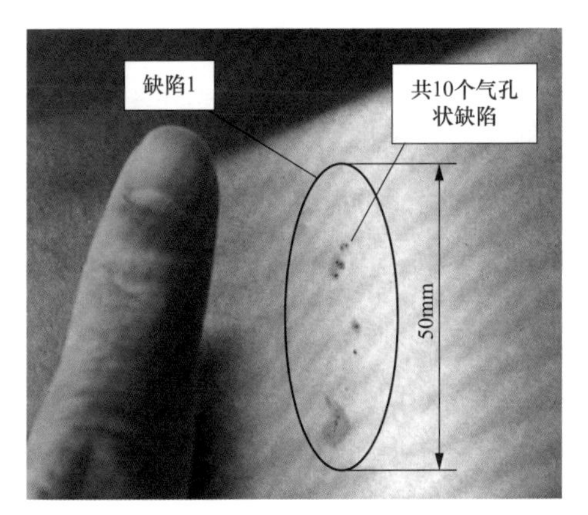

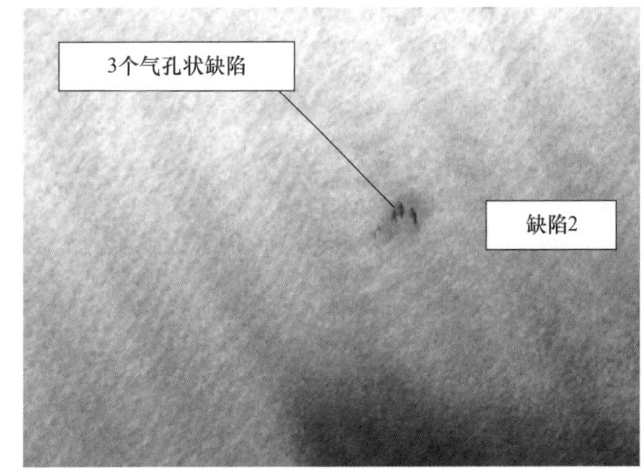

图 7-19 两处缺陷现场图

镜板是机组核心部件，承载整个机组的转动部分重量及轴向水推力，运行时载荷约 6000t，这两处气孔状缺陷会给机组安全、稳定、运行带来隐患，经天津阿尔斯通水电设备有限公司（简称天津 ALSTOM）、哈尔滨电机厂有限责任公司（简称哈电）相关专家现场分析讨论后，一致认为这两处缺陷必须修复。

（三）故障诊断

该机组镜板经过表面着色探伤（PT）、超声波探伤（UT）、磁粉探伤（MT）等无损探伤，除上述 2 处外没有发现其他部位存在内部缺陷。现场按照 ALSTOM 提供的处理方案进行了 5 次车削加工，但是气孔状缺陷仍未能消除，在相同方位存在增多趋势。经分析该镜板气孔缺陷为原材料在熔炼过程中的非金属夹渣物缺陷，磁粉探伤（MT）不易发现。

（四）故障处理与处理效果评价

1. 故障处理

鉴于多次车削加工未能消除镜板缺陷，为保证镜板安全厚度，采用焊接方式消除镜板缺陷。镜板为机组精密部件，材质为国产锻钢 42CrMo，焊接修复采用氩弧焊和激光修复两种方式试验进行。

（1）氩弧焊：在进行氩弧焊准备前的试验中发现每次试验结果均出现不同程度的裂纹，焊接质量无法保证，该方案不可行。

（2）激光熔覆修复：激光熔覆工艺能保证熔覆层与基体材料较高的冶金结合强度，缺陷概率较小，可以调配不同的材料硬度匹配基材，并且其热影响区小，与传统的氩弧焊相比技术有优势。焊后对修复区域进行激光热处理，调节熔覆区域硬度，保证镜板母材实际硬度与焊接区域硬度（HB）的差值在 0～30 范围内。

2. 故障处理效果评价

经过多轮处理，专家们经过分析认为目前所遗留的少量缺陷的数量、直径、深度等特征均达到行业标准和三峡集团企业标准，修复后的镜板是可以使用的。

虽然此次是首次采用激光熔覆工艺对镜板缺陷处进行处理，但激光熔覆法在其他领域有较好的业绩和效果，本次处理的检测结果显示所采用的工艺、材料等是科学合理的，但由于巨型水轮发电机没有镜板激光修复后的实际运行经验可供参考，暂无法确定其运行寿命。鉴于推力轴承对镜板表面的平面度等形位公差要求较高，放置时间较长的镜板须经检测评估，确认各项技术指标满足设计要求后才能安装使用。

（五）后续建议

该机组镜板激光熔覆修复后满足现场使用要求，暂作为备品备件使用，后续持续关注修复后镜板保存情况，跟踪激光熔覆修复效果。

三、盘车中镜板跳动超标问题分析及处理

（一）设备简述

某电站机组为立式轴流转桨水轮机，基本参数如下：

水轮机类型：立式轴流转桨；转轮直径：8400mm；水头运行范围：14～25m；额定水头：21.3m；最大水头：25m；最小水头：14m；额定出力：110.8MW；额定流量：536m^3/s；额定转速：78.26r/min；飞逸转速：200r/min；额定效率：89.02%；叶片数：5；转轮重量：279.5t。

发电机为全伞式结构，基本参数如下：

额定容量：130MVA；额定功率：117MW；额定电压：13.8kV；额定功率因数：0.9；额定电流：5439A；结构形式：立轴全伞式；发电机型号：1DH8350-3WF46-Z；转动惯量：50000t·m^2；铁芯内径：12000mm；铁芯外径：12530mm；铁芯高度：1800mm；定转子气隙：14mm；转子重量：500t。

轴系结构基本参数如下：

机组整个轴系由转轮、水轮机轴、发电机轴、转子、集电环、受油器操作油管、推力头与镜板等组成。其中，水轮机轴：5820mm；发电机轴上下法兰 5185mm；镜板外径 3800mm。水轮机轴与转轮通过径向销定位及 16 颗 M160 连轴螺栓连接；水轮机轴与发电机轴（水发连轴）、发电机轴与转子均通过 16 颗 M160 销钉螺栓定位连接；推力头与转子、推力头与镜板均由定位销、螺栓定位连接。

推导联合轴承由 8 块推力瓦，13 块下导瓦组成，推力支撑为弹性支承；水导轴承由 12 块水导瓦组成。

（二）故障现象

该机组修后进行盘车调整，电站机组为全伞式结构，无上导轴承，推力轴承支承为弹性支承，故盘车时同时抱下导瓦和水导瓦，抱四个方向，抱瓦间隙控制在 0.03～0.05mm。

盘车过程中，盘车数据监测部位如图 7-20 所示。

大轴垂直度是通过在大轴上挂钢琴线测量，如图 7-21 所示。测量时，摆锤始终保持竖直状态，传感器牢牢固定在大轴上，并随着大轴偏移，这样通过固定在大轴上的传感器至摆锤的位移变化可反映出大轴的垂直度。

经初步调整大轴，大轴垂直度满足 0.02mm/m 要求，下导、水导摆度均小于 0.05mm，但此时，镜板跳动约 0.2mm，结果如图 7-22 所示。

根据数据计算，镜板跳动 0.199mm，而该电站在安装中一般按 0.10mm 控制，故镜板跳动值偏大。

（三）故障诊断

1. 推力轴承结构

该水电站机组推导轴承结构如图 7-23 所示，主要由推力油槽、支架、推力头、镜板、推力瓦、弹性推力支撑结构、下导瓦等组成。其中推力头为转子中心体一部分，推力头与发电机轴通过销钉螺栓连接，推力头与转子通过定位销及螺栓定位连接，推力头与镜板通过定位销及螺栓定位连接。

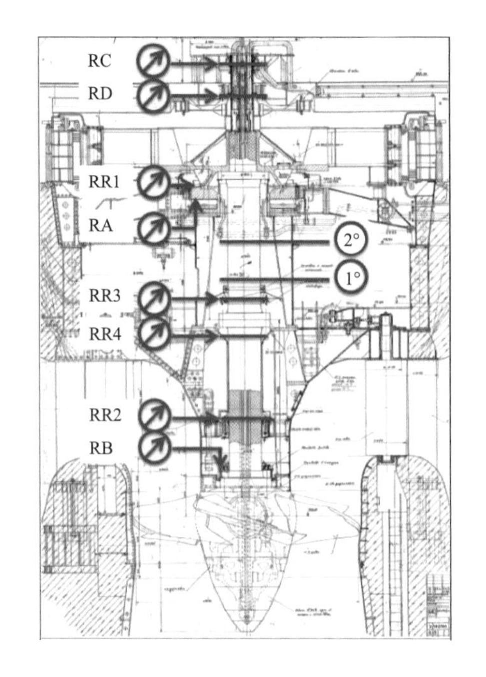

图 7-20　盘车数据测量部位

图 7-21　大轴垂直度测量

RC—测量操作油管摆度两个方向的传感器；

RD—测量集电环摆度两个方向的百分表；

RR1 和 RA—用以测量镜板摆度和跳动两个方向的传感器；

RR3 和 RR4—测量发电机轴、水轮机轴法兰结合部位两个方向的传感器；

RR2—测量水导轴承摆度两个方向传感器；

RB—主轴密封抗磨板跳动的两个方向传感器

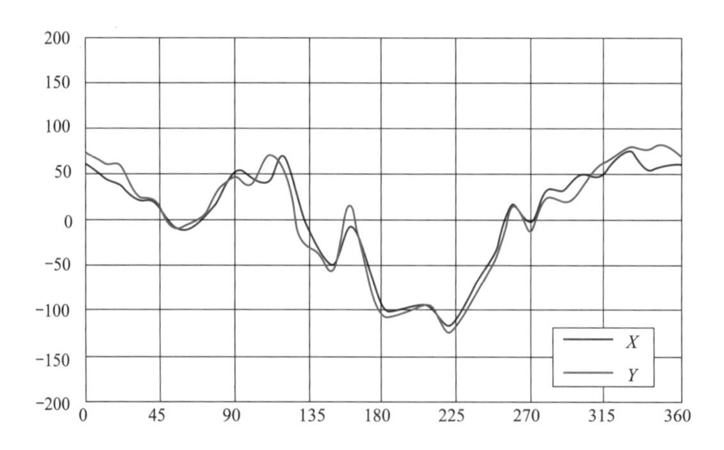

图 7-22　镜板跳动值测量及曲线图（一）

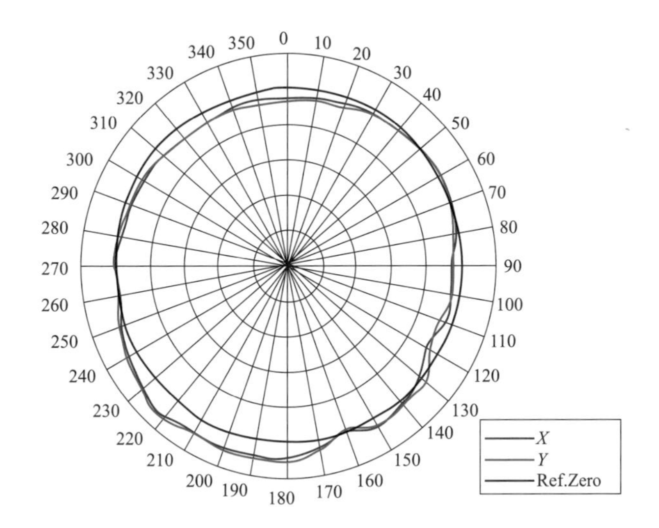

图 7-22　镜板跳动值测量及曲线图（二）

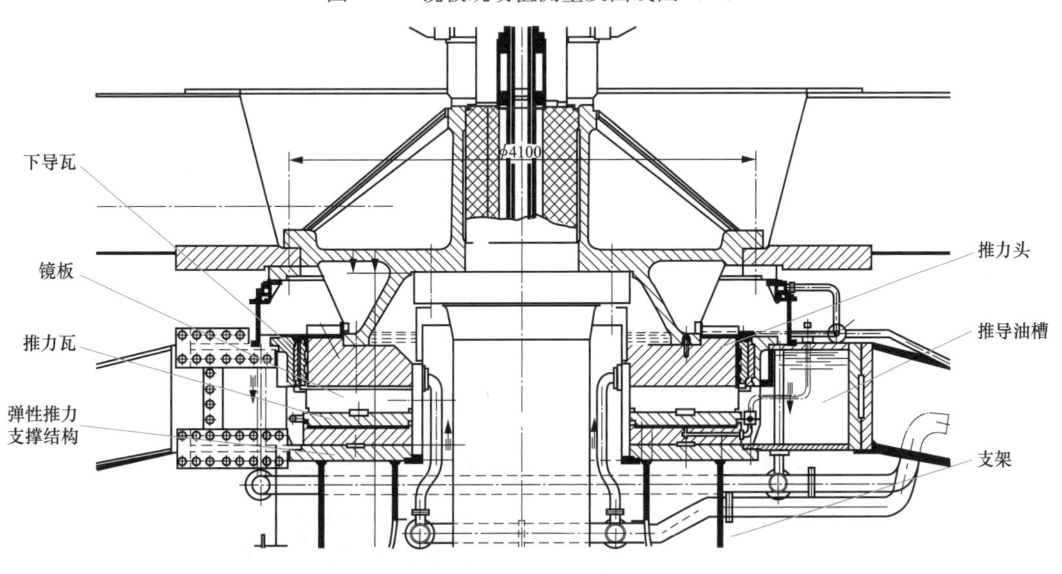

图 7-23　推导轴承结构图

2. 可能原因分析

经初步调整测量及计算，此时两部推导轴承摆度合格，说明抱瓦没有问题。大轴垂直度 0.02mm/m，合格，但镜板跳动偏大。经分析，镜板与发电机轴的垂直度偏差可能超标，具体主要有以下两种情况：

（1）推力头和发电机轴的连接面与大轴垂直度偏差；

（2）推力头和镜板的连接面与大轴垂直度偏差。

（四）故障处理与处理效果评价

1. 故障处理

针对上述两种可能的原因，要优化镜板跳动，需在推力头与发电机轴连接面相应区域加垫，或者在镜板与推力头连接面相应区域加垫（由于打磨难以控制，这里不考虑打磨方式）。

为避免拆推力头与镜板，现场技术人员优先采用了在推力头与大轴连接面加垫的方式。由于大轴要保持垂直状态，需要在跳动曲线图 1-3 中数值为负值的区域加垫才能优化镜板跳动。技术人员首次在 5 个螺栓区域内试加了 0.05mm 垫片，并重新紧固后，盘车检查测得的镜板跳动为 0.167mm，较加垫前有所优化，但效果还没有达到预期。

为进一步优化镜板跳动，现场决定将镜板和推力头拆卸、吊出并分解推力头镜板，在推力头与镜板连接面加垫。加垫区域为跳动曲线图中数值为正值区域。加垫区域及垫片厚度见图 7-24。现场加垫情况如图 7-25 所示。

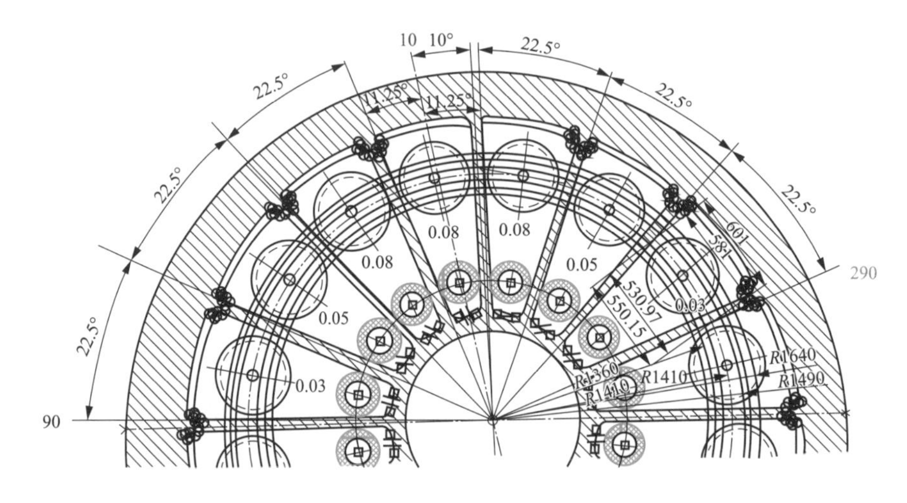

图 7-24　镜板与推力头连接面加垫区域及垫片厚度

图 7-25　现场加垫情况

重新安装镜板推力头，并进行盘车检查，调整大轴垂直度，调整后，两部导轴承摆度小于 0.05mm，大轴摆度为 0.015mm/m，此时镜板跳动为 0.10mm，满足要求，镜板跳动数据如图 7-26 所示。

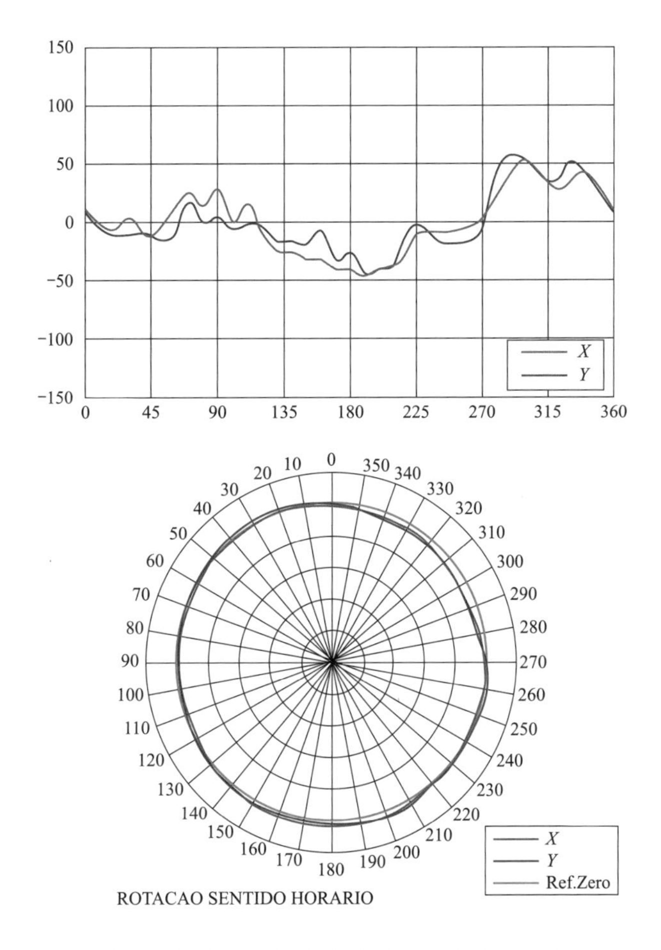

图 7-26　加垫处理后镜板跳动数值及曲线图

2. 故障处理效果评价

在机组安装盘车调整过程中，大轴垂直度合格的情况下，对于镜板端跳的调整，无论在推力头与大轴连接面还是推力头与镜板连接面加垫，均需耗费较大工作量，尤其是在镜板与推力头间加垫。但该调整基本达到了预期，优化了镜板端部跳动。

四、推力瓦径向位移缺陷分析及处理

（一）设备简述

某电站水轮发电机组的发电机结构形式为半伞式结构，转子上方设有上导轴承，转子下方、下机架上布置有下导与推力组合轴承，设于同一油槽内。

推导轴承系统由推力头和镜板、推力瓦、高压油顶起系统和镜板泵等组成，推力轴承结构见图 7-27。

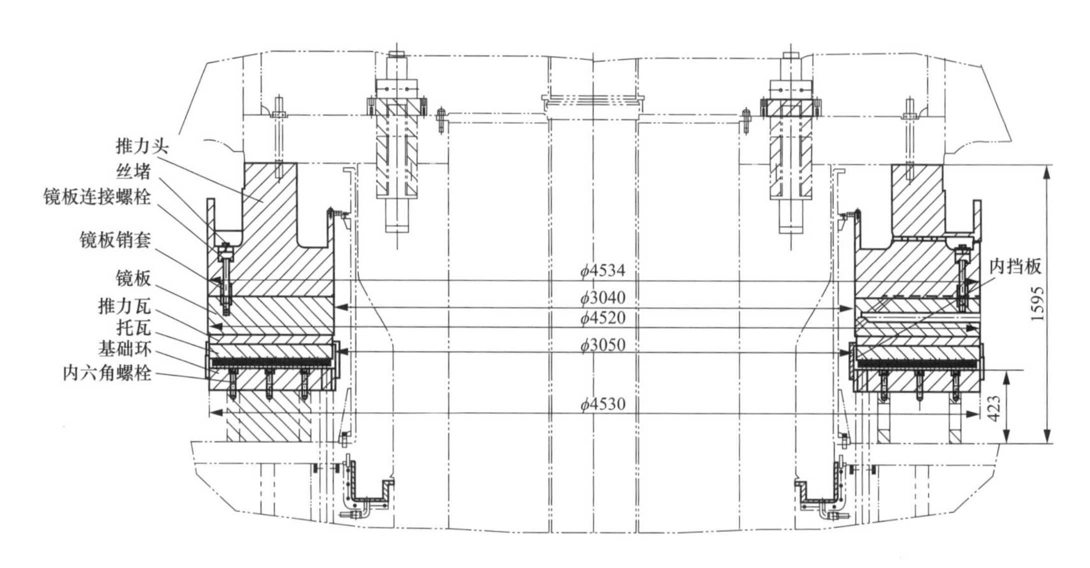

图 7-27　推力轴承结构图

（二）故障现象

2016～2017 年度机组岁修期间拆开该机组推导油窗发现 6 号、1A、2B 推力瓦进油边瓦面有轻微磨损痕迹，所有推力瓦相对托瓦径向向里移动 18～25mm，见图 7-28；托瓦相对支撑环向里移动 3～5mm，见图 7-29，瓦偏离了原设计位置。同时由于推力瓦的内径向位移，使推力轴承内限位板发生了塑性变形。

（三）故障诊断分析

1. 初步分析

造成机组推力瓦向内位移的原因从机组运行时和停机时两个时间段来分析。

图 7-28　推力瓦缩进距离测量

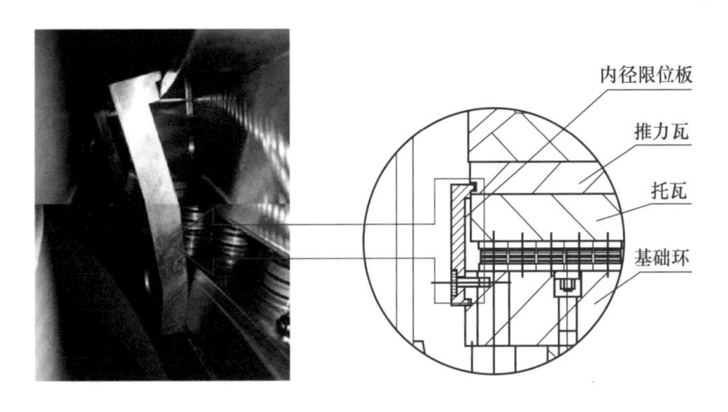

图 7-29 推导轴承内径向限位板

（1）运行时，推力瓦受轴向压力、周向力、油膜离心力以及由于下机架形变产生的向内的径向分力，由于下机架变形十分微小，因此单块瓦受到的径向分力也很小。由于内径向限位板的限位作用，以上力的合力大小不会对推力瓦向内径向位移起到决定性的影响作用。

（2）停机时，机组停机后，机组转速的下降和高压油的投入使瓦和镜板会快速冷却。镜板和推力头冷却收缩，可能引起推力瓦及托瓦同时发生收缩，由于内径向限位板的厚度不足，其刚度也就不足以限制推力瓦收缩。虽然收缩是一个较小的位移，但是日积月累，向内位移量累积，造成了推力瓦及其托瓦较为明显的向内位移。

2. 试验分析

为了分析推力瓦位移的原因，在机组的推力瓦径向外侧安装了固定板并在固定板上放置了推力瓦电涡流位移传感器进行真机测试，传感器布置见图 7-30。测试发现推力瓦的向内位移只出现在停机后镜板温度迅速下降的过程中。当镜板和推导油槽内透平油温度一致后，推力瓦未发生位移。

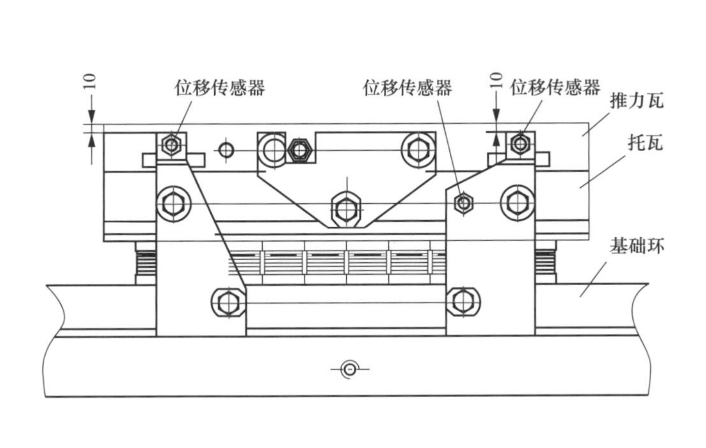

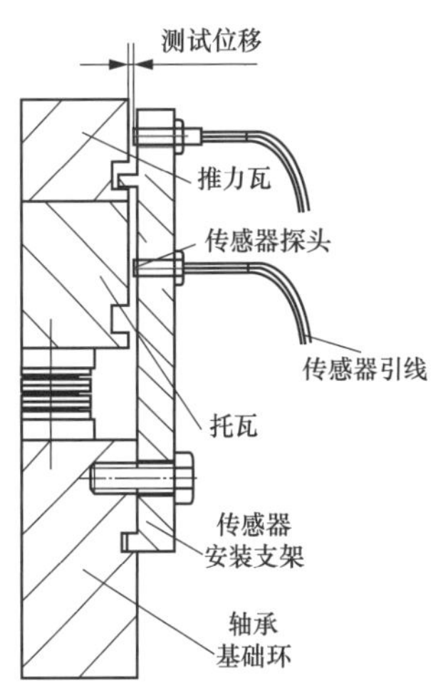

图 7-30 传感器布置图

（四）故障处理与处理效果评价

1. 故障处理

为了防止推力瓦及瓦托的向内径向位移，对推力瓦及托瓦在径向外侧装设连板。

（1）对推力瓦及托瓦在径向外侧装设连板。

在推力瓦、托瓦径向外侧的 M16 螺孔处装设吊攀，并在油槽内找合适的固定位置对推力瓦及托瓦进行复位；外径侧以原托瓦与基础环的连板为基准，周向以间隔块为基准，如图 7-31 和图 7-32 所示。

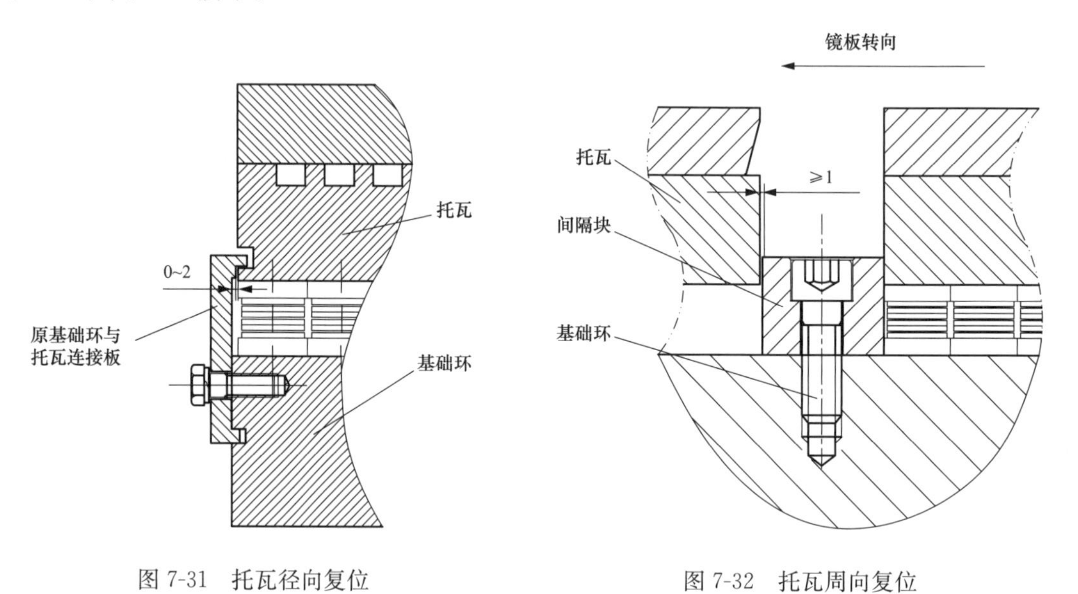

图 7-31　托瓦径向复位　　　　图 7-32　托瓦周向复位

（2）对推力瓦及托瓦在径向外侧装设连板。

推力瓦及托瓦复位后，利用原部件上已有的螺孔 M16，在推力瓦及托瓦的径向外侧装配连板，如图 7-33 所示。

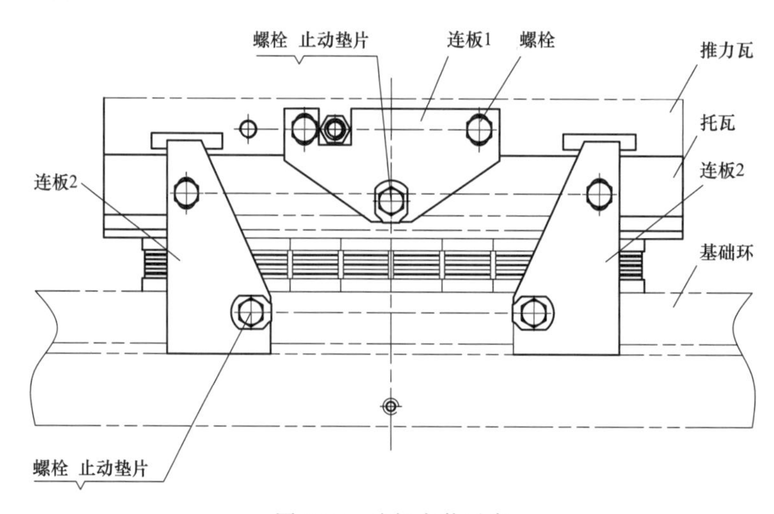

图 7-33　连板安装示意

经过半年多的运行检验，推力瓦已无大范围的移动，但仍存在托瓦的微小移动，基于此，在原固定方案的基础上做了改进和优化，主要是延长连扳 2 的长度，并通过不锈钢圆柱将连扳 2 和基础环连接，不锈钢圆柱和基础环接触处焊接。

2. 故障处理效果评价

经过运行观察，推力瓦沿内径向位移的问题基本上得到了解决，消除了推力瓦位移对机组安全稳定运行带来的不利影响。

（五）后续建议

（1）机组大修时对推导轴承内径向限位板进行更换，更换为强度更高的限位板。

（2）检修时对个机组每块瓦的位移情况进行详细检查并记录，对加装的固定板螺栓的松紧、固定板螺柱的焊缝也需进行仔细检查，确保外限位固定板的可靠性。

（3）停机时，可适当延迟高压油系统的退出，使镜板和瓦面间有持续的油膜，减小因为镜板收缩带动推力瓦向内位移的摩擦力。

五、推力轴承瓦温偏高问题分析及处理

（一）设备简述

某水电站安装 20 台混流式水轮发电机组，单机设计出力 161.5MW，实际运行最大出力 11 台为 170MW，5 台 174MW，4 台 176MW。该电站机组众多，自 1999 年以来，电站逐步对状态较差的发电机进行改造增容；电站在发电机改造期间仅对水轮机部件进行大修。

电站水轮发电机组主要参数见表 7-4 和表 7-5。

表 7-4　　水轮机主要参数

序号	名称		参数		
			170MW 机组	174MW 机组	176MW 机组
1	概况	安装台数	11	5	4
2		水轮机类型	混流式		
3		额定水头(m)	46.4		
4		最大水头(m)	49	49	49
5		最小水头(m)	34	34	34
6		额定转速(r/min)	85.71	85.71	85.71
7		额定流量(m^3/s)	398	398	398
8		机组连续运行出力(MW)	90～170	90～174	120～176
9	转轮	标称直径(mm)	7370	7370	7380
10		转轮高度	5355	5355	5791
11		叶片数	12	12	12
12		转轮材料	碳钢	碳钢	碳钢
13		转轮重量(t)	145	145	136

续表

序号	名称		参数		
			170MW 机组	174MW 机组	176MW 机组
14	主轴	材料	碳钢		
15		主轴长度(mm)	7925	7925	6530
16		主轴直径(mm)	2400	2400	2440
17		主轴法兰直径(mm)	2950	2950	2950
18	主轴密封	主轴密封材料	橡胶平板	橡胶平板	碳精
19	水导轴承	轴承类型	油浸式分块瓦		
20		轴承瓦面材料	巴氏合金		
21		轴承瓦数目	12	12	16
22	其他	活动导叶材料	碳钢		碳钢
23		活动导叶个数	26		24
24		蜗壳类型	金属		金属
25		尾水管类型	金属		金属

表 7-5　　发电机主要参数

序号	参数		170MW 机组	174MW 机组	176MW 机组
1	概况	结构形式	全伞式		
2		冷却方式	风冷		
3		磁极数	84		
4		定子直径(mm)	15000		
5		转子直径(mm)	13000		
6		转子质量(t)	480		
7	推力、上导、下导轴承	结构及形式	油浸式分块瓦		
8		瓦面材料	巴氏合金		
9		油循环冷却方式	机坑外置油冷器油泵强迫循环		

（二）故障现象

该电站机组投产不久，由于推力瓦温过高，某机组发生首次“烧瓦”事故。

为解决推力轴承过热问题，防止“烧瓦”事故再次发生，电站首先采取持续投入高压油减载系统的方式，以维持推力瓦与镜板之间的油膜厚度，加强推力瓦的润滑和散热，从而达到降低推力瓦温的目的。虽然电站多次对高压油减载系统进行升级改进以维持其运行可靠性，但长期投运增大了高压油泵巡检、维护和检修工作量，并且对厂用电消耗较大。因此，电站先后对推力瓦进行水冷瓦、油冷瓦的改进，从而停止高压油减载系统的长期投运，维持了推力瓦的正常运行温度。电站对该机组实施检修改造后，空转状态下做推力轴承温升试验，在维持高压油减载系统持续投入的状态下，经过两个半小时的空转后，推力瓦平均温度逐步稳定在55℃左右。此时退出高压油减载系统，推力瓦温逐步攀升，在15min之内平均温度上升了10℃，又经过半个小时的空转后，推力瓦平均温度稳定在67℃。整个推力瓦温在高压油减载系统停运后，上升了约12℃。

空转状态下，停止高压油泵后，推力瓦温攀升较快，最终稳定在67℃，推力轴承的运行瓦温正常。

为了进一步验证推力轴承在机组带负荷的温度表现，现场又进行了带负荷状态下的温升试验。在机组启动不久后，退出高压油减载系统，待推力瓦平均温度约稳定在70℃左右后，手动调节活动导叶开度，缓慢增加负荷，10min后，机组增至70%额定负荷。在增负荷期间，推力瓦温缓缓上升，与空载相比，温度仅上升1℃，推力轴承平均瓦温约为71℃。随后机组稳定在70%额定负荷持续运行。观察发现，稳定运行后推力瓦温始终缓慢攀升，大约在稳定运行6min后，推力瓦温突然急剧升高，最终温度上升到停机值85℃后机组自动停机。

（三）故障诊断

1. 推力轴承结构

该机组推力轴承和下导轴承共用一个推力油槽（图7-34）。

推力轴承有10块扇形推力瓦，推力瓦为单层设计，每块扇形推力瓦体沿径向布置五个通孔，使推力油槽内部的循环油流经通过达到降温目的。推力瓦为巴氏合金钨金瓦，推力瓦与活塞设计为一体结构，并与底部油缸互相配合，活塞与缸体之间充有透平油，每块推力瓦的油缸之间通过管路连接，形成一个封闭的腔体。各个推力瓦之间的不均匀负荷可以通过活塞的位移、油压的传递达到平衡；其作用原理与弹性油箱结构类似具备受力自平衡调节功能。油缸与活塞之间用O型密封圈密封，并配备一套漏油报警与再充油装置。油缸底部容积小，高度只有5～10mm，当发生泄漏时，不至于使推力瓦的高程急剧变化。推力轴承设置高压油减载系统，用于开停机期间在推力瓦和镜板之间建立油膜，以保证推力瓦的安全运行。该机组推力轴承采用外置油冷器油泵强迫循环的方式进行冷却，推力油槽的热油从下导轴承处的油管引出，在循环油泵的作用下，流经管壳式油冷却器，与冷却水完成热交换后，冷油通过喷管直接喷射到推力瓦的进油边，最终回到推力油槽完成整个油路循环。

2. 故障初步分析

(1) 推力轴承载荷设计过小。推力轴承载荷设计在整个轴承设计中是首当其冲考虑的要素。当推力轴承实际载荷很大，高于设计载荷时，推力瓦与镜板之间油膜无法形成，推力瓦与镜板之间将处于半干摩擦状态，推力瓦温将急剧上升，此时无法形成油膜，不能有效地依靠润滑油将推力瓦与镜板之间产生的热量带走，进一步加剧了推力瓦的热量累积，进而发生“烧瓦”事故。

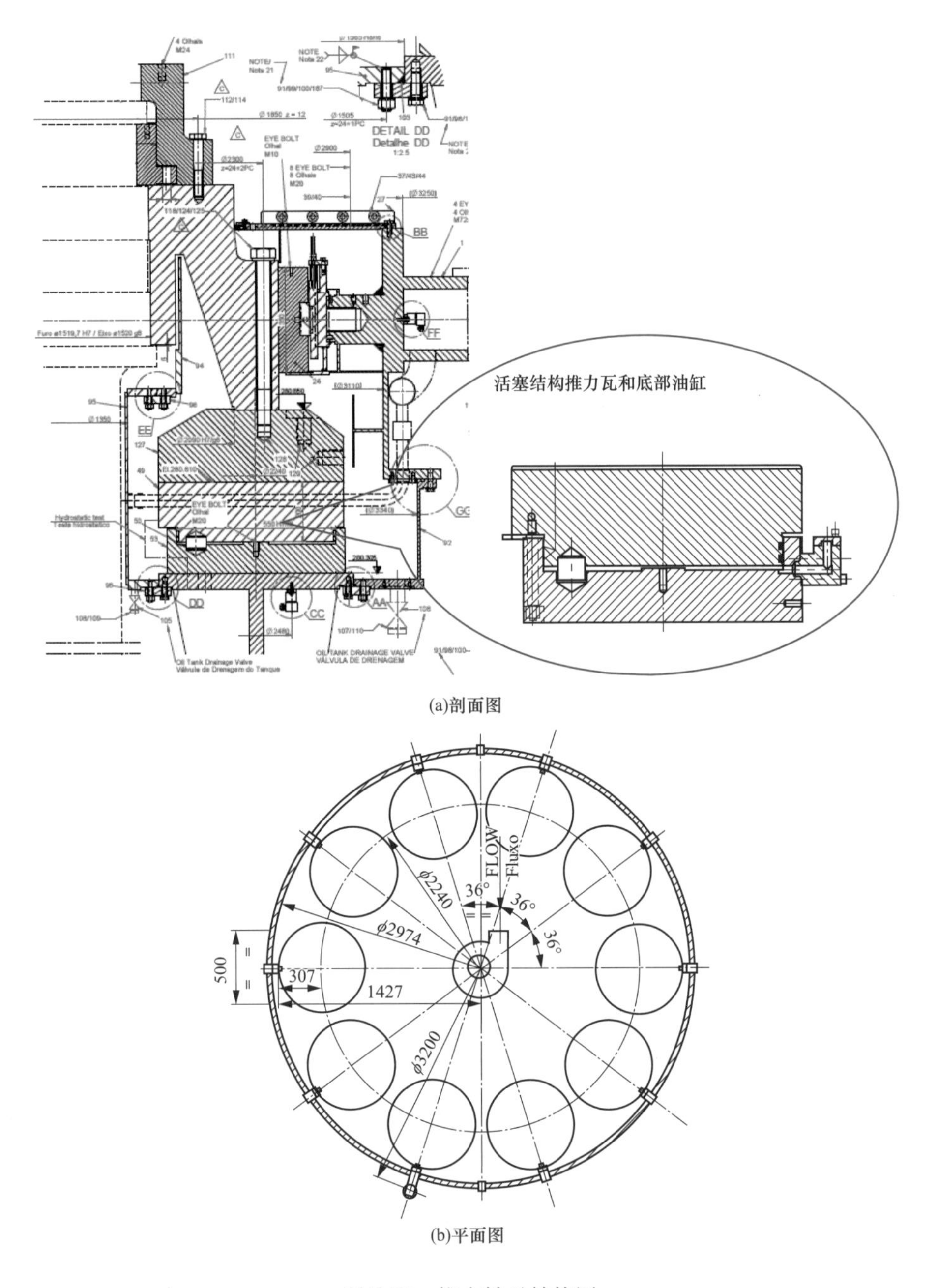

(a)剖面图

(b)平面图

图 7-34　推力轴承结构图

当推力轴承实际载荷略高于设计载荷时，推力瓦与镜板之间油膜厚度会减薄，轴承损耗会稍有增加。减薄的油膜虽然能够建立润滑油循环回路，但会导致油温和瓦温偏高，带来较高的运行风险。

表 7-6 中列出了几种不同电站推力轴承的参数对比，对比发现，在机组额定功率相近的情况下，本案例电站机组推力负荷为 14500kN，约为其他几个电站机组推力负荷的 40%，在该推力负荷下，推力瓦的单位压力仅为 3.83MPa，并且通过测量机组实际运行时高压油膜的

压力值也约为 3.83MPa，该值远小于 125MW 和 170MW 机组的单位压力，这说明本案例电站推力轴承的工作载荷较低，采用巴氏合金材质的推力瓦完全能够承受机组的实际推力负荷。另外，从本案例电站机组轴承损耗最低也可以验证，如果本案例电站推力轴承无法承受实际的推力负荷，那么推力轴承磨损加剧，轴承损耗较高。

表 7-6　　几种水轮发电机组推力轴承参数表

型号	A 型	B 型	C 型	D 型（本案例）
机组功率 P(MW)	125	170	170	170/174
推力负荷 F(kN)	33 000	38 000	35 000	14 500
转速 n(r/min)	62.5	54.6	71.5	85.7
支撑形式	弹性油箱（多波纹）	弹性油箱（多波纹）	刚性支撑双排瓦	活塞支撑
瓦块材质	巴氏合金	巴氏合金	巴氏合金	巴氏合金
外径 D_2（内径 D_1）(mm)	3900（2450）	4200（2700）	3500（2400） 4700（3600）	2850（1565）
瓦数 m	18	20	20 20	10
张角 α(°)	16	15	15.6 14.7	32.2
瓦长 L/瓦宽 B	0.612	0.603	0.683 0.97	0.917
单位压力 P(MPa)	5.71	5.61	3.51 3.51	3.83
周速 v(m/s)	10.38	9.87	11 15.1	9.9
损耗 P(kW)	298	309	132 288	180

（2）镜板面和推力瓦面较差。

镜板或推力瓦面的不平、粗糙度差，将引起与各块推力瓦的接触应力不同，镜板凸起处推力瓦面承受很高的接触应力，无法形成油膜，使得此处形成半干摩擦甚至干摩擦。由于镜板随机组转动部分转动，所以镜板将对每一块推力瓦进行作用影响，从而在每块推力瓦上形成一圈或几圈同心环的磨痕。在这种状态下，推力瓦与镜板之间始终存在部分油膜不能形成，使得摩擦损耗大为增加导致油温、瓦温偏高。镜板严重不平也会发生"烧瓦"事故。

镜板设计加工较薄使其整体刚度较差，如镜板与推力头连接螺栓预紧力不够（螺栓力矩小，紧密度不够），结合面加工平行度不达标的情况下，会导致镜板与推力头结合面空腔变大。在机组高负荷运转时，镜板与推力头之间的空腔在各个推力瓦的反复挤压作用下，出现了周期性的波浪变形。镜板与推力头之间的连接螺栓受该周期性波浪变形的影响，承受交变载荷，如果镜板很薄，变形较大时，螺栓承受交变螺栓拉伸力就越大，当螺栓疲劳后就很容易发生剪切断裂，造成连接螺栓个数较少，又进一步加剧镜板变形，最终导致推力瓦磨损。对推力轴承性能会产生不良影响，甚至可能引起烧瓦事故。例如：三峡左岸 5 号机组曾因推力头和镜板之间的连接螺栓断裂，而发生镜板变形，导致“烧瓦”事故。

本案例机组在 2017～2018 年度的整体检修中，测量修前镜板粗糙度情况较好，大部分区域粗糙度在 $Ra0.4\mu m$ 以内，局部区域粗糙度达 $Ra0.9\mu m$，将镜板进行研磨处理至其工作面的粗糙度不大于 $Ra0.4\mu m$，另外镜板厚度约为 240mm，属于厚镜板设计，大大高于三峡 ALSTOM 机组镜板 80mm。因此，从机组拆卸检修情况来看，本案例机组镜板设计、加工中均不存在问题，镜板状态良好，不可能引起推力轴承过热问题。

（3）安装工艺较差。

推力轴承整体水平度较差、各块瓦的受力不均，会导致推力瓦温有较大的偏差。一般受力偏差较大的推力轴承往往推力瓦温差较大，应该对其受力进行调整。对于受力可调的推力轴承可以适当增大或降低推力瓦的高程，对于不可调节的推力轴承可以采用增减推力瓦底部垫片或打磨推力轴承支撑面的方式调整推力瓦的高程，从而保证各个推力瓦高程、受力一致。如果没有及时处理可能会由于一块或几块推力瓦的“烧瓦”，导致镜板粘连附着钨金碎屑，以致光洁度下降，严重影响其他推力瓦面油膜的形成，最终导致所有的推力瓦烧毁。

本案例机组推力轴承属于活塞支撑结构，具备受力自平衡功能，在机组试运行阶段，观察各个推力瓦与镜板间油膜压力均匀，无明显差异，这说明该机组各个推力瓦受力均匀，各个推力瓦安装在同一水平面上，也不存在因安装工艺不合格导致推力轴承过热现象。

（4）推力瓦热弹变形。

推力轴承润滑性能研究必须首要考虑推力瓦的变形，能否有效地控制推力瓦的变形关系到推力轴承是否能够正常运行。如果推力瓦变形过大，会造成推力瓦面局部压力急剧增大，导致镜板面与推力瓦面之间因摩擦加剧而产生大量的热量，相反，此时的油膜厚度将急剧减小，大大降低了传热效率，最终使轴瓦工作温度大幅提高，严重时发生“烧瓦”事故。

为了尽量减小推力瓦的凸变形，本案例电站曾经将高油压减载系统持续运行，直接将冷油压入推力瓦与镜板之间，不仅能促进推力瓦与镜板间油膜形成，增大推力瓦与镜板的油膜厚度，而且能够直接将摩擦产生的大部分热量带走，对减小推力瓦的热变形起到了很好的作用，可以起到降低推力瓦温的作用。同理，将推力瓦改进为水冷瓦、油冷瓦，也是为了加快推力瓦热量传递，减小推力瓦的热变形，从而保证推力的凸变形在可控程度，促进油膜形成，从而降低推力轴承的运行瓦温。

（5）冷却系统换热效率。本案例机组推力轴承进行整体检修时，将外循环油冷却系统进行全部更换，主要包括循环油泵、电机、油冷却器、油管、水管、阀门等。相对于机组原冷却系统，改造后的冷却系统主要对油冷却器进行重新设计制造，由原来四台小油冷器改造为三台稍大的油冷却器，两台运行一台备用，以便电站在线对油冷却器进行清洗。新的冷却系统的换热效率低可能会直接影响推力轴承的运行温度。

3. 设备检查

通过对比运行数据发现（表 7-7），该机组推力油冷却系统全部更换后，在油流和水流流量均大大高于原推力油冷却系统，且热交换后水温变化略高于原油冷却系统的情况下，冷油和热油的温差却小于原油冷却系统的冷油和热油温差。这说明新更换的油冷却系统未能使油流进行充分换热、循环油路阻力较大，油冷系统换热效率低于更换前。

表 7-7　　　　外循环油冷却系统更换前后运行参数表

项目	修前试运行（空载，未投高压油）	修后试运行（空载，未投高压油）
油冷却器进口油温（℃）	44.4	45.3
油冷却器出口油温（℃）	36.2	40.2
进出口油温温差（℃）	8.2	5.1
油冷却器进口水温（℃）	26.8	29.1
油冷却器出口水温（℃）	27.9	32.1
进出口水温温差（℃）	1.1	3.0
油流量（L/min）	112	1095
冷却水流量（L/min）	133	931
推力瓦温（℃）	最高：59 最低：57	最高：69 最低：67

（四）故障处理与处理效果评价

1. 故障处理

受该国电网调度制约和电站可用率考核，近段时间无法停机对油循环系统做彻底的研究和试验，但专业人员经研究分析制定了处理方案，方案主要从提高油冷却器换热效率出发，通过改变不同的参数，如调整循环油流量、循环水流量、增加油冷却器运行台数等，测量油冷却器的冷却效果，以找到冷却系统的最佳换热效率，必要时可更换现有的油冷却器。

2. 故障处理效果评价

目前该电站仍坚持长期投入高压油减载系统，依靠持续喷射的高压油来降低推力瓦温，未对该问题进行处理。待择机停机后，将对油冷却系统进行试验和研究。

（五）后续建议

（1）持续跟踪冷却系统的运行。专业技术人员应加强对推力瓦温运行情况的趋势分析，收集分析瓦温、油温、水温等数据，时时跟踪掌握推力轴承运行状态，防止推力瓦温进一步恶化。

（2）加强高压油减载系统的巡检力度。考虑到在未对冷却系统进行处理前，该机组运行过程中必须长期投入高压油减载系统，因此必须提高高压油减载系统的巡检频次，防止因高压油减载系统故障而导致“烧瓦”、停机等。

六、推导轴承油雾问题分析及处理

（一）设备简述

某水电站水轮发电机组的发电机结构为立轴半伞式，冷却形式为密闭自循环全空冷式，推力和下导轴承（文中简称推导轴承）共用一个油槽，推导轴承冷却方式采用镜板泵外循环结构。

（二）故障现象

自机组陆续投产运行开始，部分机组推导轴承便出现了不同程度的油雾污染问题，在定子空气冷却器、转子支架、推力油槽盖等处有明显油渍，严重地污染了发电机设备，且油雾污染主要是通过在推导油槽上方轴承盖板密封处的透平油甩出和油雾外溢的外甩油方式产生的。若长期的油雾污染，将会对发电机定转子的通风散热、发电机的绝缘性能、轴承油位产生一定影响，严重影响到发电机组的安全稳定运行。

（三）故障诊断分析

1. 推导轴承结构与油槽内油流状态

机组推导轴承结构如图 7-35 所示，推力轴承与下导轴承布置在同一油槽，油槽透平油冷却方式为镜板泵外循环，油冷器冷却后的冷油从油槽下方的油冷器出油管到达推导油槽基础环，一部分油进入镜板和推力瓦之间的间隙，冷却推力瓦和镜板的同时，在镜板和推力瓦之间形成约 0.05mm 厚的压力油膜，一部分则进入位于托瓦下方的弹簧束，冷却推力瓦和托瓦，同时另有一部分油通过位于推力头下端的下导供油孔，进入镜板泵集油槽上方，冷却下导瓦。热油则通过镜板上的径向通道，在推力头旋转离心力的作用下，进入镜板外围集油槽内，通过油冷器进油管进入油冷却器进行冷却，冷油通过油冷器出油管进入油槽，然后进入下一个循环。

2. 油槽外甩油原因分析

（1）油槽内透平油无规则的运动、撞击和飞溅。

高速旋转的推力头和镜板带动油槽内的透平油产生旋转运动，旋转的透平油与油槽内的瓦块、支架、油箱壁面等结构撞击，形成不规则的紊流状态，另外，作为镜板泵出口之一，均布在推力头下方的20个下导供油孔，会喷射出冷却后的透平油，并发生剧烈的撞击，这些撞击都会造成透平油无规则的飞溅，同时加剧高温透平油的雾化。

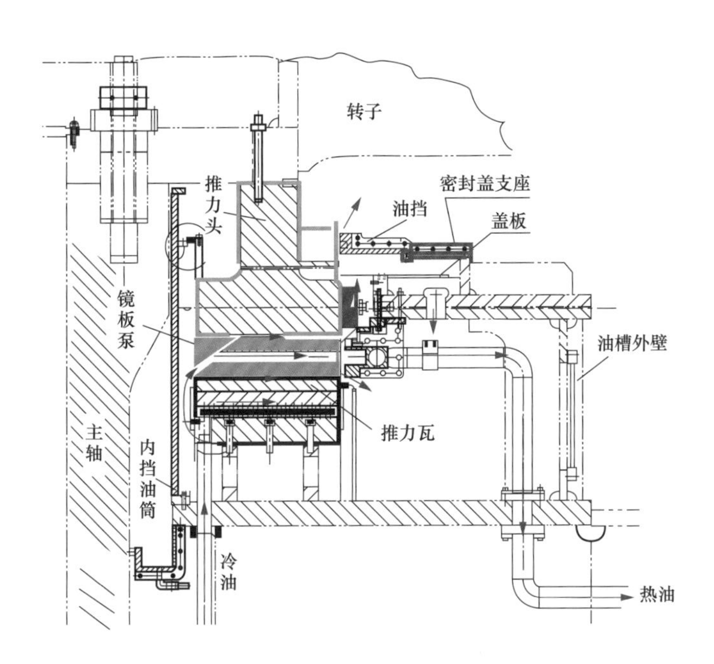

图 7-35　推导轴承结构及油流状态示意

(2) 推力头上存在“爬油”现象，油雾没有足够的空间冷却。

透平油在旋转力的作用下，会沿着推力头壁面轴向移动，爬升至油槽密封盖板位置，并从推力头与盖板密封之间的间隙处被甩出，另外，油槽油位液面到油槽密封盖板之间的空间狭小，油雾在该空间内不能实现自然冷却液化，油雾与空气混合受热膨胀，产生内压，使得油雾也会从各个间隙位置溢出。

(3) 转子下端与推力轴承油槽盖板之间存在较大负压。

该机组发电机冷却方式为密闭自循环全空冷式结构，定子线圈通过旋转的转子吹出的冷风进行冷却，转子此时就是一个巨型的离心风扇，24 根转子支架的斜力筋板就相当于离心风扇的叶片，当转子旋转起来的时候，将转子中心上下两端的空气轴向吸入，并在转子中心上端和转子下端与推力轴承油槽盖板之间产生较大的负压，此时更是加剧了油槽密封盖板间隙处的甩油和油雾溢出情况，油雾随着风道进入发电机内部，污染发电机设备。

(四) 故障处理

2013 年 11 月～2013 年 12 月，由电厂和机组制造厂家提出的防油雾改造方案（首次方案），在 10F～15F 机组上进行改造，但其效果不明显。

为了进一步改善防油雾效果，电厂和厂家技术人员对推导油槽结构和甩油点进行了认真分析，并先后在 13F 机组开展多次尝试，最终形成优化方案。

2014 年 3 月至 5 月，先后分别在 16F、17F、18F 机组总装、调试期间实施改进，油雾溢出和甩油现象得到明显改善。

2014 年 11 月至 2015 年 2 月，再次分别对 11F～15F 机组进行了改造，采用了同 16F 机组的改造方案。

1. 改造措施

（1）油槽密封盖板改进。

将旧的油槽盖板更换为新的铝合金材质的外圈盖板和内圈油挡，更换后轴向空间向上提高约 60mm，油挡上安装 4 层高分子材料 T 型密封齿和上下 2 层气密封板，共 6 层密封，密封齿可通过弹簧片径向移动，随轴偏摆，保持与大轴的零间隙接触，起到密封效果，新油槽密封盖板见图 7-36。

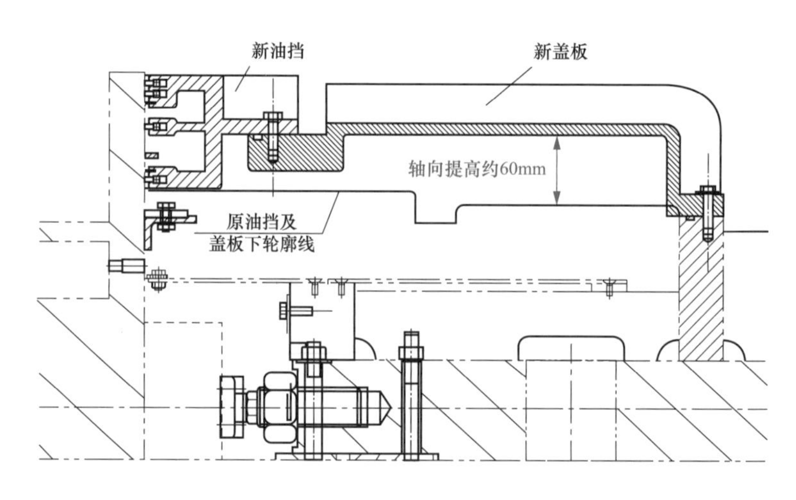

图 7-36　新油槽密封盖板

（2）增装两圈甩油环。

为减弱“爬油”效应，在推力头上增装两圈甩油环，见图 7-37，内圈油挡盖板及甩油环现场改造见图 7-38。

甩油环 1：在推力头处圆面上焊接角钢，使用螺栓将连接聚四氟乙烯块固定在角钢上作为甩油环，并在聚四氟乙烯块与推力头的结合面处设一道氟橡胶密封。

甩油环 2：推力头外圆面上焊接一圈 10mm 厚的不锈钢板，距甩油环 1 轴向约约 70mm，正好处于新油挡密封空腔内。

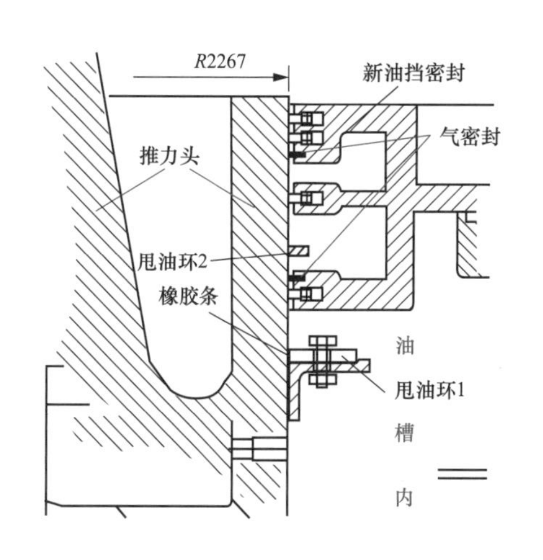

图 7-37　推力头上增装两圈甩油环

图 7-38　内圈油挡盖板及甩油环现场改造

（3）改进进排气系统。

为了平衡油槽内部的压力，新更换的内圈油挡采用上腔进气、下腔抽气的方式。上腔增加 4 个进气口，通过管路引取自转子下挡风板处的气体，下腔连接 4 台单台额定功率为 150W 的油雾吸收机的。同时在外圈盖板上周向均匀布置有 4 个油雾吸收机管路接口，分别与安装在下机架的 4 台额定功率为 300W 的油雾吸收机相连，油雾吸收机运行方式均为 2 台运行、2 台备用轮换。内圈油挡进排气系统结构见图 7-39。

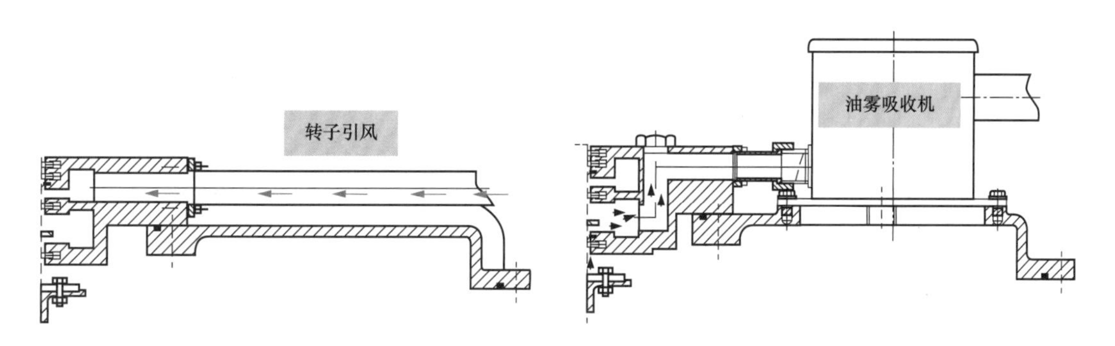

图 7-39　内圈油挡进排气系统结构

（五）改造后运行效果

经过 2015～2016 年度岁修后，所有机组均完成了相同的防油雾措施改造，且在该轮岁修期间对磨损较严重的接触式密封齿进行了更换，同时对上下风洞内被油污污染的设备进行了保洁，所以在此基础上，在机组运行一段时间后，其油雾污染情况，对评估防油雾改造措施的治理效果具有一定的参考性。为便于对比评估各机组油雾治理效果，设置严重、中等、轻微三个等级来描述机组油雾污染情况。

严重：地面或滑铁板等位置有明显一层油污覆盖，且在地面或滑铁板有多个位置存在大量的油污淤积的情况。

中等：地面或滑铁板等位置有部分位置被一层油污覆盖，地面或滑铁板存在少量油污淤积的情况。

轻微：地面或滑铁板等位置较干净，存在有少量油污淤积的情况。

根据上述标准，统计2015～2016年度岁修后各机组运行2个月后的油雾污染情况见表7-8。

表7-8　　2015～2016年度岁修后各机组运行2个月后的油雾污染情况统计表

机组	密封齿更换情况	位置	
		油槽周边	定子外围
10F	已更换	严重	严重
11F	已更换	严重	严重
12F	已更换	中等	中等
13F	已更换	轻微	中等
14F	已更换	轻微	中等
15F	已更换	严重	严重
16F	未更换	轻微	轻微
17F	未更换	轻微	轻微
18F	未更换	严重	严重

由统计对比结果我们可以发现：改造后，油雾污染整体情况较改造前有了明显的改善。16F、17F机组防油雾效果较好，上风洞定子外围地面、推力油槽周围及下机架处只发现很少量的油污淤积情况。12F、13F、14F机组油雾污染得到了一定的改善，但部分位置仍为中等级别的污染。10F、11F、15F、18F机组油雾污染相比改造前得到了明显的改善，但是仍然能在上风洞、推力油槽和下机架等地方地面或滑铁板上发现有明显一层油污覆盖。

（六）总结及建议

经过一系列改造措施的实施，机组推导轴承油雾污染情况得到了有效改善，实践证明新油挡的六层密封齿结构、上腔补气下腔排气的吸排气方式以及油雾吸收机的布置等措施对减弱油雾污染发挥了重要的作用。但是，同时也发现，相同的机组类型，采取了几乎相同的防油雾改造措施，在各机组间防油雾效果却也存在着差异，各机组的运行情况和机组结构等方面的差异可能是造成机组间防油雾效果差异性的原因，这也需更深一步的分析和总结。总之，该治理方案的实施为溪洛渡电站机组推导轴承油雾治理积累了宝贵的经验，同时为同类型电站相似问题的处理提供了重要参考。

七、风洞内油雾问题分析及处理

（一）设备简述

某电站水轮发电机组均为立轴、半伞式结构，在发电机风洞内设有推力、下导联合轴承，在转子上方设置有上导轴承。风洞内油雾主要来源于推导及上导两部油槽。因发电机冷却方式为全空冷，即定子绕组、定子铁芯和转子绕组均为空气冷却，采用密闭双路循环无风扇结构空气冷却方式。如两部油槽逸出的油雾未被充分收集，将会被循环风带到风洞各处，给定子绕组等设备造成不利影响。为收集油槽产生的油雾，在风洞外设有油雾吸收装置。

上导油雾吸收装置排风量为 $1000m^3/h$，油雾吸收装置及管路布置示意见图 7-40。推导油雾吸收装置排风量为 $1000m^3/h$，油雾吸收装置及管路布置示意见图 7-41。

（二）故障现象

机组运行中不可避免地会在风洞内产生油雾。风洞内产生的油雾冷却凝结后聚集在设备表面及地面各处，将影响各部件使用寿命，并给工作人员带来安全隐患。如果大量油雾附着在定子线棒上，将大大影响线棒绝缘，给机组安全稳定运行带来不利影响。

该水电站自投运以来，左右岸部分机组均出现了油雾较为严重的情况，主要表现为风洞内地面出现多处大面积集油，推导油槽盖板、转子支臂、定子线棒、空气冷却器翅片等部位存在较多的油雾凝结形成的油污或油珠。

（三）故障诊断

油槽内油雾较多，一方面是油槽本身产生了较多的油雾，直接进入了风洞内的空气循环；另一方面是由于油雾吸收装置吸力不足，导致油雾排出不畅。向家坝左右岸部分机组油雾较多的原因详细见下：

（1）油槽观察窗盖板密封不严，导致油雾大量逸出。

在岁修检查中发现，左右岸机组推导油槽观察窗盖板均存在密封不严的问题。右岸机组观察窗盖板材质为有机玻璃，与油槽大盖板之间采用橡皮垫进行密封。有机玻璃强度较小，在机组运行振动等因素影响下，部分盖板已经出现破损，导致密封失效，观察窗下方的油雾从破损处大量逸出。左岸机组推导油槽观察窗盖板材质为 5mm 厚的 Q235 钢板，因钢板较薄，部分盖板已经严重变形，导致密封失效，油雾从盖板变形处大量逸出。

（2）油槽存在漏点，透平油泄漏后在机组高速旋转带动下形成油雾。

在岁修检查中发现，向家坝右岸机组上导油槽下油盆底部组合面存在漏点。虽然渗漏比较轻微，但在机组运行中，渗出后的透平油一旦形成油珠，将立即被旋转风吹散，形成油雾，并最终被带到风洞各处。

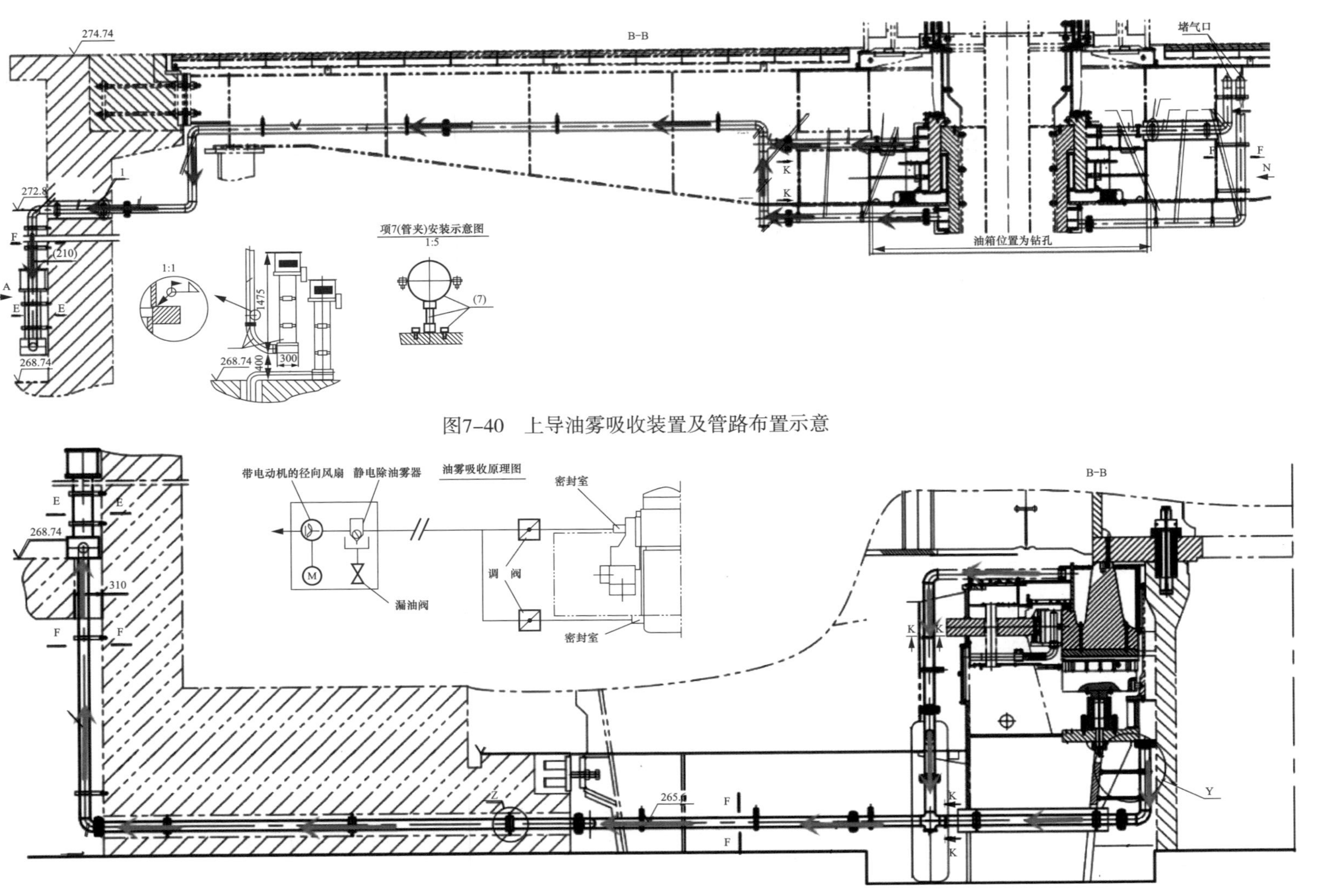

图7-40　上导油雾吸收装置及管路布置示意

图7-41　推导油雾吸收装置及管路布置示意

（3）油雾吸收装置吸力不足，导致油雾排出不畅。

在岁修检查中发现，右岸一台机组推导油雾吸收装置进口滤网、壳体内壁、残油收集盒等部位均较干净，进一步试验后发现油雾吸收装置电机运转正常，排风方向正确，但吸力明显不足，在运行过程中几乎不能吸收油雾。

（四）故障处理与处理效果评价

1. 故障处理

（1）对油槽相关部件进行检查处理，减少油雾外逸。

1）对油槽各类盖板密封情况进行检查，采取措施强化密封效果。

针对左右岸推导油槽观察窗盖板破损或变形的问题，将原来16个盖板全部更换为厚度8mm的不锈钢盖板，并更换橡皮密封垫，为强化密封效果，再沿盖板周围涂抹了整圈密封胶，进一步避免油雾外逸。推导油槽观察窗盖板更换及密封强化见图7-42。

图7-42 推导油槽观察窗盖板更换及密封强化

对推导油槽大盖板法兰面进行检查，发现少量油雾逸出痕迹，为强化密封效果，在大盖板法兰面一周均匀涂抹密封胶，进一步避免油雾外逸。

2）对油雾吸收管路进行检查，确保密封性能良好。

对油雾吸收管路进行检查，发现管路软连接部分已经老化破损，存在油雾外逸现象。为确保管路整体气密性良好，将容易破损的橡胶软管全部更换为非金属骨架透明软管，很好地解决了管路老化破损带来的油雾泄漏现象。油雾吸收软管更换前与更换后见图7-43。

（2）对油槽进行全面检查，处理渗油点，减少油雾来源。

在岁修过程中，对右岸机组进行详细检查，发现2台机组上导下部油槽组合面均存在轻微的渗油现象，重新更换组合面密封后渗油问题完全解决，大幅减少了油雾来源。

（3）对油雾吸收装置进行检查，确保吸力充足、油雾排出通畅。

对上导、推导油雾吸收装置进行检查，发现右岸一台机组推导油雾吸收装置吸力不足，立即对其进行了更换，更换后现场试验设备运转正常，吸风量等指标恢复正常，大幅增加了油雾排出力度。

(a) 更换前

(b) 更换后

图 7-43　油雾吸收软管更换前与更换后

2. 故障处理效果评价

经上述一系列措施处理后，向家坝左右岸机组风洞内油雾情况得到明显改善，风洞内油雾凝结形成的油污明显减少。处理前后风洞内油雾情况对比见图 7-44。

图 7-44　处理前（左）与处理后风洞内油雾情况对比

（五）后续建议

发电机风洞内油雾的产生是不可避免的，油雾对设备特别是线棒有较大的不利影响，如何有效减少风洞油雾值得进一步探索与思考。根据向家坝左右岸机组油槽结构及实际运行情况，有以下几个方面的建议：

（1）油槽内应设置“稳油板”，防止机组运行过程中油位波动过大，产生更多的油雾；

（2）油雾吸收密封盒可以设置多层密封齿或选择接触式密封条，进一步阻止油雾外逸；

（3）油雾吸收装置选型应尽量考虑排风量大一点的风机，尽可能吸收更多的油雾，同时，油槽盖上应设置与之相匹配的呼吸器；

（4）油雾吸收装置管路布置时应尽可能减少长度、弯头以及坡度，以便更高效地吸收油雾。

八、推导油槽油混水分析与处理

（一）设备简述

某电站机组推导油槽冷却方式采用外置油冷器对油槽中的热油进行冷却，冷却介质为水，冷却水取自机组技术供水总管，推导冷却器布置在下架上，每台机对称布置 8 个。

冷却器主要由端盖、冷却器本体、紫铜管、承管板等组成。端盖上有冷却水进出水管、连接环管的法兰盘，端盖与冷却体之间采用耐油橡胶进行密封，紫铜管管头与承管板采用胀管工艺方式连接，并同进出水管构成水的通路。冷却器中水循环过程如图 7-45 所示。

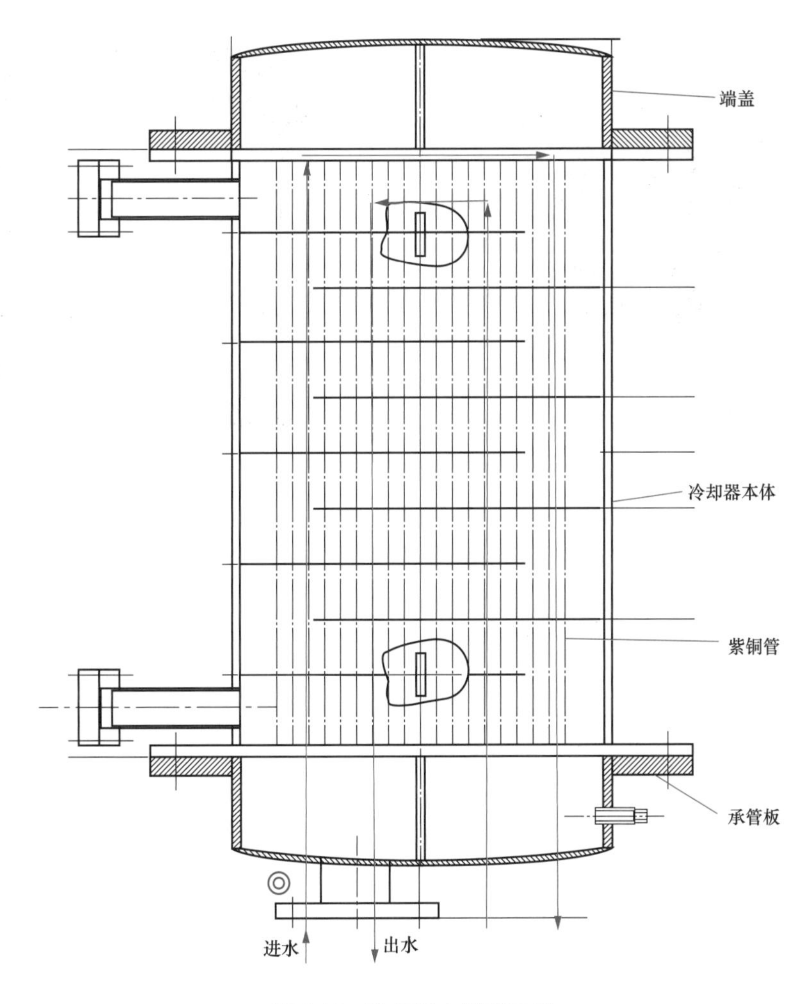

图 7-45　冷却器水循环示意

（二）故障现象

2019 年 1 月 22 日，该水电站 3F 机组推导油混水信号动作，取样对油槽油质进行化验，化验结果显示微水含量为 1366.1mg/L，远大于 100mg/L 的标准值。

（三）故障诊断

1. 冷却器结构分析

该水电站机组推导冷却器采用分体式设计，将水腔布置于上、下端盖上，上腔由一块隔板分成两部分，下腔由 T 形隔板分成 3 部分，左岸机组推导冷却器下端盖结构如图 7-46 所示；铜管芯可从冷却器下部整体抽出清洗。该设计提高了冷却器的可维护性，但也带来了结构复杂、密封性能存在隐患等问题。

如图 7-47 所示为推导冷却器上部现场照片，上端面有三个法兰，分别是水腔法兰、密封法兰及壳体法兰。推导冷却器上端部结构如图 7-48 所示，在密封法兰两边有密封 1，密封 2

图 7-46　左岸机组推导冷却器下端盖结构

图 7-47　推导冷却器上部

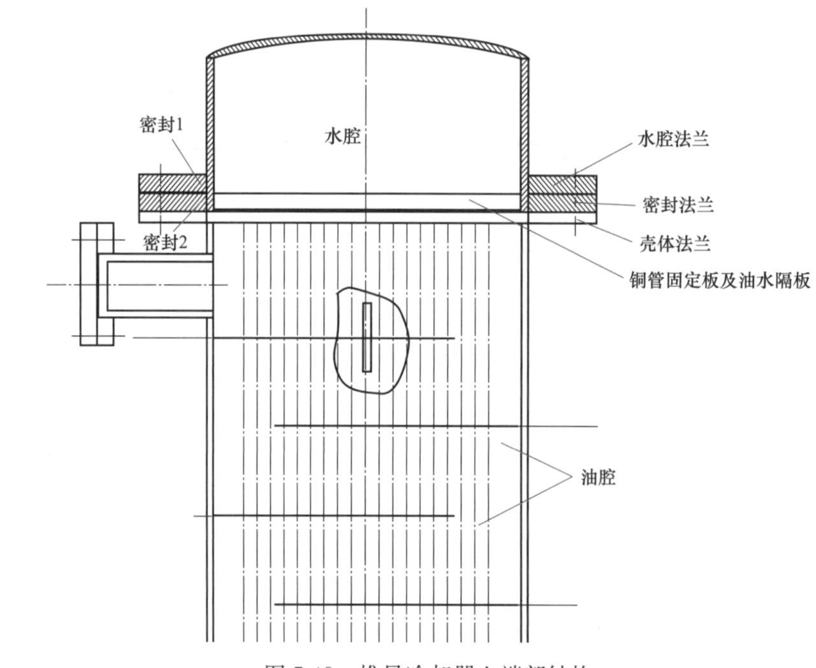

图 7-48　推导冷却器上端部结构

两道密封。密封 1 既可以阻止水向壳体外渗漏，也可以阻止油与水之间相互流窜。密封 2 既可以阻止油向壳体外渗漏，又可以阻止油与水之间相互流窜。如果密封 1 和密封 2 同时出现问题，则不可避免会出现油水混合的情况。

冷却器下端面也是 3 个法兰，分别是壳体法兰、隔板法兰及水腔法兰，见图 7-49。铜管直接通过胀管工艺固定在隔板法兰上，隔板法兰将油和水直接隔开，此种设计只要法兰板不穿孔，就可以确保油水不相窜，推导冷却器密封下端部内部见图 7-50。壳体法兰及水腔法兰分别设计有一道密封，起到阻止油水外漏的作用。

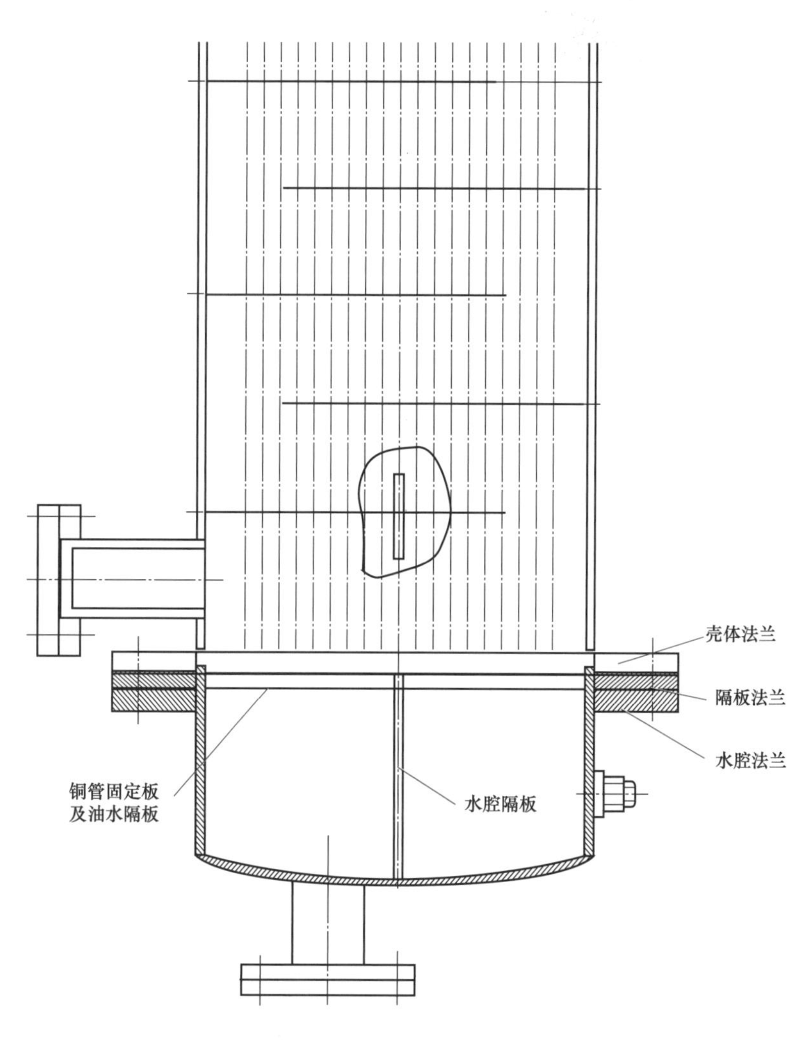

图 7-49　推导冷却器下端部示意

2. 故障初步分析

根据上述结构分析，本次油槽进水可能是上端面水腔密封 1 与油腔密封 2 同时失效导致，也可能是冷却器铜管或者隔板法兰损坏导致。

图 7-50　推导冷却器密封下端部内部

首先应对推导冷却器进行逐一打压，判断密封 1 和密封 2 是否同时损坏，若损坏更换密封后，再次打压。

若正确更换密封后，打压试验仍不保压，则可以审慎地认为是冷却器铜管损坏或者隔板法兰损坏导致油混水。最后可考虑更换新的冷却器以解决该缺陷。

（四）故障处理与处理效果评价

1. 故障处理

对 8 个推导冷却器进行逐一打压，发现 2 个冷却器渗漏。对上端盖油腔密封和水腔密封更换后再次打压，试验合格，说明本次油槽油混水原因为油腔密封与水腔密封同时失效导致，而非铜管或者隔板法兰损坏导致。

2. 故障处理效果评价

更换上端盖油腔和水腔密封后，冷却器工作情况良好，至今未再发生油混水故障。

（五）后续建议

（1）类似该水电站机组推导冷却器上端面的密封设计，密封失效后存在油混水的隐患，建议杜绝此类密封设计，应采用更可靠的密封结构，确保水腔和油腔在密封失效的情况下也不会相互影响。

（2）油槽应加装精密准确的油混水报警装置，并纳入趋势分析系统，确保运行维护人员能对油槽油质保持实时跟踪。

九、推导冷却器穿孔分析及处理

（一）设备简述

某电站水轮发电机组推导轴承油冷却每台有 12 个冷却器，冷却器换热元件由冷却管和胀接在冷却管上的散热片组成，冷却管为 $\phi14\times0.8$mm 的铜镍合金管 BFe10-1-1，散热片材质为紫铜 T2。冷却器技术参数见表 7-9。

表 7-9　冷却器技术参数

序号	名称	参数值	序号	名称	参数值
1	被冷却介质	L-TSA46 汽轮机油	4	设计进口油温(℃)	40
2	冷却介质	江水	5	最高进水温度(℃)	25
3	换热功率(kW)	≥130	6	设计油流量(m^3/h)	40

续表

序号	名称	参数值	序号	名称	参数值
7	设计水流量(m^3/h)	33	10	设计压力(MPa)	水侧：≥1； 油侧：≥0.5
8	水管内限制流速(m/s)	≤3	11	压力损失(MPa)	水侧<0.025； 油侧：<0.04
9	水管内流速(m/s)	≥1			

（二）故障现象

2014 年 10 月对该机组推导轴承油槽油质检测时，其油质各项指标均符合标准要求，11 月机组 C 级检修取油样检测时发现，推导轴承油样由于含水量严重超标而乳化严重，现场排查发现 C、8 号油冷却器不能保压。2016 年 7 月～2017 年 2 月，有 4 台机组的推导冷却器相继出现漏水问题。

（三）故障诊断分析

厂家对返厂检修的推导油冷却器进行了解体，在冷却器中截取 1 根发生泄漏的冷却管中的一段，发现肉眼可见的腐蚀穿孔 2 个，腐蚀穿孔呈圆形，直径不足 1mm，分布不规则，详见图 7-51。

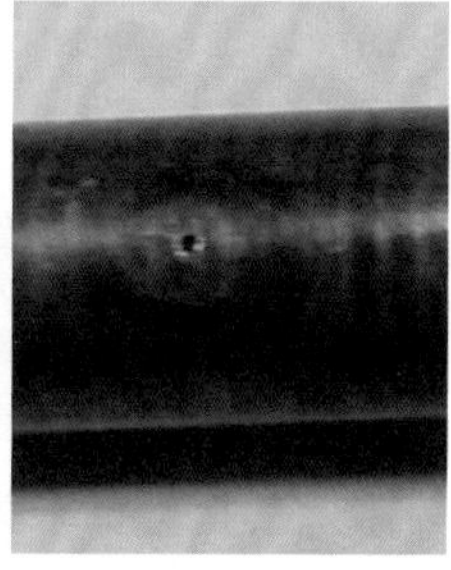

图 7-51　冷却管上的腐蚀穿孔

剖管检查发现管内表面均附有一层灰白色、疏松的泥沙沉积层，沉积层表面上附着较多蓝绿、褐色，约 1mm，斑点凸起，散点状孤立分布直径约 4～5mm，高约 3mm 凸起，凸起表面呈蓝绿，见图 7-52。

沉积层下层为褐色的覆盖层，褐色区不规则的分布为紫红色多孔层，详见图 7-53，除去表面带有蓝绿色斑点的泥沙沉积物，下层呈古铜色，溃疡状。

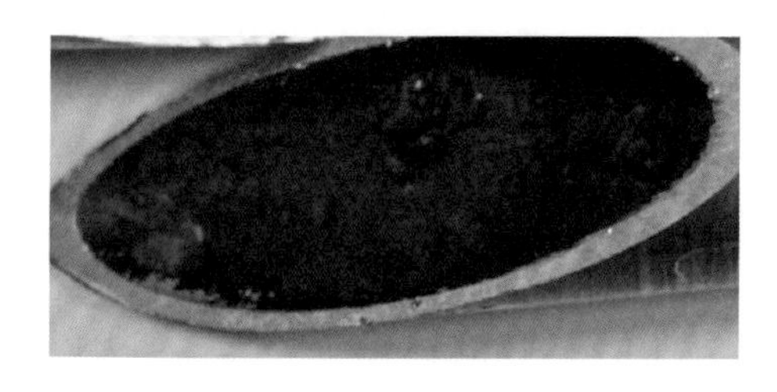

图 7-52　剖管管样内形貌图 1

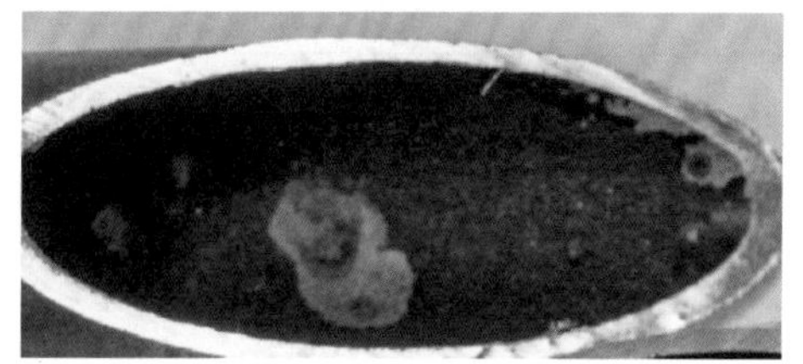

图 7-53　剖管管样内形貌图 2

通过宏观检查以及相关专业人员分析讨论，认为冷却管的失效符合典型电化学腐蚀的特征。为此，对冷却管材料、冷却水质、制造工艺、腐蚀物成分等进行了研究与分析，并确定了 BFe10-1-1 铜镍合金管和管内壁残留碳膜在不断重复的特定水质条件下形成的电化学腐蚀是渗漏失效的主要原因，主要开展了以下几个方面的分析工作：

1. 冷却管化学成分分析

对该机型推导油冷却器铜管入厂检验及材质报告进行梳理，冷却管入厂检验均合格；对发生泄漏的冷却管取样，进行化学元素分析，泄漏管样化学成分符合 GB/T 5231 中对牌号为 BFe10-1-1 铜镍合金管化学成分的要求。

2. 水质因素分析

冷却器正常运行用水为水库水，取水样进行水质分析，结果见表 7-10。

表 7-10　　水　质　分　析　　mg/L

序号	项目	冷却水水质	序号	项目	冷却水水质
1	pH	7.74	8	Ca^{2+}	28.5
2	溶解性固形物	252	9	Mg^{2+}	4.49
3	悬浮物	4	10	碱度（碳酸盐）	未检出
4	总硬度	239	11	碱度（重碳酸盐）	129
5	Cl^{-}	15.9	12	氨氮	0.210
6	SO_4^{2-}	21.5	13	高锰酸盐指数	0.392
7	Cu^{2+}	0.015			

根据 DL/T 712—2010《发电厂凝汽器及辅机冷却器管选材导则》，铜合金适用于未受污染的水，其指标要求为：[S^{2-}] <0.02mg/L；[NH_3] <1mg/L；[NH^{3-}] <1mg/L；高锰酸盐指数小于 10mg/L，BFe10-1-1 铜镍合金属于铜合金，应满足上述要求。DL/T 712—2010 同时还规定了 BFe10-1-1 铜镍合金管适用水质及允许的流速应满足表 7-11 的要求。

表 7-11　　BFe10-1-1 铜镍合金管适用水质及允许流速

材质	溶解性固体 mg/L	氯离子浓度 mg/L	悬浮物和含沙量 mg/L	允许流速	
				最低	最高
BFe10-1-1	<5000，短期<8000	<600，短期<1000	<100	1.4m/s	3m/s

根据水质分析的结果来看，冷却器供水水质优于 BFe10-1-1 铜镍合金的适用水质，冷却器运行时管内的水速 2m/s，在 BFe10-1-1 铜镍合金管的允许流速范围内。

3. 管片拉胀工艺因素分析

由于机组推导油冷却器采用整张穿片式结构，冷却管通过机械胀接的方式与散热片充分贴合，为验证拉胀工艺对冷却管晶粒度的影响，对冷却管拉胀前后晶粒度进行检测，采用 YS/T 347—2004 标准评定，胀管前试件晶粒平均直径评为 0.035mm，胀管后试件晶粒平均直径评为 0.035mm，拉胀前后冷却管的平均晶粒度符合 GB/T 8890 对晶粒度的要求；对冷却管拉胀前、拉胀后进行剖管渗透探伤，检测发现拉胀后，管内壁未发现缺陷。

4. 炭膜分析

根据相关研究发现，在铜管制造过程中残留的碳膜在一定条件下容易形成电化学反应，引起铜管腐蚀。取与相同供货商不同批次备用冷却管进行残碳检验，发现冷却管内表面存在碳膜，见图 7-54，因此，认为这是一个引起铜管腐蚀的因素。

图 7-54　冷却管残碳检验

5. 微区分析

对明显腐蚀的铜绿色区的腐蚀产物进行电镜形貌及能谱分析，铜绿色区含有较高的氯、氧等元素，见图 7-55。

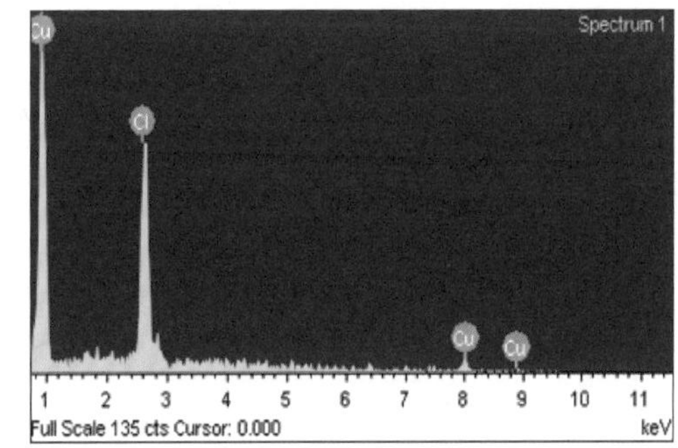

图 7-55　铜绿色区电镜形貌和能谱分析

对腐蚀坑进行扫描电子显微镜（SEM）扫描观察及能谱分析，腐蚀坑内由立方体晶体构成，立方体晶体之间夹杂小颗粒，见图 7-56。

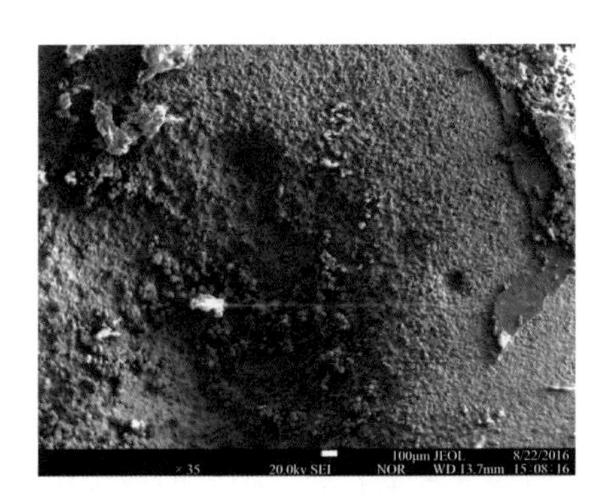

图 7-56　腐蚀坑微观形貌

对冷却管内壁有明显腐蚀的部位和无明显腐蚀的部位通过 SEM 扫描分析其元素构成，见表 7-12。

表 7-12　　元素分析结果

项目	无明显腐蚀		有明显腐蚀	
单元	质量百分比(%)	原子百分比(%)	质量百分比(%)	原子百分比(%)
N	0.00	0.00	0.00	0.00
O	0.49	1.85	14.74	40.75
S	0.00	0.01	0.06	0.08
C	0.11	0.57	0.73	2.67
Zn	0.08	0.07	0.12	0.08
Cl	0.18	0.30	0.75	0.93
Fe	0.02	0.03	0.01	0.00
Ni	10.21	10.48	0.62	0.47
Mn	0.85	0.93	0.14	0.11
Cu	90.40	85.76	78.86	54.90
Total	102.34	100.00	96.01	100.00

从表 7-9 可以看出，有明显腐蚀部位的原子百分比最多的为 Cu、O、C、Cl，Cu、Ni 为基体元素，Cl、O、C 是腐蚀产物中的腐蚀元素，腐蚀部位 Ni 含量降低，表面发生了脱镍腐蚀。

6. 腐蚀机理分析

（1）电化学腐蚀。

金沙江水成分复杂，主要含有 Cl^-、O_2、SO_4^{2-}、Ca^{2+} 等，一般来说，江水中含有的有害离子量很低，不会对白铜（铜镍合金 BFe10-1-1 属于白铜）产生腐蚀作用，但在特定的环境中江水浓缩，使得各种离子的浓度升高，特别是氯离子、硫离子等有害离子浓度的升高，造成对白铜管的腐蚀。

水中存在的各种离子，就像电解溶液，白铜管内壁残留着一层很薄的碳膜，这层碳膜不甚致密，当白铜管浸在含有多种离子的电解溶液中时，江水必定会从碳膜的破裂处渗漏到碳膜和铜管之间，由于白铜管和碳膜的腐蚀电位不一样，形成电位差，构成了一个腐蚀原电池。白铜管内壁成为阳极容易失去电子易受腐蚀，碳膜电位较高成为阴极，只起到传送电子的作用，不受腐蚀。如果碳膜的面积较大，将增大了膜的破裂后缺陷处的腐蚀电流密度，使腐蚀加快。

对腐蚀区 SEM 扫描发现，腐蚀部位镍元素含量很低，说明发生了脱镍腐蚀，脱镍的机理有两种：一种是江水选择性腐蚀，铜管中的镍通过表面形成双空位迅速扩散，表面遗留下疏松的铜层；另一种是铜镍同时以离子形式进入溶液中，由于铜离子的析出电位比合金腐蚀的电位高，铜离子很快从溶液中析出在靠近溶解处的铜镍合金表面，腐蚀的最终产物是氯化铜和碱式碳酸铜等，这与冷却管的腐蚀产物的分析吻合。随着电化学腐蚀不断进行，浓缩江水中的氯离子浓度不断降低，原电池化学反应将逐步减缓。机组运行中由于采用的是非循环水，不断有新的冷却水补充进来，在某种情况下（停机间隔等），由于新的水源不断形成电解溶液使原电池化学反应反复进行，造成铜管不断被腐蚀。

从该水电站各机组开始投运到2016年7月底这段时间来分析，可以清楚地看到，机组开机时间只有其可使用时间的50%～60%之间，这说明机组反复启停是常态而且都有一定的间隔时间，这也为冷却器中的水不断形成浓缩电解液提供了条件。在火电机组中多采用循环水，水中氯离子和硫离子等有害杂质会随着溶解产物固体盐的产生逐渐降低，同时多在循环水中投加缓蚀剂净化水质。

（2）沉积物下的腐蚀。

白铜管耐腐蚀主要依赖于保持完整并不断修复的$CuO-Cu_2O$双层结构的氧化膜，这层膜在清洁、氧充足、流动的水中才能自我修复和保持。白铜在停滞或有沉积物的水中比较敏感，易发生点蚀、硫化物及微生物腐蚀而破坏。沉积物下的腐蚀是冷却管腐蚀的主要形态，其形成与水中泥沙沉淀、钙镁结垢、流速、启停次数、清洗措施等因素有关。冷却水中泥沙的沉积，微生物黏泥的附着，水垢的生成，都能在冷却管内壁形成沉积物。沉积在铜管表面的杂质附着在管壁上，沉积物造成铜管表面不同部位上的供氧差异和介质浓度差异，从而形成微电池效应，导致局部腐蚀。沉积物破坏了铜的保护膜，铜在蚀孔内溶解，与水中的氯离子结合，在垢下形成高浓度的氯化亚铜，氯化亚铜水解为氧化亚铜和盐酸，垢下铜表面在酸性条件下产生自催化作用，引起铜管的点蚀。通过对腐蚀管样的形貌分析，管内壁有大量的沉积物，冷却器存在沉积物下的点蚀的特征。

通过验证和分析，最后确认，铜管内壁残留碳膜和BFe10-1-1铜镍合金管在不断重复的特定水质条件下形成的电化学腐蚀是引起推导油冷却器本次渗漏的主要原因，同时伴随有沉积物下的腐蚀。

（四）故障处理与处理效果评价

1. 故障处理

2016年12月起，陆续将该机型推导油冷却器全部换型，新的推导轴承油冷却器材料为壁厚1.5mm的T2紫铜管，满足GB/T 5231—2012《加工铜及铜合金牌号和化学成分》和GB/T 1527—2006《铜及铜合金拉制管》。

2. 故障处理效果评价

原来油冷器铜管材质为BFe10-1-1铜镍合金管，更换为壁厚为1.5mm的T2紫铜管，避免了后续铜管腐蚀穿孔造成漏水，从而引起推导油槽进水的风险。

（五）后续建议

（1）水电站机组优先使用紫铜管T2，并通过增加壁厚的方式来提升铜管使用寿命。

（2）对于新采购的铜管要求在生产工艺中不使用石墨作为润滑剂，在验收中按规范要求加强对碳膜的检验。

十、推导外循环泵振动偏大问题分析及处理

（一）设备简述

某水电站大型机组设计两台推导外循环油泵，一备一用。自该机型首台机组投产发电以来，该机型机组已经运行了6年左右。其间经历了多次岁修及日常维护工作，发现该机型机组推导外循环油泵存在振动偏大、异常磨损情况。

油泵和电机参数见表7-13。

表7-13　油泵和电机参数

序号	参数	
1	电机功率	70kW
2	转速	985r/min
3	电机质量	730kg
4	油泵形式	螺杆式
5	扬程	40m

（二）故障现象及原因分析

该机型机组推导外循环泵在运行过程中，振动过大。为分析振动原因，特对该机型机组推导外循环泵做了振动试验，测点分布见表7-14。

表7-14　振动测点分布

序号	测点名称	数量	传感器类型	量程(mm)
1	电机侧底座1水平振动	1	振动传感器（水平）	2
2	电机侧底座1垂直振动	1	振动传感器（垂直）	2
3	电机侧底座2水平振动	1	振动传感器（水平）	2
4	电机侧底座2垂直振动	1	振动传感器（垂直）	2
5	油泵侧底座3水平振动	1	振动传感器（水平）	2
6	油泵侧底座3垂直振动	1	振动传感器（垂直）	2
7	油泵侧底座4水平振动	1	振动传感器（水平）	2
8	油泵侧底座4垂直振动	1	振动传感器（垂直）	2
9	油泵轴向水平振动	1	振动传感器（水平）	2
10	油泵径向水平振动	1	振动传感器（垂直）	2
11	油泵垂直振动	1	振动传感器（垂直）	2

油泵电机现场测点布置示意见图 7-57。

按照开机流程，先启动 1 号推导外循环油泵。随后待机组启动到额定转速后，按照计划带到稳定负荷。油泵启动和机组稳定工况下各个测点数据见表 7-15 和图 7-58。

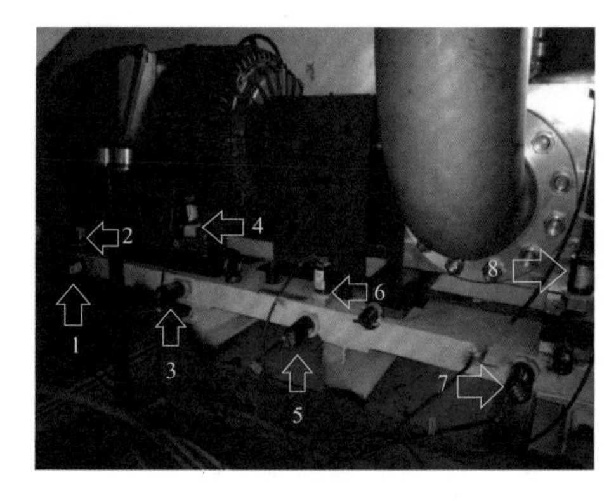

图 7-57 油泵电机现场测点布置示意

表 7-15 油泵振动数据表

序号	测点名称	油泵启动过程		机组稳定运行	
		振幅(μm)	主频(Hz)	振幅(μm)	主频(Hz)
1	电机侧底座 1 水平振动	2387	0.16	627	0.28
2	电机侧底座 1 垂直振动	575	0.24	1905	16.63
3	电机侧底座 2 水平振动	484	0.39	277	0.30
4	电机侧底座 2 垂直振动	72	0.32	104	0.30
5	油泵侧底座 3 水平振动	32	0.24	24	0.22
6	油泵侧底座 3 垂直振动	1710	0.32	226	0.30
7	油泵侧底座 4 水平振动	1326	0.24	585	0.30
8	油泵侧底座 4 垂直振动	318	0.39	732	0.38
9	油泵轴向水平振动	170	0.24	228	0.25
10	油泵径向水平振动	1280	0.24	60	0.45
11	油泵垂直振动	51	0.32	38	0.32

从主频数据上看，除了电机侧底座 1 垂直振动这个测点在稳定工况下的主频是电机转频，其他测点的主频都是 0.5Hz 以下的低频，说明底座整体的刚度不够。

油泵径向水平振动在油泵启动的时候较大，主要是因为油泵启动时，管路压力增大，造成了这个方向的冲击振动，这也和油管进出口的布置方向一致。

机组稳定工况下，1 号测点和 7 号测点的数据大，3 号和 5 号测点数据小。根据油泵质量分布以及支撑的结构特点，可以认为电机和油泵以 3 号和 5 号测点所在位置作为支点进行振动。

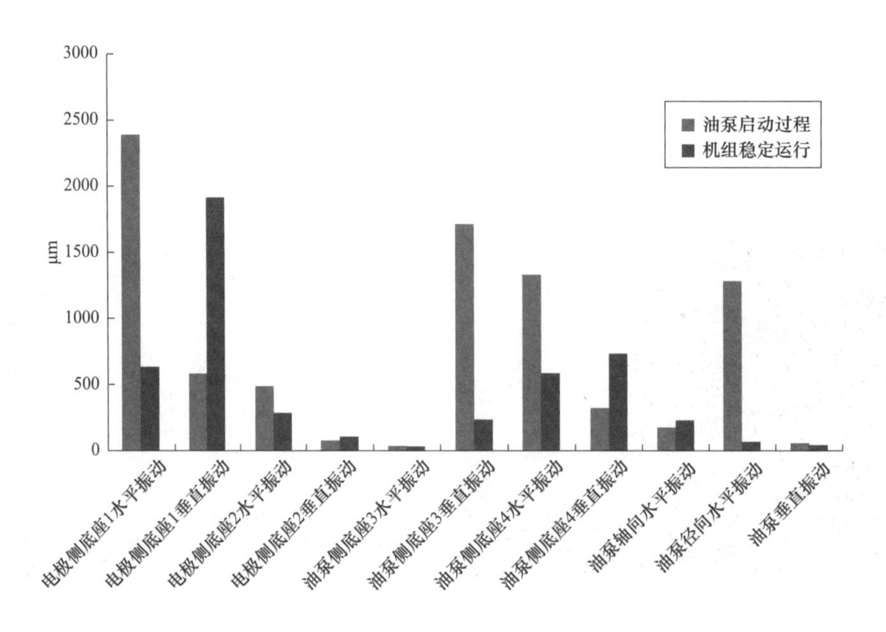

图 7-58　数据对比柱状图

油泵本体垂直振动和油泵侧底座水平振动的数值相差巨大，应该是油泵受到进出口油管的约束且油泵和底座之间的并非刚性连接造成的，见图 7-59。

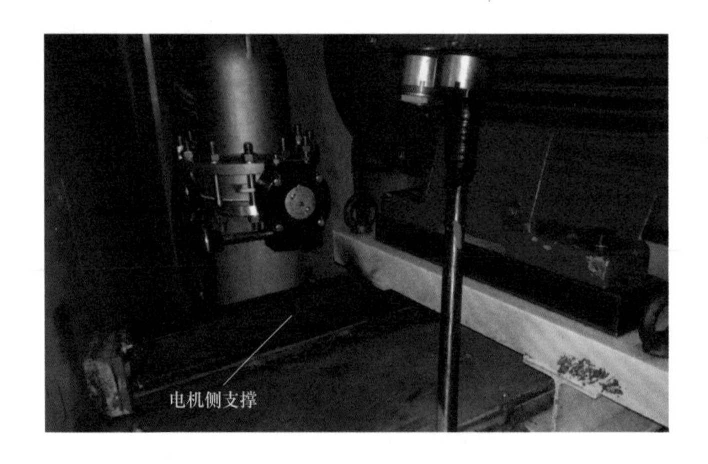

图 7-59　电机侧支撑结构

（三）故障诊断

根据对现场数据进行分析，可以得出以下结论：

（1）油泵启动的时候，由于管路系统处于过渡过程，压力由低变高，因此各个测点的振动都较大。

（2）机组稳定运行时，电机侧的振动偏大，主要是因为电机侧的基础的结构造成的；3 号、5 号测点的振动值明显小于 1 号、7 号测点，主要是由于质量主要分布在底座两端，形成了杠杆作用。

（3）机组稳定运行时，油泵垂直振动明显小于油泵侧测点垂直振动，可能的原因是油泵受到出口管路的约束，而油泵和支撑之间存在软连接造成的。

（四）故障处理与处理效果评价

1. 故障处理

对电机侧底座进行加固，增加整体的刚度，降低产生杠杆效应的因素。

通过从水车室机坑里衬上引出支撑，取消原下机架上的支撑，并在电机基座的下方增加支撑数量，加强油泵电机组底座的刚度、降低电机的杠杆效应，从而达到减轻机组推导外循环油泵电机组的振动和磨损，保障油泵电机组和机组设备的安全、稳定、高效运行。改造示意如图 7-60 和图 7-61 所示，改造后如图 7-62 和图 7-63 所示。

图 7-60　改造示意

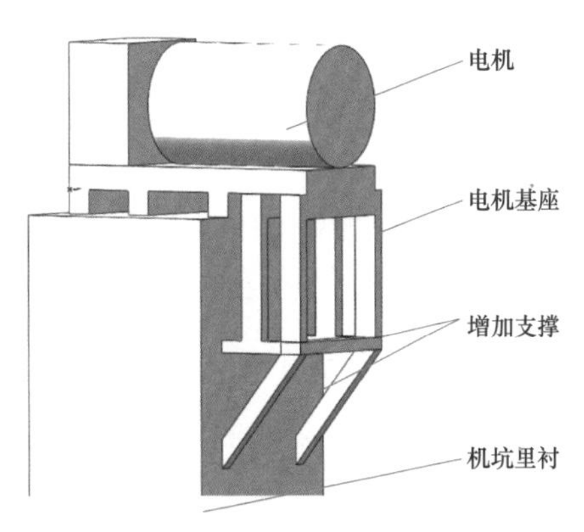

图 7-61　支撑示意图

图 7-62　改造后

图 7-63　改造后支撑

2. 故障处理效果评价

改造后，推导外循环泵电机组底座刚度增加，靠电机侧底座用工字钢与水车室基坑墙壁相连，油泵侧基座与下风洞地基相连，基座作用在不同的基础上，下机架的震动不会传至电机，降低了电机的杠杆效应、油泵的振动和异常磨损。本次改进取得了良好的效果，保障油泵电机组和机组设备的安全、稳定、高效运行。

（五）后续建议

（1）每年岁修时检查油泵电机同心度，保证同心度在允许范围内；定期对电机加注油脂，保证电机运行工况良好、振动合理。

（2）定期对支架结构及固定螺栓进行检查，防止松动。

第三节　上导轴承典型案例

一、上导摆度偏大故障分析与处理

（一）设备简述

某电站水轮发电机组的发电机为立轴半伞式发电机，其发电机导轴承位于发电机上机架内，承受发电机转动部分径向不平衡力和电磁不平衡力并防止机组中心线移动。轴承形式属分块瓦式滑动导轴承，具有独立的油槽。

发电机基本参数如下：

发电机转动惯量：90 000kN・m^2；铁芯内径：15 000mm；铁芯外径：15 600mm；铁芯高度：1590mm；定转子气隙：20mm；转子重量：624t；转动部件总重量：3300t。

（二）故障现象

该机组运行初期，机组上导摆度并不大。据历史数据显示，在 2017 年 7 月至 2018 年 2 月机组运行期间，机组上导$+X$、$+Y$方向摆度峰值分别为 93μm、114μm，机组上导摆度稳定，无异常上升或下降的情况。

该机组在 2017～2018 年度进行上导轴承改造，由抗重螺栓支撑结构改造为楔子板加球面支柱支撑，2018 年 3 月 29 日开机运行。查询趋势分析系统，机组上导$+X$、$+Y$方向摆度峰值分别为 319μm、201μm，机组上导摆度明显增大，对实现机组长期安全稳定运行不利，存在着较大的设备损坏安全风险，见图 7-64。

（三）故障诊断

1. 上导轴承结构

该机组上导轴承结构如图 7-65 所示，轴承主要由挡油筒、滑转子、12 块轴承瓦、垫块、球面支柱、楔子板、调整螺杆、调整板、挡油板、12 个油冷却器（绕簧式）、油槽（充 N46 汽轮机油 2m^3）、盖板、密封环等组成。

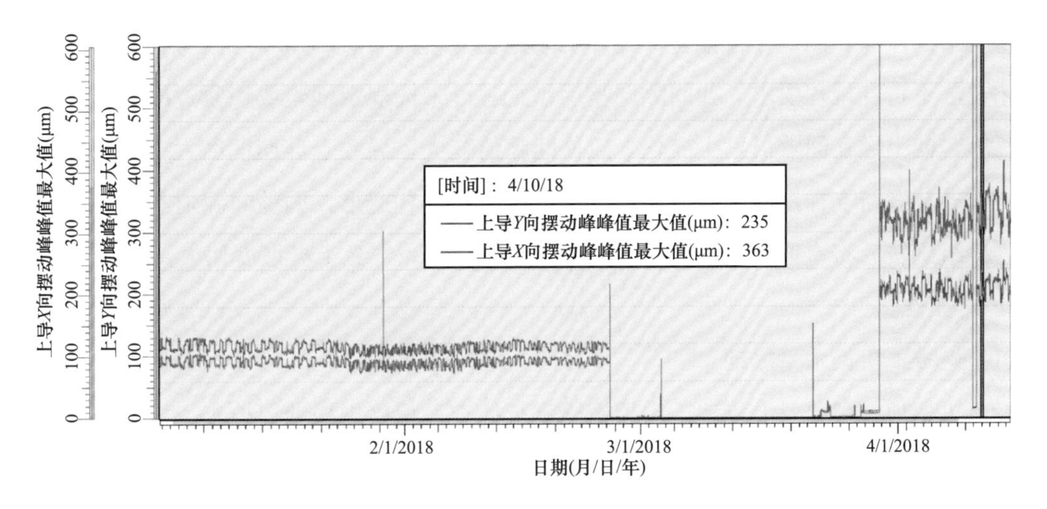

图 7-64　2018 年 1～4 月该机组上导摆度曲线

上导轴瓦为扇形钨金瓦，瓦背设置有楔子板、球面支柱、支柱螺钉等部件。导轴承采用楔子板加球面支柱支撑，轴瓦间隙为楔子板至球面支柱的间隙。设计安装单边间隙为 0.15～0.16mm，通过测量楔子板提升前后的高度差来确定调节的间隙值，上导楔子板斜面比例是1∶50，即楔子板的提升量应在 7.5～8.0mm。

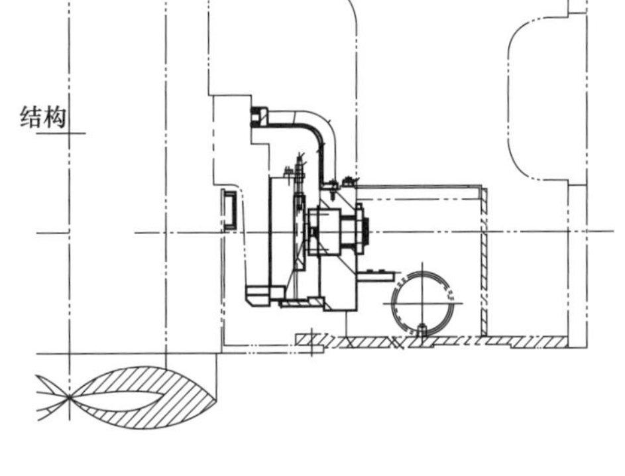

图 7-65　上导轴承结构图

2. 故障初步分析

（1）上机架水平振动过大。

上机架水平振动过大的原因有：一是上机架地脚螺栓松动，导致上导摆度偏大；二是上机架千斤顶螺栓松动，导致上导摆度偏大。

（2）上导摆度测量系统故障，误报信号。

上导摆度传感器或信号传输系统存在问题，导致监控系统显示值与实际值不符，显示值比实际值高出很多，对专业分析判断造成误导。

（3）机组轴线倾斜和曲折。

机组轴线倾斜和曲折，致使机组振动增大，导致上导摆度偏大。

（4）转子质量不平衡。

转子质量不平衡，致使机组旋转部分动不平衡，导致上导摆度偏大。

（5）上导瓦间隙过大。

上导轴瓦与大轴轴领间有一定的设计间隙，通过测量提升楔子板高度差来实现调整，实际调整中由于操作和测量存在偏差，设计的间隙值允许有±0.01mm 的偏差。调整时往往因为工艺方法不符合规程要求，如间隙调整后锁定螺母未按规定锁紧或锁紧过度，造成调整螺栓伸长等，使上导瓦间隙值发生变化，致使间隙值变大，导致上导摆度增大；另外由于长期运行，上导瓦背与支柱螺栓头撞击，造成支柱螺栓和瓦背变形，调整间隙值与实际间隙值不一致，机组旋转后将有可能出现实际间隙值大于调整值，导致上导摆度偏大。

3. 设备检查

（1）检查上机架水平振动。

对上机架地脚螺栓及上机架千斤顶螺栓进行检查，螺栓未松动；检查上机架水平振动值正常。

（2）检查上导摆度传感器。

检查更换上导摆度传感器，上导摆度值未见改善；电气技术人员对测温回路接线情况进行检查，未发现端子松动、线路断线等情况；采用机械方法测量上导摆度实际值，摆度值偏大。

（3）检查机组轴线倾斜和曲折情况。

查询检修报告该机组在2016～2017 年度进行增容改造，并进行了修后盘车，修后机组轴线倾斜和曲折情况符合 GB/T 8564—2003《水轮发电机组安装技术规范》的要求。

（4）检查转子质量分布情况。

查询报告该机组在2016～2017 年度进行发电机转子磁极改造，并对发电机转子质量分布进行了校核调整，调整后对称方向转子磁极质量分布符合国标 GB/T 8564—2003《水轮发电机组安装技术规范》的要求。

（5）检查上导瓦间隙。

机组停机后，首先完成停机中心、最终高度复测工作，再用顶丝将停机中心推至上次 A 级检修中心，再将 12 块上导瓦与大轴抱紧，复测初始高度，计算楔子板提升量，检查上导瓦实际间隙值，见表 7-16。3 号、5 号、8 号、9 号、10 号上导瓦楔子板对应提升量最大可达 65.62mm（相应轴瓦间隙 1.3mm），即 3 号、5 号、8 号、9 号、10 号上导瓦间隙增大，说明上导瓦间隙过大是上导摆度偏大的原因。

进一步检查发现，楔子板限位螺栓位置标记均无变化，楔子板最终高度无变化。检查调整板、楔子板、垫块等各固定螺母无松动（原始标记无移动），垫块与支柱螺栓间隙、支柱螺栓背帽与瓦架间隙 3 道塞尺不过，间隙无变化。

新上导轴承球面支柱外圆与垫块孔的内圆尺寸较为接近，相差 0.03mm 左右，两者在装配时容易出现卡顿现象，同时在安装球面支柱时，因空气不能顺畅排出，球面支柱与垫块内孔之间空腔容易出现憋压现象，敲击楔子板时球面支柱不再移动，实际上此时球面支柱与垫块并未紧密贴合，开机运行后，经过长时间振动、冲击，球面支柱与垫块逐渐紧密贴合后，3号、5号、9号、10号上导瓦垫块厚度过小，楔子板下沉高度过低，致使上导瓦间隙过大，从而产生上导摆度偏大，这是上导摆度偏大的根本原因。

表 7-16　　楔子板测量数据（2018年4月15日）　　mm

上导瓦编号	高度					
	初始高度		最终高度		提升量	
	左	右	左	右	左	右
1	110.60	110.70	94.24	94.30	16.36	16.4
2	127.50	127.20	122.58	122.0	4.92	5.2
3	173.16	173.58	115.10	115.30	58.06	58.28
4	126.44	126.34	116.96	116.68	9.48	9.66
5	147.12	147.46	110.76	110.90	36.36	36.56
6	122.10	122.30	114.10	114.24	8	8.06
7	131.84	132.14	120.54	120.90	11.3	11.24
8	133.54	133.46	99.24	99.18	34.3	33.65
9	1+1+0.5		117.66	117.32	64.2	64.82
10	1+0.5+0.5		113.10	113.32	65.62	65.18
11	125.24	125.06	116.10	116.64	8.6	8.42
12	115.96	115.96	106.72	107.20	9.24	8.76

注　测量工具为游标深度卡尺（J17697）。

（四）故障处理与处理效果评价

1. 故障处理

2018年4月16日停机消缺，对该机组上导瓦间隙进行调整。3号、5号、9号、10号楔子板下沉高度过低，需增加调整垫片调整机组中心至上次A级检修后中心，见表7-17。

表 7-17　　机组修后中心数据　　mm

方位	+Y	+X	−Y	−X	中心坐标
上轮A级检修后	195.51	198.22	195.18	192.09	(−3.07，−0.17)
本次修后	195.39	198.10	195.05	191.965	(−3.0675，−0.17)

注　测量工具为内径千分尺（编号：E12581）。

修后上导 X 方向中心偏差−0.0025mm，Y 方向中心偏差0mm，中心偏差在0.02mm范围内，即修后中心回到上次A级检修后中心。中心数据经三级验收合格。上导瓦间隙调整见表7-18。

表 7-18　　机组修后上导瓦间隙　　mm

上导瓦编号	高度					
	初始高度		最终高度		提升量	
	左	右	左	右	左	右
1	110.60	110.70	102.96	103.00	7.64	7.7
2	127.46	127.16	119.80	119.22	7.66	7.94
3	123.40	123.68	115.66	116.08	7.74	7.6
4	126.44	126.36	118.84	118.42	7.6	7.94
5	122.26	122.48	114.62	114.96	7.64	7.52
6	122.10	122.26	114.50	114.46	7.6	7.8
7	131.82	132.12	123.88	124.60	7.94	7.52
8	133.52	133.40	125.88	125.82	7.64	7.58
9	107.06	107.20	99.36	99.64	7.7	7.56
10	103.84	103.70	96.22	96.00	7.62	7.7
11	125.20	125.06	117.54	117.26	7.66	7.8
12	115.94	115.94	108.20	108.30	7.74	7.64

注　测量工具：游标深度卡尺（J17697）。

修后上导瓦楔子板提升量在 7.6～7.94mm，在 7.5～8mm 范围内，上导瓦间隙数据经三级验收合格。

2. 故障处理效果评价

处理后开机，机组连续运行 24h 以上，记录上导摆度数据。数据表明，调整上导瓦间隙后，上导摆度恢复正常，达到厂家设计要求，以 2018 年 4 月 19 日数据为例，机组开机后连续运行 24h 以后的上导机组上导 $+X$、$+Y$ 方向摆度峰值分别为 110μm、104μm，上导摆度值正常。机组修后上导摆度曲线见图 7-66 和表 7-19。

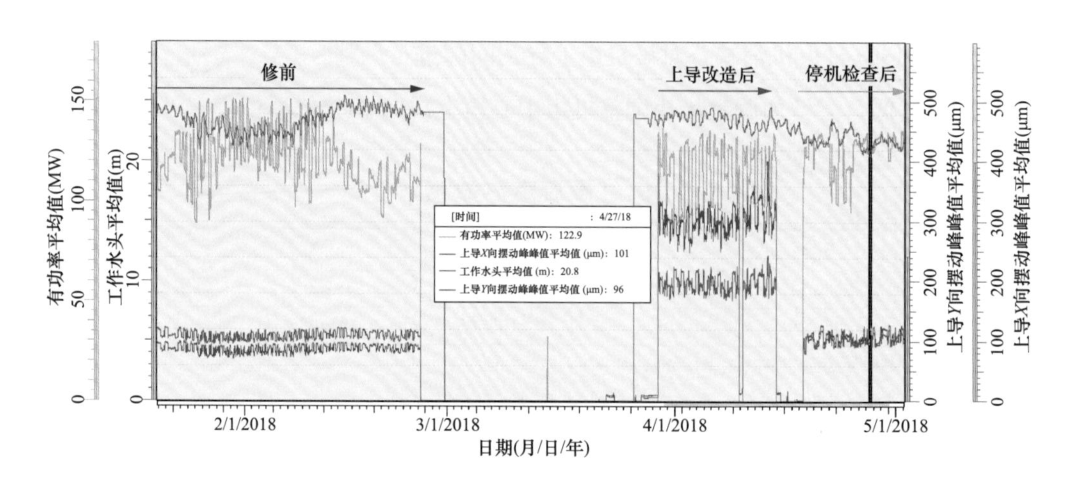

图 7-66　机组修后上导摆度曲线

表 7-19　　机组修后上导摆度

时间	特征值			
	水头(m)	功率(MW)	上导 X 摆度(μm)	上导 Y 摆度(μm)
2017.11.03	21.3	129.3	91	118
2017.11.07	21.6	129.7	86	116
2017.11.25	21.3	129.4	82	105
2017.11.27	21.5	128.2	82	103
2018.01.25	21.7	134.4	72	94
2018.02.01	21.6	133.2	76	98
2018.02.10	23.4	130.7	92	114
2018.02.12	23.7	131	90	112
2018.03.29	23.2	134.1	310	193
2018.03.30	23.5	133.4	319	201
2018.04.02	23.5	129.5	297	191
2018.04.19	21.7	130.9	110	104
2018.04.21	21.6	129.2	113	105
2018.04.23	21.5	131.3	111	102
2018.04.26	21.5	128.1	104	98
2018.04.28	21.5	131.6	98	95

（五）后续建议

(1) 该电站同机型机组新上导轴承调整轴瓦间隙时，通过架设百分表观察轴领位移量，敲击楔子板使球面支柱贴紧垫块及楔子板。敲击楔子板时，应在对称方向同时敲击两块瓦的楔子板，每块瓦敲击时，使百分表多走 0.02～0.03mm，对方再敲使百分表归零，反复数次，应该可以消除因垫块内腔憋压导致的球面支柱无法贴紧缺陷。应避免：看到百分表指针移动便停止敲击，认为此时球面支柱与垫块已贴合紧致。

(2) 后续上导轴承供货，建议供货厂家在球面支柱外表面开一道或两道槽，以便安装时排气。

二、上导摆度异常分析

（一）设备简述

水轮发电机组的发电机上导轴承的作用主要是承受发电机运行时产生的径向机械不平衡力及电磁力，使发电机轴线在规定数值范围内摆动。某电站机组上导轴承位于上机架中心体内，上导瓦共 10 块，设计单边间隙为 0.30mm±0.02mm，通过楔块固定。

（二）故障现象

该机组自接机发电以来，上导摆度较其他同型号机组摆度大，最多相差近 140μm，见表 7-20。

表 7-20　　该电站同型号机组摆度对比（2010.07.31）　　μm

方位		故障机组	同类机组 1	同类机组 2
上导摆度	*X*	242	71	95
	Y	207	58	95

（三）故障诊断

1. 故障初步分析

引起机组摆度变化的主要因素有水力因素、机械因素和电磁因素。

（1）水力因素。

影响机组摆度的水力因素主要有：尾水管内低频涡带，尾水管内中频、高频压力脉动，水轮机止漏环间隙不均，蜗壳、导叶、转轮水流不均，压力钢管中水流脉动，水头变化等。由水力不平衡引起的机组摆度变化首先体现在水导摆度的变化上。

（2）机械因素。

1）转子质量不平衡。

由于转子质量不平衡，转子重心对轴心产生一个偏心距，当轴旋转时，由于失衡质量离心惯性力的作用，轴将产生弓状回流，其中心获得挠度，也就是振幅。振幅随着转速变化而变化，转速升高，振幅增大。

2）机组轴线不正。

机组轴线不正的主要表现形式是轴线与推力头平面不垂直和轴线在法兰结合面处曲折。

3）导瓦间隙存在问题。

（3）电磁因素。

1）气隙不均匀。

当发电机转子不圆或有摆度时，气隙就会不均匀，从而产生单边的不平衡磁拉力，随着转子的旋转而引起气隙周期性变化，单边的不平衡磁拉力沿着圆周作周期性移动从而产生机组振动。

2）磁极绕组短路。

当一个磁极的磁动势因短路而减少时，与它相对的那个磁极的磁动势并没有变，因而出现一个跟转子一起旋转的不平衡磁拉力，引起转子振动。这种振动的大小取决于失去作用的线圈匝数，这种振动的特征是：当接入励磁电流时，就发生振动，而励磁电流增大，振动增加，去掉励磁，振动消失。

2. 设备检查

自 2007 年开始，相继对该机组摆度、瓦温以及间隙等因素进行跟踪检查。检查情况如下：

（1）水力因素排查。

该机组自装机之后，其水导摆度正常，无超标现象，且相对于其他哈电机组，并无明显偏大现象，故可排除水力因素导致上导摆度偏大的情况。

（2）机械因素排查。

该机组 10 块上导瓦瓦温变化如图 7-67 所示。通过图 7-67 可以看出，1 号、2 号、10 号瓦瓦温明显高于其他瓦温。

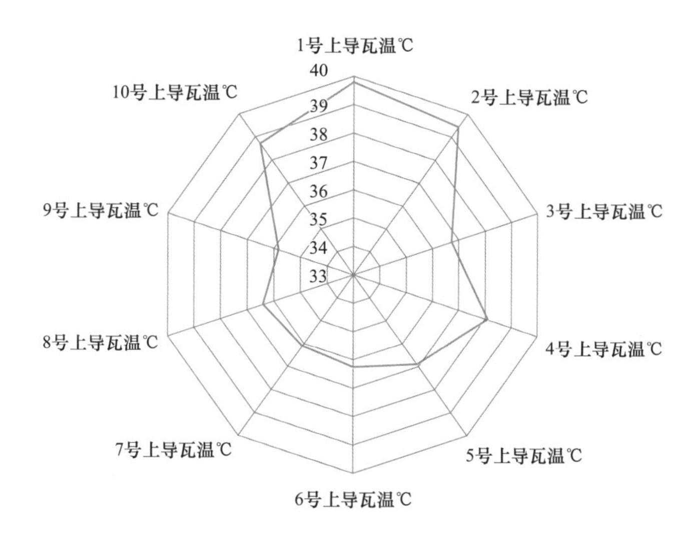

图 7-67　该机组上导瓦瓦温变化

2007 年岁修期间，对上导瓦间隙进行了检查，如图 7-68 所示。1 号、2 号上导瓦间隙明显小于其他上导瓦间隙。

因此，该机组上导瓦间隙存在问题。

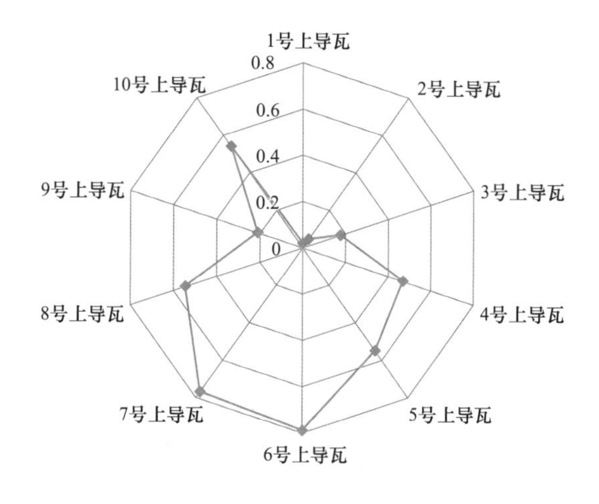

图 7-68　上导瓦间隙

（3）电磁因素排查。

该机组上导摆度变化与励磁电流变化无明显关联，可排除电磁因素的影响。

综上，该机组上导间隙不均引起上导摆度偏大。

（四）故障处理与处理效果评价

1. 故障处理

岁修中，调整了该机组上导瓦间隙。

2. 故障处理效果评价

上导瓦间隙调整之后，该机组上导摆度恢复正常，相对其他同型号机组无明显偏大现象。

第四节　机架部件典型案例

一、上机架振动超标故障及处理

（一）设备简述

某大型立轴半伞式轴流转桨式机组，水轮机型号为ZZA834b-LH-900，额定功率112.24MW，设计水头19m，最小水头8.0m，最大水头29.64m；发电机型号为SF110-84/13300，额定容量125714kVA，额定功率110MW，设计空气间隙18mm，机组额定转速71.4r/min。

上机架设12个径向辐射形支臂，每个支臂外端与基础混凝土之间装有碟形弹簧式弹性千斤顶，千斤顶安装在与上导轴承抗重螺栓中心线同一高程的位置上，对上机架支臂进行支撑。

（二）故障现象

该机组投产发电后，在空转情况下，振动、摆度指标基本符合标准要求；从空载工况到负载工况，上机架水平振动值从0.035mm增大到0.262mm，上导摆度从0.153mm增大到0.680mm，水导摆度从0.156mm增大到0.804mm，水发连轴法兰运行摆度的最大值为1.30mm，振动、摆度指标都严重超标。

（三）故障诊断

1. 可能的故障原因分析

引起上机架振动超标的可能原因包括：支撑上机架的千斤顶松动或者剪断销剪断；转动部件动不平衡；机组轴线不直；定转子圆度不圆；空气间隙不均等。

2. 故障原因查找

（1）安装质量检查。

检修期间，对机组进行了削除缺陷性检修，检修主要内容：一是对上机架安装情况进行检查；二是对水导、上导间隙进行重新测量调整。上机架安装情况检查包括对上机架与定子连接螺栓的紧固检查，对每个支臂与定子连接螺栓 M56 按图纸要求进行重新紧固；改变千斤顶碟形弹簧的安装方式，5 片碟簧由原来正反向安装的并联方式改为同向的串联安装方式，检查紧固顶紧度，紧固后弹簧压缩量达到 1.2～1.3mm；在进行上机架安装紧固检查的同时，对水导、上导轴瓦间隙进行重新调整，机组运转中心确定后，对水导、上导瓦抱瓦重新按设计值进行间隙调整，上导瓦间隙为 0.15～0.20mm，水导瓦间隙为 0.18～0.23mm。通过上述检修后，上导摆度最大值 0.34mm，水导摆度最大值 0.40mm，上机架水平振动值为 0.23～0.29mm，水发连轴法兰摆度 1.10mm。

数据表明，通过上述检修，机组的上导、水导运行摆度值基本合格，但上机架水平振动、水发连轴法兰摆度值未见实质性改善，仍然严重超标。上述情况说明，振动、摆度超标原因并非上机架安装质量所致。

（2）动平衡试验。

针对调瓦后，水导、上导轴承摆度有明显减小，但上机架水平振动仍然超标的情况，对机组进行了动平衡试验，并进行了配重。与配重前相比，空转振动、摆度增幅约为 20%；空载时上导摆度、上机架水平振动减幅约 20%，在负荷 60MW 左右，最大减幅达 25%，在负荷 110MW 减幅 10%，此时上导摆度 0.240mm，水导摆度 0.347mm，上机架径向振动 0.288mm。

数据表明配重对于消除机组振动超标的效果不明显，机组振动值仍然严重超标，由此排除了因机械部分质量不平衡引起振动超标问题。

（3）机组轴线检查。

由于水轮机轴与发电机大轴进行过同床加工，发电机轴与转子中心体也进行过同床加工，水轮机轴和发电机轴以及发电机轴和转子中心体的同心度应该可以保证。需要采用盘车方式对转子中心体与上端轴的同心度、上端轴的安装垂直度、发电机轴与水轮机轴的同心度、发电机轴与水轮机轴本身的弯曲情况进行检查。

测量数据表明水轮机轴和发电机轴连接法兰最大净摆度达 0.56mm（标准要求不大于 0.20mm），推力头最大值达 1.10mm，镜板最大值 1.14mm，表明机组轴系曲折度严重超标。水发连轴法兰最大净摆度值在 8 号～4 号对称点上，8 点是轴线的最大倾斜点，最大倾斜值为 0.28mm（0.56/2mm）。水导轴承与水发连轴法兰净摆度相对应，同样在 8 号～4 号上净摆度值最大，8 点是轴线的最大倾斜点，数值为 0.27mm（0.54/2mm）。这一情况说明，发电机转子中心体以下的各盘车点数据比例基本符合规律，水发连轴法兰、水导部位盘车摆度大主要是由于上端轴轴线曲折、上端轴与转子中心体下法兰中心偏置过大引起。

（4）定转子圆度检查。

上端轴与转子中心体下法兰中心偏置造成机组轴线曲折度不合格，同样影响转子的圆度，会导致机组励磁后不平衡磁拉力的增大，为此，需要对定子、转子圆度情况进行测量。通常精确的定子、转子圆度测量是在机组大修时将转子吊出机坑后利用测圆架进行，但机组小修时无此条件，经讨论采用盘车测量空气间隙值的方法对圆度进行简单测量，借以分析定、转子圆度情况。

1）转子圆度检查。

在定子 X、Y 两个方位进行定点测量方法：将圆周 8 等分，盘车时，当转子每经过一个盘车点，测量记录 X、Y 方位所对应的 3 个磁极上、下端空气间隙值，测量示意见 7-69。计算得出，在 X 方位的测量数据：磁极上、下端总平均空气间隙为 22.47mm，最大上、下端平均空气间隙为 24.23mm（图中第一象限），最小上、下端平均空气间隙为 20.75mm（图中第三象限），得出最大偏差＋8.3%，最小偏差－7.7%；在＋Y 方位测量数据：最大偏差＋8.9%，最小偏差－9.0%。两方位测量数据均远大于国标（不超过设计空气间隙值的±4%，设计空气间隙值为 18mm）的转子圆度要求，测量数据还表明转子圆度未达安装标准且呈半周大、半周小的分布。

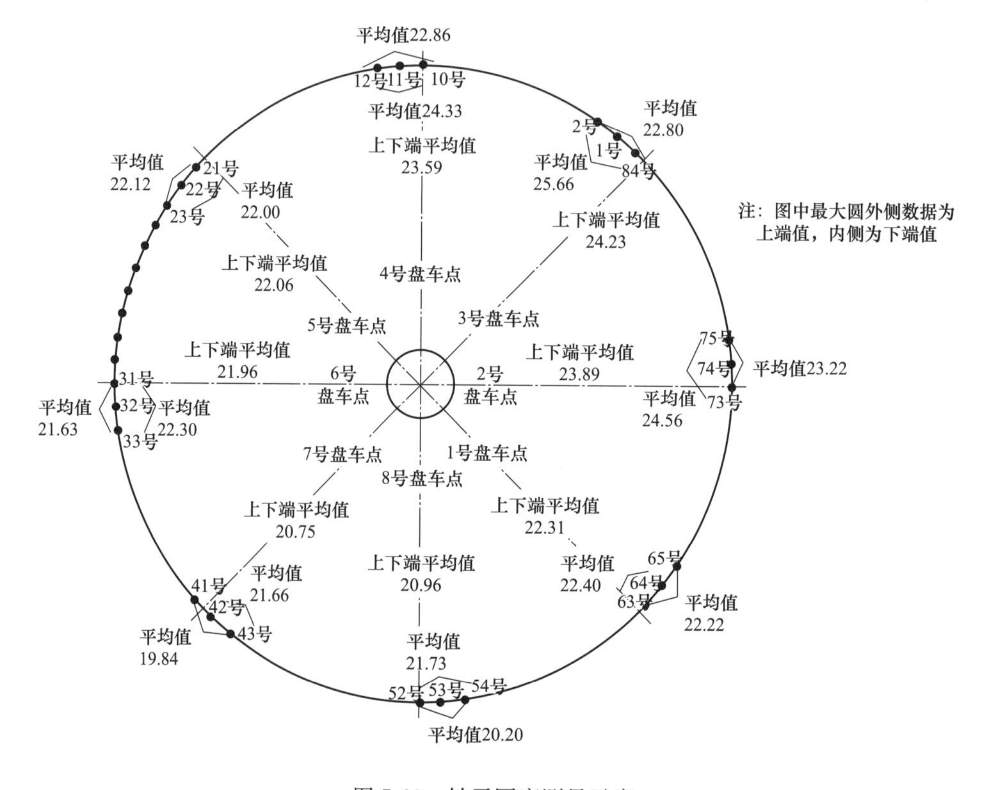

图 7-69　转子圆度测量示意

2）定子圆度检查。

测量采用固定3个相邻磁极（73号、74号、75号），按圆周8等分，盘车时，每盘到一个盘车点，测量记录此3个磁极对应方位上、下端空气间隙值，测量示意图见7-70。计算得出，3个磁极所测量的上、下端总的平均空气间隙为21.95mm，相加对边平均空气间隙之和分别为45.20mm（$+X$，$-X$）、43.70mm（图中第四、二象限）、43.58mm（图中第一、三象限）、43.11mm（$-Y$，$+Y$），总的对边平均空气间隙之和为43.90mm。根据数据初步判断，定子除了$+X$方位的平均空气间隙大于1.3mm即偏差+5.9%（国标单点不大于±4%）外，其整体圆度偏差不大，不需要进行处理。

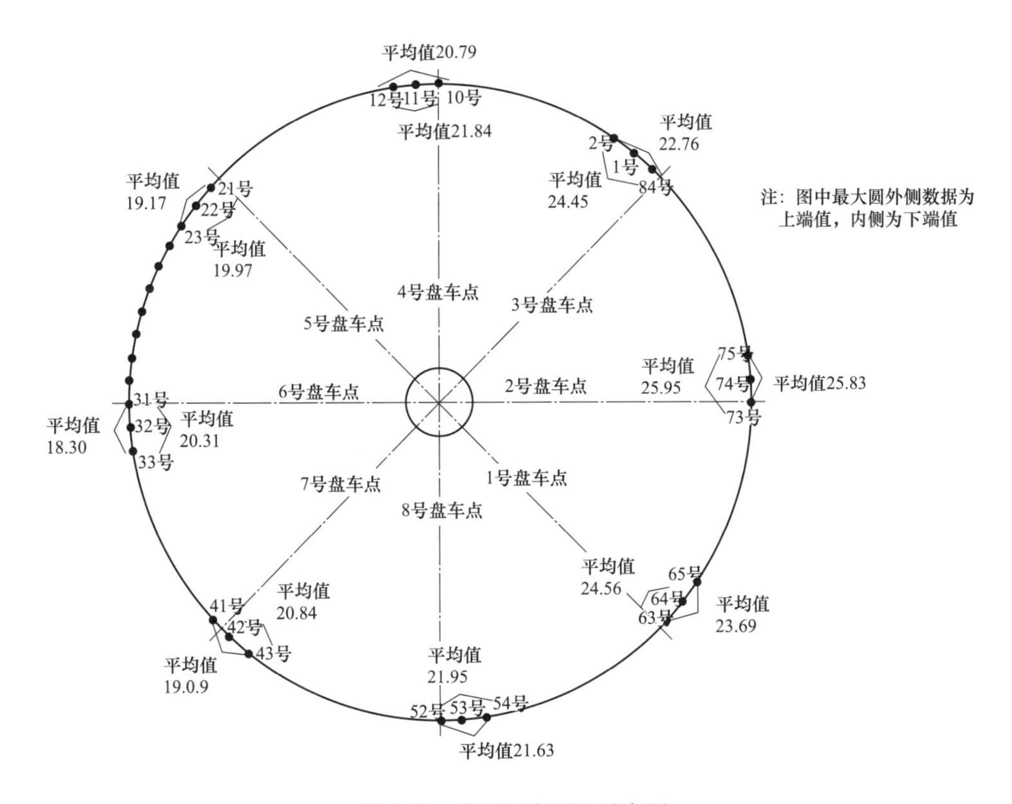

图7-70　定子圆度测量示意图

3. 故障原因确定

上机架水平振动主要为一倍转频分量，在发电机转子带励磁后明显增大，由此表明振动超标的主要原因是转子存在较大的偏心磁拉力，应为转子圆度不圆造成，上述转子圆度测量数据超标且呈半周大、半周小的分布情况正说明了这一点。

盘车净摆度超标，水发连轴法兰大于0.5mm（标准值不大于0.20mm），推力头最大达1.10mm，镜板最大达1.14mm，表明机组轴系存在偏心与曲折问题，没有达到安装标准要求，对转子的圆度也有影响，引起偏心磁拉力的增大。

（四）故障处理与处理效果评价

1. 故障处理

（1）转子圆度调整。

按照以实测转子半径 6347.50mm 为基准，设计空气间隙 18.00mm±0.72mm 为前提，并以圆度调整前实测平均空气间隙 20.16mm 为依据，打磨调整需要处理磁极的垂直偏差，对加垫磁极进行圆度和对称处理，处理后达到半径相等、磁极上下径向的垂直偏差在 0.50mm 以内。最终调整结果：转子圆度符合 6347mm±0.72mm 的设计要求，并且对称半径最大偏差不大于 0.3mm。

（2）上端轴中心、垂直度处理。

经数据分析计算，上端轴与转子中心偏差达 0.5mm；上端轴垂直度偏差大于 0.08mm/m；转子中心体上法兰面水平度偏差最大值大于 0.08mm/m，波浪度数值大于 0.2mm，而且法兰的内侧比外侧高 0.3mm，个别方位达 0.35mm，法兰面成伞状形态。

根据处理方案及作业指导书的要求，采用修磨方法处理转子中心体上法兰面水平来消除上端轴倾斜度，并将上端轴轴向盘车点 7 移动 0.5mm 进行预装。测量上端轴与转子中心偏差 0.03mm，垂直度不大于 0.02mm/m。

（3）修后盘车及调整。

转子吊装后，上端轴按预装位置正式安装并紧固螺栓，机组全部安装完成后进行盘车。测量数据表明，转子中心体下法兰测点最大净摆度为 0.22mm（标准值不大于 0.15mm），水发连轴法兰测点最大净摆度为 0.23mm（标准值不大于 0.20mm），其他各部测点最大净摆度均达设计要求。数据表明，盘车净摆度结果仍不理想，因工期原因，有待机组运行检验。

2. 故障处理效果评价

机组回装调试结束后进行启动运行试验，试验过程中测量数据如下：

（1）空转状态下，上机架水平振动值为 0.01～0.03mm，上导摆度 0.15mm，水导 0.09mm；

（2）变励磁试验中，各测点摆度、振动值受机端电压的升高影响不大，上机架水平振动值 0.069～0.073mm，上导摆度 0.172～0.205mm，水导摆度 0.216～0.311mm，数据合格，趋势稳定；

（3）试验水头下带负荷试验中，在未进入协联的 0～30MW 负荷区间为振动区，上机架水平振动最大值为 0.119mm；40～80MW 负荷区为最优运行区，上机架水平振动最大值为 0.048mm；在 90～110MW 区域的摆度、振动值略有增加，上机架水平振动最大值 0.062mm，在标准范围内，满足运行要求。

通过对机组轴线调整和转子圆度调整，消除了上机架振动超标的故障，为机组安全稳定运行提供了保障。

二、上机架振动异常故障分析及处理

（一）设备简述

某水轮发电机组的上机架为辐射式非负荷机架。承受径向力和支撑其上部固定部件重量。由中心体、12个支臂和12个千斤顶等组成。机组基本参数如下：

（1）水轮机类型。

立式轴流转桨；转轮重量：115t。

（2）发电机。

额定容量：194.2MVA；结构形式：立轴半伞式；转动惯量：172000kN·m^2；铁芯内径：15000mm；铁芯外径：17600mm；铁芯高度：2000mm；定转子气隙：21mm；转子重量：900t；转动部件总重量：3800t。

（二）故障现象

该机型机组运行初期，上机架水平振动值并不大。据历史数据显示，A机组上机架水平+X、+Y方向振动峰值分别为73μm、95μm；B机组上机架水平+X、+Y方向振动峰值分别为74μm、88μm。机组上机架水平振动稳定，无异常上升或下降的情况。

A机组在2019年4月26日并网运行后，上机架水平振动越高限，其中+X向最高达到159.4μm，+Y向最高达到150.7μm，A级检修前上机架水平振动均未超过100μm，见图7-71。2019年4月9日，B机组上机架水平振动越高限，机组上机架水平+X、+Y方向振动峰值分别为199μm、190μm，见图7-72。上机架水平振动明显增大，对实现机组长期安全稳定运行不利，存在着较大的设备损坏安全风险。

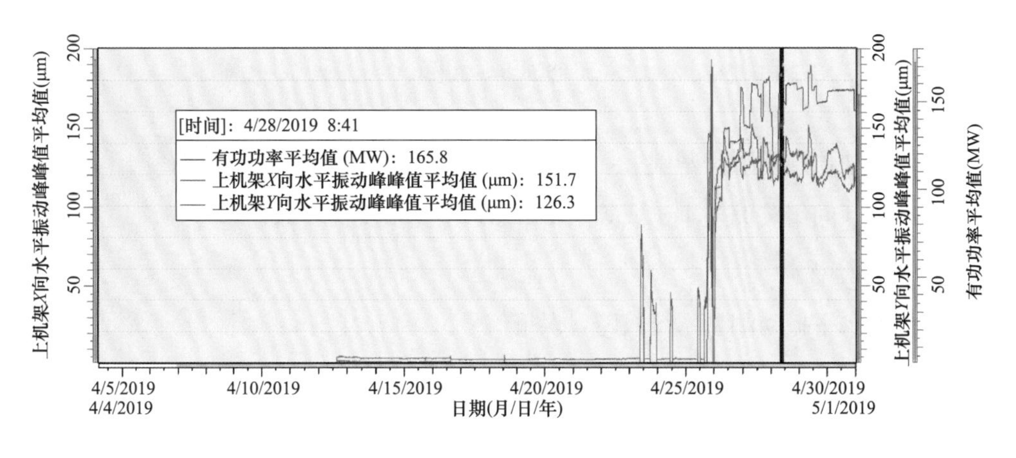

图7-71 A机组2019年4月上机架水平振动曲线

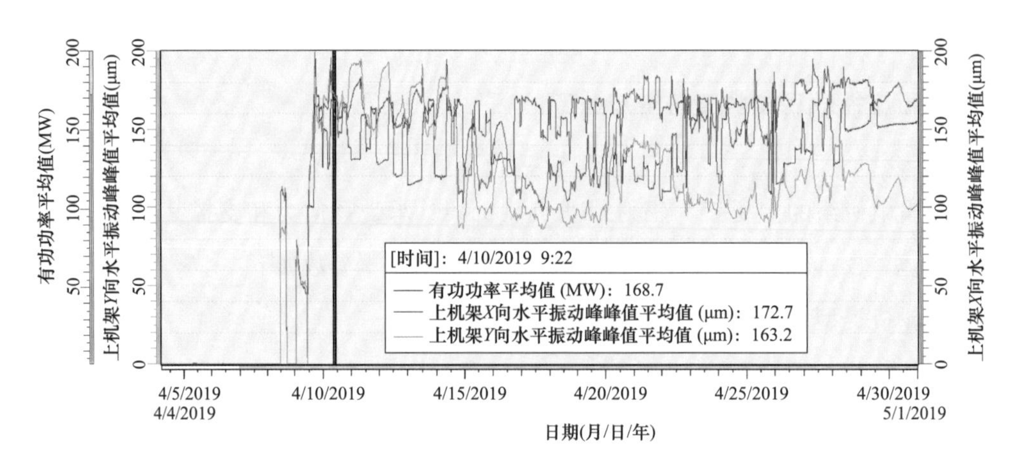

图 7-72　B机组 2019 年 4 月上机架水平振动曲线

（三）故障诊断分析

1. 上机架千斤顶结构

A 机组、B 机组上机架千斤顶结构如图 7-73 所示，千斤顶主要由千斤顶底座、螺母、顶丝、基础板、剪断销、地脚螺栓等组成。

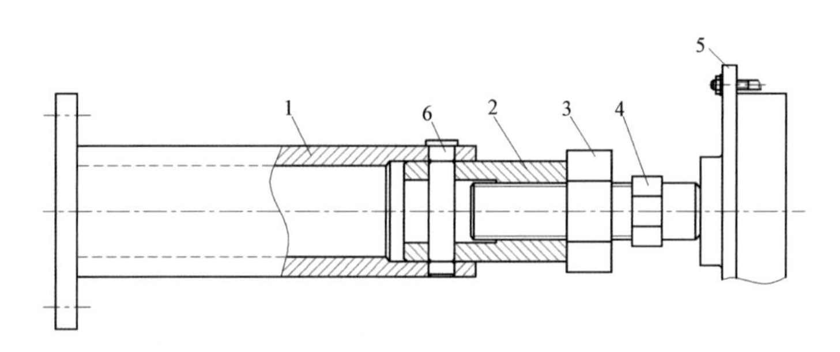

图 7-73　上机架千斤顶结构图

1—千斤项座；2—套筒；3—螺母；4—顶丝；5—基础板；6—剪断销

上机架千斤顶顶到混凝土基础上，以承受机组径向力。安装时上机架径向千斤顶调至水平，各千斤顶相互间组装偏差小于或等于 10mm，千斤顶受力一致。

2. 可能原因分析

(1) 上机架水平振动测量系统故障，误报信号。

上机架水平振动传感器或信号传输系统存在问题，导致监控系统显示值与实际值不符，显示值比实际值高出很多，对专业分析判断造成误导。

(2) 机组振动过大。

机组振动过大，使千斤顶备紧螺母松动，导致千斤顶失效；机组振动过大，使千斤顶剪断销剪断，导致千斤顶失效。

（3）千斤顶自身结构缺陷。

A 机组、B 机组上机架千斤顶为刚性结构，由于长期运行，千斤顶顶丝头与基础板撞击，造成顶丝和基础板变形，千斤顶顶丝与基础板之间出现间隙，千斤顶失效。

3. 检查情况

（1）上机架水平振动传感器。

经自动分部现场检查，上机架水平振动传感器工作正常，机械单元信号调理通道正常，更换上机架水平振动传感器后测量，上机架水平振动值仍越高限。

（2）检查机组振动情况。

查询趋势分析系统，2019 年 4 月 A 机组、B 机组振动数据如下表所示。A 机组、B 机组支持盖振动、上机架垂直振动、上导摆度、水导摆度数据正常，上机架水平振动数据越高限，见表 7-21。

表 7-21　A 机组、B 机组振摆数据（2019 年 4 月）　μm

机组号	方位	上导摆度标准：≤400μm	上机架水平振动	上机架垂直振动	水导摆度标准：≤600μm	支持盖水平振动	支持盖垂直振动
			标准：≤140μm			标准：≤140μm	
AF	*X*	140	159	28	157	34	96
	Y	112	151	20	161	34	106
BF	*X*	134	196	51	226	20	74
	Y	108	191	56	237	22	79

（3）检查机组千斤顶情况。

经检查，A 机组有 10 个千斤顶与基础板之间存在间隙；B 机组部分千斤顶备紧螺母松动、多个千斤顶与基础板之间存在间隙。

（四）故障处理与处理效果评价

1. 故障处理过程

A 机组 2019 年 11 月 C 级检修期间，检查发现 A 机组有 10 个千斤顶与基础板之间存在间隙，已对全部 12 个千斤顶进行了紧固处理。B 机组在 2019～2020 年度 B 级检修期间对全部 12 个千斤顶进行了紧固处理。

2. 故障处理效果评价

2019 年 12 月 A 机组 C 级检修后，机组恢复运行并经连续运行 24h 以上，记录上机架水平振动数据，数据表明，紧固上机架千斤顶后，上机架水平振动恢复正常，达到厂家设计要求。以 2019 年 12 月 27 日数据为例，机组上机架水平＋X、＋Y 方向振动峰值分别为 57μm、68μm，上机架水平振动正常，见图 7-74。

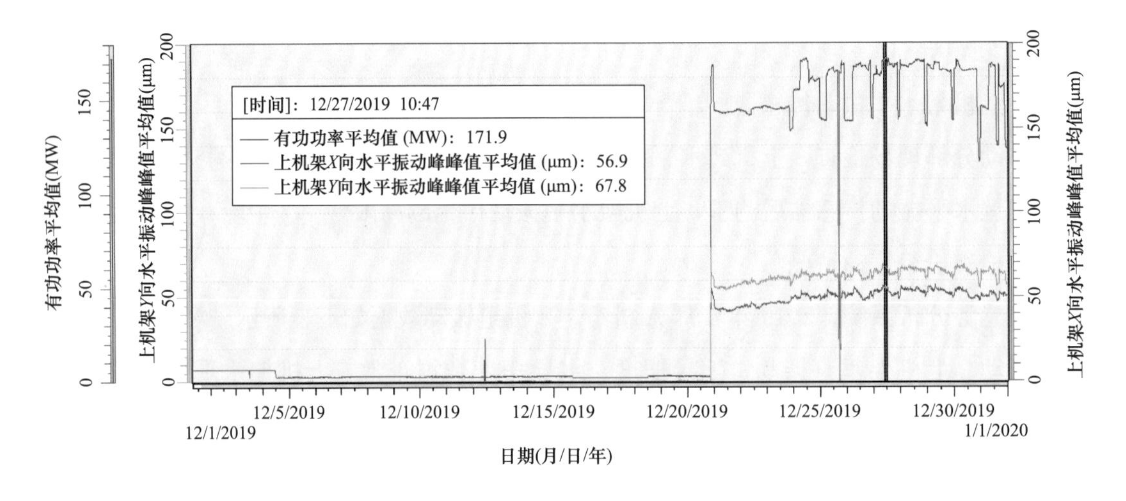

图 7-74　A 机组 C 级检修后上机架水平振动曲线

2020 年 1 月 B 机组 B 级检修后，机组恢复运行并经连续运行 24h 以上，记录上机架水平振动数据，数据表明，紧固上机架千斤顶后，上机架水平振动恢复正常，达到厂家设计要求。以 2020 年 1 月 23 日数据为例，机组上机架水平＋X、＋Y 方向振动峰值分别为 92μm、89μm，上机架水平振动正常，见图 7-75。

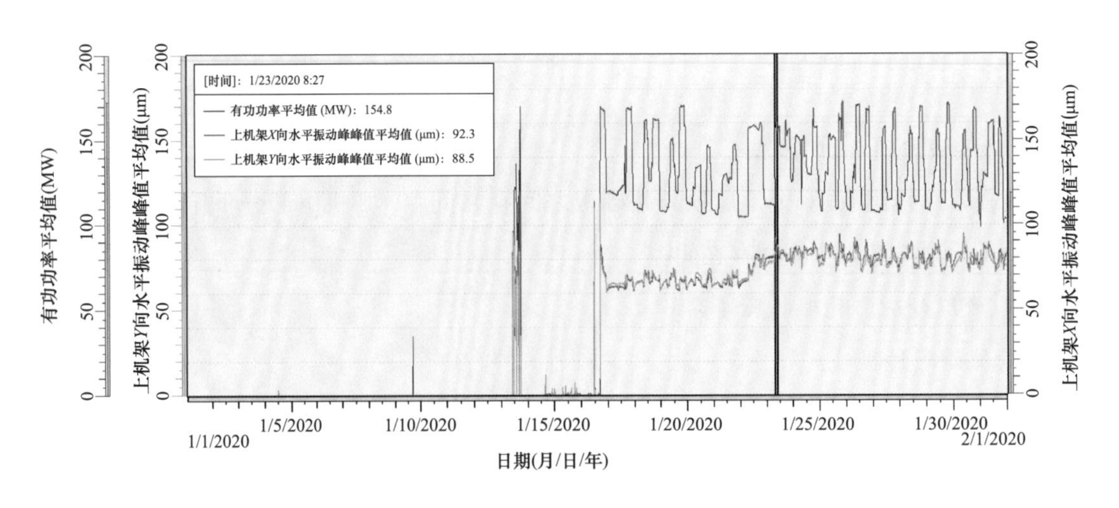

图 7-75　B 机组 B 级检修后上机架水平振动曲线

（五）后续建议

（1）跟踪观察 A 机组、B 机组上机架水平振动数据及上机架千斤顶松动情况。

（2）在后续 A 机组、B 机组增容改造期间对 A 机组、B 机组上机架千斤顶进行改造。

三、上机架挡风板螺栓导磁过热缺陷分析及处理

（一）设备简述

某电站水轮发电机组发电机出口母线布置于－Y 方向，位于定子机座上方，设计电压 23kV。其斜上方的上机架上设计有水平和竖直的挡风板，引导风场流向，以便更好地冷却出口母线和定子汇流环。发电机出口三相母线占据宽度刚好为 2 个上机架隔档的宽度，出口母线与上机架挡风板的相对位置如图 7-76 所示。

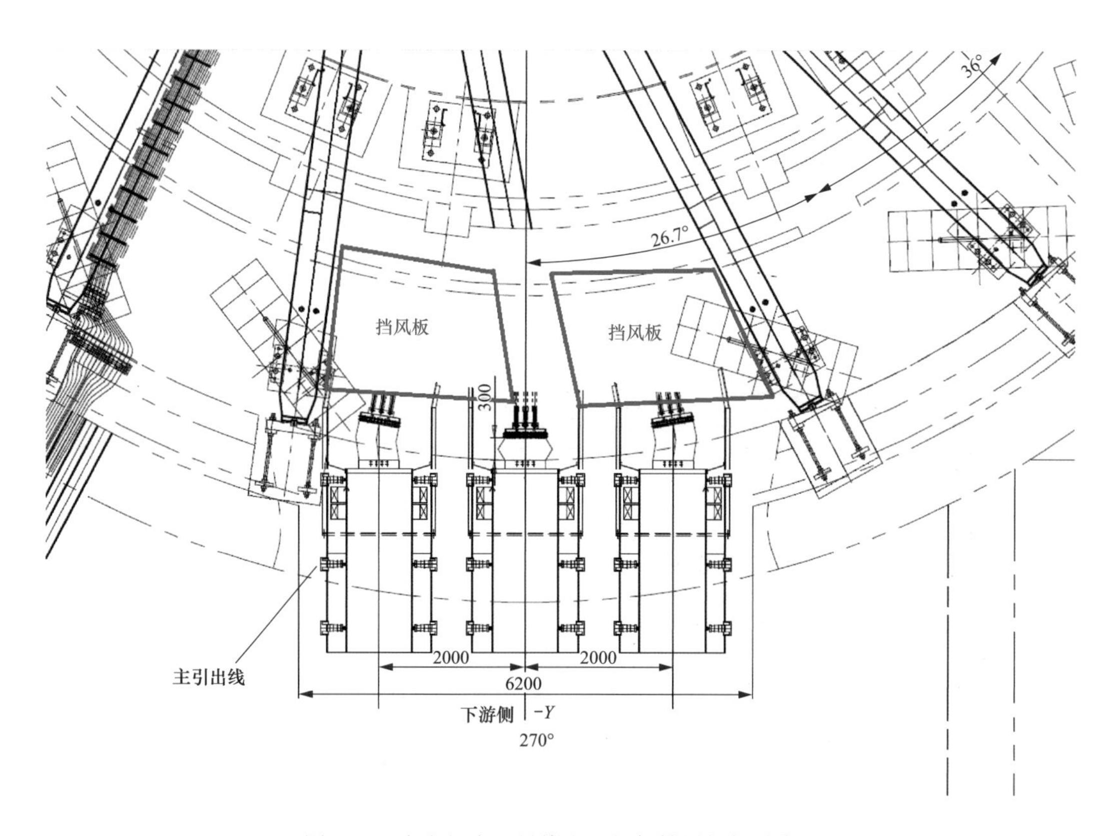

图 7-76　发电机出口母线和上机架挡风板相对位置

每两个上机架隔档内的挡风板，均由 3 块较大的水平挡风板和 1 块长条的竖直挡风板以及沿风洞内壁的若干小挡风板组成，上机架挡风板布置如图 7-77、图 7-78 所示。水平挡风板和竖直挡风板通过角钢托架和横梁固定在上机架支臂上，挡风板之间通过 3mm 羊毛毡实现密封。

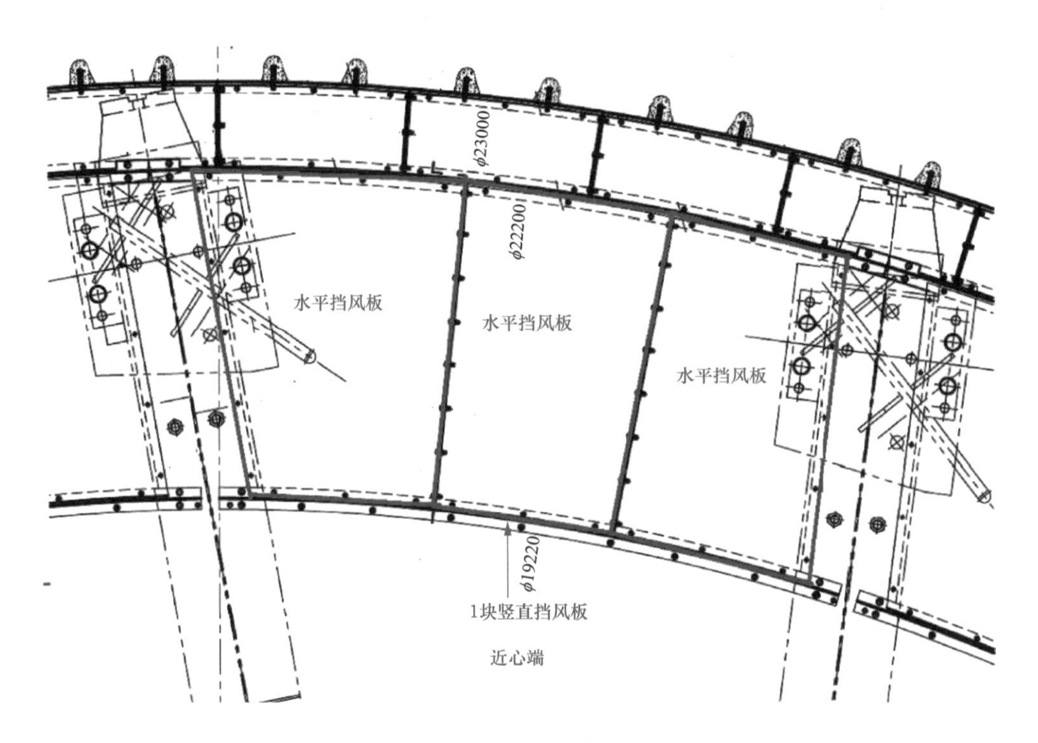

图 7-77　上机架挡风板布置俯视图

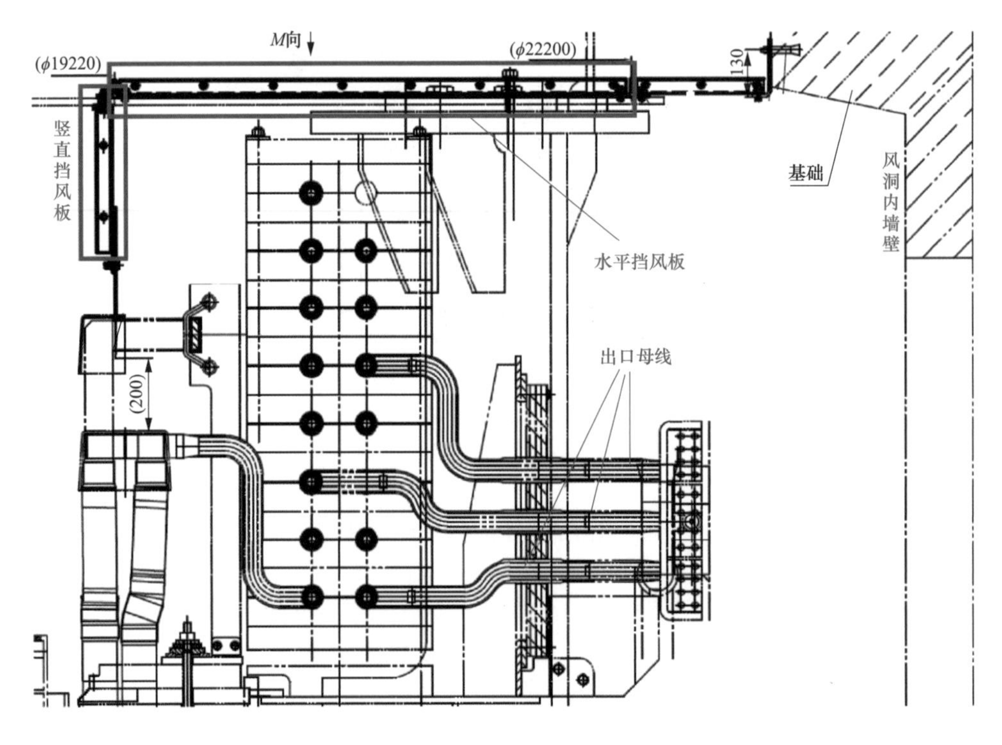

图 7-78　上机架挡风板布置主视图

（二）故障现象

该电站机组全部投产发电后，经过一个完整年度的运行。在岁修过程中，技术人员发现：机组发电机出口母线附近的水平和垂直挡风板连接螺栓及其附近挡风板存在明显灼伤痕迹；连接螺栓螺纹被破坏；局部挡风板烧伤较为严重，如图 7-79 所示。然而，经过技术人员仔细排查，其他位置的挡风板没有出现灼伤痕迹，存在灼伤的挡风板及紧固件均位于发电机出口母线斜上方的 2 个上机架隔档区域。该现象说明，上机架挡风板及其紧固件被灼伤是一个普遍现象。

图 7-79　上机架水平挡风板与上机架连接部位被灼伤

（三）故障诊断

技术人员分析并判断上机架挡风板及紧固件灼伤故障原因为：上机架挡风板的材质及紧固件均为碳钢材质，受发电机出口母线附近复杂交变磁场影响，挡风板及紧固件内产生较大涡流，导致发热严重。

（四）故障处理与处理效果评价

1. 故障处理过程

2014 年 3 月，将挡风板材质更换为 304 不锈钢以减轻发热。然而，经过一个汛期的运行，新更换的不锈钢挡风板及紧固件再次出现了明显灼伤现象，4 台机组依然存在不同程度的烧伤痕迹，如图 7-80 所示。经研究，决定将这两个上机架隔档的不锈钢挡风板改造为完全非金属的玻璃钢绝缘材质的新挡风板，紧固件仍采用不锈钢材质。

2015 年，发电机出口母线斜上方 2 个隔档的上机架挡风板全部更换为玻璃钢材质，如图 7-81 所示。

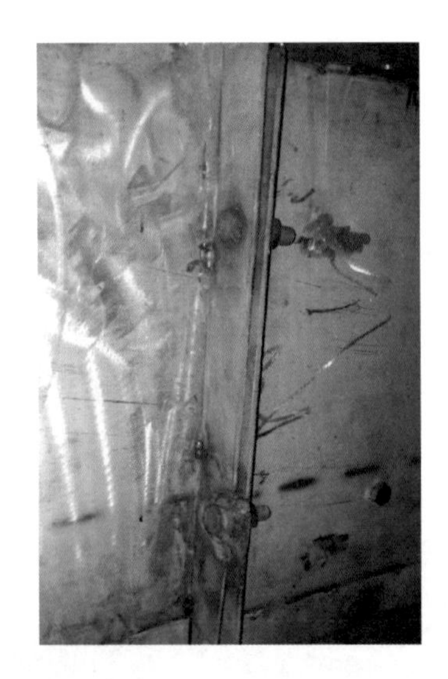
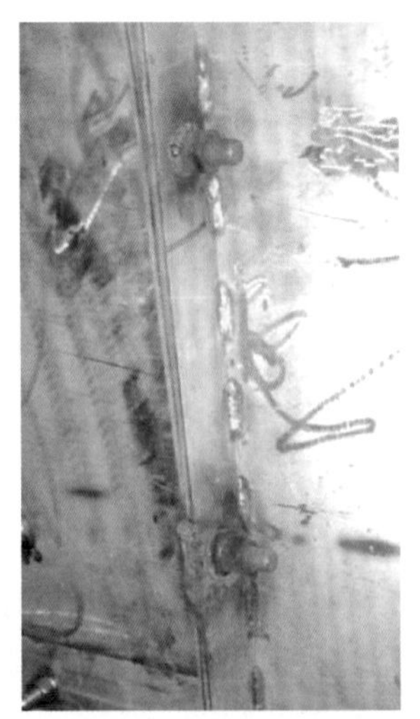

图 7-80　新更换的不锈钢挡风板及紧固件再次出现了明显灼伤现象

图 7-81　玻璃钢材质的挡风板（竖直）

2. 故障处理效果评价

非金属的玻璃钢挡风板更换后，挡风板及紧固件未再出现灼伤现象，该问题得到彻底解决。

（五）后续建议

（1）从机组发电机出口母线斜上方的上机架挡风板灼伤严重的现象来看，发电机出口母线附近的交变磁场较为复杂，再加上出口母线电流较大，磁场较强，后续的运行维护中需要加强对附件金属构件、紧固件及埋件焊接部位的检查。

（2）在复杂交变磁场环境下，金属结构件及其紧固件容易构成涡流通路，在涡流回路的接触不良的位置处，会出现发热严重甚至产生电灼伤的情况。在这种情况下，宜采用非金属材质的部件将涡流通路予以隔断。

四、上挡风板缺陷分析及处理

（一）设备简述

水轮发电机组运行过程中，挡风板、转子支架、转子磁极、定子铁芯与空气冷却器等部件共同构成了密闭循环通风冷却系统，可以有效防止转子与定子运行过程中温度过高，挡风板安装在发电机定转子上、下方，在通风冷却系统中的作用主要是减少定子与转子空气间隙处的漏风量，从而增加通风循环系统的密闭性，使发电机产生的热风基本全部通过空气冷却器进行冷却，冷却后的冷风再次进入转子磁极、定子铁芯，降低转子磁极、定子铁芯温度。

（二）故障现象

某水电厂机组定转子挡风板存在以下问题：

（1）挡风板容易被踩变形，出现凹陷情况。

（2）机组运行时，挡风板会出现振动现象。长期振动会导致挡风板螺栓螺纹损坏，紧固力丧失，加剧振动。

（3）长期剧烈振动作用下，挡风板紧固螺栓及螺帽点焊部位开焊，螺栓及螺帽有掉入定、转子风险，威胁机组安全稳定运行。

（三）故障诊断分析

该水电站主要有两种机型，称为A机型和B机型。以下对两种机型挡风板结构差异做了详细比较及分析。

1. A机型发电机挡风板

A机型挡风板主要由上下横板、立板等组成（图7-82），其中横板共48块，立板共24块，螺栓由止动垫片止动，转子上方未设置挡风圈，上挡风板与转子最小间隙40mm。上下挡风板与转子间隙均较小，漏风量较小。转子上挡风板检修时随上机架起吊，下挡风板单独拆除。

2. B机型发电机挡风板

B机型发电机挡风板由内外两圈横板及一圈立板组成（图7-83），横板共96块，立板共12块。内圈横板和立板与上机架通过工字钢进行连接，外圈横板直接与上机架支臂连接，螺栓由止动垫片止动。转子下挡风板处的立板位置更加靠近转子下方中心体进风区域。

由于转子上方未设置挡风圈，上挡风板内圈横板与转子间隙较大，达到350mm，通风效率相对较低，但是对整体密闭循环通风系统运行影响不大，且从结构上来说较该电站其他机型上挡风板强度高。下挡风板内圈立板与转子最小间隙26mm，外圈立板与转子最小间隙20mm，两道立板的设计使空气间隙下部密封性更好，漏风量更小，一定程度上弥补了上部漏风大的缺陷。

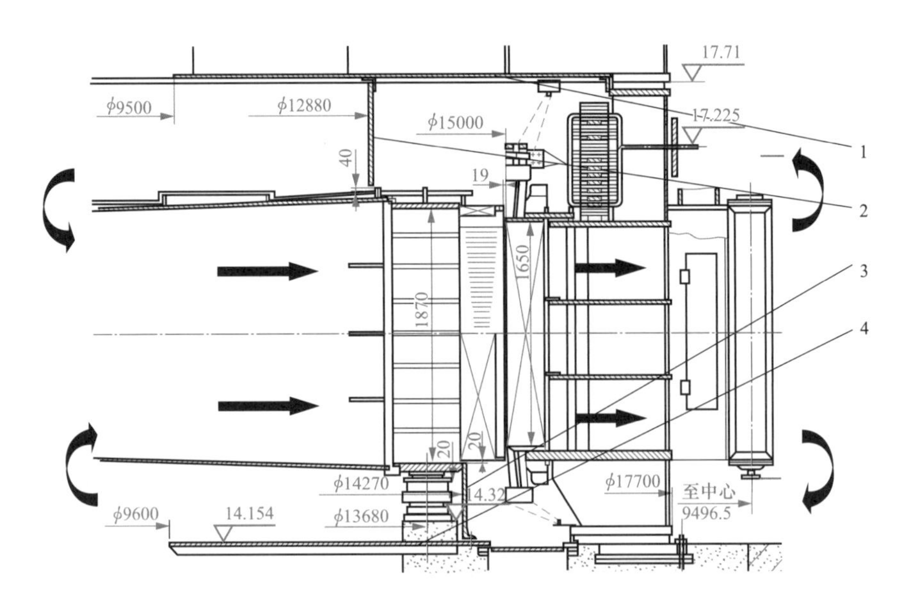

图 7-82 A 机型发电机挡风板装配

1—上横板；2—上立板；3—下立板；4—下横板

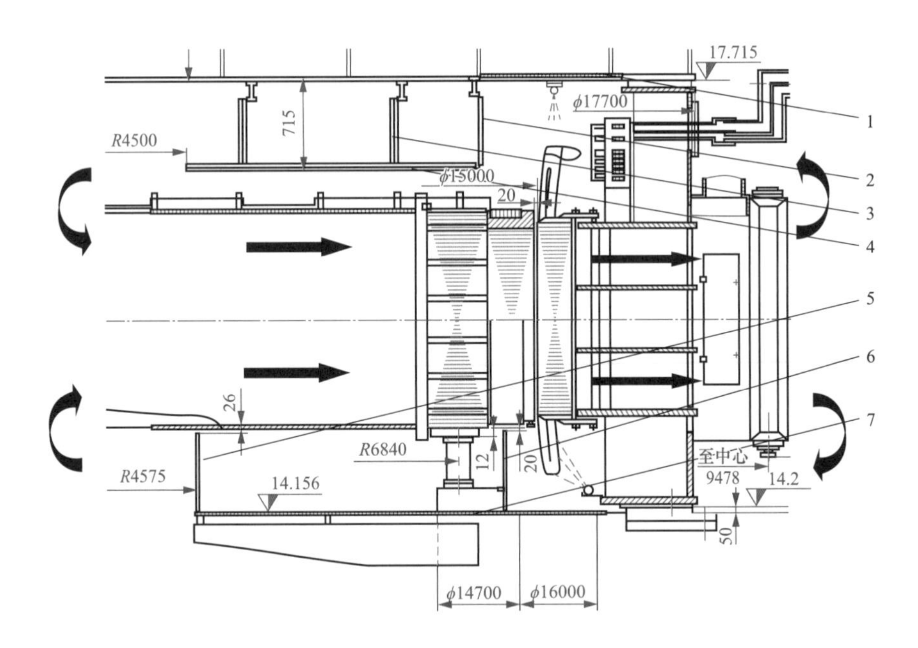

图 7-83 B 机型发电机挡风板装配

1—上横板（外圈）；2—上立板；3—支撑臂；4—上横板（内圈）；

5—下立板（内圈）；6—下立板（外圈）；7—下横板

通过比较发现 A、B 机型发电机挡风板主要结构形式基本类似，通风效果无明显差别。主要不同点为 B 机型上挡风板处设有支撑臂，支撑臂能有效对上挡风板形成加固。两者现场结构对比如图 7-84 和图 7-85 所示。

图 7-84　A 机型发电机挡风板现场图

图 7-85　B 机型发电机挡风板现场图

但在机组实际运行及维护情况发现 A、B 机型发电机挡风板各有优劣。A 机型发电机挡风板主要问题及危害表现为：

（1）上挡风板设计强度不够，挡风板容易变形，出现凹陷情况；

（2）机组运行时，挡风板会出现振动现象。长期振动会导致挡风板螺栓螺纹损坏，紧固力丧失，加剧振动；

（3）长期剧烈振动作用下，挡风板紧固螺栓及螺帽点焊部位开焊，螺栓及螺帽有掉入定、转子的风险，由此可能引起发电机扫膛，后果不堪设想；

（4）结构简单、机组检修过程中便于拆装。

B 机型发电机挡风板主要问题表现为：

（1）上挡风板结构稳固。机组运行时表现稳定，基本无振动；

（2）该结构复杂，造成现场检修环境受限，且不利于拆装。

（四）故障处理与处理效果评价

1. 故障处理

结合研究分析，最终技术人员提出了具体改造方案。主要包含以下六点：

（1）挡风圈增加水平挡风板及拉紧螺杆，使挡风板截面形成框体结构，显著提高挡风圈刚度，大幅削弱挡风圈的振动。结构比较如图 7-86 和图 7-87 所示；

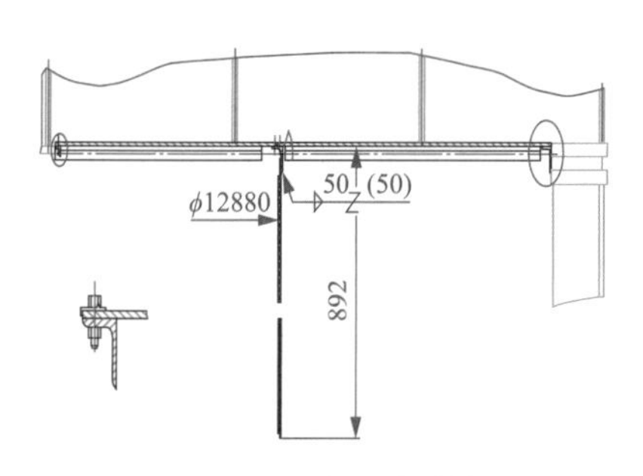

图 7-86　原挡风板结构

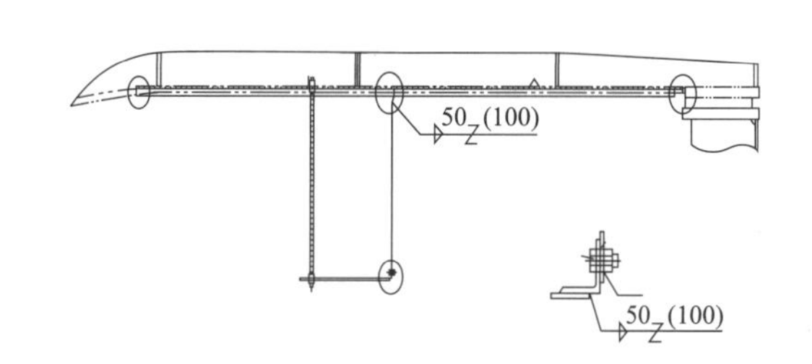

图 7-87　新挡风板结构（增加水平挡风板及拉紧螺杆）

（2）上挡风板整体布局不变，整体更换挡风板本体，挡风板钢板厚度由原 4mm 增加至 5mm，增加挡板本身的强度；

（3）内圈挡风板的数量由 24 件减少为 12 件，减少连接件；

（4）挡风圈的数量由 24 件减少为 12 件，提高挡风圈的整体性、刚性；

（5）在每一块外圈挡风板上焊接角钢，以增加刚度。结构比较如图 7-88 和图 7-89 所示；

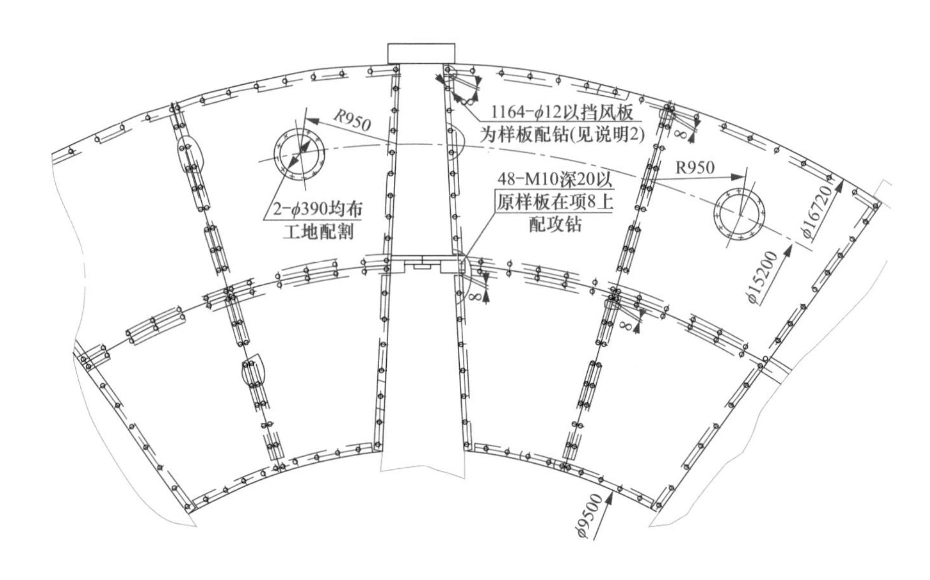

图 7-88　外圈原挡风板

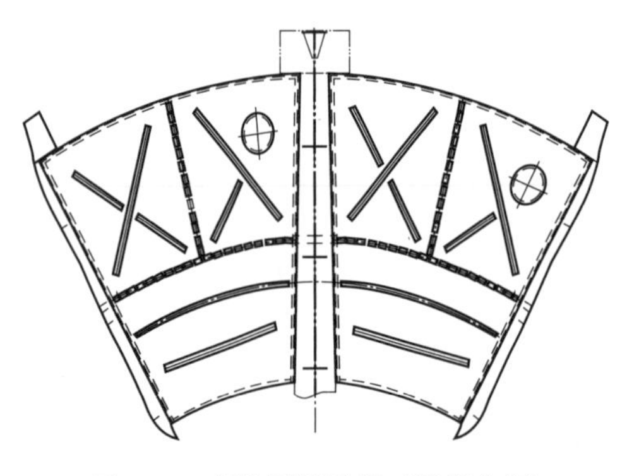

图 7-89　新外圈挡风板（焊接角钢）

（6）原挡风板连接螺栓规格由 4.8 级 M10 变为 8.8 级 M12 螺栓采用止动垫圈，所有螺母预装时焊接牢固（焊 2～3 处六角侧面），螺栓安装时涂抹螺纹锁固胶。

2. 故障处理效果评价

根据电站机组检修计划，在 A 机型机组大修期间对其发电机挡风板按照上述研究方案进行整体改造。改造后实际结构形式如图 7-90 所示。

A 机型机组发电机挡风板改造后，跟踪观察该机组发电机挡风板运行情况发现发电机风洞内无异常响声，发电机内部通风循环及各温度指标正常，检查挡风板发现其运行稳定无明显振动。为了验证其长期运行后的效果，在经过机组一年运行后停机对挡风板螺栓等各连接件检查时发现，各连接螺栓无松动、螺帽无异动无脱焊情况。经过时间检验证明该机型发电机挡风板改造后此前的问题得到大幅改善和消除。

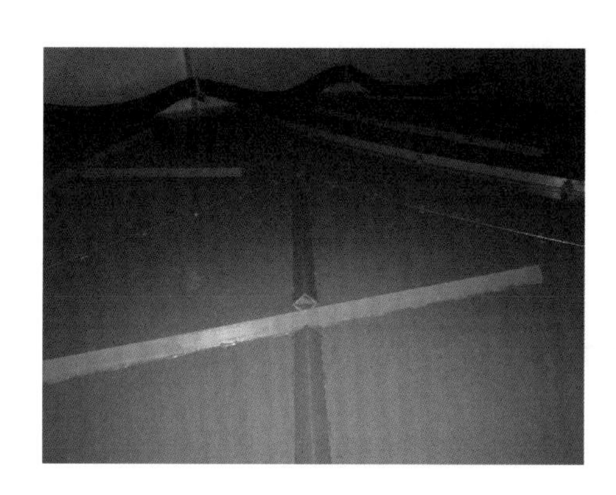

图 7-90　改造后实际结构形式

（五）后续建议

水轮发电机定子挡风板安装布置位置一般处于巡检人员的视野之外，因此挡风板紧固螺栓松动缺陷具有一定的隐蔽性，不易发现，缺陷出现后有较大可能性导致发电机扫膛的重大事故。通过对 A 机型发电机挡风板结构进行研究，存在的问题进行分析。最终利用研究成果对该机型机组定子挡风板进行改造，经过实践证明该方案能有效解决挡风板长期振动、异响等严重问题，消除发电机事故隐患。该改造方案为后续相同机型挡风板改造提供了成熟经验，同时也可供其他同类型水电机组借鉴及参照。

第八章　发电机辅助设备

第一节　设备概述及常见故障分析与处理

一、发电机辅助设备概述

发电机的辅助设备主要包括空气冷却器、制动器、高压油减载装置等部件组成。

（一）空气冷却器

空气冷却器也称为热交换器。发电机内的热空气经过空气冷却器进行冷却后，温度降低，成为冷空气。冷空气进入电机内部，冷却铁芯和绕组，再流出发电机，带走热量。如此循环不已，空气冷却器将发电机的电气损耗所产生的热量带走。

大中容量水轮发电机，一般装设4～18个空气冷却器，空气冷却器的散热余量取10%～15%为宜。这样，当某一个冷却器检修时，其他冷却器仍能带走全部损耗，不会影响发电机的正常运行。

（二）制动器

制动器俗称风闸，其主要作用如下：

（1）发电机转速降到机组加闸制动转速（推力轴承金属瓦机组为额定转速的30%～35%、推力轴承塑料瓦机组为额定转速的15%）时，投入低压气（0.5～0.7MPa）加闸制动，使发电机组迅速停止转动。

（2）发电机组安装或检修期间，用高压油注入制动器顶起转子，将发电机组转动部分的重量转移到制动器的缸体上，再通过缸体传送到机坑基础上。

（3）当发电机组停机时间较长，需要再次开机启动时，通过注入高压油，使得制动器顶起转子，使推力瓦与镜板之间重新建立起油膜。

（三）高压油减载装置

大负荷钨金瓦推力轴承，轴瓦面积大，单位压力高，因而直接影响机组的安全运行。在机组启动时，如果镜板与推力轴承之间尚未建立油膜，镜板与推力轴承处于干摩擦或半干摩擦状态，轴承的摩擦系数大造成轴瓦发热和热变形，这在一定程度上威胁到轴承的安全。

在机组启动前，高压油减载装置，通过轴瓦上预先开设的油室，将高压油注入推力轴瓦和镜板之间，强迫建立油膜，从而降低摩擦系数，减小轴瓦变形，保证轴承安全运行。

（四）受油器

受油器是轴流转桨式水轮发电机组液压操作系统的一个重要部件之一，其主要作用是将调速系统的压力油由外部固定油管传输到高速转动的操作油管内，并将其传送至桨叶接力器，及时、有效地调整桨叶开度，从而使水轮发电机机组始终处在协联工况下运行。

二、常见故障分析及处理

（一）空气冷却器

1. 常见故障

空气冷却器的常见故障包括漏水、冷却效果变差等。

漏水原因包括进出水环管连接管箍漏水、排气阀断裂喷水、水箱端盖变形造成空气冷却器漏水、冷却铜管磨损造成空气冷却器漏水等。

冷却效果变差原因包括管路水垢增多等。

2. 处理方法

针对空气冷却器漏水和冷却效果变差的故障，采取的处理方法是：将空气冷却器整体更换，针刺式空气冷却器改造为穿片式空气冷却器，风洞内空气冷却器供水支管改造为不锈钢无缝钢管。

此外，发电机空气冷却器需定期进行维护和保养工作。定期维护工作包括以下几项：

（1）定期清除凸型铝片上的尘垢以减少空气阻力，保持冷却能力。尘垢在很大程度上影响换热系数，直接影响空气冷却器的冷却效果，因此必须保持空气冷却器凸型铝片上清洁无垢。

（2）定期使用清洁水冲刷管束内部，务必将污垢除干净，并检查腐蚀程度，其值不应超过规定值（碳钢为 3mm）。管束内部的污垢会冷却水流通时产生较大的阻力，一方面是冷却水量较少，另一方面可能产生更严重的空化与空蚀，因此应对空气冷却器的管束状态定期进行抽查，检查时可通过内窥镜进行。

（3）定期全面检查各零、部件的紧固状态。同时，经常性巡检，查看运行中有无异常声音和振动，热风、冷风稳定是否正常，以及各管路阀门有无渗漏等，及时掌握空气冷却器的运行状况，对排除空气冷却器运行隐患是非常有帮助的。

空气冷却器的检修周期一般为2～4年。由于空气冷却器进出水管设置有阀门，因此可通过关闭空气冷却器进出口的阀门实现单独检修而不影响机组的正常运行。

（二）制动器

1. 常见故障

制动器缺陷主要集中在活塞卡涩、漏气和漏油等问题。通过对现有记录的缺陷统计来看，以活塞卡涩、串气故障较多，闸板磨损量过大故障出现次数相对较少，具体分析如下：

（1）活塞卡涩。

活塞卡涩造成制动器起落不灵活的现象，在使用中制动器制动后无法复归。出现这种情况，只能人工强行撬下，这样给运行人员和检修人员带来很大的工作量，推迟了开机时间，给电力生产带来极大的损失。通过更换风闸活塞密封基本上能消除以上缺陷。

（2）制动器串气串油。

制动器出现串气串油故障时，通常有如下现象：复归时制动器下腔压力升高，活塞无法下落；制动器投入时活塞上下窜动，有喘振现象；顶转子时从上腔排气管排油或活塞外缘处有油溢出，顶转子不成功等。制动器串气一般是密封圈破损或失去弹性所造成。

制动器在制动时通入气压，检修作为顶转子工具时下腔通入高压透平油，长年使用后，工业用气和透平油中所含的水分和杂质会积存在制动器下腔内无法从系统中完全排除，造成活塞缸内壁锈蚀，使原本光滑的活塞腔内壁变得凸凹不平。当活塞上下移动时，密封圈与锈蚀的内壁摩擦造成损伤，久而久之就会出现大面积破损，制动器出现上下腔串气现象。密封圈磨损严重时甚至发生断裂，使制动器完全不能工作。同时，在制动器使用过程中，活塞腔锈蚀的氧化物也会随气流和油流移动到其他制动器的活塞腔里，加速其他制动器的活塞密封磨损，缩短整个制动系统的无故障运行时间。

（3）闸板磨损量过大。

闸板是制动器的摩擦部件，又叫制动块。发电机组制动时，闸板与制动环摩擦，从而起到制动作用。闸板的材质必须满足耐磨、摩擦系数高、抗压强度高、粉尘量小等要求。另外由于发电机组风洞内油雾较多，闸板在接触透平油后还必须保持足够大的摩擦系数，以满足发电机组制动的要求。发电机组制动器原来使用较多的是石棉制动闸板。在制动时，该制动闸板会产生大量的石棉粉尘，影响发电机组风洞内运行环境；石棉是致癌物质，不利于人体健康；石棉制动闸板受油雾污染后摩擦系数有所降低，导致发电机组制动时间有所延长。

2. 处理方法

（1）活塞卡涩的处理方法。

制动器活塞发卡不能复位问题，一般是由于复归弹簧失效及密封卡涩问题，主要采用以下两种处理方法：

1）采用气压复位制动器，气压复位的复位力一般按四倍弹簧复位力设计，较大的复位力使活塞发卡问题得以解决，这也是目前普遍采用的复位方式，若采用双活塞三腔（油腔、气腔、复位腔）气压复位结构，制动器的高度要比弹簧复位制动器高，对老电厂的改造带来困难。

2）在活塞镶嵌聚四氟乙烯导向带，活塞靠导向带与气缸内壁滑动配合接触，活塞与气缸金属部分不接触，缸体得以保护，不再被划伤、拉毛，密封磨损问题也得以解决。聚四氟乙烯滑动摩擦产生的微粒，还会在内壁形成塑料薄膜，进一步减小摩擦系数。

（2）制动器串气串油故障的分析及处理方法。

制动器串气一般是密封圈破损或失去弹性所造成。密封圈失去弹性一般与密封圈材质、化学环境有关。工业用气和透平油内所含杂质和添加剂会加速密封圈老化，当密封圈失去弹性时无法起到密封作用，使制动器不能灵活动作。

遇到这种情况时我们必须对制动器进行解体检查，检查活塞腔内锈蚀情况并记录，用细砂纸将锈蚀部位打磨光滑，清扫活塞腔内杂质，更换新密封圈。

（三）高压油减载装置

高压油减载装置的常见故障包括单向阀密封圈老化破损、高压油泵运行异常、滤芯堵塞等。机组盘车中，投入高压油后，偶尔会发现一至两块瓦的出油边没有出油或出油较少，但在整体上不影响机组正常运行。

高压油减载装置油泵故障分析可观察是否有以下特征：高压油泵运行噪声较大、高压油泵出口压力异常或其温度异常。处理方法为对高压油泵进行更换备品后，再将故障高压油泵送到厂家进行修理。

对滤油器滤网要进行定期拆除清洗，防止脏物堵淤，影响油的净化，并按期更换润滑油。如发现油质变坏、高压油进出口压差增大，则需检查滤油器滤芯，并进行清洗或更换。

（四）受油器

受油器漏油概括起来可以归结三种现象：第一种是当漏油量在某值以下时，漏油较小，流速慢，它顺着上浮动瓦压盖往下流，油流在压盖的外缘，形成线状或点滴状，这是最基本的漏油现象，是十分普遍的和正常的。第二种当漏油量加大时，漏油在离心力作用下做圆周运动和压力的作用下向上的直线运动，油紧贴着操作油管转动，同时经过一个峰顶后向下运动，形状如同正弦曲线的上半部。这一过程始终发生在某一区域内，即从某一位置开始，到另一位置结束，并且间隔着一定的时间重复着上述运动。第三种如果调速器油压装置压油泵启动频繁（每 10～15min 启动 1 次），那么这种现象断定为受油器跑油。

处理方法如下：

（1）减小正压力。

为了减少浮动瓦的摩阻力，在浮动瓦下面端开设一道压力补偿圆环，并将压力油引向圆环下，使浮动瓦的上、下压差减小。

（2）增大配合间隙。

浮动瓦不同一般导轴承，封堵油路是至关重要的，但过小的间隙会使瓦磨损增大间隙，导致浮动瓦的密封失效。

（3）增加密封油环。

配合间隙扩大将会引起浮动瓦对压力油的密封性降低，为了解决这一矛盾，在浮动瓦内壁均布环行油沟，使之形成油室，以保证操作油管在旋转离心力的作用下，形成油环来增强浮动瓦的密封性。油沟还可以在油路上形成迷宫环起到减压作用。

第二节　空气冷却器系统典型案例

一、振动环境中管箍漏水问题分析与处理

（一）设备简述

某电站水轮发电机组上导冷却水管路从67m风洞外围穿过风洞墙壁，经过转子上方最后连接到上导油槽底部，转子上方的管路上存在管箍连接。该机组上导冷却水管路布置如图8-1所示，上导冷却水管管箍连接如图8-2所示。

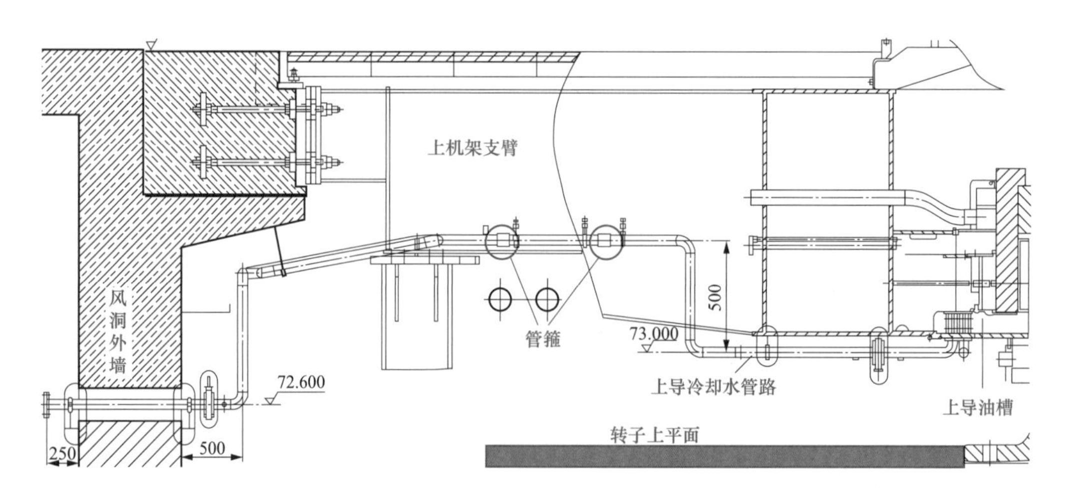

图8-1　该机组上导冷却水管路布置

该机组空气冷却器进出水环管也是采用管箍连接的。空气冷却器进出水环管管箍连接如图 8-3 所示。

图 8-2　上导冷却水管管箍连接

图 8-3　空气冷却器进出水环管管箍连接

（二）故障现象

该机组曾多次出现空气冷却器环管管箍漏水的缺陷，如：2011 年 3 月 17 日，19F 机组 1C 空气冷却器处空气冷却器进水总管管箍漏水，漏水成多股线状；2010 年 11 月 26 日，20F 机组空气器正向供水管 1C 空气冷却器处接头漏水，漏水呈线状，地面已经有很多积水；2011 年 10 月 31 日，20F 机组空气器正向排水总管与 16 号空气冷却器连接处漏水，约 1 滴/s；2011 年 6 月 17 日，22F 机组 14 号空气冷却器冷却水主管管箍处漏水等。

（三）故障诊断

该机组空气冷却器环管管箍漏水的原因可能是以下几点原因综合的结果：

（1）管箍压紧螺栓紧固不到位。

管箍压紧螺栓紧固不到位，管箍会压偏或者密封不严，会直接导致管箍漏水。管箍的紧固螺栓仅有两颗，其防松措施除了涂螺纹锁固胶之外，并无其他机械防松措施。机组风洞内振动较为明显，管箍常年累月的振动可能导致压紧螺栓缓慢松动。另外，机组技术供水充水和技术供水正反向倒换都会对管箍造成一个冲击，加速压紧螺栓的松动。

（2）管箍密封老化。

机组风洞内温度较高，管箍内部橡胶密封件在高温环境下，随着机组运行时间的增加，管箍密封可能会缓慢老化，密封弹性也会相对减弱。

（3）管箍处遭受较大压力或者撞击。

管箍连接方式的强度不如法兰连接方式，当管箍连接处受到一个较大的压力，比如技术供水超压，或者承受到一个较大的力撞击后，管箍连接的管箍可能存在脱扣的风险。

（四）故障处理与处理效果评价

1. 故障处理

为彻底解决管箍漏水隐患，提高机组安全稳定运行的可靠性，将该机组空气冷却器及上导冷却水管管箍连接改造为法兰连接方式。

2. 故障处理效果评价

右岸电站该机组自空气冷却器进出水环管连接方式改为法兰连接后，再没有出现过环管连接部位漏水的缺陷了。将上导冷却水管的连接方式改为法兰连接也大大降低了转子上方冷却水管因管箍脱扣而漏水的风险。

（五）后续建议

在振动较大的环境中，应尽量避免使用管箍式限位接头对管道进行连接，采用法兰连接最为可靠。如果安装现场空间较小不能使用标准法兰时，可设计使用特殊形式的法兰进行管道连接。

二、水轮发电机组空气冷却器漏水原因分析及处理

（一）设备简述

某电站水轮发电机的空气冷却器均安装在发电机风洞内定子机座上，根据机型不同共有3种型号的空气冷却器。

（二）故障现象

近年来，该电站空气冷却器漏水故障频发，冷却效果变差，在2015～2016年进入缺陷爆发集中期，出现多台机组空气冷却器有漏水，严重影响机组安全稳定运行。

（三）故障诊断

1. 故障初步分析

该电站机组空气冷却器自投运以来，已连续运行约15年。该电站机组空气冷却器漏水是长期运行出现严重老化、冷却铜管磨损严重、管路水垢增多等原因导致。

2. 设备检查

2016年8月26日，相关部门对该电站21台机组的空气冷却器进行了全面排查。运行人员配合倒换空气冷却器供水方式，检查人员在正、反向供水时逐个对每台机的12个空气冷

却器进行检查。发现多台空气冷却器漏水缺陷。

（四）故障处理与处理效果评价

1. 故障处理

针对空气冷却器长期运行老化等导致的漏水缺陷，决定对该电站机组空气冷却器分年度进行改造。具体方案为：将空气冷却器整体更换，针刺式空气冷却器改造为穿片式空气冷却器，风洞内空气冷却器供水支管改造为不锈钢无缝钢管。

2. 故障处理效果评价

该电站已经完成空气冷却器改造的机组在运行过程中均未出现空气冷却器漏水现象，改造效果良好。

（五）后续建议

持续跟踪该电站机组空气冷却器的运行情况；对该电站剩余机组根据检修计划进行整体空气冷却器改造。

三、空气冷却器自动排气阀缺陷分析及处理

（一）设备简述

某电站水轮发电机组的空气冷却器为穿片式结构，由冷却翅片叠片组成，冷却管在承管板上胀接固定，两端的水箱和两侧的盖板用螺栓连接在承管板上，为了提高空气冷却器效率，在空气冷却器顶部设置两个自动排气阀，冷却器设计裕量可满足在 2 台冷却器退出运行的情况下，发电机仍可正常运行，主要技术参数见表 8-1。

表 8-1　　空气冷却器参数

项目		单位	数据
结构尺寸	冷却器有效长	m	3
	冷却器有效宽	m	1.7
	每排管间距	m	0.0500
	水管排间距	m	0.0433
	每排水管数	个	33/34/33/34/33/34
	水管排数	排	6
	水管总数	个	201
	水路数	路	4
	管径	mm	$\phi20/\phi18$
发电机总风量		m^3/s	319.3

续表

项目	单位	数据
冷却器数	个	16
冷却器进水温度	℃	25
冷却器出风温度	℃	31.05
水管中水速	m/s	1.5
总水量	m^3/h	1104.802
单个冷却器水量	m^3/h	69.05

（二）故障现象

机组运行期间，运行人员巡检发现14号空气冷却器顶部左侧排气阀呈柱状喷水，造成上风洞地面积水，见图8-4，运行人员立即全关14号空气冷却器进、出水阀，由于出水阀卡阻无法全关到位，排气阀仍呈股状喷水，机械维护人员迅速将自动排气阀进行了更换。

图8-4　排气阀断裂喷水

（三）故障诊断分析

从拆除的排气阀断口分析，四分之一是新断口，四分之三是旧断口（图8-5），表明排气阀阀体内螺纹根部存在裂纹缺陷，由于在密封圈及螺纹压紧力的作用下，安装后未发现漏水情况，但此处是应力最集中的部位，水压及振动导致内螺纹根部其余连接部分断裂。

初步分析，可能为安装操作存在问题，在拧紧时，为了使喷嘴朝外，必须在紧固后再加一定预紧力，过大的力矩会使铜质阀门产生裂纹缺陷。

图8-5　排气阀断裂图

（四）故障处理

鉴于自动排气阀母材可能存在裂纹等缺陷，机组长期运行后存在断裂喷水至定子线棒的隐患，对自动排气阀进行改造，以消除该安全隐患，主要工作包括：机加工制作接头，使用套丝机现场制作不锈钢管端部 G1/2 管螺纹，管螺纹长度不小于 30mm，管支撑底座焊接于空气冷却器上，接头使用氩弧焊将其与底座围焊，防止长期运行后渗漏。除与不锈钢球阀连接缝外，全部螺纹连接缝处均使用氩弧焊围焊，全部焊缝需做表面着色探伤（PT），不锈钢球阀垂直朝下，顶部球阀距离地面约 1.5m，不锈钢球阀末端使用快速接头进行封堵，结构如图 8-6 所示，安装完成后做整体耐压试验，试验压力 1.5MPa，60min 无渗漏。

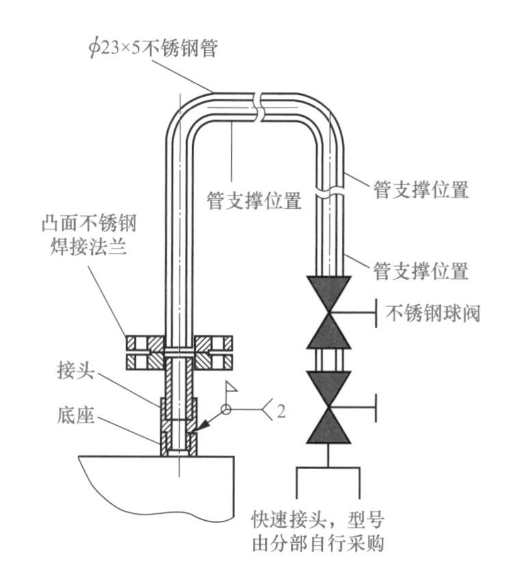

图 8-6　管路安装示意

如果自动排气阀断裂喷水，可能会喷淋到汇流环，造成定子线棒及机座进水，影响定子铁芯拉紧螺杆绝缘，甚至造成机组停机。采用管路直接将排气口引至空气冷却器下端部并用堵头封堵，避免了各部位溅水的风险，改造后，所有法兰接口、焊缝及阀门无渗漏，可正常手动排气，设备运行稳定。

（五）后续建议

针对靠近设备运行区域的油水管路，应采用牢靠的连接结构，避免管路连接位置由于长时间运行，因振动造成疲劳断裂，引起油水泄漏，造成运行隐患。

四、空气冷却器水箱端盖变形处理

（一）设备简述

某电站水轮发电机组共有 20 个水冷式空气冷却器，对称悬挂于定子机组外侧。空气冷却器通过上下水箱端盖与冷却水管连接，结构如图 8-7 所示。

（二）故障现象

巡检发现，该电站右岸电站多台该机型机组出现空气冷却器漏水现象。

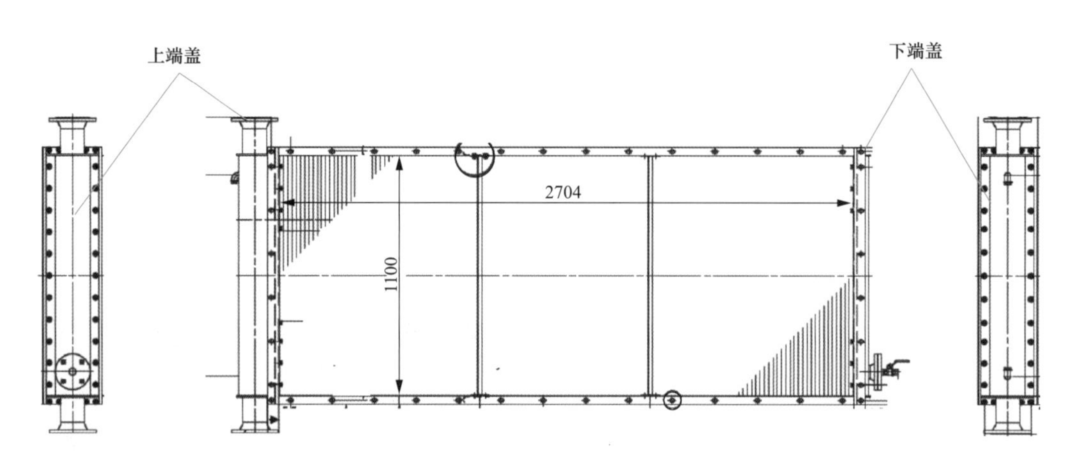

图 8-7　该机型机组空气冷却器结构示意

（三）故障诊断

1. 原因分析

经初步检查，认为是机组长期运行，空气冷却器上、下水箱端盖密封老化，失去弹性，导致空气冷却器水箱内水外漏。

2. 检查情况

2015～2016 年度对该电站右岸电站两台该机型机组空气冷却器水箱端盖密封进行更换处理。处理中发现原采用的端盖密封形式及安装方法不当和不锈钢端盖用料较薄，其上、下水箱端盖法兰存在波浪变形，且整体呈喇叭口形，造成更换新密封后密封效果不佳，在进行打压试验时常出现无法保压甚至无法建立压力情况。

（四）故障处理与处理效果评价

1. 故障处理

对这两台机组空气冷却器上、下水箱端盖进行改造加固，改善空气冷却器上下水箱端盖的密封效果。

（1）上水箱端盖改造。

对水箱端盖法兰沿直角卷折处整体吹割，去掉已经变形的法兰；将水箱端盖吹割面打磨平整；加工一圈不锈钢法兰板；将不锈钢法兰板整体焊接在上水箱端盖上，焊接完后需对焊缝进行表面着色探伤（PT），为达到焊缝优良的密封效果，内圈焊缝必须先采用氩弧焊打底焊接；

在新法兰和盖体之间的直角处加焊 12 块加强筋；加工平整上水箱端盖法兰；在上水箱端盖中间挡水板上方焊接 3mm 厚的 304 不锈钢钢板，要求挡水板高度低于上水箱端盖面 0.5～1mm。

该机组空气冷却器水箱上端盖加工示意见图 8-8，空气冷却器水箱上端盖法兰加固前后见图 8-9，空气冷却器水箱上端盖加强筋加装前后见图 8-10。

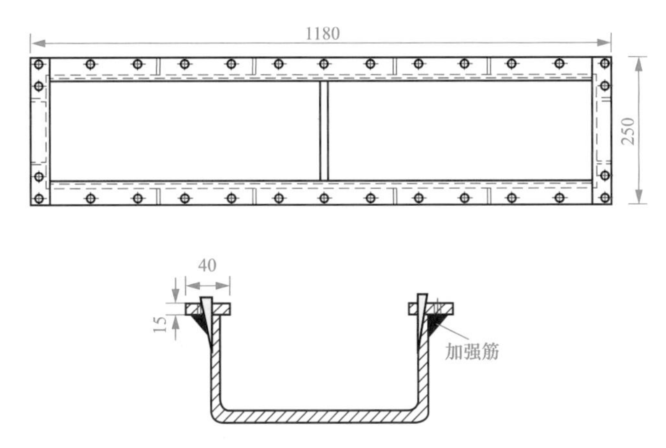

图 8-8　该机型机组空气冷却器水箱上端盖加工示意

图 8-9　该机型机组空气冷却器水箱上端盖法兰加固前后

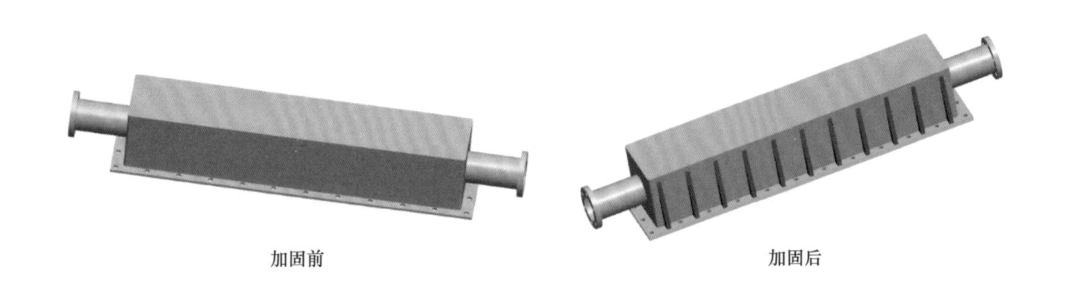

图 8-10　该机型机组空气冷却器水箱上端盖加强筋加装前后

（2）下水箱端盖改造。

将下水箱端盖法兰背面打磨平整；在下水箱端盖法兰背面点焊一圈宽 35mm、厚不小于

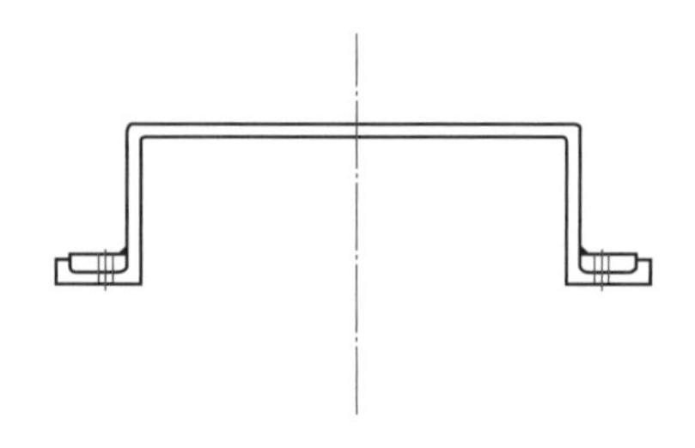

图 8-11　水箱下端盖加工示意

10mm 的 304 不锈钢钢板垫片，如图 8-11 所示；根据原螺栓孔位置钻孔；在新法兰和盖体之间的直角处加焊 12 块加强筋，如图 8-12 所示；加工下水箱端盖法兰平面。

该机型机组空气冷却器下水箱端盖加工示意见图 8-11，空气冷却器水箱下端盖加固前后见图 8-12。

上、下水箱端盖加工完成后，重新安装，对空气冷却器进行打压试验，要求打压 0.6MPa，并保压 30min 无渗漏。

图 8-12　该机型机组空气冷却器水箱下端盖加固前后

2. 故障处理效果评价

这两台机组空气冷却器上、下端盖改造更换密封后，打压试验合格，空气冷却器漏水现象消除。

（五）后续建议

持续跟踪这两台机组空气冷却器运行情况，关注其他该机型机组运行情况，判断是否存在类似缺陷。

第三节　发电机风闸设计缺陷分析及处理

一、设备简述

某水电站水轮发电机组风闸由两套活塞和缸体组成，每套活塞和缸体由下活塞、上活塞、进油管、进气管、密封装置等部件组成。

二、故障现象

该机组自 1976 年投产以来，风闸缺陷主要集中在活塞卡涩、漏气和漏油等问题，通过更换风闸活塞密封基本上能消除以上缺陷。随机组的长期运行，一方面风闸活塞密封使用周期越来越短，另一方面风闸活塞复位不可靠问题未能有效根治。机组停机后，需运行人员用撬棍把未复位的风闸闸板撬下，容易造成密封受损，同时影响机组正常开机流程。

三、故障诊断

1. 故障初步分析

（1）复位弹簧弹力下降。

弹簧的弹力 $F=-kx$，其中：k 是弹性系数，x 是变形量，负号表示弹簧产生的弹力与其伸长（或压缩）的方向相反。由于风闸的长期运行，复位弹簧在多次交变载荷的作用下，引起弹簧产生金属疲劳，弹性系数 k 下降，导致在相同的变形量 x 下弹簧弹力 F 减小，风闸活塞不能正常复位。

（2）风闸活塞和缸体摩擦。

该机组风闸活塞采用 O 型橡胶密封圈，在使用过程中风闸活塞在缸体里滑动产生金属间摩擦，特别是机组制动时，活塞受径向力作用，和缸体之间的摩擦力较大，造成缸体内壁划伤拉毛，风闸使用越久，缸壁拉毛现象越严重，当缸体内壁不再光滑，O 型橡胶密封圈受到的磨损也加快，橡胶密封圈磨损后表面粗糙增加了摩擦系数，密封和气缸内壁之间摩擦力大于弹簧和活塞自重的复位力时，活塞发卡不能复位。

2. 故障分析

目前，针对风闸活塞发卡不能复位问题，主要采用以下两种分析方法：

（1）弹簧性能测试。

在该机组检修过程中，拆除 2 组风闸的 8 个弹簧送至实验室与 4 个新弹簧进行性能对比测试。测试方法：测量新、旧弹簧在压缩量分别为 10mm、15mm 和 20mm 时的载荷，对比新旧弹簧在相同压缩量的载荷，弹簧伸长量采取与压缩量相同的方式测试。测试结果：在相同的压缩或伸长量下，旧弹簧的载荷小于新弹簧载荷，说明旧弹簧弹性系数小于新弹簧弹性系数（25.83N/mm）。

（2）活塞检查。

拆卸风闸活塞，检查发现 O 型密封圈损坏，活塞表面存在划痕、氧化等现象，活塞表面粗糙度较大。

四、故障处理与处理效果评价

1. 故障处理

针对风闸活塞发卡不能复位问题，主要采用以下两种处理方法：

（1）采用气压复位风闸，气压复位的复位力一般按四倍弹簧复位力设计，较大的复位力使活塞发卡问题得以解决，这也是目前普遍采用的复位方式。若采用双活塞三腔（油腔、气腔、复位腔）气压复位结构，风闸的高度要比弹簧复位风闸高，对老电厂的改造带来困难。

（2）在活塞镶嵌聚四氟乙烯导向带，活塞靠导向带与气缸内壁滑动配合接触，活塞与气缸金属部分不接触，缸体得以保护，不再被划伤、拉毛，密封磨损问题也得以解决。聚四氟乙烯滑动摩擦产生的微粒，还会在内壁形成塑料薄膜，进一步减小摩擦系数。本次该机组改造采用在上活塞加工两道导向带槽和格莱圈密封，下活塞在原 O 型密封槽处增加导向带，如图 8-13 所示。具体如下：

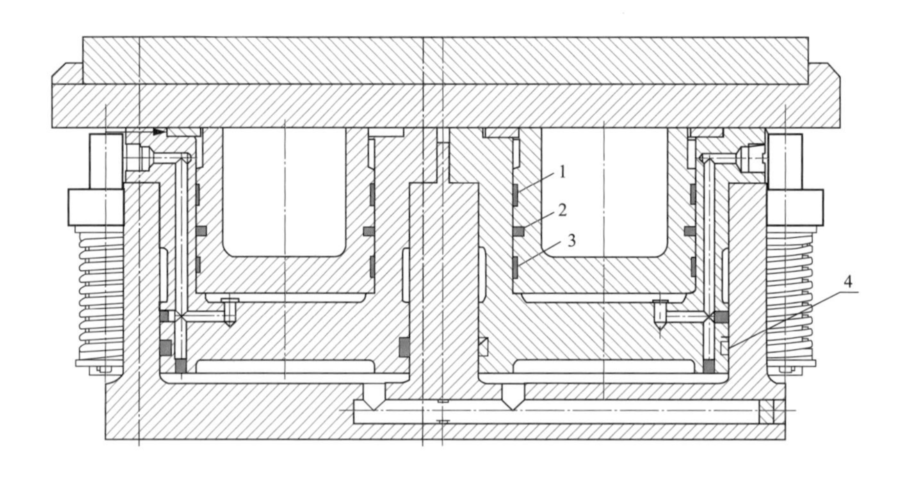

图 8-13　风闸活塞设计改进结构图

1—导向带；2—格莱圈；3—导向带；4—O 型密封与导向带

1）上活塞改造。拆卸上活塞，处理上活塞表面的划痕、磨损和氧化区域。在上活塞外表面加工两道导向带槽和一道密封槽，加工标准根据国际标准 ISO 10766。

导向带材质为聚四氟乙烯，聚四氟乙烯具有耐高温、耐磨性好、自润滑等性能，能有效保护气缸内壁不被划伤。

原 O 型橡胶型密封圈更换为格莱圈密封，格莱圈密封由高耐磨聚四氟乙烯复合材料矩形圈与 O 型橡胶密封圈组成，该密封具有摩擦力低、无爬行、启动力小和耐高温等特点。

2）下活塞在原 O 型密封圈上加一个聚四氟乙烯导向带，如图 8-14 所示。

2. 故障处理效果评价

发电机风闸活塞经加装导向带和格莱圈密封后，有效解决了缸体划伤、活塞卡涩等问题。尤其是对部分老电厂，市场上已无同类型备品供应的情况下，通过风闸的设计改进，能有效解决风闸存在缺陷，与换新风闸相比，本方案投资成本减少约 60%。

图 8-14　下活塞新增导向带实物图

五、后续建议

该电站已投运超过 40 年，大部分机组风闸均存在不能正常复位、缸体划伤等缺陷。风闸活塞设计优化方案工作量投入小，投资成本少，后续建议在该电站其余机组实施相同改造，以解决同类型问题。

第四节　推力瓦高压油减载系统单向阀结构缺陷分析及处理

一、设备简述

某公司制造的推力轴承配备有一套高压油减载系统，由电机、高压油泵、溢流阀、过滤器、单向阀及高压管道组成。该公司制造的机组每块推力瓦安装有 2 个单向阀，位于推力瓦下面。单向阀的作用是只允许流体向一个方向流动，如果出现逆流时，阀门即自动关闭。在机组运行和高压油顶起系统关闭时，这些推力瓦单向阀可防止润滑油回流。这样，在瓦和镜板面间就可建立动压油膜。

二、故障现象

2009 年 11 月，检修人员对该立轴水轮发电机组推力轴承缺陷进行处理。在处理工程中，发现推力瓦单向阀存在密封圈老化破损的现象。如果密封圈老化破损缺陷得不到及时处理，这将导致单向阀止逆作用不可靠。这对机组运行是一个安全隐患。

三、故障诊断

1. 单向阀结构

该公司制造的推力瓦单向阀结构简单，密封圈随着阀芯上下移动，结构如图 8-15 所示。

2. 故障初步分析

单项阀结构不合理。将该机组推力瓦单向阀全部拆开检查，发现大部分橡胶密封圈老化发脆，部分已经破损。

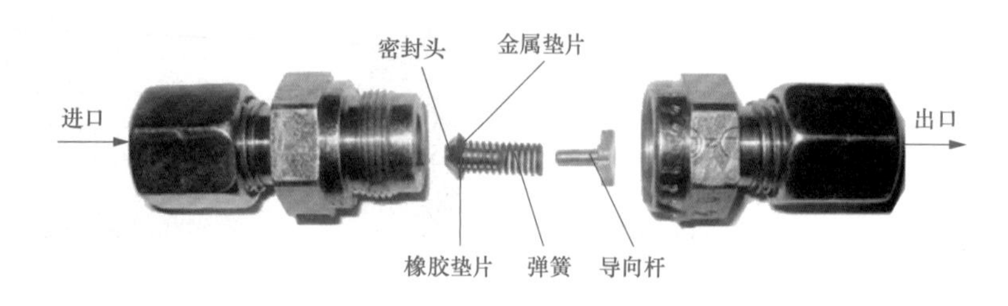

图 8-15　该公司制造的机组推力瓦单向阀结构

3. 故障原因

单项阀结构不合理。由于该公司制造的推力瓦单向阀密封圈随着阀芯上下移动，机组长时间运行过程中，易出现老化破损现象。

四、故障处理与处理效果评价

1. 故障处理

鉴于以上原因，对该公司制造的机组推力瓦单向阀进行改造，更换为橡胶密封圈固定于阀体内，不随阀芯移动的单向阀，结构如图 8-16 所示。为避免其他机组出现类似缺陷，故将其单向阀也更换为橡胶密封圈不随阀芯移动的单向阀。

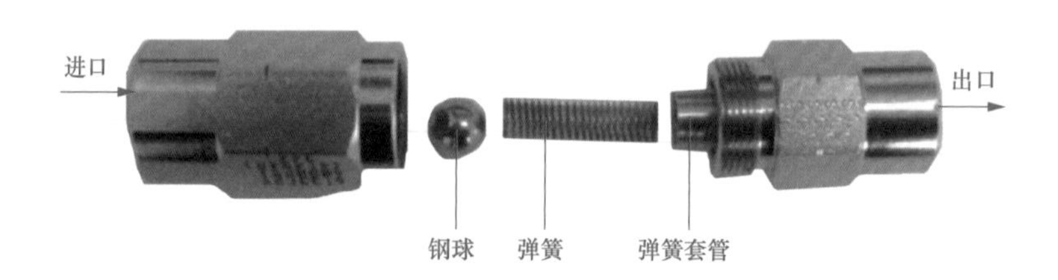

图 8-16　橡胶密封圈不随阀芯移动的单向阀结构

2010～2012 年，已完成对该电站两种机型机组推力瓦单项阀改造。

2. 故障处理效果评价

该电站机组推力瓦单向阀改造后，新单向阀密封效果良好，高压油系统运行压力稳定，提高了机组运行的安全可靠性。

五、后续建议

持续跟踪该电站改造后推力瓦单向阀运行情况。

第五节　受油器部件典型案例

一、调速器低频共振故障分析与处理

（一）设备简述

某电站水轮发电机组属大型轴流转桨式水轮发电机组。调速器为 WBST-150-4.0 型微机步进电机式导、轮叶双调速器，采用步进电机＋主配压阀的结构形式，主配压阀直径 150mm，系统额定油压 4.0MPa，是带机械位移反馈的二级调速系统。

（二）故障现象

该机组在 2018～2019 年度例行检修后，进行调速器动作试验时，发现每次操作轮叶时，轮叶侧主配压阀均出现持续的低频抽动现象，并引发轮叶侧引导阀及杠杆、反馈装置、调速油管路乃至机头受油器处均出现 3Hz 左右共振，且各部位振动幅度较大，必须通过动作手操机构，在反馈杠杆处施加作用力，方能遏制振动。

（三）故障诊断

1. 故障初步分析

（1）调速器轮叶侧结构及轮叶受油器结构。

该机组调速器轮叶侧结构如图 8-17 所示。调速器为某公司 WBST-150-4.0 型微机步进电机式导轮叶双调节调速器，采用步进电机＋主配压阀的结构形式，主配压阀直径 150mm，系统额定油压 4.0MPa，是带机械位移反馈的二级调速系统，其导叶、轮叶机械位置信号均采用钢丝绳反馈，通过杠杆作用在引导阀上实现机械自复中功能。

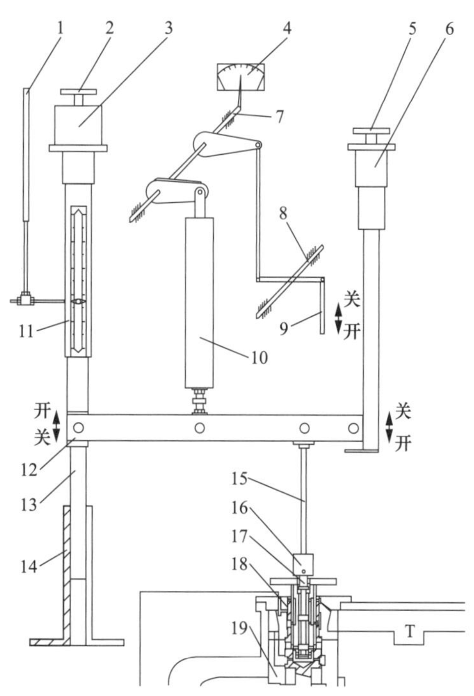

图 8-17　调速器轮叶侧结构

1—反馈位移传感器；2—步进电机手轮；3—步进电机；4—开度指示牌；5—手操机构手轮；6—手操机构；7—上回复轴；8—下回复轴；9—主回复杆；10—屈服连杆；11—丝杠装配；12—杠杆；13—导向杆；14—导向座；15—连杆；16—万向节；17—引导阀；18—主配压阀活塞；19—主配压阀衬套

该机组轮叶受油器结构如图 8-18 所示。轮叶反馈钢丝绳引自机组回复轴承指针处，经导向滑轮等连接至调速柜轮叶侧反馈机构，其中 2 个反馈钢丝绳的导向滑轮安装在受油器外罩上。另外从图 8-18 可知，受油器依靠底部的把紧螺栓固定在上机架，螺栓中间安装有绝缘套。

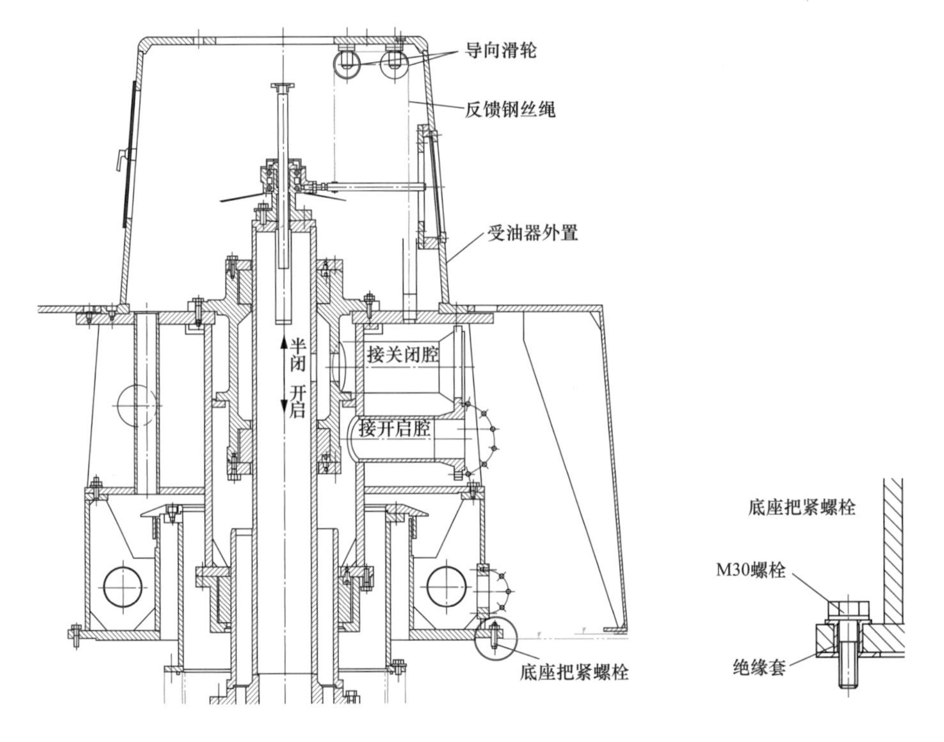

图 8-18 轮叶受油器结构图

（2）可能原因分析。

1）引导阀或主配压阀卡涩。

轮叶侧引导阀或者主配压阀卡涩，致使调节不畅，可能引发往复的超调，从而引起调速器振动。

2）反馈装置故障。

轮叶钢丝绳、导向滑轮、重锤以及杠杆导向杆等机械部件故障，可能引发调速器调节不畅，发生振动。

3）更换了屈服连杆内的弹簧所致。

由于修前无类似缺陷的记录，而本次检修工作中更换了调速器轮叶侧屈服连杆内的弹簧，增大了弹簧 k 值以提高调速器响应速度和自复中能力，可能因为更换屈服弹簧降低了轮叶调速器的缓冲能力，调节过程中产生了液压冲击引发共振。

4）受油器地脚螺栓松动。

受油器地脚螺栓松动后，受油器整体的振动幅值变大，带动受油器外罩导向滑轮振动，从造成钢丝绳位置反馈信号发生变化，一旦这种变化超出了整个反馈装置的死区范围，就会拉动轮叶引导阀偏离中间位置，启动一次反方向的轮叶位置调节。由于每次受油器罩的振动速度极快，其所引发的位置反馈信号变化比较激烈，一旦变化量突破反馈装置死区，则引发的引导阀回调表现也较激烈，必然造成受油器的再次反向大幅振动，从而形成“受油器→反馈装置→调速器→受油器”的一个循环，形成低频共振。

2. 设备检查

（1）引导阀、主配压阀的检查。

经检查，该机组轮叶侧引导阀及主配压阀动作灵活无卡涩，未发现异常。

（2）反馈装置的检查。

经检查，轮叶反馈钢丝绳、导向滑轮以及重锤均在正常工作位置，杠杆导向杆能够灵活动作，未发现异常。

（3）屈服连杆弹簧情况。

首先调低屈服弹簧预紧力无果后，回装了原屈服机构组件，但轮叶操作试验仍出现调速系统共振。由此判断，振动不是屈服连杆弹簧引起的。

（4）受油器把紧螺栓检查。

经检查，发现受油器底部的 24 个 M30 螺栓出现了严重的松动情况，最大松动量达到约 3mm，如图 8-19 所示。为了进一步明确受油器把紧螺栓松动的原因，我们逐个检查了把紧螺栓，发现大部分尼龙绝缘套的肩部都存在压损情况，个别甚至已经完全破裂分离，如图 8-20所示。

3. 故障原因

初步紧固受油器底部把紧螺栓后，重新进行轮叶操作试验，并且重新安装了新的屈服连杆组件，受油器初始振动控制良好，未再次出现调速系统共振情况，这也直接证明了受油器把紧螺栓松动是引发调速器低频振动的根本原因。

图 8-19　受油器底部把紧螺栓松动情况

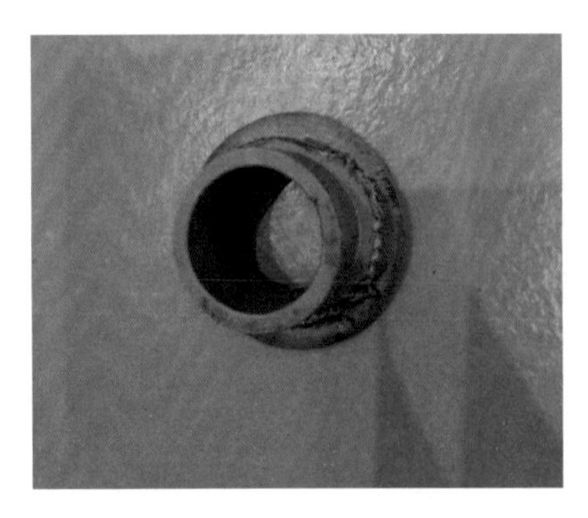
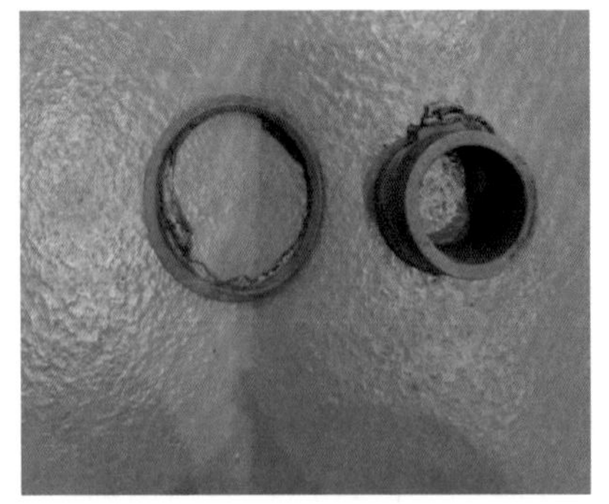

图 8-20　尼龙绝缘套受损情况

（四）故障处理与处理效果评价

1. 故障处理

针对尼龙绝缘套压损、破裂，使把紧螺栓松动的情况，对该部位全部绝缘套进行了更换，新绝缘套选用了更高强度的环氧材质。更换绝缘套后，对受油器把紧螺栓进行了紧固。

据此还排查了其他机组相同部位绝缘套以及把紧螺栓的运行情况，发现该部位绝缘套主要采用了尼龙和环氧两种材质，其中几台采用尼龙材质绝缘套的机组，部分存在类似缺陷，存在绝缘套压损、螺栓松动的情况，对相应的机组进行了择机统一处理，消除了隐患。

2. 故障处理效果评价

经过处理后，该机组未再次出现调速系统共振情况，缺陷消除，机组恢复正常运行。其他进行了相应处理的机组，也未有该类缺陷再发生。

（五）后续建议

在机组检修期间，对机组关键部位螺栓检查到位，并检查绝缘套等部件情况，存在松动或损坏的，及时进行处理。

在机组检修或更新部件等过程中，建议在成本可控范围内，考虑使用性能更好的材料替代性能较差的原用材料，保障机组长期安全稳定运行。

二、受油器浮动瓦缺陷分析及处理

（一）设备简述

某电站水轮发电机组受油器结构形式分五种。五种受油器浮动瓦结构和规格型号有一定差异。表 8-2 为该电站水轮发电机组受油器部位浮动瓦的数量和规格型号。

五种机型受油器体在结构上也有差异，其具体的差异见图 8-21～图 8-25。操作油管上的差异一是在尺寸上的差异，二是操作油管与回复轴承结构上的差异，A 机型和 E 机型操作油管和回复轴承是一体式的。其余三种机型是分离式的。

在五种机型的受油器体中，B、C和D三种机型受油器结构基本相同，而A机型和E机型与125MW水轮发电机组在结构上完全不一样，各机型受油器结构简图如图8-21～图8-25所示。

表 8-2 受油器浮动瓦规格型号

机型代号	浮动瓦名称	规格型号(mm×mm×mm)	数量
A	ϕ290 铜瓦	ϕ330×290×122	2
	ϕ500 浮动瓦	ϕ600×500×105	3
B	ϕ290 浮动瓦	ϕ390×290×150	2
	ϕ500 浮动瓦	ϕ590×500×180	1
C	ϕ290 浮动瓦	ϕ420×290×150	2
	ϕ480 浮动瓦	ϕ670×480×180	1
D	ϕ290 浮动瓦	ϕ375×290×150	2
	ϕ500 浮动瓦	ϕ590×500×170	1
E	ϕ98 浮动瓦	ϕ148×98×70	2
	ϕ155 浮动瓦	ϕ213×155×70	1

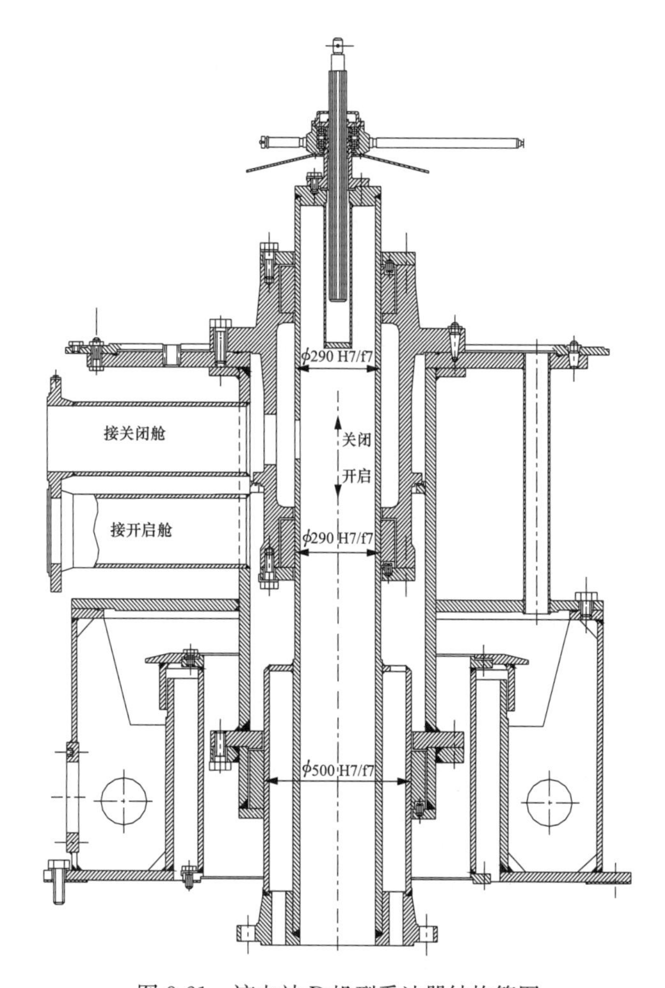

图 8-21 该电站D机型受油器结构简图

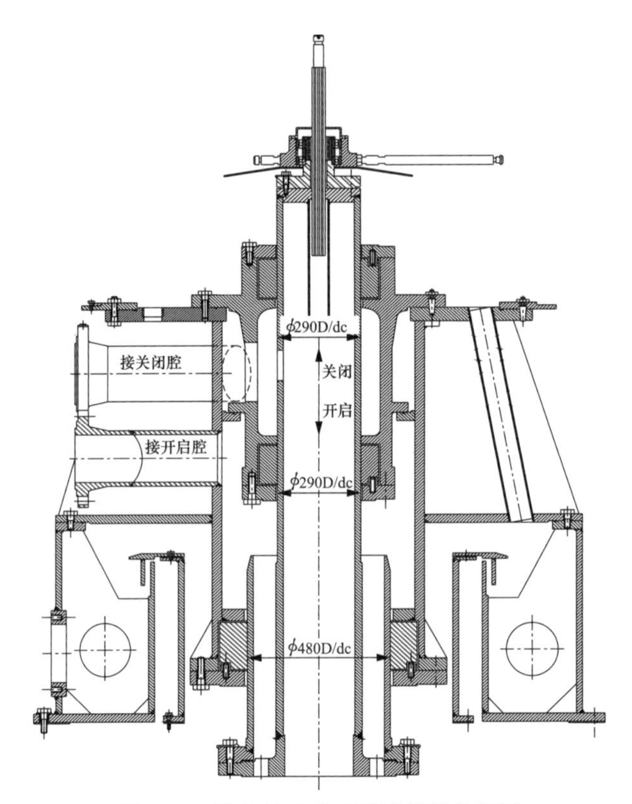

图 8-22　该电站 C 机型受油器结构简图

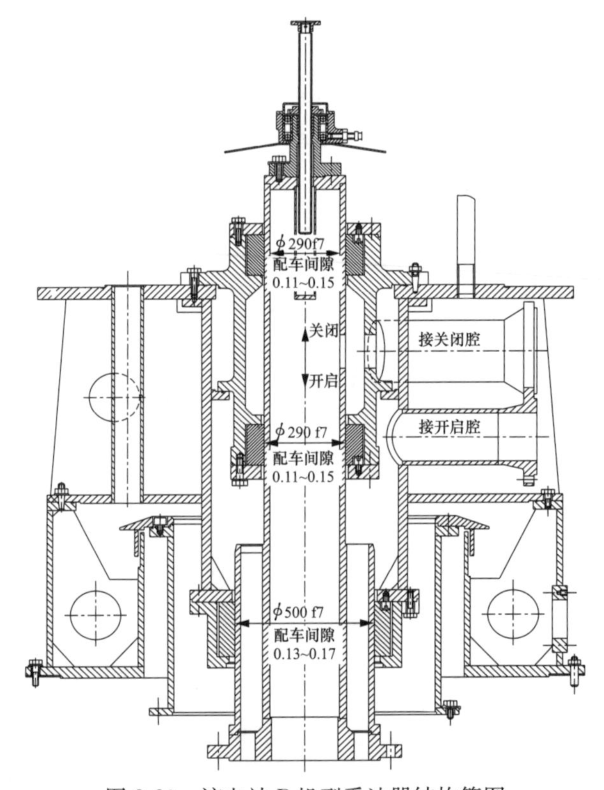

图 8-23　该电站 B 机型受油器结构简图

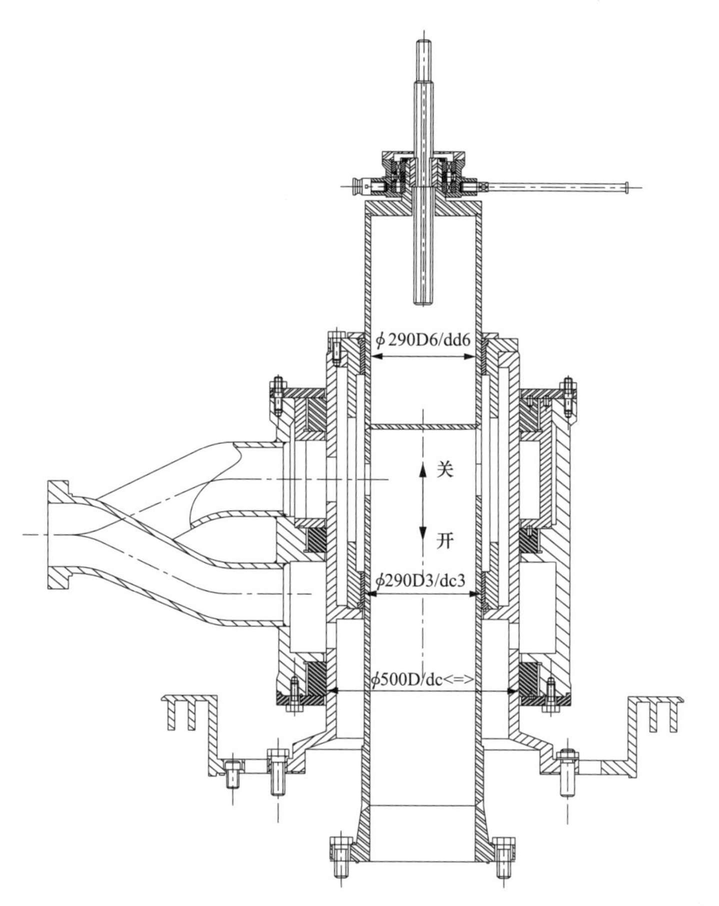

图 8-24　该电站 A 机型受油器结构简图

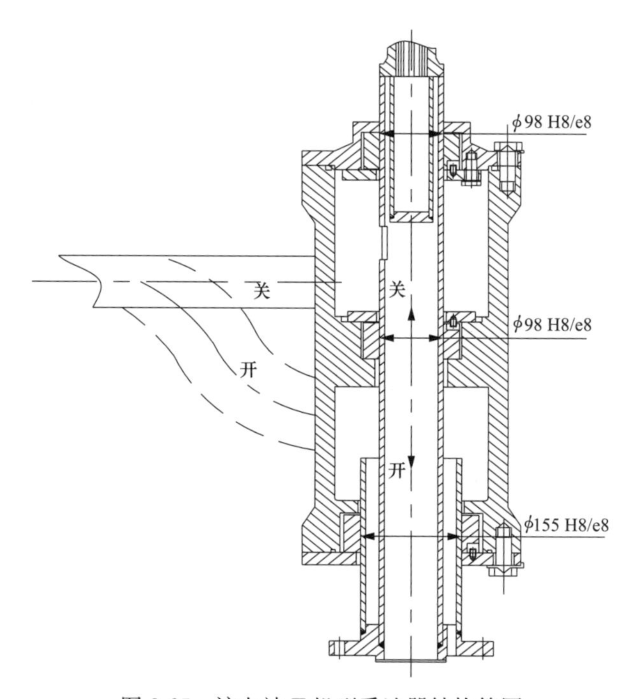

图 8-25　该电站 E 机型受油器结构简图

（二）故障现象

该电站水轮发电机组受油器为：浮动瓦磨损严重，甚至有烧瓦情况，与操作油管间隙增大，导致受油器跑油。该电站两台A机型和五台C机型机组自投产以来就多次因浮动瓦磨损而被迫停机检修。该电站4台D机型机组刚投产半年，就出现6次类似的问题。

（三）故障诊断

故障原因分析如下：

（1）正压力过大。

该电站B机型和D机型机组受油器浮动瓦的结构见图8-22，三道浮动瓦中经常出现磨损的主要是下浮动瓦。因下浮动瓦的尺寸较其他两块瓦要大，该瓦的上端处于 $p=4\text{MPa}$ 的压力腔，这样在瓦的上下端面上有一个很大的压差，由压差在瓦上端面产生的正压力可近似计算为：

$$F=\frac{\pi}{4}\times p\times(D^2-d^2)=\frac{\pi}{4}\times 4\text{MPa}\times(590^2-500^2)\text{mm}^2=3.08\times 10^5\text{N}$$

若取摩擦系数 $\mu=0.12$（铜与铜动摩擦系数为0.1～0.15）则浮动端瓦部与瓦架产生的摩阻力为：

$$F_r=f(F+G)=0.12\times(3.08\times 10^5+1.02\times 10^3)\text{N}\approx 3.7\times 10^4\text{N}$$

上两式中，D 为瓦外径；d 为瓦内径；G 为瓦自重。

水轮发电机组运转时操作油管摆动所产生的径向力是通过润滑油膜传递给浮动瓦的。要使浮动瓦随操作油管摆动进行自动整位，操作油管的径向力必须大于浮动瓦的摩阻力。这么大的摩擦力已足以使它们之间的润滑油膜破坏产生接触摩擦了，从而造成浮动瓦也像固定瓦一样的磨损。

（2）配合间隙过小。

该电站水轮发电机组的浮动瓦与操作油管之间的配合间隙设计值为 $\phi 500\text{H}_7/\text{f}_7$，即双面间隙在0.068～0.194mm之间，这只考虑瓦对压力油密封这个作用，若考虑浮动瓦还有导向的作用，则过小的间隙将使介质油的温度升高而降低油膜的承载能力；另外，操作油管安装时难免有倾斜度，受油器瓦座水平不好，因此过小的间隙也会造成操作油管与瓦面局部接触使瓦磨损。

（3）受油器跑油分析。

受油器把调速器的压力油送入轴流转桨式水轮机的转轮内以便操作叶片的转动，实现这一过程主要是靠浮动瓦和操作油管的配合来实现的，浮动瓦在此过程中起着分配油路和密封油的作用，因此浮动瓦与操作油管间隙的大小直接影响着漏油量的大小。浮动瓦与操作油管的间隙小，密封效果好，漏油减少，但是容易烧瓦。如果浮动瓦与操作油管的间隙大，则密封效果差，漏油加大，不容易烧瓦，但是降低调速器灵敏度。由于浮动瓦与操作油管之间是动配合，因此不可避免地出现漏油。只能控制漏油量的大小，但不能彻底解决漏油，只有合理地选择浮动瓦与操作油管的间隙，才能做到既不烧瓦，又能将漏油量减少可以保证机组安全运行的范围，不至于影响调速器灵敏度和机组的运行。

受油器漏油包括内漏和外漏。内漏指的是油从有压油腔向无压油腔渗漏；外漏指的是油从受油器上浮动瓦与操作油管之间向上端罩内漏油。我们在生产中所说的受油器漏油指的是受油器外漏，必须严格控制漏油量的大小。如果不加以控制，受油器漏油将发展成为威胁机组运行的跑油现象。

受油器漏油概括起来可以归结三种现象；第一种是当漏油量在某值以下时，漏油较小，流速慢，它顺着上浮动瓦压盖往下流，油流在压盖的外圆形成线状或点滴状，这是最基本的漏油现象，是十分普遍的和正常的。当漏油量加大时，漏油在离心力作用下做圆周运动和压力的作用下向上的直线运动，油紧贴着操作油管转动，同时经过一个峰顶后向下运动，形状如同正弦曲线的上半部。这一过程始终发生在某一区域内，即从某一位置开始，到另一位置结束，并且间隔着一定的时间重复着上述运动。如果调速器油压装置压油泵启动频繁（每10～15min启动1次），那么这种现象断定为受油器跑油。

（四）故障处理

（1）减小正压力。

为了减少浮动瓦的摩阻力，在浮动瓦下面端开设一道压力补偿圆环，并将压力油引向圆环下，使浮动瓦的上、下压差减小。该电站大江机组 ϕ500 浮动瓦改进见图 8-26，在下端面开设 $\phi524/\phi580$ 圆环沟槽，内环起封堵油路的作用，外环起支承平衡作用。改进后浮动瓦的正压力为：

$$F' = \frac{\pi}{4} \times 4\mathrm{MPa} \times (590^2 - 580^2 + 524^2 - 500^2)\mathrm{mm}^2 = 1.14 \times 10^5\mathrm{N}$$

相应的摩擦阻力为：

$$F_r'' = 0.12 \times (1.14 \times 10^5 + 1.02 \times 10^3)\mathrm{N} = 1.38 \times 10^4\mathrm{N}$$

改进后的摩阻力为原来的37.3%。

（2）增大配合间隙。

浮动瓦不同一般导轴承，封堵油路是至关重要的，但过小的间隙会使瓦磨损增大间隙，导致浮动瓦的密封失效。根据实践的经验，对于葛洲坝机组的转速为62.5r/min，浮动瓦的配合间隙定为下浮动瓦 ϕ500（配合间隙 0.20～0.30mm），中、下浮动瓦 ϕ290（配合间隙 0.15～0.25mm）；浮动瓦端部配合间隙定为 0.20～0.30mm，最为合适。

（3）增加密封油环。

配合间隙扩大将会引起浮动瓦对压力油的密封性降低，为了解决这一矛盾，在浮动瓦内壁均布三道 5×3mm 的环行油沟，使之形成三个油室，以保证操作油管在旋转离心力的作用下，形成三道油环来增强浮动瓦的密封性。油沟还可以在油路上形成迷宫环起到减压作用。

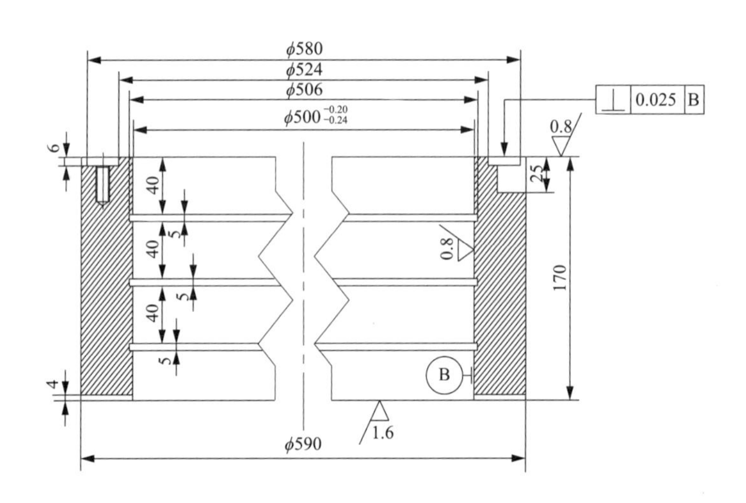

图 8-26　浮动瓦改进示意

三、受油器操作油管缺陷分析及激光熔覆修复处理

（一）设备简述

激光熔覆修复技术是利用激光束聚焦能量极高的特点，瞬间将基体表面微熔，同时使零件表面预置或与激光束同步自动送至的合金粉完全熔化，与基体形成冶金结合的致密熔覆层，使零部件表面恢复至原几何外形，并强化防护表面涂层。激光熔覆修复技术解决了振动焊、氩弧焊、喷涂、镀层等传统修理方法无法解决的材料选用局限性、工艺过程热应力、热变形、材料晶粒粗大、基体材料结合强度难以保证的矛盾。

某电站水轮发电机组受油器操作油管在历来检修中，经常发现存在表面磨损及渗铜现象。由于其表面为镀铬层，制造过程中需采用传统电镀工艺，但电镀处理过程中会产生大量废水，严重污染环境，国家已禁止使用。另外，操作油管为空心拼焊件，如采用自动焊接，会造成变形。因此，在以往检修中，遇到受油器操作油管磨损或者椭圆度超标，一般是直接整体更换处理。

鉴于激光熔覆技术的特点，该技术被运用于该电站机组受油器操作油管表面磨损及渗铜缺陷的修复处理，并取得了较好成效，该电站机组受油器结构简图见图 8-27。得益于其独特优势，它很好地解决了受油器操作油管再利用难的情况，为电力生产节约了成本，对类似设备表面修复，具有推广意义。

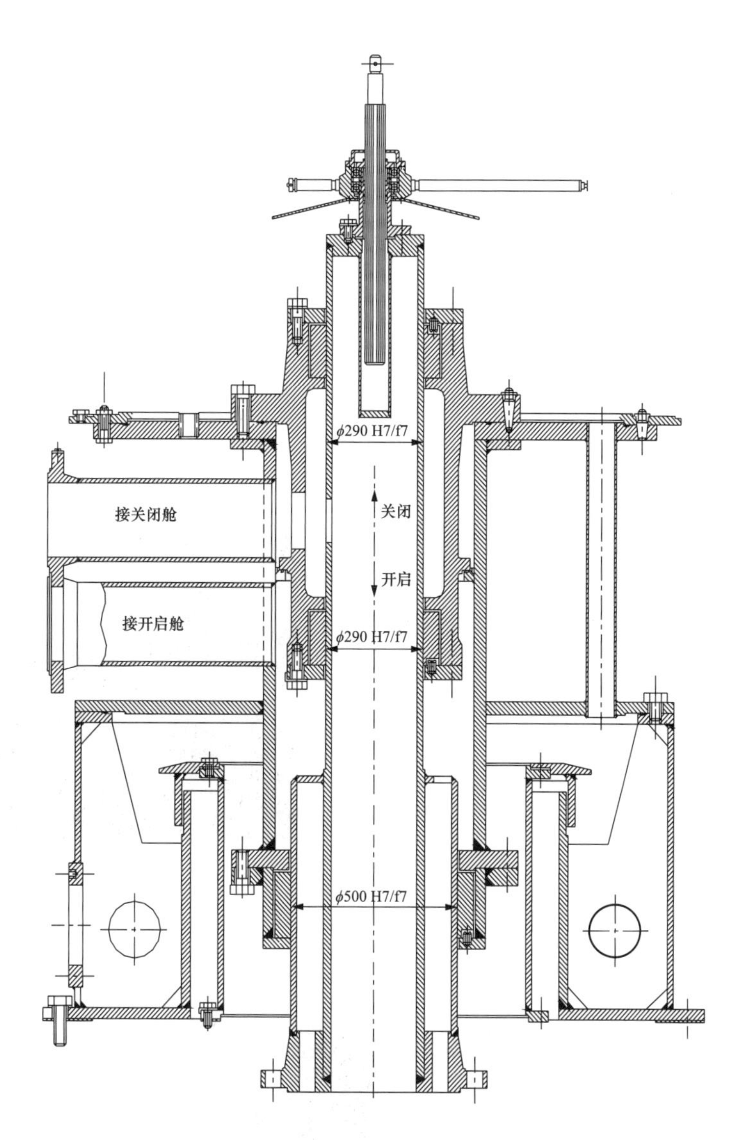

图 8-27　该电站机组受油器结构简图

（二）故障现象

该电站机组受油器操作油管修前上、中浮动瓦区域有渗铜现象，下浮动瓦区域存在轻微刮痕现象。上、中浮动瓦区域（ϕ290 区域），最大椭圆度 0.11mm，椭圆度超过 0.08mm 要求。对应的浮动瓦磨损明显。

（三）故障诊断

正常情况下，操作油管与浮动瓦间有相对运动，形成油膜接触，不直接硬接触，但受操作油管摆度及浮动瓦瓦座的水平情况影响，难免长期运行中会产生偏心磨损。浮动瓦为铜材质，材质不易耐磨，脱落的铜粉吸附于操作油管上，长时间运行，浮动区域温度较高，形成铜附着现象，导致粗糙度及椭圆度超标。

（四）故障处理与处理效果评价

1. 故障处理

根据分析结论，对尺寸超标操作油管进行修复处理，调整受油器操作油管轴线，使得该处摆度在合格范围内；根据修复后的受油器操作油管尺寸加工新浮动瓦，使两者配合间隙满足最优标准；安装受油器体时，调整其水平度，以保证运行时，浮动瓦与受油器操作油管间油膜厚度轴向方向均匀。

激光修复受油器油管具体步骤如下：

(1) 操作油管熔覆材料选型：修复前，对操作油管外观尺寸进行检测，椭圆度超标，最大椭圆度 0.11mm（标准要求为 0.08mm），表面跳动值为 0.34mm。对操作油管表面金属成分进行检测，经检测，原操作油管材料为 C45，其主要成分为 Fe(97.827%)，Ni(1.0759%) 等，硬度（HB）为 204～214。通过操作油管基材，选用多种熔覆材料进行机械性能拉伸试验及熔覆层金相组织分析，确定满足要求的熔覆材料。

图 8-28　去除表面疲劳层

(2) 对操作油管粗加工，去除疲劳层：使用车床磨削一定表面材料，见图 8-28。

(3) 使用激光器进行熔覆，熔覆厚度单边 0.85mm，见图 8-29。

图 8-29　激光熔覆

（4）车削半精加工，见图 8-30。

图 8-30　车削半精加工

（5）表面着色探伤（PT），见图 8-31。

图 8-31　表面着色探伤（PT）

（6）表面精加工，表面磨削见图 8-32。

2. 故障处理效果评价

使用激光熔覆技术修复操作油管有以下几点优点：

图 8-32　表面磨削

（1）激光熔覆层与基体为冶金结合，结合强度不低于原基体材料的 90%。

（2）基体材料在激光加工过程中仅表面微熔，微熔层为 0.1～0.2mm。基体热影响区极小，一般为 0.1～0.2mm，对基体材料组织影响极小。

（3）熔覆层与基体均无粗大的铸造组织，熔覆层及其界面组致密，晶体细小，无孔洞、夹杂、裂纹等缺陷。

（4）激光加工过程中基体温升不超过80℃，激光加工后基本无热变形，热应力小。

（5）激光熔覆复合层组织由底层、中间层以及面层组成的各具特点的梯度功能材料，底层具有与基体浸润性好、结合强度高等特点；中间层具有一定强度和硬度、抗裂性好等优点；面层具有抗冲刷、耐磨损和耐腐蚀等性能，使修复后的设备在安全和使用性能上更加有保障，复合工艺技术的应用是对工件进行改良性维修的经济有效手段。

（6）激光熔覆技术可控性好，易实现自动化控制。

修复后具体参数如下，达到设计标准：

（1）油管$\phi500$（图8-33中A）、$\phi290$外径（图8-33中B）工作面车削后经激光熔覆、机械加工后复型，恢复尺寸，单边熔覆厚度为0.60mm。

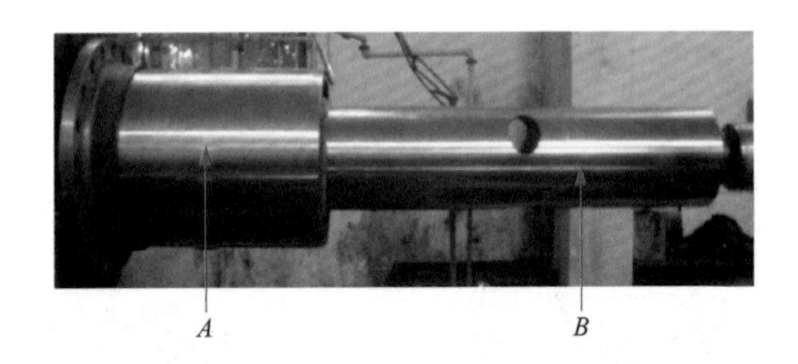

图8-33　受油器操作油管激光熔覆修复后

（2）油管修复部位粗糙度：$\sqrt{0.8}$。

尺寸如下：

A：$\phi500_{-0.10}^{-0.08}$mm　　　　B：$\phi290_{-0.12}^{-0.10}$mm

（3）油管修复部位硬度（HRC）：45～47［或硬度（HB）为426～440］，修前硬度（HB）：204～214，硬度（HRC）标准为45～60。

（4）油管修复部位跳动值、椭圆度、同心度均小于或等于0.02mm，椭圆度要求为0.08mm。

（五）后续建议

待下一次检修，对比查看该台机组及同类型机组操作油管磨损情况，及渗铜情况，以便进一步验证激光熔覆技术修复操作油管等类似水电机组设备的优势所在。

第三篇

调速系统

第九章　机械液压系统

第一节　设备概述及常见故障分析

一、机械液压系统概述

机械液压系统是水轮发电机组极其重要的调节装置。机械液压除了用于机组的开、停机外，更重要的是用来稳定机组的转速和调节发电机的有功功率。机械液压系统还是机组的保护装置。为了保证电网频率的稳定，调速器还应具备成组调节功能。本章节主要对电气液压型调速器进行概述。机械液压系统主要由电液转换装置、主配压阀、事故配压阀、过速装置、分段关闭装置、接力器与锁定装置等组成。

（一）电液转换装置简介

电液转换装置是将电气信号转换成具有一定操作力和位移量的机械位移信号的装置，主要由两部分组成：一部分为电气—位移转换部分，另一部分为液压放大部分。电液转换装置的电气部分是调速器的电子调节装置，液压放大部分则是电子调节装置的液压随动系统。

电液转换装置是调速系统的第一级液压放大系统。

常用的电液转换装置有：滑套式电液伺服阀、环喷式电液伺服阀、步进电机—引导阀、比例阀等。步进电机和比例阀为近年来发展起来的新型电液转换装置。

（二）主配压阀简介

主配压阀是控制导叶接力器和轮叶接力器的配油装置，它和接力器一起构成第二级液压放大系统，用于推动导水机构和克服巨大的水力矩。

主配压阀阀芯主要有两阀盘和三阀盘两种形式。三阀盘主配压阀的优点在于加工方便，三个阀盘的直径是相同的，加工精度的要求也是相同的，因此衬套和活塞都可以一次加工成型。另外，由于有三个阀盘，其导向性能好，因此衬套的通油口可以不必加工成阶梯型，而是加工成环形，这除了加工方便外还可以增大通流面积，因此，在相同条件下，三阀盘的主配压阀直径可以比两阀盘的主配压阀小；并且，搭叠量也可比两阀盘的小，这对提高调速器的灵敏性是有好出的。但是三阀盘的主配压阀与两阀盘的主配压阀相比，增加了相对高度。

（三）事故配压阀简介

事故配压阀是主配压阀的备用装置，当调速器失灵时，通过它来操作接力器关闭导叶。事故配压阀只具有关闭导叶的功能，不具有开启导叶的功能。

事故配压阀安装在主配压阀至接力器的开、关腔管路上，机组正常运行状态下，事故配压阀不影响开、关腔管路的油路，当事故停机启动后，事故配压阀将切断开、关腔油路，代替主配压阀使机组事故停机。

（四）过速装置简介

过速装置是机组的保护装置，当机组发生飞逸时，又逢调速器故障不能及时关机时，过速装置动作并将液压信号传递给事故配压阀，事故配压阀动作，接力器关闭导叶。

过速装置主要由重锤、凸轮机构、配压阀、位置传感器等组成。当机组转速逐渐增加时，重锤在离心力的作用下，围绕大轴的旋转半径增大，当达到设定的转速时，重锤撞击凸轮机构，凸轮机构动作带动配压阀进行油路切换，进而使事故配压阀动作，机组事故停机。

（五）分段关闭装置简介

当因机组或外线路故障而使机组甩负荷时，机组转速会迅速升高。为了避免发生飞逸，导叶应快速关闭。但由于水流的惯性，导叶的快速关闭会造成引水系统内水压升高，引起水锤效应，因此，从水锤的角度考虑又不能快速关闭导叶。所以，应设置分段关闭装置。

分段关闭装置就是将导叶的紧急关闭过程分成两段或多段，每段的关闭速度不同。如果将接力器的位移与时间的关系绘在图上，这种关闭规律的曲线就是一条折线。这种折线一般是前一段较陡，后面则平缓。

分段关闭装置是装设在接力器开腔油管上的一种节流装置，受分段关闭切换阀的控制，分段关闭切换阀在接力器行程板上的动作点即为分段关闭的拐点。

（六）接力器与锁定装置简介

接力器是水轮机的外加能源和液压操作机构，主要用来克服大量的水流经过导水机构形成的水力矩。接力器活塞的运动为直线运动，通过控制环的圆弧运动，实现导叶的开、关控制。

锁定装置是水轮机的一种保护装置，可以在导叶全关时，将接力器（控制环）锁在全关位置。即使接力器内无油压，导叶也不可能被水冲开。也可以在无水检修时将接力器（控制环）锁在全开位置。

二、常见故障分析及处理

调速系统常见故障主要分为电液转换装置、主配压阀、事故配压阀、过速装置、分段关闭装置、接力器与锁定装置、压油装置七个方面。调速系统设备发生故障时，如果该设备有冗余配置，应首先切换备用设备，当无备用设备时，应按照下列方法进行处理。

（一）电液转换装置故障与处理方法

电液转换装置故障多是由于线圈失电或短路、阀芯卡阻、弹簧断裂或失效、内部螺栓松脱等原因，调速系统失去对主配压阀的控制，造成导叶异常关闭或开启。

切换备用电液转换装置，一般可以暂时消除故障，保证系统运行安全，待停机后对主用电液转换装置进行检查处理。

（二）主配压阀故障与处理方法

1. 常见故障

主配压阀常见故障有以下三个方面：

（1）主配压阀拒动，调速系统失去对主配压阀的调节，一方面可能是由于电液转换装置发生故障，另一方面可能是由于主配压阀主阀芯卡阻。

（2）主阀芯、衬套表面划伤或磨损严重，会造成主配压阀的漏油量增加，主配压阀和接力器都会出现一定程度的抽动，系统的压力下降速度将明显增加，为了维持系统压力的稳定，压油泵将频繁启动，系统的油温也会因油泵的频繁做功而升高。

（3）中位异常，过于偏关的中位会造成调速系统压力波动增加，油泵频繁启动、系统油温升高；偏开的中位不利于机组的运行安全。

2. 处理方法

（1）主配压阀拒动：主配压阀拒动意味着导叶开、关失去控制，严重影响机组的运行安全。这种情况下，应首先切换备用电液转换装置，若主配压阀动作恢复正常，说明主用电液转换装置故障，应对其进行检查处理。切换备用电液转换装置后，若主配压阀仍拒动，说明主配阀芯可能存在卡阻，应启动事故停机流程，使机组停机，并对主配压阀进行解体检查处理。

（2）主阀芯、衬套表面划伤或磨损严重：在机组运行状态下，主阀芯、衬套表面划伤或磨损严重一般不会造成机组停机，机组的转速、功率仍能正常维持。建议停机后，对主配压阀进行解体检查处理。

（3）中位异常：在机组运行状态下，中位异常一般不会造成机组停机，机组的转速、功率仍能正常维持。建议停机后，对中位进行调整。

（三）事故配压阀故障

对于插装型事故配压阀故障多发生在停机状态下，当事故配压阀控制油源断开或压力不足的情况下，事故配压阀阀芯会在自身的重力的作用下下落。当事故配压阀前端的手动阀无法关严时，油罐的油会通过事故配压阀回油槽，或通过事故配压阀推动接力器，造成接力器异常关闭（某些检修状态下，要求导叶有一定的开度）。

在机组检修时，一般不应断开事故配压阀的控制油源。因检修需要确需关闭控制油源时，应首先关闭事故配压阀的手动控制阀，再关闭控制油源，同时应派人监视压力油罐和回油箱的油位。

（四）过速装置故障

过速装置故障主要是由于凸轮机构与重锤的间隙调整不合理。当间隙偏小时，机组可能会在没有达到设定转速的情况下，提前事故停机。当间隙偏大时，机组可能在超过设定转速后，仍没有事故停机，过速装置失去对机组的保护作用。

机组检修时，应对过速装置的重锤及弹簧进行检查，对重锤与凸轮机构的间隙进行校核。

（五）分段关闭装置故障

分段关闭装置故障会导致机组的分段关闭规律改变，引水系统内水压升高，严重时可能会造成破坏性事故。常见故障主要分为以下两个方面：

（1）某段的关闭时间异常，这种情况多是由于该段的节流阀的调节螺栓松动、管路被异物堵塞、阀芯卡阻等所致。检查该段分段关闭阀调节螺栓是否有松动、管路内部是否有异物堵塞、检查阀芯是否卡阻。

（2）分段关闭曲线的拐点异常，这种情况多是由于分段关闭切换阀或接力器行程板存在异常所致。检查切换阀是否异常，检查接力器行程板是否存在变形或螺栓松动。

（六）接力器与锁定装置故障

接力器与锁定装置的故障多表现为推拉杆动密封漏油量增大，动密封磨损、老化、破裂是造成漏油的主要原因。

在平时应加强对接力器和锁定装置动密封漏油情况的监视，并定期对动密封进行更换。接力器动密封宜采用剖分式结构，便于更换。

第二节 电液转换单元典型故障案例

一、负荷波动分析及处理

（一）设备简述

某电站机组属大型轴流转桨式水轮发电机组，机组增容后单机容量153MW，水头运行范围：9.1～27m；额定水头：18.6m；额定流量：950m^3/s；额定转速：62.5r/min；飞逸转速：140r/min。调速器为微机步进电机式导、轮叶双调速器，采用步进电机＋主配压阀的结构形式，系统额定油压4.0MPa，是带机械位移反馈的二级调速系统。

（二）故障现象

2018年2月13日，该机组在导叶中接、导叶主接、轮叶中接都未动的情况下，负荷向上突变接近8MW，轮叶主接开度、轮叶开关腔压力均有较大变化，3号压油泵启动期间压油罐油压无法维持（运行13min才停泵）。经查询：该机组在此时间段内，有功实发值在102～113MW间多次波动（约10次以上波动），机组AGC分配的有功值及机组操作员设定的有功值均未变化，一次调频未动。机组故障期间运行曲线见图9-1。

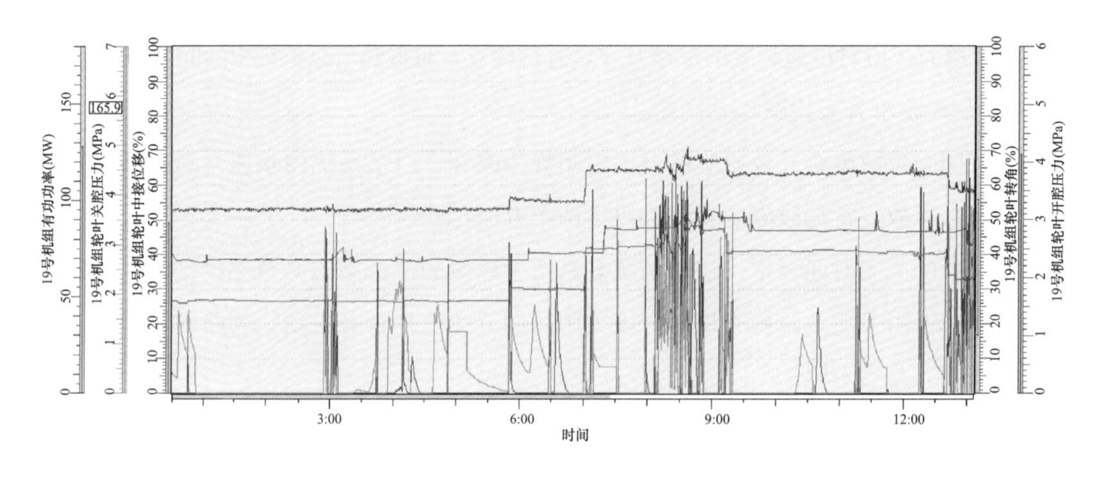

图9-1　机组故障期间运行曲线图

（三）故障诊断

1. 故障初步分析

针对该故障现象对调速系统电气方面进行检查，传感器、传输通道及电气设备均无异常，由此判断故障原因在机械方面，下面对调速系统机械部分进行分析。

（1）调速柜内操作及反馈机构。

调速柜内机械杠杆结构如图9-2所示，在机组运行中，步进电机进行调节时，对图9-2红圈中振动的杠杆进行受力分析，此时手操侧放开，步进电机侧相当于杠杆摆动的固定支点，屈服弹簧处给杠杆一个向上的力，引导阀处给杠杆一个向下的力，两者相互作用，维持杠杆平衡状态。依据对杠杆的受力分析，轮叶突然向开启侧动作或2处弹簧异常或引导阀卡涩均可能出现此现象。

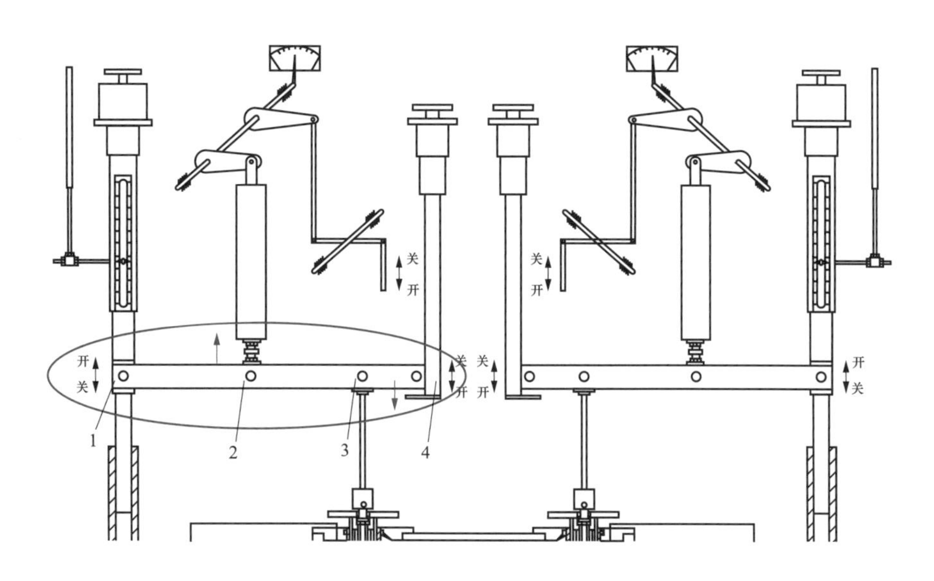

图 9-2　调速柜内操作及反馈机构图

1—步进电机侧；2—屈服弹簧处；3—引导阀处；4—手操侧

（2）可能原因分析。

1）透平油中杂质积累较多。

引导阀、主配阀芯均为阀芯与阀套配合结构，随设备运行时间增加，透平油中细小颗粒会在阀芯台阶处积累，当杂质积累较多或杂质较大时，会引起引导阀、主配压阀发卡。引导阀向下动作，轮叶开启，此时阀芯发卡，开腔持续配油，轮叶开度不断增加，有功随即增加至超调。主配压阀发卡过程与之类似。

2）轮叶引导阀阀芯与连杆同心度差。

如图 9-3 所示，引导阀阀芯与杠杆由连杆连接，若连杆与引导阀阀芯同心度差，则在引导阀轴向动作过程中，引导阀阀芯受径向力作用，进而发生卡涩。

3）反馈弹簧偏软。

如图 9-4 所示，屈服弹簧位于屈服杠杆内，当弹簧偏软时，相同压缩量条件下预紧力偏小，造成轮叶开启时阀芯长时间处于开机侧，引导阀复中不及时，故而引发有功超调，超调后，调速器反复调节引起负荷波动。

2. 检查情况

（1）引导阀拆解检查。

拆卸主配限位板、轮叶引导阀并取出，经检查引导阀与衬套配合良好，相互动作灵活，引导阀处无油泥、杂质。清洗回装后，经试验轮叶引导阀动作无卡涩。

主配压阀发卡时，超调后恢复时间较长，且主配可能出现大幅摆动现象，超调现象在导叶开启或关闭时均有较大可能出现。结合此次有功超调现象，恢复时间较短；从曲线上看只在轮叶开启时出现，无明显摆动。

综上所述，透平油油质较好，排除由于杂质积累较多而引起的引导阀、主配压阀卡涩。

（2）轮叶引导阀与连杆同心度检查。

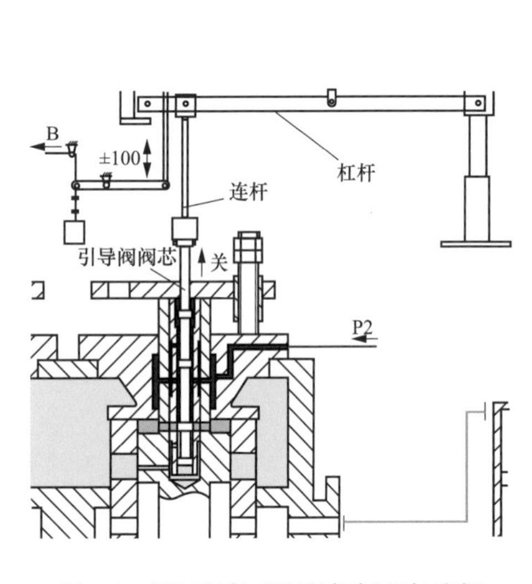

图 9-3　调速柜轮叶引导阀阀芯与连杆

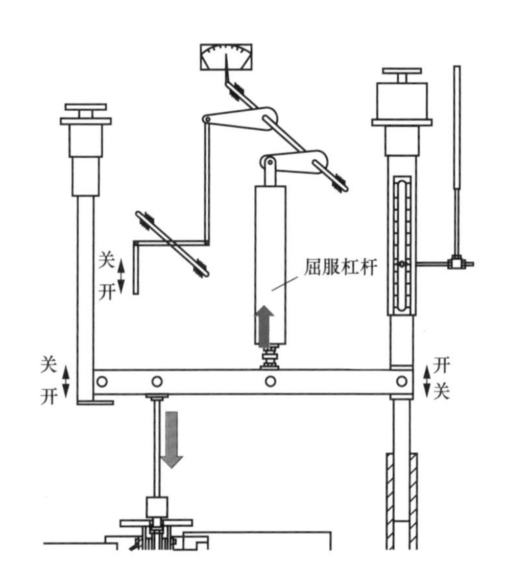

图 9-4　调速柜反馈弹簧

图 9-3 中，引导阀阀芯与连杆采用万向球轴承连接方式，能有效防止动作时可能产生的卡涩；现场对引导阀阀芯、连杆进行拆解检查正常，检查各杠杆均平直无异常。故导叶引导阀与连杆同心度正常。

（3）屈服机构检查。

检查机组杠杆、反压馈钢丝绳、重锤等部件无异常。

拆卸分解调速柜内轮叶屈服连杆，取出反馈弹簧，并做标记及记录。反馈弹簧安装有 8 个垫片，增加弹簧缩量约 24mm，说明该弹簧安装时存在偏软现象，增加弹簧压缩量以保证弹簧预紧力。

检查发现机组导叶、轮叶侧屈服连杆为不同类型，备品与导叶侧屈服连杆相同。对轮叶侧屈服连杆弹簧与备品屈服连杆弹簧进行检测，钢丝直径：5mm；外径：39.9～41.5mm；自由高度：344mm；总圈数：30 圈。通过在弹簧专用监测设备上对弹簧压缩 10mm、20mm、30mm、40mm、50mm、60mm，对应的压力及计算的 k 值见表 9-1。同时对屈服连杆弹簧备品进行检测，结果见表 9-2。可以看出轮叶侧弹簧的 k 值明显较小，是负荷波动的主要原因。

表 9-1　　轮叶引导阀侧屈服连杆弹簧检测数据

H(mm)	328	318	308	298	288	278
ΔH(mm)	10	20	30	40	50	60
P(N)	20	70	129	177	228	280
k(N/mm)	2	3.5	4.3	4.43	4.56	4.67

表 9-2　　屈服连杆弹簧备品检测数据

H(mm)	333	323	313	303	293	283
ΔH(mm)	10	20	30	40	50	60
P(N)	70	197	329	463	587	726
k(N/mm)	7	9.85	10.97	11.58	11.74	12.1

3. 故障原因

经检查分析，可以判断轮叶侧弹簧的 k 值明显较小，是负荷波动的主要原因。

（四）故障处理与处理效果评价

1. 故障处理

针对导轮叶反馈弹簧存在规格型号不一致，细弹簧 k 值较低，会导致机组负荷波动的情况，在机组后续检修中，均对装配细弹簧的屈服连杆进行了改造换型。

2. 故障处理效果评价

该机组轮叶侧原屈服连杆弹簧更换后，未出现负荷波动情况。其他机组装配细弹簧的屈服连杆更换后，均未出现类似负荷波动缺陷，机组运行情况良好。

（五）后续建议

屈服弹簧有一定的使用期限，随使用年限的增加其 k 值会逐渐减小，建议后续机组大修时对其进行检测，如弹簧 K 值减小明显，需对其进行处理或更换，防止类似负荷波动的缺陷发生。

二、主配压阀故障分析及处理

（一）设备简述

主配压阀作为水电站调速系统的重要部件，主要用于控制接力器进行开、关导叶的操作。当主配压阀出现故障时，机组可能会出现转速上升、异常关机、接力器动作异常、油泵频繁启动、调速系统油温升高等问题。主配压阀工作是否正常，直接影响着水轮发电机组的正常运行。

某电站主配压阀主要由端盖、壳体、主衬套、主阀芯、辅助控制阀芯、位移装置等组成，如图 9-5 所示。

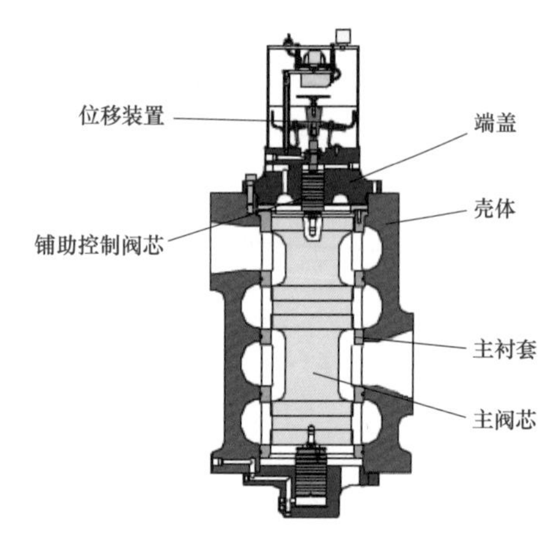

图 9-5　主配压阀结构形式

主配压阀工作原理：当机组进行转速调节时，电液转换装置将转速调节信号转换为液压信号并传递给主配压阀的控制腔。控制腔通压力油时，主阀芯向“开”的方向动作，控制接力器进行开导叶操作；控制腔通排油时，主阀芯向“关”的方向动作，控制接力器进行关导叶操作。

（二）故障现象

2011 年底到 2012 年初，该电站针对 A 机组、B 机组调速系统进行了全面的维护和检修工作，在检查过程中发现机组调速器主配压阀的主阀芯和主阀套均存在较大程度的磨损。A 机组主配压阀主阀芯、主衬套磨损情况见图 9-6。B 机组主配压阀主阀芯、主衬套磨损情况见图 9-7。

图 9-6　A 机组主配压阀主阀芯、主衬套磨损情况

图 9-7　B 机组主配压阀主阀芯、主衬套磨损情况

将异常磨损的主配压阀的阀芯和阀套进行了全面外观检查后，发现主配压阀的损伤情况如下：

（1）阀芯非滑动接触表面局部存在严重锈蚀现象。

（2）阀芯滑动、配合表面局部存在拉伤情况。

（3）阀套非滑动接触表面局部存在严重锈蚀现象。

（4）阀套滑动、配合表面存在严重拉伤情况，并且面积广、深度大。

（5）阀套的配油窗口尖边存在磨损现象。

（三）故障诊断

调速系统油液的颗粒度等级一直严格控制在NAS8级以下，油液的颗粒物对主配压阀异常磨损的影响较小。

机械人员将异常磨损的主配压阀主阀芯和主衬套委托有关单位进行了全面和系统的检测。通过检测的数据发现主配压阀的物理特性如下：

（1）主阀芯的基材类似于国内材料：合金钢35CrMo。

（2）主阀套的基材类似于国内材料：铸铁。

（3）主阀芯的表面硬度（HRC）为50；主阀套的表面硬度（HRB）为84。

可以看出主配压阀采用“硬芯配软套”的工艺结构形式，并且主衬套所选用的基材抗拉强度较低，该设计方式应是主配压阀异常磨损的主要原因。

针对主配压阀异常磨损情况，机械人员提出了以修复为主、保证性能、适当优化的维修、改造措施。

（四）故障处理

1. 修复方案

机械人员综合考虑电站主配压阀的损伤情况和物理特性，提出了主配压阀的修复方案：

（1）保留原阀芯基材，清除阀芯表面锈蚀；采用精密外圆磨床，去除阀芯伤痕；配合相应表面处理工艺，提高表面硬度、粗糙度和圆柱度。

（2）废弃原阀套基材；采用38CrMoAl为基材，重新加工阀套；阀套的结构尺寸依然严格按照原阀套尺寸进行加工。

（3）根据修复后阀芯的外形尺寸，配制阀套与阀芯的配合间隙及搭叠量。

（4）在保证修复后的主配压阀工作性能前提条件下，适当提高阀芯、阀套的抗氧化、抗磨损的能力。

2. 阀芯的处理工艺

根据主配压阀的阀芯实际情况，采用全浸泡方式软化表面锈蚀；经过反复和长期浸泡，使阀芯表面锈蚀逐步软化。经过浸泡后的阀芯，采用油石和金相砂纸进行轻度打磨，去除零部件表面的锈蚀，反复清洗零部件，喷涂防锈油，进行表面防护。

设计、制作主阀芯的加工工装，采用高精度外圆磨床［M1450］半精磨主阀芯外圆，清除阀芯滑动、配合表面损伤，校正阀芯各端面尺寸和外圆尺寸。

将半精磨加工结束后的阀芯，进行表面渗氮处理；形成表面硬度（HRC）为 60～65 的氮化层，高硬度的表面，提高了零件的耐磨性，增加了零件的寿命，消除了因磨损引起的漏油现象。

表面渗氮处理后，阀芯经过精磨加工，提高表面粗糙度、定型零件配合尺寸。

DN250 的阀芯加工情况如图 9-8 所示。

图 9-8　DN250 的阀芯加工情况

3. 阀套的处理工艺

（1）阀套基材的选择。

阀套的基材选用合金钢 38CrMoAl。此材料的机械性能优于调质材料 45、40Cr 和 20Cr，并且选用 38CrMoAl 加工成形的零件及产品在性能上有较大的改善。其优点在于：在加工过程中不易变形与超差，其几何尺寸和精度、运动间隙能够得到保障；38CrMoAl 热处理工序长（调质、二次定性、渗氮在炉内同期 24h），其处理后的工件硬度极强，在制造、装配以及用户使用和维护过程中不易拉伤、划伤，耐磨损、抗氧化。

（2）阀套的加工工艺。

阀套的基材选用 38CrMoAl 锻件，每件锻件毛坯，随料提供一件试棒，便于检测化学成分和热处理变形等。

锻件毛坯经过镗孔、粗车、调质、半精车后，零件外形结构达到工艺尺寸要求。

通过钻孔和钳工处理，加工各种螺纹孔及清除毛刺。

粗加工和半精加工完成后，进行定性处理，消除应力。

半精磨各外圆及端面，表面粗糙度达到0.4。

将半精磨完成后的零件，进行二次定性处理，表面进行渗氮处理，提高表面硬度。

表面氮化后，进行精磨处理和线切割处理；零件全面尺寸达到设计要求。

最后进行研磨处理，检查阀芯与阀套的配合尺寸。

DN250的阀套正在进行线切割加工情况见图9-9。

图9-9 DN250阀套线切割加工情况

4. 故障处理效果评价

经过修复，主配压阀的各项数据将达到表9-3要求。

表9-3 主配压阀加工前后数据对比

数据类型	修复前硬度数值	修复后硬度数值
主阀芯配合表面硬度（HRC）	50	50～53
主阀套配合表面硬度	84.2（HRB）	55～60（HRC）
主阀芯与主阀套配合间隙	≤0.080mm	≤0.055mm
主阀芯与主阀套配合搭叠量	0.92～0.98mm	0.95mm

通过以上数据的比较，可以说明经过修复后的主配压阀，其配油能力保持不变，配合精度和滑动、配合表面硬度得到提高，使主配压阀的静态特性和可靠性获得显著提升。

修复后的主配压阀将采用“硬芯配硬套”结构，并且阀芯与阀套采取“小间隙”配合。

如此设计的优势：

（1）表面硬度较高，抗磨损能力增强，抗氧化能力增强。

（2）间隙较小，固体颗粒物进入滑动、配合表面概率降低。

（3）间隙小，能够进入滑动、配合表面的固体颗粒物尺寸较小，易排除。

（4）滑动、配合表面硬度高，固体颗粒物进入其中后，不易损伤零件表面，易被碾压后排除。

（5）阀芯与阀套的动作损伤和发卡概率显著降低。

水轮发电机组调速器主配压阀的修复技术，立足于主配压阀的工作原理和结构尺寸，结合主配压阀工作过程中出现的问题和损伤情况，综合国产主配压阀的加工工艺特点提出。

修复方案的设计理念：修复为主，尽可能保留原设备零部件；保证性能，不改变零部件的结构形式，保持主配压阀的工作特性、流量特性和流道结构；适当优化，在保证主配压阀的工作性能前提条件下，利用成熟的制造工艺，适当提高阀芯和阀套的表面硬度、配合间隙、抗氧化性能、抗磨损能力。

三、调速器引导阀卡涩分析及处理

（一）设备简述

某电站机组调速器为微机步进电机式调速器（主配压阀直径 150mm、200mm）、双调节机制，具有导叶调节和轮叶调节两套调节机构，采用步进电机＋主配压阀的结构形式，系统额定油压 4.0MPa，是带机械位移反馈的二级调速系统。21 台机组中，导轮叶引导阀连接方式有万向球轴承和分瓣式球头轴承两种结构形式，用于连接引导阀与连杆，其中 8 台机组采用分瓣式球头轴承进行连接。

（二）故障现象

据统计数据显示，机组曾多次出现机组调速器失灵，调节负荷受阻，调速器抽动的情况，经现场检查，主要由于引导阀卡涩引起，故障主要出现在导轮叶引导阀连接方式采用分瓣式球头轴承连接的 8 台机组中。

（三）故障诊断分析

1. 调速器各部分机械结构

调速柜内机械结构：机组调速器为微机步进电机式导轮叶双调节调速器，采用步进电机＋主配压阀的结构形式，系统额定油压 4.0MPa，是带机械位移反馈的二级调速系统，其导叶、轮叶机械位置信号均采用钢丝绳反馈，通过杠杆作用在引导阀上实现机械自复中功能。调速柜内机械结构如图 9-10 所示。

引导阀连接结构：分瓣式球头轴承结构如图 9-11 所示，万向球轴承结构如图 9-12 所示。

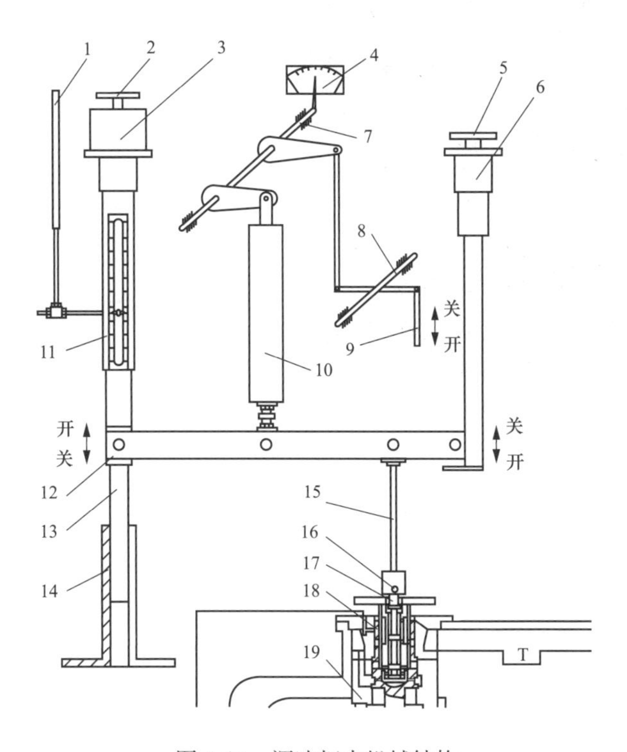

图 9-10　调速柜内机械结构

1—反馈位移传感器；2—步进电机手轮；3—步进电机；4—开度指示牌；5—手操机构手轮；6—手操机构；7—上回复轴；8—下回复轴；9—主回复杆；10—屈服连杆；11—丝杠装配；12—杠杆；13—导向杆；14—导向座；15—连杆；16—万向节；17—引导阀；18—主配压阀活塞；19—主配压阀衬套

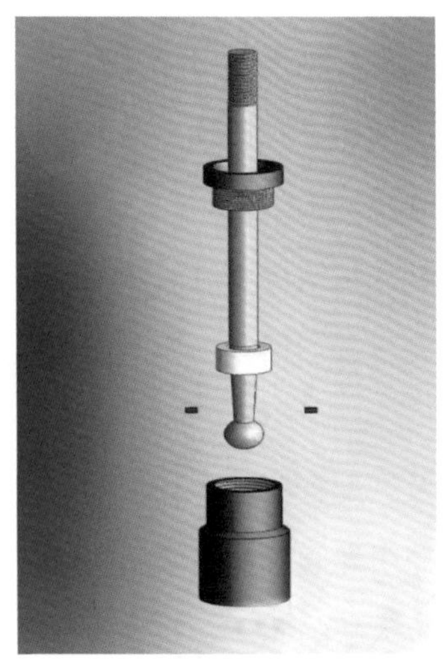

图 9-11　分瓣式球头轴承结构

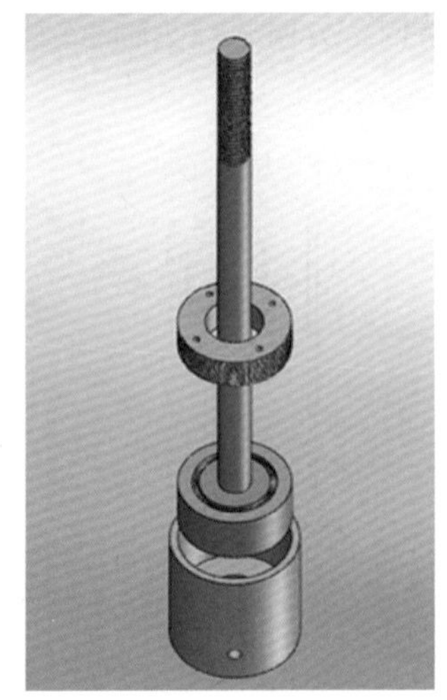

图 9-12　万向球轴承结构

2. 可能原因分析

（1）引导阀及其配合部件本身问题。

引导阀本身存在缺陷，加工尺寸有问题，阀体有毛刺；衬套本身存在缺陷，配合面有毛刺，配合部分加工尺寸有问题；限位压板本身存在缺陷，与引导阀配合的铜套存在毛刺，加工尺寸问题；各部件相互之间的配合尺寸有问题，造成各孔不同心。因引导阀与衬套、铜套的配合间隙小，以上各部件存在本身缺陷，均有可能使引导阀卡涩。

（2）油质问题。

机组透平油油质不合格，比如：颗粒物超标，油中杂质进入引导阀与衬套配合面；油质本身恶化，产生油泥，粘连在引导阀表面；油中混入过多水分，加上油质恶化后酸性及腐蚀性变化，可能会引起引导阀锈蚀。以上情况，均有可能使引导阀卡涩。

（3）引导阀连接机构问题。

引导阀与连杆连接结构不灵活，造成引导阀上下调节时侧拉形成的径向力较大，造成引导阀各阀盘与配合衬套孔偏心，加上本来配合间隙就比较小，有可能使引导阀卡涩。

3. 检查情况

（1）引导阀及其配合部件本身检查。

结合机组多年引导阀拆解检修的情况看来，引导阀经常卡涩的机组中，未发现引导阀及各部件本身存在重大缺陷。

（2）油质问题检查。

经检查，目前各机组油质无明显区别，各项指标符合要求，因此当前油质问题不是造成机组引导阀卡涩的主要因素。

（3）引导阀连接机构检查。

从统计引导阀卡涩的情况看来，主要发生在分瓣式球头轴承连接的机组中。经过现场测量，在相同力臂情况下，转动其中一台机组引导阀所需拉力为6.5N，该机组为万向球轴承连接；转动另一台机组引导阀所需拉力为32N，该机组为分瓣式球头轴承连接。由此可见，分瓣式球头轴承有轴向预紧力作用，转动相对不灵活，而且经检查对比，分瓣式球头轴承换向角度也相对较小。因此分瓣式球头轴承存在换向不灵活、换向角度小的问题，是导致引导阀卡涩的主要因素。

（四）故障处理

对引导阀采用分瓣式球头轴承连接的机组进行改造，改造为万向球轴承形式。

首先量取导轮叶引导阀至反馈杠杆的长度距离及导轮叶引导阀压板限开限关螺母高度并做好记录，对拆卸的导轮叶引导阀芯做好标记；其次，对引导阀与球头轴承原螺纹连接部位进行局部加工；再者，加工完成的万向球轴承、连杆与导轮叶引导阀进行预装配，检查部件动作灵活性；最后进行调速器试验，保证调速器各参数符合要求，且引导阀应灵活无异常。

（五）处理评价

将8台机组引导阀连接方式由分瓣式球头轴承形式改造为万向球轴承形式后，因引导阀卡涩导致调速器失灵的情况明显减少，因引导阀连接机构造成的引导阀卡涩情况未发生，总体改造效果良好。

（六）后续建议

引导阀连接方式改造后，引导阀连接机构问题已不是造成引导阀卡涩的主要因素，但依然存在其他因素造成的引导阀卡涩故障，因此给出以下建议：

（1）加强巡检工作，定期旋转引导阀，对引导阀的灵活性进行统计跟踪，并且旋转时要保证将引导阀旋转在最灵活的部位，这样有助于预防引导阀发卡。

（2）定期对机组油质进行化验跟踪，使用油磁栅吸附、静电滤油机过滤等技术手段保证油质合格。

（3）加强技术培训，掌握检修工艺，特别对技术要求高的工作，要高标准、严要求，一定要达到质量标准，严把安全质量关。避免因检修工艺问题，造成引导阀卡涩。

四、TR10电液伺服阀故障分析及处理

（一）设备简述

某机组电液伺服阀主要为TR10、ED12两种型号，将输入电信号连续转换成比例的液压

输出信号，以满足水轮机的调节需要。

TR10 电液伺服阀，每天 24h 运行，设备寿命长、维修少。当线圈断电时，电液伺服阀的机械趋势为安全关闭动作，对获取可操作的调节速度有非常良好的控制反应。

电器柜有两台 NEYRPIC1500 调速器分别起主用和备用调速功能，两者互为冗余，对应的比例伺服阀为 TR10，主用调速器和备用调速器之间通过电气连接切换；一台 NEYRPIC1000E 仅作为电手动的功能，对应的比例伺服阀为 ED12，起紧急调节器功能。NEYRPIC1500 和 NEYRPIC1000E 之间通过控制电磁切换阀进行切换。三台调节器之间可以进行无扰动切换。

TR10 电液伺服阀的结构如图 9-13 所示。TR10 电液伺服阀工作原理如下：

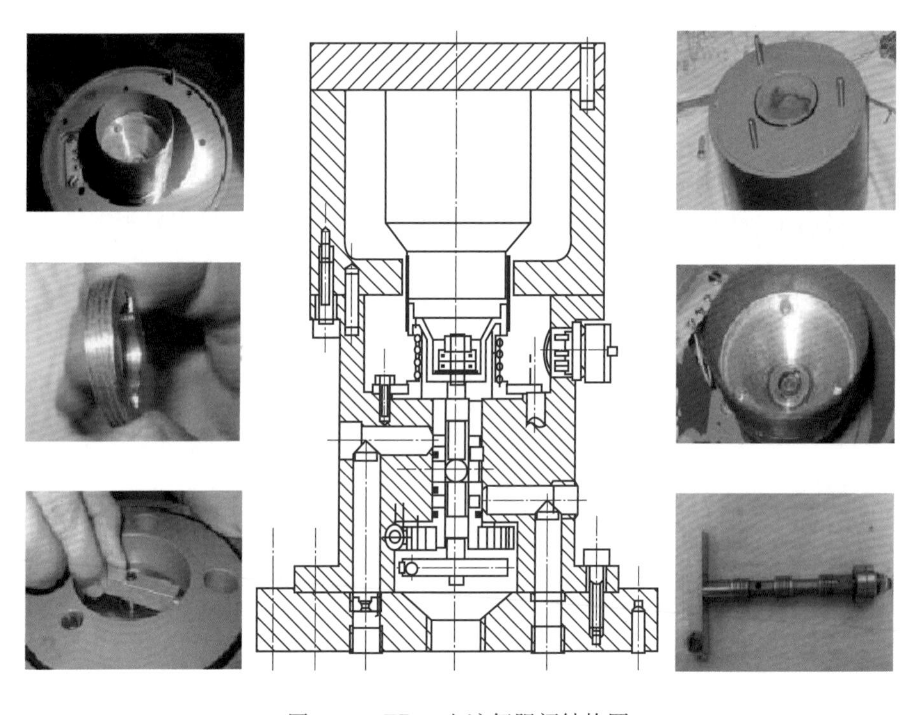

图 9-13　TR10 电液伺服阀结构图

（1）静止状态：无电流通过线圈，运动组件在其自身重量和弹簧作用下保持平衡（一般在中间位置，无流量输出）。

（2）运行状态：在运行模式时，电气调速器向电液伺服阀传送电信号，TR10 滑阀的位移方向和位移大小取决于线圈中电流的方向和电流的大小。TR10 滑阀的位移方向对应导叶的开、关操作。

（二）故障现象

2012 年 5 月 8 日 22:00 左右，该机组在 670MW 负荷正常运行时，出现了 1500N、

1500S大故障报警，机组负荷增加到780MW左右时，调速系统自动切换至ED12运行，切换后，机组稳定运行在800MW左右，在运行人员手动把调速器系统切回至TR10控制时，导叶急速打开，负荷直增到1040MW左右，运行人员按动紧急停机按钮，机组紧急停机至导叶开度为0。

（三）故障诊断

1. 故障初步分析

通过试验发现，在TR10运行时，机组导叶开至全开状态，在切换到ED12运行时，导叶控制正常，开关导叶正常。由此初步判断此次机组过负荷是由于TR10故障造成。

2. 设备检查

通过解体检查发现，TR10故障主要是由于TR10滑阀与线圈弹簧的紧固螺母松脱造成。TR10电液伺服阀松脱的紧固螺母如图9-14所示。

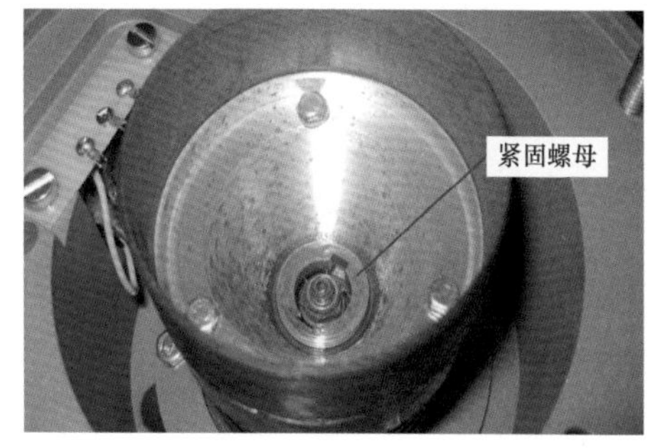

图9-14 TR10电液伺服阀松脱的紧固螺母

3. 故障原因分析

（1）2012年5月8日22:00左右，1500N、1500S大故障报警。说明此时TR10滑阀与线圈弹簧的紧固螺母开始完全松脱，线圈失去对引导阀芯的控制。

（2）机组负荷增加到780MW左右。说明紧固螺母松脱时，滑阀在开位，此时导叶的开度不断增大，为了维护转速的稳定，负荷也在逐渐增加，来平衡不断增大的水推力。

（3）调速系统自动切换至ED12运行，切换后，机组稳定运行在800MW左右。ED12电液伺服阀为TR10电液伺服阀的备用，它只具有维持机组运行状态的功能。切换ED12后，主配压阀回归中位，此时的导叶开度，只有维持800MW的负荷运行，才能保持额定转速。机组的额定负荷为700MW，此时已超过额定负荷100MW运行。

（4）在运行人员手动把调速器系统切回至TR10控制时，导叶急速打开，负荷直增到1040MW左右，运行人员按动紧急停机按钮，机组紧急停机至导叶开度为0，为了将负荷降下来，运行人员尝试切回TR10，以降低导叶开度，但是由于此时TR10已无法正常工作，切换后，主配压阀从中位又切换至开位，导叶开度急速增加。为了维持转速的恒定，负荷也在急剧增加，最终不得不紧急停机。

（四）故障处理与处理效果评价

1. 故障处理

（1）更换故障机组TR10电液伺服阀，并根据故障原因，对新TR10的滑阀紧固螺母进行了加锁固胶重新紧固，安装到位。

（2）更换手、自动切换电磁阀。

（3）对新 TR10、切换电磁阀做相应的调试实验。

（4）对机组所有 TR10 电液伺服阀进行排查，所有的滑阀紧固螺母都进行了加锁固胶重新紧固处理。

2. 故障处理效果评价

通过对机组所有 TR10 电液伺服阀的紧固螺母加锁固胶重新紧固后，类似的故障未发生。

（五）后续建议

根据 TR10 电液伺服阀的说明书中的要求，一般情况下，TR10 电液伺服阀通常不需要日常维护，仅须保护好它的滤网不被阻塞。但是从目前的情况来看，在检修中，仍要对 TR10 进行解体检查，保证其内部的每个部件都完好无损。

第三节　分段关闭及事故配压阀部件典型故障案例

一、基于在线监测系统的水轮机调速器典型故障分析及处理

（一）设备简述

某电站机组调速器为微机步进电机式调速器，采用步进电机＋主配压阀的结构形式，主配压阀直径 200mm，系统额定油压 4.0MPa，是带机械位移反馈的二级调速系统，其事故配压阀采用 SP-200 型不带位置反馈的滑动式三阀盘结构。机组在线监测系统包含机械单元、控制单元、电气单元三个单元。

（二）故障现象

运行人员远程自动开启该机组时，第一次开机过程中，自动开机转速上升至额定转速的 91.8%后，无法继续开启导叶，机组转速也无法继续上升，自动开机失败。现场检查未见调速器引导阀、主配压阀等卡涩，手动操作引导阀，仍无法正常开机。随后，全关导叶停机，再次自动开机，开机成功。故障过程曲线概览如图 9-15 所示。该故障现象近几年时有发生。

（三）故障诊断

1. 故障初步分析

在线监测系统提供的调速器相关监测数据中，中间接力器位移（因数据传输故障未能显

示）、主配压阀位移、主接力器位移（即图中导叶开度）以及接力器开关腔压力等，能够反映整个调速器的工作状态。故障过程曲线详情如图 9-16 所示。

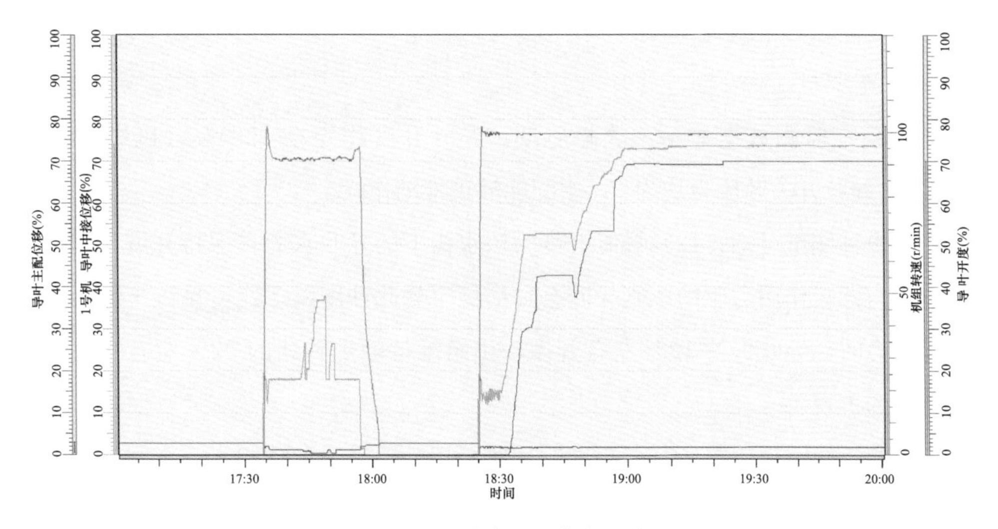

图 9-15　故障过程曲线概览

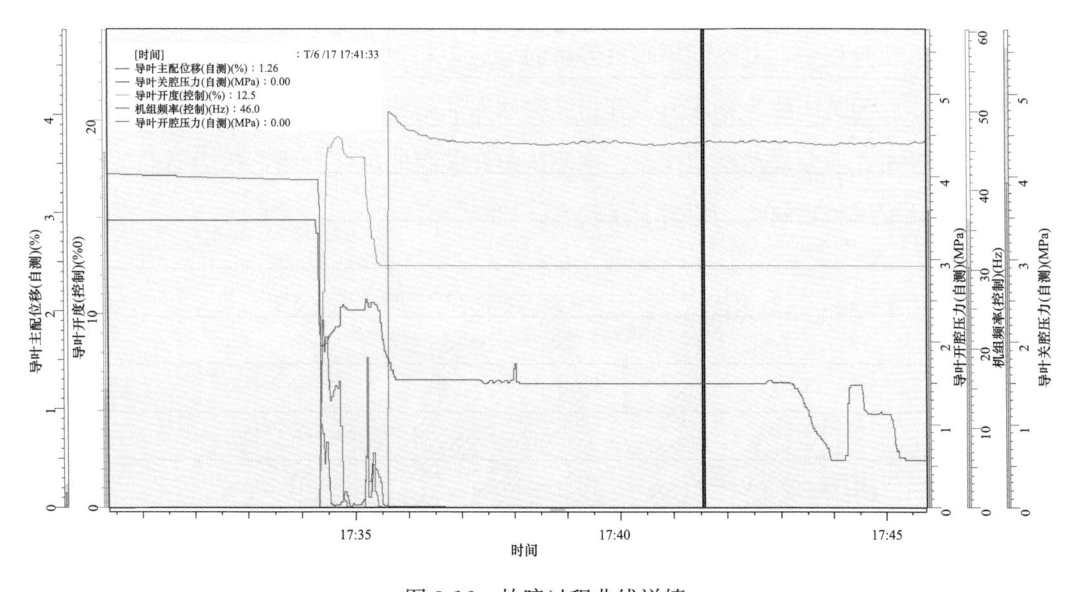

图 9-16　故障过程曲线详情

（1）主配压阀位移曲线正常，2017 年 6 月 7 日 17:35:46 后总体稳定在 1.26%以下，表明主配压阀处于开启导叶态（历史曲线显示，主配压阀极限关闭开度为 2.9%，平衡位置开度为 1.90%，开度大于 1.96%时，关闭导叶；开度小于 1.86%时，开启导叶），执行了调速器开启导叶的指令。可以判断，调速器电气及机械柜内设备工作正常，未出现引导阀卡涩、主配压阀拒动等故障。

（2）导叶接力器开关腔压力前期显示正常，接力器正常动作，但 2017 年 6 月 7 日 17:35:46 后，开关腔压力均为 0，表明未出现接力器后端的导叶操作机构阻力异常的情况。

由此可见，该机组自动开机不成功的直接原因是机组转速达到额定转速的91.8%后，主配压阀开启时配油无法到达接力器处，故障点在主配出口至接力器段，结合过速系统油路结构，可以锁定故障点为事故配压阀。

2. 设备检查

在线监测系统监测数据显示，故障后期，导叶开度稳定在12.5%，机组转速稳定在46.0Hz左右，导叶开关腔压力均为0，主配能够正常动作。

查询机组设计图纸可知，12%导叶开度为该水头下的导叶水力自保持开度，即导叶开启后，若导叶接力器无作用力驱动，则导叶会自动稳定到此开度以下。可见该工况下导叶接力器开关腔无压力时，导叶保持12%左右开度，机组维持额定转速的92%左右转速，是由水轮机本身特性的表现。

参考事故配压阀结构如图9-17，事故配压阀采用卧式三阀盘结构，三个阀盘直径从左到右依次为200、205、210mm，机组正常运行时作为主配压阀开关腔至导叶接力器开关腔的油液通道，在开关腔压力作用下依靠阀盘面积差，形成向右的液压力，保持正常复归位置。在长时间停机后开机过程中，事故配压阀由停机时紧急停机电磁阀投入、关闭腔为4.0MPa稳态全压的状态，转为关闭腔为零压力、开启腔突然充油带压的状态，过程中事故配压阀阀芯开腔侧受油液冲击，向左误动至动作态，主配压阀开关腔油口被封闭，接力器开关腔分别接通回油管与事故配压阀控制腔，均为无压状态。

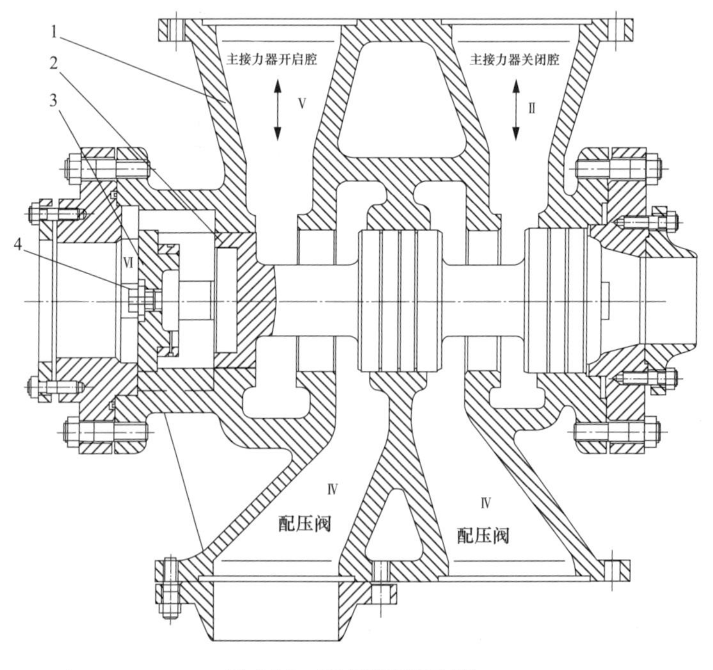

图9-17　事故配压阀结构

在此状态下，因主配压阀至事故配压阀的开腔油口被阀芯完全封闭，继续操作主配开腔配油，无任何效果，导叶在水流作用下自动稳定在12%左右的设计临界开度下，机组转速无法上升至额定，但主配压阀至事故配压阀的关腔油口未被封闭，故此后机组关闭时，主配关腔配油，能够在事故配压阀关闭腔内建立油压，通过阀芯面积差，推动事故配压阀复位，再次开机时，开腔油液冲击较小，能够形成较稳定的压力，保证事故配压阀阀芯在压差作用下始终处于正常复归位置，主配压阀工作正常，能够正常开机。

3. 故障原因

根据故障原因分析，机组开机不成功的原因在于长时间停机后突然开机时，因开腔油液冲击导致事故配压阀误动。

（四）故障处理与处理效果评价

1. 故障处理

根据故障原因分析，在图9-17事故配压阀的左侧缓冲装置3处，加装一个复位弹簧，帮助事故配压阀在正常工况下保持复归位置。经试验，该装置不影响机组事故停机过程；对于防止事故配压阀误动具有良好效果，运行至今机组未发生事故配压阀误动故障。

2. 故障处理效果评价

在上述故障分析过程中，主要用到的监测信号包括：步进电机中接位移、主配压阀位移、主接力器位移、导叶接力器开关腔压力等。通过中接位移曲线，排除了调速器电气部分的原因；通过主配压阀位移曲线，排除了调速器机械柜内设备的原因；通过主接力器位移与开关腔压力曲线，结合机组设计的导叶自保持位置开度，最终锁定了故障点在于事故配压阀，然后通过加装复位弹簧，解决了此项设备缺陷。

通过对在线监测系统的充分应用，同时依托对故障设备的深入掌握，整个分析、处理过程思路清晰，判断准确，达到了良好的缺陷处理效果，实现了在线监测系统在故障处理中的重要作用。

（五）后续建议

在线监测系统能够真实记录设备运行曲线，在故障发生数天后，设备维护人员仍能够通过监测系统的历史数据进行清晰、准确的故障分析，对于水轮发电机组的设备运行维护重要作用与实际意义。

此外，由于中间接力器位移信号未从调速器监控系统接入在线监测系统，需要另外从监控系统中查询导叶中间接力器数据，较为烦琐；而因为事故配压阀结构限制，阀芯位移信号缺失，也使得整个分析过程不够直接，提高了故障分析的难度。因此，在水轮发电机组在线监测系统的建设与改造过程中，数据的整合与信号点的设置，需要全面、深入地考量。

二、调速系统撤压过程中导叶全关故障分析及处理

（一）设备简述

某水电站调速器事故停机系统由事故主供油阀、事故配压阀、过速装置、事故停机液控阀、事故停机电磁阀等组成。事故停机系统主要作用是当机组发生相应故障时，快速关闭导叶，防止机组飞逸。

如图9-18所示，事故配压系统的工作原理如下：

当机组转速上升至115%额定转速、调速器主配压阀拒动时，或当机组转速上升至机械过速保护装置动作值时，事故配压阀动作直接全关导叶，从而实现机组紧急停机。当机械过速保护装置或事故停机电磁阀动作后，事故配压阀先将调速器主配压阀开关腔（图9-18右下方Ⓐ和Ⓑ）到接力器开关腔（图9-18左下方Ⓒ和Ⓓ）油路切断，再将事故压力油（图9-18下方Ⓟ）接入接力器关腔，从而实现机组导叶紧急关闭。

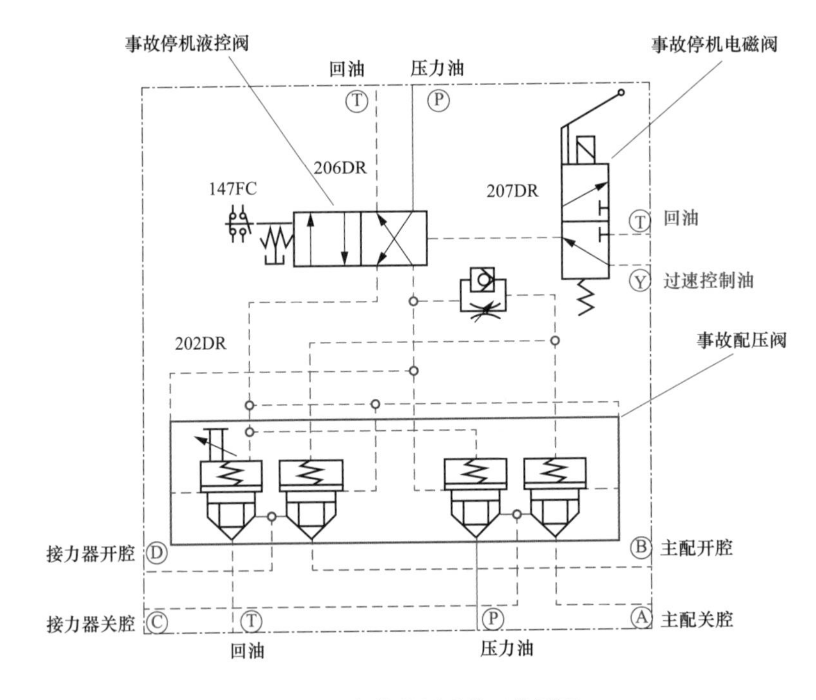

图9-18 事故配压系统工作原理

（二）故障现象

机组调速器停机检修期间，导叶保持30%开度开始撤出调速器系统压力，撤压过程中，当压力下降至0.45MPa时，右侧事故配压阀活塞指示杆显示该活塞已落下，同时导叶已全关。

（三）故障诊断

1. 故障初步分析

撤压过程中事故配压阀动作，同时导叶由 30%开度全关至 0，说明压力油从事故配压阀进入了接力器，事故配压阀的压力油只可能来自事故主供油阀，因此事故主供油阀一定内漏。事故配压阀活塞在撤压过程中动作可能有两方面的原因，一是系统压力降低后，活塞靠自重下落；二是事故停机液控阀压力降低后切换，导致事故配压阀动作，活塞下落。

2. 设备检查

（1）活塞自重下落可能性分析。

事故配压阀结构如图 9-19 所示，事故配压阀由壳体、活塞、弹簧和位置指示杆等部件组成，其中位置指示杆用于指示活塞位置，弹簧用于在活塞动作时起缓冲作用。事故配压阀活塞控制腔位于活塞下方，无压情况下，事故配压阀活塞在自身重力影响下会使得活塞端部密封不严。活塞控制油源和事故压力油源均来自压力罐，正常情况下两处油源压力一致，因此可以计算出一个压力值，当系统压力小于该压力值时，活塞会由于自身重力的影响无法封闭。

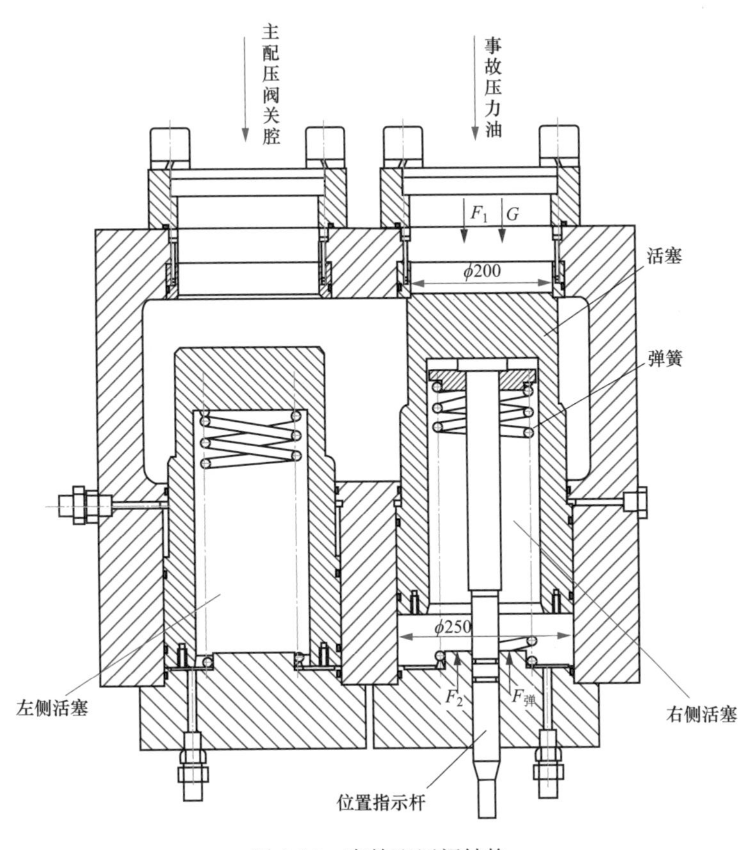

图 9-19　事故配压阀结构

根据力的平衡原理，得出如下公式：

$$F_1 + G = F_2 + F_{弹}$$

此处弹簧力可忽略不计，即 $F_{弹}=0$，则

$$F_1 + G = F_2 \Rightarrow mg = F_2 - F_1 \Rightarrow mg = ps_2 - ps_1 \Rightarrow mg$$

$$= p\left(\frac{\pi D_2^2}{4} - \frac{\pi D_1^2}{4}\right) \Rightarrow p = \frac{mg}{\left(\frac{\pi D_2^2}{4} - \frac{\pi D_1^2}{4}\right)}$$

式中 p——调速系统压力（MPa）；

m——活塞自重（kg），取 $m=30$kg；

D_1——活塞上部直径（m），$D_1=0.20$m；

D_2——活塞下部直径（m），$D_2=0.25$m。

根据公式算得：

$$p = 0.0166\text{MPa}$$

根据计算结果，当系统压力大于 0.0166MPa 时，事故配压阀活塞可以完全封闭，这与现场 0.45MPa 动作值相差较大，可以判定事故配压阀动作不是由于活塞自重下落导致。

（2）事故停机液控阀切换可能性分析。

调速器事故停机液控阀是一种靠弹簧复位的二位电液换向阀，其最小控制油压为 1.3MPa，当系统压力小于该值时，液压控制腔操作力将小于弹簧腔复位力，事故停机液控阀切换，将导致事故配压阀动作。在本例中，撤压时，当系统压力降低到 1.3MPa 时，事故停机液控阀切换，降低到 0.45MPa 时，事故配压阀活塞完全落下，导致压力油直接进入接力器关腔。

3. 故障原因

综上所述，撤压过程中导叶异常全关的原因有两个，一是事故停机液控阀失压切换，导致事故配压阀动作；二是事故主供油阀内漏。

（四）故障处理与处理效果评价

1. 故障处理

因本故障案例出现后，调速系统已撤压，未对检修人员及工作产生不利影响，但是撤压过程中导叶异常全关是一个比较大的安全隐患，需要制订措施避免该现象出现。

（1）检修前应对事故主供油阀内漏情况进行检查处理。

在机组检修撤压之前，对调速系统事故主供油阀进行检查，应确保其无内漏，如因阀门

未关到位的内漏，需要重新调整关位，确保阀门全关。如因球阀密封失效导致的内漏，则需要撤压后对阀门进行更换。

（2）撤压前可关闭事故配压阀控制油回油阀。

在导叶有一定开度的情况下，为防止撤压过程中事故配压液控阀失压切换导致事故配压阀动作，撤压前可全关事故配压阀控制油回油阀，避免导叶异常关闭。

2. 故障处理效果评价

后续机组在对事故主供油阀进行内漏试验确保该阀无内漏，再全关事故配压阀控制油回油阀后，机组调速系统撤压过程中，导叶开度再未发生异常变化。

（五）后续建议

水轮机导叶端面间隙测量时一般需要保持一定的导叶开度，且调速系统处于带压状态，为保证工作人员安全，必须先进行事故主供油阀和事故配压阀内漏试验，确保主供油阀以及事故配压阀无内漏。同时，为加大安全裕度，可以关闭事故配压阀控制油回油阀，避免事故配压阀活塞下落，消除导叶误动隐患。

事故停机系统设计时可以考虑在撤压过程中也能保证事故配压阀不动作，为相关工作奠定更好的安全基础。

第四节　齿盘测速装置齿盘脱落分析及处理

一、设备简述

齿盘测速是一种水电机组转速的直接测量方式，是一种可靠性和可信度明显优于残压测速的测量方法。某电站机组齿盘测速装置由安装在主轴上的环形齿状设备（齿盘由钢带及焊接在钢带上的齿组成）、传感器及传感器安装支撑和信息处理器组成。机组测速装置安装示意见图 9-20。当机组转动时，由接近式或光电式传感器感应旋转齿盘产生反映机组转速的脉冲信号，然后由信息处理器构成的智能仪表测量脉冲宽度并计算获取机组转速。

二、故障现象

2005 年 8 月，该机组运行时，出现机组转速异常，停机对齿盘测速装置进行检查，发现测速钢带从组合面连接处断裂。断裂钢带见图 9-21。

三、故障诊断

1. 钢带材质强度不足

该机组测速装置钢带采用 1mm 不锈钢材料制成，因钢带厚度不足，钢带安装时，在组合面紧固螺栓紧固力作用下，导致钢带承载拉力达到临界点，机组运行时在旋转张力作用下，钢带承受的拉力超过了钢带承载力而断裂。

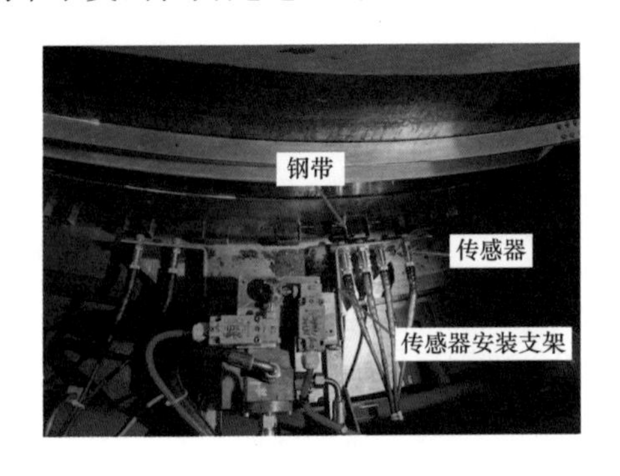

图 9-20 机组测速装置安装示意

图 9-21 断裂钢带

2. 组合面焊点强度不足

钢带组合面采用挡块与钢带点焊连接，钢带在焊点时受热后材料韧性降低，承载力降低，导致钢带从此处断裂。

四、故障处理与处理效果评价

1. 故障处理

（1）增强钢带材料强度。

为加强钢带强度，将现有的 1mm 厚度不锈钢钢带，更换为 2mm 厚度不锈钢钢带，钢带抗拉强度增加 1 倍，能够满足强度需求。

（2）组合面焊接点优化。

组合面挡块与钢带焊接点，采用钢带包裹挡块后再进行点焊，增加了钢带与挡块连接点焊接面积，同时加强了钢带在挡块连接材料连续性，保证了连接点强度。

2. 故障处理效果评价

该机组齿盘测速装置钢带优化处理后，经过一年运行后未出现齿盘测速装置组合面连接点钢带断裂及钢带变形现象。

五、后续建议

在每年岁修工作中加强对机组齿盘测速钢带进行检查，重点检查组合面连接点焊缝。

检查其他机型齿盘测速钢带材料及厚度，防止类似缺陷再次发生。

第五节　接力器部件典型案例

一、接力器活塞杆故障分析及处理

（一）设备简述

水轮机调节的主要部件是接力器，接力器的主要功能是转换压力油，使其顺利实现压力油到机械位移的转换。某电站机组均包含两个接力器，其组成主要包括压力油缸、活塞和位移控制推拉杆这三个部分。其工作原理：在压力油的作用下，主要通过活塞的运动来带动推拉杆，再由拉杆的运动来带动导叶，通过控制环来控制导叶的开和关，最终能够实现该机组的开停机和增减负荷。

该电站接力器采用双直缸接力器，双直缸接力器主要由缸体、前后缸盖、活塞、活塞环、瓦套、推拉杆、卡环、定位销、连接螺母、十字头、前后推拉杆密封、压紧行程调整垫、前后缸盖密封、行程指示板和锁定装置等部件组成。

该电站自投产以来，随着机组接力器长年不断连续运行，接力器推拉杆密封出现老化变形，个别甚至出现脱层、裂纹。为了确保机组正常运行，正在逐年滚动更换接力器密封。目前机组接力器推拉杆更换密封时需要先拆装杆头，由于杆头笨重且为不规则形状，且拆装空间狭小，工作流程十分烦琐，工作量非常大。在拆装过程中，某些机型杆头与推拉杆极易产生偏心，稍有不当就会造成杆头与推拉杆螺纹的损伤，甚至可能发生杆头与推拉杆粘扣事故，存在较高的检修风险。

接力器推拉杆密封可分为以下 3 种形式：

（1）接力器推拉杆密封为整体式 Y_X 唇形密封圈，安装在接力器缸盖的开式沟槽内，槽外设计有压盖。此种形式密封见图 9-22。

（2）接力器推拉杆密封为整体式 Y_x 唇形密封圈＋轴用格莱圈的组合形式，安装在接力器缸盖的闭式沟槽内。此种形式密封见图 9-23。

（3）接力器推拉杆密封为整体式 V 型组合密封，安装在接力器缸盖的开式沟槽内，槽外设计有压盖。此种形式密封见图 9-24。

（二）故障现象

故障现象大致分为三种：

（1）推拉杆本体无划痕或者伤痕，推拉杆密封处出现轻微渗油，渗油为深色或者黑色。

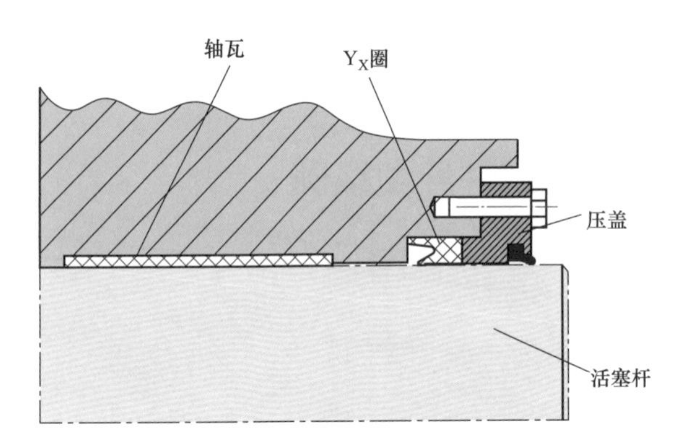

图 9-22　接力器推拉杆密封一

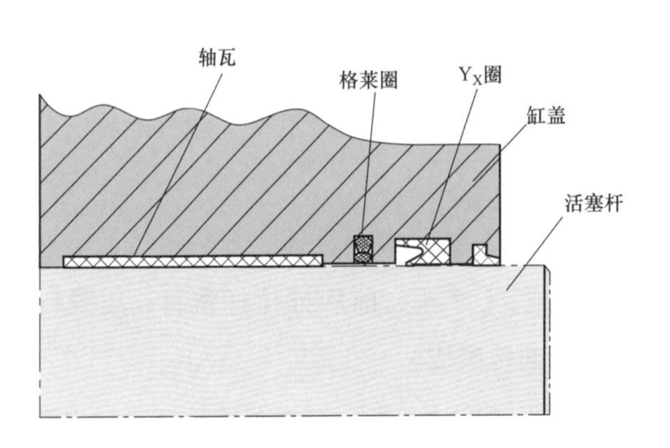

图 9-23　接力器推拉杆密封二

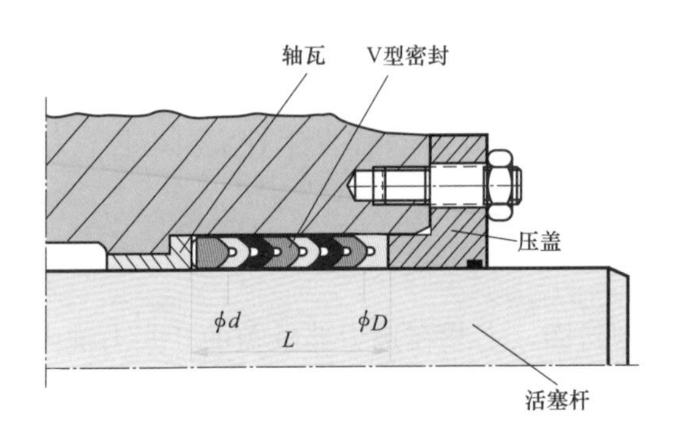

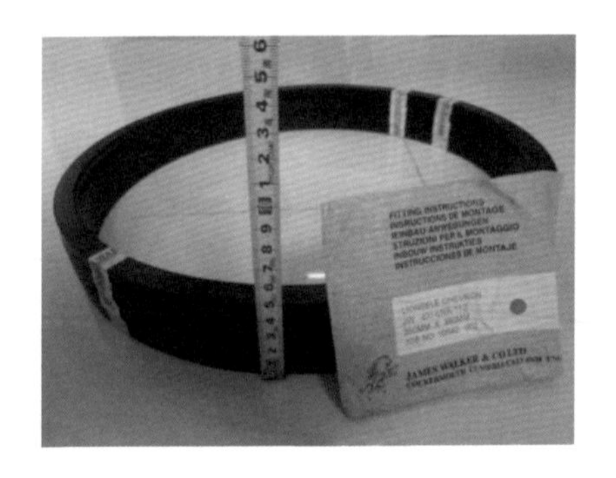

图 9-22　接力器推拉杆密封三

（2）推拉杆本体无划痕或者伤痕，密封端盖处出现连续滴油或者线状漏油，漏油为液压油原色。

（3）推拉杆本体有划痕或者伤痕，密封端盖处出现连续滴油或者线状漏油，漏油为液压油原色。

（三）故障诊断

1. 故障初步分析

针对渗油漏油现象，以及渗漏的轻重程度，做出以下初步判断及分析：

（1）推拉杆本体无划痕或者伤痕，推拉杆密封处出现轻微渗油，渗油为深色或者黑色。渗漏油的颜色为黑色，可以判断为该轻微渗油为密封正常磨损后产生的微米级颗粒物混合油液渗出，不影响机组运行，但是需要在后续检修中逐步安排更换。因为密封在开始磨损并产生颗粒物，可以判断密封的弹性在减弱，同时硬度在增强，密封在失弹变硬的过程中逐步发展。具备条件的可以在3～5年内全部更换。

（2）推拉杆本体无划痕或者伤痕，密封端盖处出现连续滴油或者线状漏油，漏油为液压油原色。该类型故障需要择机处理。该故障现象有三种可能：

1）为故障（1）的进阶阶段，出现故障（1）后，持续3～5年后，磨损加剧，已扩大。

2）如果密封是夹布橡胶材质，安装或者密封本身质量问题，使组合密封的压环夹布分层，夹带在V型密封唇边和推拉杆表面之间，破坏了V型密封的有效密封线的圆度。

3）接力器内杠内微小硬异物（硬度不足以损伤推拉杆表面）穿过轴瓦间隙破坏了V型密封的圆度。

（3）推拉杆本体有划痕或者伤痕，密封端盖处出现连续滴油或者线状漏油，漏油为液压油原色。基本上为油液类硬颗粒物夹在推拉杆与V型密封或者其他形式密封唇边之间，容易迅速扩大并且加剧对推拉杆表面的损坏。该故障类型必须立即处理。

2. 设备检查

一旦出现推拉杆密封渗漏油现象，根据实际情况判断后，安排进行更换。

（1）案例一：2016年3月，某台机组2号接力器前端盖漏油，检查判断为推力杆密封损坏。在2016～2017年度岁修中，对该机组调速系统撤压，接力器进行排油，松开2号接力器前端密推拉杆封压盖检查后，用专用工具取出密封，发现为V型密封组的压环分层（该V型密封组包含最上面的压环1个、中间V型密封3个、底部支撑环1个），分层的夹布夹入了上面两层V型密封唇边与推拉杆之间，改变了上面两层的V型密封的圆度。

（2）案例二：2015年1月，另一台机组1号接力器前端盖推拉杆密封处漏油，检查发现推力杆上有轻微划痕。2015年4月，在该机组岁修中，对接力器进行排油，拆卸掉锁锭基础班等附件后，松开1号接力器前端压盖检查后，用专用工具取出密封，发现为V型密封组的V型唇边被拉伤（该V型密封组包含最上面的压环1个、中间V型密封3个、底部支撑环1个），存在硬质颗粒物拉伤密封唇边的同时也轻微损伤了推拉杆表面。

（四）故障处理与处理效果评价

1. 故障处理

（1）该机组在2015～2016年度岁修中进行了接力器推拉杆密封剖分式研究使用的试用试验，从2015年12月安装至2016年底，运行良好。剖分式密封相对传统密封V型组合密封而言，安装与维护成本降低，工期缩短，简易可行。因此针对案例一，如果采取整体性密封更换，工作量大、耗时长。鉴于此，在2016～2017年度岁修期间，对该机组推拉杆进行剖分式密封更换。从此该电站机组接力器推拉杆密封更换开始逐步更换聚醚聚氨酯剖分式密封，新的密封如图9-25。

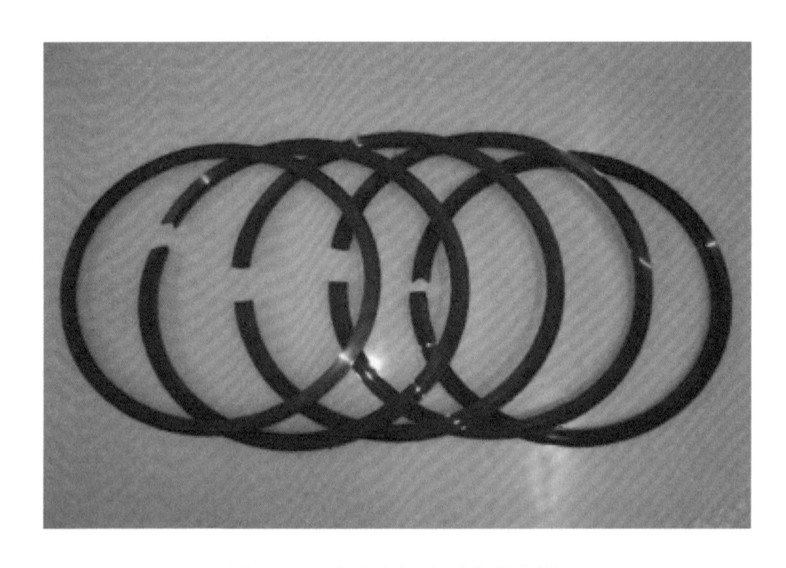

图9-25　聚醚聚氨酯剖分式密封

（2）针对案例二，因为推拉杆出现了全行程的贯穿性划痕，该划痕破坏了密封面的完整度。我们对划痕用油石进行了全范围处理，在不影响其圆度的情况下对划痕做了最大化的打磨处理。然后对密封进行了更换。

2. 故障处理效果评价

案例一和案例二处理后，运行效果均良好无渗漏。

二、控制环抗磨板损坏分析及处理

（一）设备简介

某电站机组水轮机基本参数如下：

水轮机型类型：卡普兰立式轴流转桨；转轮直径：8400mm；水头运行范围：14～25m；额定水头：21.3m；最大水头：25m；最小水头：14m；额定出力：110.8MW；额定流量：

563m³/s；额定转速：78.3r/min；飞逸转速：200r/min；叶片数：24；叶片角度：−17°～+17°；轮毂比：0.44；叶片密封形式：O 型丁腈橡胶；转轮重量：279.5t；控制环直径：8800mm；控制环高：700mm；控制环重量：20.5t。

机组控制环通过接力器的推拉作用，使控制环沿顺时针或逆时针运动，调节导叶开度，以此调节流量实现机组负荷调整。机组运行过程中，接力器随负荷动作，为保证控制环动作平稳，在水轮机顶盖上均匀设置 12 个固定径向导轮和 6 块固定不锈钢抗磨板与控制环配合，在控制环上布置 6 块不锈钢立面弧形抗磨板及下端面平面抗磨板，如图 9-26 所示。

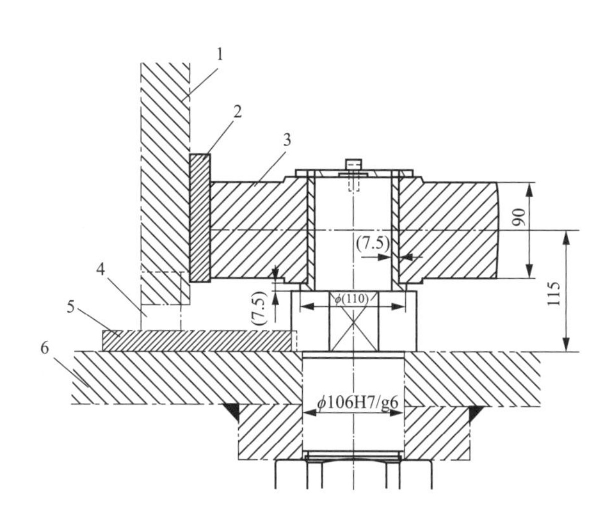

图 9-26　抗磨板装配图

1—控制环；2—不锈钢立面弧形抗磨板；3—固定径向导轮；
4—下端面平面抗磨板；5—固定不锈钢抗磨板；6—水轮机顶盖

（二）故障现象

2017 年 1 月，该机组在检修期间发现控制环下端面平面抗磨板损坏，同时发现部分固定抗磨板的沉头内六角螺栓损坏和顶盖固定抗磨板有划痕现象，如图 9-27～图 9-29 所示。

图 9-27　损坏的控制环下端面抗磨板

图 9-28　损坏的下端面抗磨板连接螺栓

图 9-29　顶盖不锈钢抗磨板划痕

（三）故障诊断

1. 故障初步分析

控制环下端面抗磨板材质为尼龙橡胶合成非金属耐磨材料，该材料在常温下具有塑性较好、摩擦系数低等特点。由于控制环运动具有低速度、重荷载、频繁启功、易出现冲击荷载的特点，尼龙橡胶合成非金属耐磨材质的抗磨板在前一次动作产生热量未散尽，下一次动作又马上进行，因而温度升高，材质发生软化，导致抗磨板变形。当磨损厚度较大时固定抗磨板的沉头螺栓外露，在控制环运行形成的摩擦力作用下导致剪断，划伤顶盖抗磨板。

2. 设备检查

该机组控制环下端面有 6 块平面抗磨板沿控制环圆周六个点均匀分布，平面抗磨板③材质为尼龙橡胶合成非金属耐磨材料，通过 4 颗 M8 沉头螺栓⑥固定在支撑块上①，支撑块通过 3 颗 M20 沉头螺栓④固定在控制环上。控制环下端面平面抗磨板结构图如图 9-30所示。

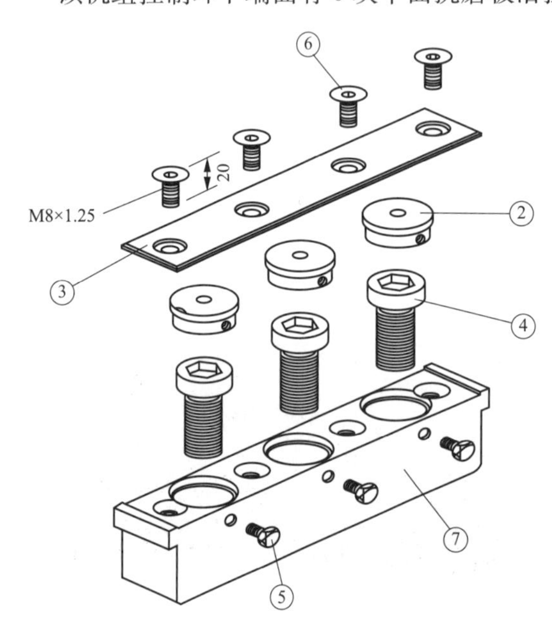

图 9-30　控制环下端面平面抗磨板结构

3. 故障原因

由于抗磨板材质及结构的原因，导致机组运行时抗磨板磨损严重。

（四）故障处理与处理效果评价

1. 故障处理

(1) 抗磨板材质选择。

为解决原抗磨板受热变形等特点，新抗磨板材料采用威高尔材料（Vesconite Hilub），威高尔材料综合了金属和非金属轴承材料的优点，具体为：低摩擦系数，其摩擦系数约为青铜和尼龙的一半；承载强度高于白色金属，在润滑不良或脏污条件下的磨损寿命是青铜的10倍，在潮湿的环境的条件下能保持其强度，在重载下表现出极小的蠕变；膨胀系数低，威高尔材料的热膨胀系数相对较低，大约是尼龙的三分之二。

（2）抗磨板设计优化。

由于原控制环下端面抗磨板设计通过螺栓固定在支撑块上，更换抗磨板需要拆卸拐臂连板、控制环推拉杆和顶起控制环约100～150mm，检修工期约为15天。

新设计抗磨板通过鸽尾槽与支撑块配合固定，再通过夹板和7颗M6沉头螺栓固定在支撑块上，如图9-31～图9-33所示。当抗磨板磨损严重需要更换时，仅需顶起控制环约4mm，拆卸抗模板固定夹板螺栓，抽出待更换抗磨板。与原设计抗磨板相比，新设计抗磨板更换工期为2天，较大程度地缩短了检修工期。

图9-31　抗磨板平面图

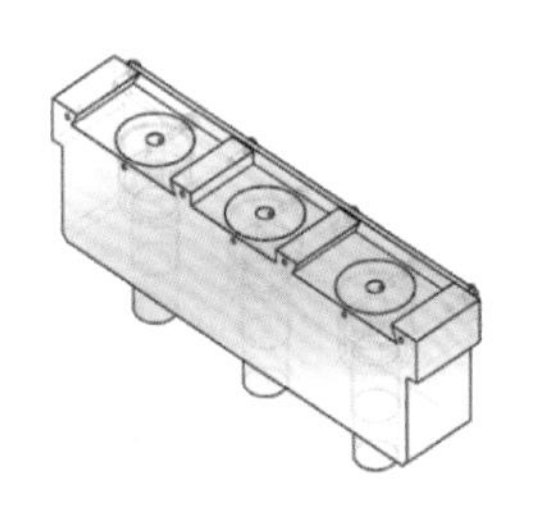

图9-32　支撑块三维图

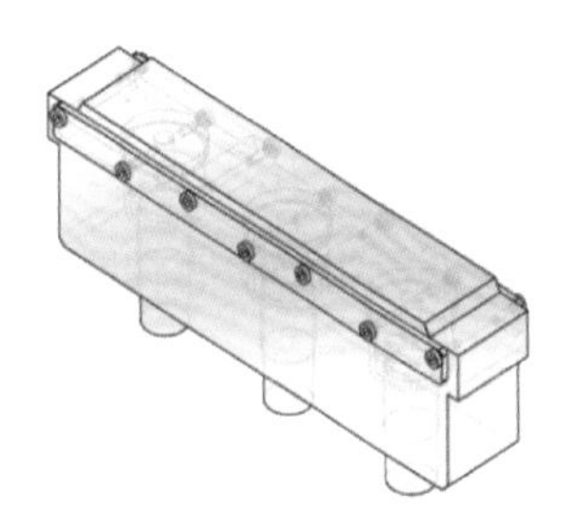

图9-33　抗磨板三维图

2. 故障处理效果评价

与原设计相比，新设计的支撑块和抗磨板通过卡槽和夹板固定，抗磨板更换时间为原设计抗磨板更换时间的13.3%，较大程度提高了抗磨板更换效率。新设计的抗磨板经两年多的实际运行，未发生异常。同时，新抗磨板采用威高尔材料，增加了抗磨板的使用寿命。

（五）后续建议

该机组控制环下端面抗磨板设计优化，为后续同类型机组控制环抗磨板的改造换型提供了改进经验。其余机组将按检修计划，对发现问题的控制环下端面抗磨板进行优化。

第十章　油压装置

第一节　设备概述及常见故障分析

一、油压装置概述

（一）油压装置结构

油压装置主要由压力油罐（压油槽）、回油箱（集油槽）、油泵、补气装置、冷却装置以及各种表计和信号计组成。油压装置的工作能力由压力油罐的总容积来标志，压力油罐的容量和压力必须保证机组的所有控制机构在任何可能发生的运行工况下，都能可靠运行。如：由于大量消耗油而使压力油罐内油压降到事故停机压力时，压力油罐内还应有足够的油来保证停机。

压力油罐是一个圆筒形的承压容器，多为立式安装。对于大型的压油装置，需将压力油罐做成两个，一个为气罐，另一个为油罐。

回油箱是一个方形的用于储存工作用油、收集调速器的回油和漏油装置的油的容器。

油泵多采用螺杆泵形式对压力油罐供油，泵的吸油管浸没在回油箱的清洁油区。油泵由交流电动机带动旋转。

补气装置主要用于维持压力油罐内总的气量的稳定。由于有一定数量的压缩空气溶解于压力油内，在调节过程中被压力油带走，并且有一定数量的空气从密封不严的缝隙里漏掉，为此需要补气装置经常为压力油补充压缩空气。

（二）油压装置作用

油压装置是专门供给机组控制系统（调速器）以及其他机构（蝴蝶阀、球阀、调压阀）操作用压力油的能源设备，是水轮机的外加能源，用于克服巨大的水力矩和操作笨重的导水机构。水轮机导水机构的接力器容积都较大，动作一次消耗的油量也比较多。由于液体的不可压缩性，当大量用油时，会造成油压大幅度降低，为了使油压能保持在一定的范围内变化，油压装置都采用压缩空气来作为弹性层。油压装置是一种储能装置，能量是利用油作为工作介质来传递的。能量反应在油的压力和流量上。

油压装置的主要作用：

（1）储存液压能，随时满足调节系统的需要。

（2）滤去油泵流量中的脉动效应。

（3）吸收由于负载突然变化时产生的冲击。

（4）获得动态稳定性。

二、常见故障分析及处理

油压装置在运行维护中，常见故障可分为以下几类。

（一）渗漏

管路法兰、接头、设备密封面渗漏；管路或者设备本体渗漏。

1. 故障主要原因分析

（1）密封损坏；

（2）设备焊缝砂眼或者裂纹；

（3）螺栓松动；

（4）油泵机械密封损坏。

2. 故障处理

（1）系统停运，做好隔离措施后更换密封；

（2）系统停运，做好隔离措施后，对有缺陷的部位进行补焊或者更换处理；

（3）系统停运，做好隔离措施后，视情况紧固螺栓或者更换该部位密封后重新紧固；

（4）更换油泵机械密封，并重新找正油泵。

（二）超压

油压系统工作异常导致系统或者压力油罐压力异常。

1. 故障原因分析

（1）控制油泵、补气停止的压力开关整定值发生变化；

（2）二次控制系统故障；

（3）电磁阀阀芯卡死不动作；

（4）组合阀的安全阀卡死不动作。

2. 故障处理

（1）重新整定压力开关动作值或更换压力开关；

（2）检查二次控制系统；

（3）拆开电磁阀仔细清洗，回装后阀芯动作应无卡阻现象；

（4）拆开安全阀仔细清洗，回装后阀芯动作应无卡阻现象并要重新调整压力值。

（三）振动及异响

系统管路阀门或者油泵产生异常振动或者噪声。

1. 故障原因分析

（1）吸油管露有漏气点，吸入空气；

（2）联轴器松动或者油泵电机同心度很差、电机轴承磨损严重；

（3）油管路固定不牢或者松动；

（4）油泵吸入真空度超过规定值；

（5）电机缺少润滑；

（6）油温原因，油液黏度太大；

（7）油泵螺杆与衬套配合不良；

（8）阀组弹簧变形，阀开口不稳定。

2. 故障处理

（1）检查并处理吸油管漏气问题。

（2）处理联轴器松动问题，重新调整同轴度，如果电机轴承磨损更换轴承。

（3）重新将各油管路固定，管卡合理布置并紧固。

（4）检查油泵进口滤芯或者阀门等有无堵塞。

（5）对电机加注润滑脂。

（6）观察油温，卸载运行待油温上升后观察是否有改良。如果无改良，化验油质，如有必要，更换液压油。

（7）检查油泵螺杆与衬套配合，如有异常摩擦点，研磨处理。如果情况严重，更换油泵。

（8）解体检查阀组，更换弹簧或者检查阀组回位节流螺钉等。

（四）油温异常

系统油温异常升高或者维持高温运行。

1. 故障原因分析

（1）油泵启动加载频繁；

（2）油冷却器失灵或者选取的容量不够；

（3）油温传感器损坏。

2. 故障处理

（1）检查系统其他漏油部位，降低系统内漏；

（2）检查冷却器是否堵塞或者更换大容量冷却器；

(3) 修复检查或者更换油温传感器等。

(五) 油位异常

回油箱油位和压力油罐油位偏离正常运行范围。

1. 故障原因分析

(1) 自动补气装置工作异常，不能正常开启或者停止；

(2) 压力开关整定值漂移或者失灵，液位计开关或者节点异常；

(3) 补气系统漏气、压力油罐气管路及附件漏气；

(4) 系统有其他外漏点。

2. 故障处理

(1) 检查整定补气装置，确认其动作准确、灵活、开关节点到位。

(2) 检查各压力开关、液位计，确认其功能正常、显示正常。

(3) 检查系统是否有漏气点，如有漏气，撤压处理。

(4) 检查其他外漏点，处理完毕后对系统补油处理，并调整回油箱和压力油罐的液位至正常范围。

(六) 堵塞、卡阻

因为油液中杂质、颗粒物或者油泥等引起的电磁阀、阀门、油泵等设备异常出现油过滤器堵塞，压差报警等故障。

1. 故障原因分析

(1) 油泵出口过滤器后的设备正常磨损产生的颗粒物、检修中清理不干净等；

(2) 油液使用时间过长，其抗氧化性急剧下降或者消失。

2. 故障处理

(1) 定期及时清洗更换油过滤器滤芯、电磁阀、阀门等，避免杂质或油泥长期堆积，造成设备卡阻。

(2) 定期化验油质，检查油液指标。定期补具有添加剂的新油，如果具备条件，定期更换油液。

第二节 压油泵及出口阀组典型故障案例

一、调速系统油循环冷却效果不佳分析及处理

(一) 设备简述

某电站压油泵电机单元中有四台油泵或三台油泵，其中一台泵连续运转，作为主用泵，

以补充系统的漏油；其余的油泵采用间断运行方式，互为备用；备用泵的起停依据压力传感器的输出信号由可编程序控制器控制。油泵电机单元出口过滤器后连接压油泵组合阀。

压油泵组合阀是一种具有卸荷、安全、单向截止等功能的液压装置，被广泛地应用在供油装置的油泵出口，它的性能好坏、动作准确稳定直接影响到整个油压装置的性能。

卸荷阀功能：此功能可为油泵启动时减轻泵组的启动力矩，减轻压力振动。油泵控制柜发出命令后，由电磁阀操作关闭卸荷功能，油压开始上升并打开油泵开始向压力罐打入压力油。当油泵停止时，重新启动卸荷功能，以备下一次启动使用。同时，油泵在连续运行时，连续泵的该功能一直保持，油槽内的液压油通过油泵在油槽内不停循环。

安全阀功能：该功能可以防止油泵压力过高。当压力低于安全阀设置值下限时，安全阀全关。当油泵控制系统出现故障且油泵不能停止时，油压上升到预定值 6.25MPa 时，安全阀开始排油，到 6.6MPa 时，安全阀全开，油泵输出油将全部返回回油箱。当油压降至 5.67MPa 前，安全阀全部关闭。

单向截止阀功能：单向截止阀功能在安全阀侧可防止压力罐内的压力油倒流，造成油泵反转及罐内压力降低；在卸荷阀侧可以提高排油压力，使卸荷阀腔内保持一定的压力，此压力油可以关闭卸荷阀功能。

（二）故障现象

该机组集油槽油温持续偏高，明显异常于同环境温度、同运行工况下的同类型机组。同时无异常振动及噪声。

（三）故障诊断

1. 故障初步分析

结合卸载运行时集油槽油温整体偏高现象分析，应该从冷却系统及油系统中寻找故障原因。

2. 设备检查

（1）冷却系统的检查。

1）卸载压力偏高，会造成基础油温高。检查卸载压力，正常。

2）怀疑冷却器进口电动阀卡阻堵塞，导致冷却水进水流量不够。检查冷却器进水电动阀开度正常。

3）怀疑冷却器堵塞。检查冷却器无堵塞。

通过以上设备检查，说明该系统内冷却器功能无异常，运行无异常。

（2）油系统的检查。

1）油泵出口过滤器是否堵塞但未达到压差报警。检查出口过滤器滤芯干净无异常。

2）怀疑阀组内卸载出口是否有异物或其他情况造成节流，使出口油流速急剧增加，从而使油温持续上升。解体阀组检查发现，图 10-1 中的活塞衬套在圆周方向上与原始安转位置产生了 45°的角度差，造成了卸载出口节流，从而液压油在卸载运行时高速流回油槽，促使油温持续运行在高位。

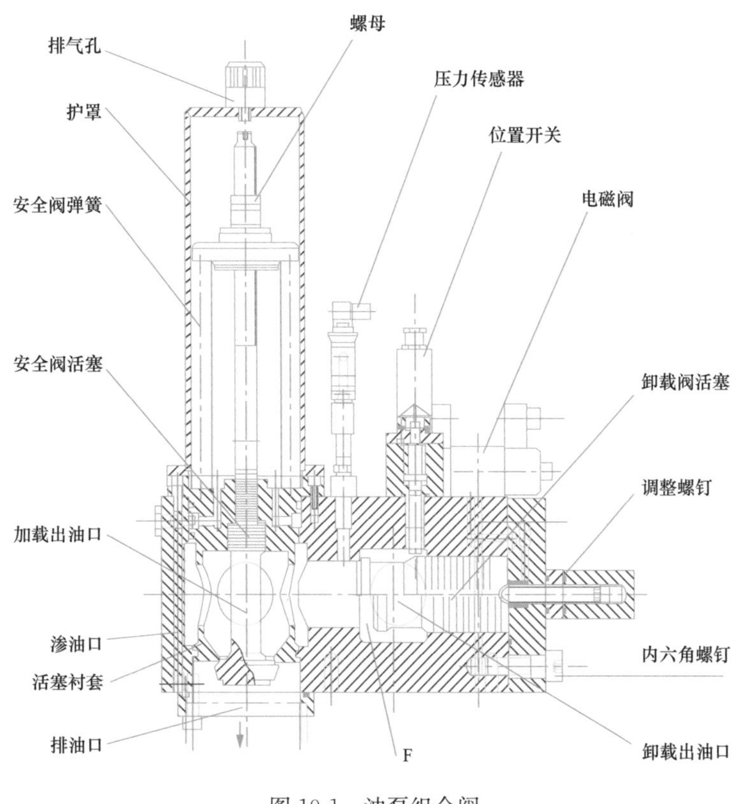

图 10-1　油泵组合阀

3. 故障原因

经过检查，发现阀组内活塞衬套安装位置偏差导致卸载出口节流，是造成集油槽油温持续过高的直接原因。

（四）故障处理与处理效果评价

1. 故障处理

针对该情况，拔出衬套后，重新清洗检查更换密封后回装至正确位置。试机运行后，设备正常。

2. 故障处理效果评价

处理完成后，集油槽油温高的现象消除，设备运行正常。

二、调速系统压油泵加卸载指示机构卡阻变形分析及处理

（一）设备简述

组合阀是一种具有卸荷、安全、单向截止等功能的液压装置，被广泛地应用在供油装置

的油泵出口，它的性能好坏直接影响到整个油压装置的性能，是供油装置中重要的液压元件。

根据某电站的控制要求，其组合阀具有更多对组合阀的状态检测功能，目前其中的卸载阀阀芯状态的检测在现场出现了动作不稳定的情况，现根据现场出现的问题，进行相关的分析，提出相应的解决方案。

由于大功率螺杆泵的电动机惯量大，所以从启动到稳定状态需要一定的时间，如果在螺杆泵达到额定流量之前就带上负载，则会对螺杆泵、电机十分不利。采用卸荷阀可以使螺杆泵启动时处于卸荷状态，待电动机转速达到一定值后，才停止卸荷，使螺杆泵输出额定工作压力和流量的压力油至压力油罐。组合阀结构如图 10-2 所示。

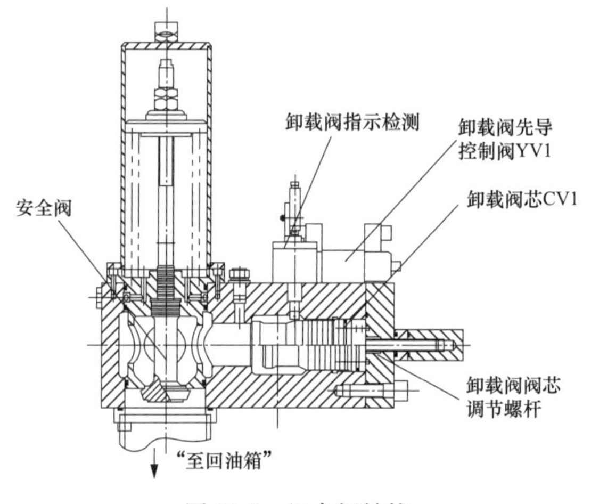

图 10-2　组合阀结构

（二）故障现象

该电机组 1 号、2 号、3 号压油泵组合阀阀芯行程指示机构（加卸载机械指示）顶部的电气位置开关对应的指示灯频繁报显示异常缺陷。配合电气自动试验后，发现行程指示杆动作后指示灯功能异常，不能完全复位或者复位不准确。同类项缺陷年度报缺次数极多，已影响设备安全稳定运行。

主要现象分为两种：①油泵加载完毕后，油泵控制柜加载指示灯不复归，依然点亮。②油泵卸载状态变为加载状态，加载指示灯不点亮，依然显示为卸载灯亮。

现地操作时，加卸载状态无明确反馈指示，容易出现误操作或者设备风险。

（三）故障诊断

1. 故障初步分析

加卸载阀芯行程指示机构动作后，油泵卸载后复位不灵活，同时现场动作后复位行程很短。综合判断应为压油泵行程指示机构弹簧力不足。

2. 设备检查

如图 10-3 所示，对压油泵行程指示机构检查后发现：一是认定该机构弹簧强度足够的前提下，油泵加载动作后指示机构的推动销上移，产生的力和冲击在触发电气开关的同时，会使电气开关上移，多次动作后，推动销的行程将不能触发电气开关，此时油泵真实在加载，加载灯将不点亮；二是认定该机构弹簧强度已不够，偏软的情况下，油泵在加载变为卸载的时候，卸载腔有 0.6～1.0MPa 的卸载压力。由于弹簧强度不够，不能完全克服推动销上密封圈产生的阻尼和推动销导轮及导向销上的油压产生的作用力，弹簧力不足以推动推动销下移复归，此时油泵真实在卸载，但是卸载灯不亮。

3. 故障原因

根据故障原因分析，压油泵加卸载指示机构卡阻变形主要原因是结构设计不合理。

（四）故障处理与处理效果评价

1. 故障处理

综合分析卸载阀芯行程指示机构可靠性降低的原因，发现随着设备运行时间增加，该指示机构稳定性将随着弹簧性能的改变明显降低且频繁出现指示异常，为了彻底解决机械指示机构不稳定带来的影响设备运行的大量缺陷，现将卸载阀芯的位置判断功能采用压力检测的方式，间接判断卸载阀芯的工作状态。在组合阀上油泵出口通道部位，设置机械式压力开关和压力变送器，采用机械式压力开关替代原行程指示机构。卸载阀压力控制组件结构如图 10-4 所示。卸载阀压力控制组件安装位置如图 10-5 所示。

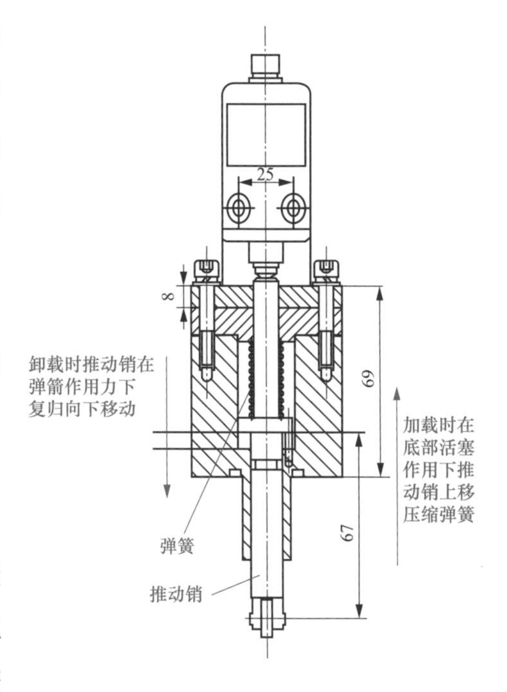

图 10-3　阀芯行程指示机构动作原理

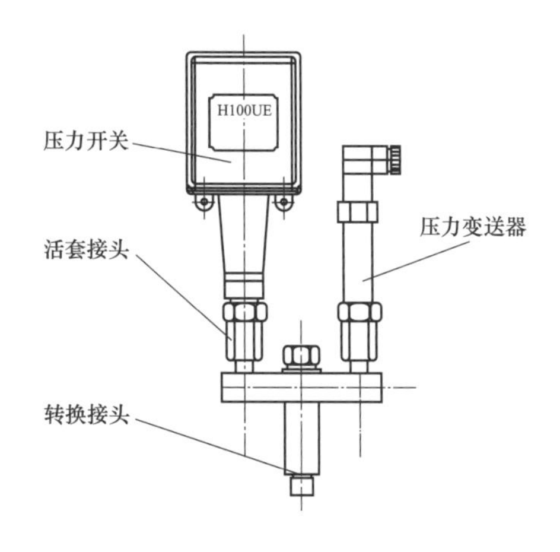

图 10-4　卸载阀压力控制组件结构

图 10-5　卸载阀压力控制组件安装位置

2. 故障处理效果评价

该机械指示机构改进后，由其引起的缺陷数量年度接近上百条变为零条。未因此处指示异常引发过一例缺陷。在改进该指示机构的同时，我们对该位置使用的压力开关多种对比选型，抛弃了传统膜片式压力开关，选用了氟橡胶密封的活塞式压力开关，质量更为稳定可靠，使用寿命更长。

第三节　油气罐裂纹分析及处理

一、设备简述

截至 2019 年 2 月，某电站管理和使用的压力容器共计 85 个，见表 10-1。按投产使用的时间段可以分为三批：第一、二批在 1979 年 11 月至 1995 年 6 月时间段，随机组相继投产使用，共有 66 个压力容器；第三批在 2014 年 6 月至 2016 年 9 月时间段，在机组水轮机改造期间，每台机增加了一个压力气罐，共计 19 个。

按盛装的介质可以分为两类：一是压缩空气，共 52 个；二是压缩空气和透平油，共 33 个。

表 10-1　压力容器统计表

介质种类	工作压力(MPa)	数量	备注
压缩空气	6.0	3	中气系统
	4.5	2	中压气系统
	4.0	40	机组压力气罐
	0.7	7	低压气系统
压缩空气＋透平油	4.0	33	机组压力油罐、事故油罐

二、故障现象

该电站压力容器均处于正常使用状态，按固定式压力容器安全监察技术规程定期检验，使用过程未发现任何容器本体缺陷。2015 年以前，定检时发现个别容器存在细微缺陷，均当场打磨、深入检查后通过检验。

按照该电站压力容器检定计划，2015 年 9 月 18 日至 25 日，对压力油罐、压力气罐及事故油罐等共计 66 个压力容器焊缝进行无损检测，在检测过程中发现其中 2 台机组压力油罐，2 台机组压力气罐，2 台机组事故油罐等 6 个压力容器焊缝区域存在不同长度的表面裂纹，特检所开具了《特种设备检验意见通知书》，要求限期整改。2015 年 12 月下旬，该电站在特检所指导下，对存在缺陷的压力容器在裂纹处进行深入打磨、探伤（深度不超过 2mm），最终全部缺陷容器顺利通过检验。

从2018年3月开始，截止2019年7月底，该电站压力容器安全检测项目已开展一年多，共对81台压力容器进行了检测，其中检出有裂纹或埋藏缺陷的容器达28台，占已检总台数的35%，缺陷率较高，存在安全隐患。

三、故障诊断

1. 故障初步分析

压力容器出现缺陷的原因可能为制造时工艺问题或者使用中在压力下产生。

2. 设备检查

为了深入研究压力容器状态，同时为后续压力容器更新做好技术储备，2018年该电站组织开展机组压力油气罐试验性改造，原压力油罐、1号压力气罐拆解退役。

在退役压力容器罐体上割取3块250mm×250mm样品。样品取自罐体顶部焊缝区、侧面焊缝区、底部焊缝区分别编号为1号、2号、3号，进行如下检测分析：

（1）退役压力容器罐体材料力学性能分析；

（2）退役压力容器罐体焊缝缺陷分析。

通过无损检测、渗透检测、磁粉检测、金相结果与分析、力学性能分析、压力校核等方法进行试验，发现压力容器焊缝的力学性能只有1号符合标准，2号和3号试样的焊缝强度有所下降，其中2号的焊缝强度下降的尤为明显。

3. 故障原因

通过检测结果进行分析，在长期的使役过程中，交变载荷的作用下，材料的力学性能有所下降。当试样承受的载荷增加到屈服强度时，在弹性范围内，试样的几乎没有塑形变形，所送检试样满足国标要求的力学性能；当试样承受的载荷进一步增加时，试样存在塑形变形，特别是焊缝区存在气孔缺陷的试样，在拉伸过程中，缺陷部位成为裂纹源，裂纹会沿着缺陷部位扩展，致使试样的抗拉强度下降。但是，压力容器运行过程中所加载压力较小（4MPa)，压力容器焊缝所承载的应力较小，所以压力容器仍能够满足使役性能。

四、故障处理与处理效果评价

1. 故障处理

根据检测的结果，对缺陷区域按照NB/T 47013.4—2015、NB/T 47013.3—2015中Ⅰ级标准，进行复检定位。对确认的裂纹进行打磨，直至裂纹完全消除，打磨合格后进行磁粉检测，Ⅰ级合格，坡口打磨角度应符合原设计图纸要求。采用焊接方法进行修复，焊接合格后，焊接接头内外表面应打磨光滑，在热处理前进行100%磁粉检测符合NB/T 47013.4—2015中规定的Ⅰ级合格和超声检测符合NB/T 47013.3—2015中规定的Ⅰ级合格。如深度缺陷（埋藏深度超过壁厚的1/2）处理后，需根据相关标准进行水压或油压试验。

2. 故障处理效果评价

对压力容器的表面及内部裂纹缺陷进行修复后，经特检所复检合格，消除了设备缺陷和隐患，确保压力容器能够安全稳定运行。

五、后续建议

该电站首批压力容器于1979年11月至1988年6月投入使用，至今已超过三十年。由于不同时期法律法规要求不同、技术资料搜集存储不规范等历史原因，66个压力容器无法提供原始技术资料，不能完全满足现行法律法规对特种设备使用管理的要求。从2018～2019年度检修开始对无技术资料的压力容器滚动改造，截至2020年6月，已完成3台机组共8个原压力容器的改造工作。建议后续仍按计划每年随机组检修开展压力容器改造工作，确保压力容器合规、安全稳定运行。

第四篇

辅助系统

第十一章　技术供水系统

第一节　设备概述及常见故障分析

一、技术供水系统概述

技术供水又称生产供水，主要供水对象是：水轮发电机空气冷却器用水；发电机推力轴承、机组导轴承油冷却器用水；变压器冷却用水；水润滑导轴承的润滑和冷却用水；水冷式空压机和油压装置集油箱冷却用水等。

（一）技术供水系统的组成

1. 取水和净化设备

技术供水系统由取水设备（如水泵）从水源（如水库、尾水渠等）取水，经水处理设备（如拦污栅、滤水器等）净化，使所取的水符合用水设备对水量、水压、水温和水质的要求。

2. 管网

管网由取水干管、支管和管路附件等组成。干管直径较大，把水引到厂内用水区。支管直径较小，把水从干管引向用水设备。管路附件包括弯头、三通、法兰等，也是管网不可缺少的组成部分。

3. 测量控制元件

测量控制元件用以监视、控制和操作供水系统的有关设备，保证供水系统正常运行，如阀门、压力表、温度计、示流信号器等。

（二）用水设备对供水的要求

用水设备对水量、水质、水压、水温有一定要求，总的原则是：水量足够，水压合适，水质良好，水温适宜。

（三）水的净化

1. 除污物

拦污栅用以阻拦较大的悬浮物。

滤水器用来清除水中的悬浮物，滤网的形式分固定式和旋转式两种。

2. 除泥沙

水力旋流器是利用离心力来分离泥沙的装置。

沉淀池，沉淀池用以分离水中颗粒和密度较大的沙等物体。

3. 水生物的防治

使用药物毒杀或提高管内水温和流速。

（四）取水方式

1. 上游取水坝前取水

从坝前水库直接取水，地域广，水量丰富，取水设备简单且可靠，布置方式也最灵活。

2. 压力钢管取水

取水口通常在进水阀前面（当装设进水阀时），它由两种不同的运用条件，分别是各机组均设置取水口和全站设置统一的取水口。

3. 蜗壳取水

在每台机组的蜗壳设取水口，各机组供水可以自成体系。也可以将各取水口用干管联系起来，组成全站的技术供水系统。

4. 尾水取水

下游取水当电站上游水头过低不能满足水压要求，或水头很高取水不经济时，可考虑从下游尾水抽水作为技术供水水源。

5. 地下取水

如果电站附近有可利用的地下水源时，在水量和水质能够满足要求的条件下，也可以用来作为技术供水水源。

（五）供水方式

通常，供水方式按水电站水头、水源类型、机组容量等条件确定。

1. 自流供水

水头在15～80m的电站（小型水电站一般在12m以上），当水温、水质符合要求时，一般采用自流供水。

2. 水泵供水

当电站水头低于15m时，自流供水水压难以满足要求；当电站水头高于80～90m（对于小型水电站，水头大于120m）时采用自流减压供水往往不经济。因此，在这两种情况下，一般采用水泵供水，来保证所要求的水量和水压。

3. 混合供水

混合供水是由自流供水和水泵供水相混合的供水方式。水头为12～20m的电站，单一供水往往不能满足要求，需采用混合供水。

4. 射流泵供水

当水电站水头为80～160m时，可考虑射流泵供水。

5. 水轮机顶盖供水

对中高水头混流式机组，还可以从水轮机顶盖排水管上取水。

（六）设备配置方式

1. 集中供水

全站所有用水设备都由一个或几个共用的取水设备取水，再经共用的干管供给各用水设备。

2. 单元供水

全站没有共用的供水设备和管道，每台机组自设取水口、设备和管道，自成体系，独立运行。

3. 分组供水

当电站机组台数较多时，可将机组分成若干组，每组构成一个完整的供水系统。

（七）加压泵的类型

1. 叶片式泵

叶片式泵是利用叶片的旋转运动来输送液体的。按叶轮旋转时使水产生的力的不同，又可分为离心泵、轴流泵和混流泵三种。

2. 容积式泵

容积式泵依靠工作室容积周期性变化输送液体。容积式泵根据工作室容积改变的方式又分为往复泵和回转泵两种。

3. 其他类型泵

除叶片式和容积式泵以外，在灌排泵站中有射流泵、水锤泵、气升泵（又称空气扬水机）、螺旋泵、内燃泵等。

二、常见故障分析及处理

技术供水系统供水对象为发电机上导轴承油冷却器、发电机空气冷却器、推力轴承油冷却器、水轮机导轴承油冷却器或主变压器冷却器等部位。技术供水系统的故障常表现为水泵、滤水器、各种阀门及控制设备引起的故障，作为冷却水对电站机组的安全运行有着至关重要的作用，冷却水运行不正常，会造成运行中的机组局部温度升高，报警、甚至停机事故。

对于技术供水系统各种设备的故障判断和处理，一般应遵循以下原则：

（1）排查环境变化原因，包括：发电机层室内环境温度、水源水温、水源清洁度、取水口压力变化、出水口压力变化等。

（2）排查自动监测仪器或设备引起的误报警，例如压力传感器、流量传感器、温度传感器、位置行程传感器、开关传感器、差压传感器或计算机监控系统程序。

（3）排查设备本体各部分组件结构是否完好、精度是否可靠、动作是否灵活。

（一）轴封异常漏水或喷水

轴封是水泵转动部件与静止部件之间的动密封，常用的轴封装置有填料密封和机械密封两种。

填料密封，指依靠填料和轴（轴套）的外圆表面接触来实现密封的装置。它由填料箱（填料函）、填料、液封环、填料压盖和双头螺栓等组成。填料又叫盘根。密封的严密性可用松紧填料压盖的方法来调节，如图 11-1 所示。

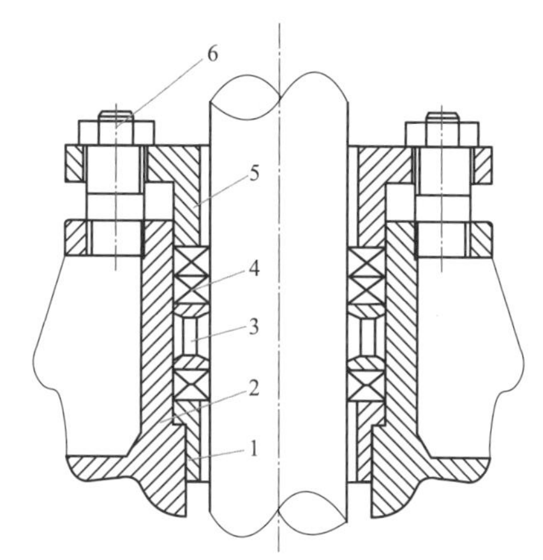

图 11-1　填料密封的结构

1—底衬套；2—填料箱体；3—封液环；4—填料；5—压盖；6—压盖螺栓

机械密封，依靠静环与动环的端面相互贴合，并作相对转动而构成的密封装置，称为机械密封，又称端面密封。动环、静环、辅助密封圈和弹簧是机械密封的主要元件。动环随轴转动并与静环紧密贴合是保证机械密封达到良好效果的关键，如图 11-2 所示。

图 11-2　机械密封外观

水泵在运行时轴封喷水过大或者异常喷水的主要原因有：

（1）泵与电机的轴线偏差过大或泵轴弯曲。该故障引起泵轴在旋转过程中转动部分与静止部分之间的密封扩大，在填料密封上表现为漏水扩大，在机械密封上表现为漏水，尤其是在运行时漏水量显著扩大。

（2）填料正常磨损。在紧固填料压紧螺栓无法显著改善漏水量时，为将漏水量控制在一定合理的范围，应及时更换填料密封并调整。

（3）机械密封损坏。机械密封损坏的常见原因有：密封圈老化、泵轴腐蚀或结垢造成平整度下降、弹簧腐蚀或损坏、泥沙或其他杂质引起的密封面磨损、轴承损坏引起的旋转中心跑偏、润滑水缺失引起的烧瓦等。

对于填料式密封，处理异常漏水或喷水的措施有：

（1）排查因填料式密封本体之外其他可能存在的设备故障，包括确认联轴器是否完好和电机水泵对中情况；

（2）缓慢对称压紧填料压盖螺栓，直到满足漏水量恰好达到散热和润滑的要求，呈现水滴状漏水；

（3）对于无法通过压紧压盖螺栓降低漏水量的情况，停泵采取一定安全措施更换轴封填料并调整。

对于机械式密封，维修的手段主要是直接更换密封副，具体处理方式是：

（1）水泵运行时检查机械密封漏水量和轴承异响。

（2）拆除水泵壳、叶轮、密封环、轴承及轴承盒，检查各部件配合是否存在结构损坏、磨损、锈蚀、异物夹杂等情况。如存在，先处理这些故障再进行下一步检修。

（3）检查机械密封是否完好，包括结构完整性、弹簧弹性、密封面完整性、O型圈的密封性、泵轴的光滑度。如存在问题，立即更换并安装全新的密封副。

（4）回装水泵其他部件后，对水泵进行盘车检查后，开启水泵，检查漏水故障是否消失。

（二）水泵的异常振动

振动是评价水泵机组运行可靠性的一个重要指标。振动超标的危害主要有：振动造成泵机组不能正常运行；引发电机和管路的振动；造成机毁人伤；造成轴承等零部件的损坏；造成连接部件松动；基础裂纹或电机损坏；造成与水泵连接的管件或阀门松动、损坏；形成振动噪声。

引起水泵振动的原因是多方面的。泵的转轴一般与驱动电机轴直接相连，使得泵的动态性能和电机的动态性能相互干涉；高速旋转部件多，动、静平衡不能满足要求；与流体作用的部件受水流状况影响较大；流体运动本身的复杂性，也是限制泵动态性能稳定性的一个因素。

水泵振动原因比较复杂，但对于水电站机组技术供水加压泵来说，出现异常的振动或噪声，应逐项检查维修可能引起振动的故障：

（1）检查水泵运行时的实际扬程、流量是否偏离最优工况区，如有先排除此项缺陷。

（2）电机或轴承的润滑脂（油）偏少，加注润滑油或润滑脂。

（3）对于水泵壳体内部含有大量空气未排出的情况，先对水泵流道进行排气作业。

（4）水泵或电机基础不牢固，对基础加固后启动水泵试验检查振动情况。

（5）检查水泵联轴器是否完好并盘车检查转子运动阻力后，检查并调整轴对中。

（6）考虑水泵叶轮、轴承或其他部件的损坏，并逐项排查。

（7）电机转动绕组不平衡，对接线进行电阻测量。

（三）起泵后不出水或出力不足

水泵未能正常建立压力，导致不出水，出口压力低或流量不足，常见的原因有如下几种：

（1）泵和吸入管未充满液体。

（2）吸入管线堵塞/未注满液体。

（3）外来物质堵塞叶轮。

（4）底阀或吸入管开口未充分浸入。

（5）转动方向错误。

（6）吸入管线中有空气囊或蒸汽囊。

水泵未能正常建立压力，导致不出水，出口压力低或流量不足，常见的处理方式是：

（1）启动水泵观察方向是否正确并对相序进行调整。

（2）检查泵和吸入管线是否充满液体，并予以排气。

（3）检查水泵进出口压差，如果压差且水泵振动明显变大，考虑外来物质堵塞叶轮。

（四）阀门一般故障

阀门是技术供水系统对水流进行分流、开关或流量压力控制的主要设备，水系统阀门常出现的典型故障有以下几种：

（1）手动阀门无法操作或电动阀门过力矩报警。

（2）阀门外漏，包括阀轴、阀杆或结合部分漏水。

（3）阀门内漏，包括无法全关或全关后阀门内部漏水。

（4）自动控制阀失去调节作用。

（5）小型阀门堵塞。

究其原因，导致阀门失效的几个常见原因有：

（1）水质的化学原因，包括酸碱度、化学成分，表现为阀门密封材质的老化、腐蚀。

（2）水质的物理原因，包括矿物质成分及含量、泥沙含量、其他杂质含量。

（3）生物原因，如水生物的滋生，堵塞细小流道。

（4）阀门原因，如阀门金属材质、高分子材料或复合材料不满足上述三点水质的实际需要。

阀门无法操作或操作过力矩报警，应遵循以下次序：

（1）对于手动阀门，应首先检查阀门的操作机构是否完好，如有予以更换。

（2）对于电动阀门，应首先检查阀门过力矩设定值是否符合设计要求，接线是否牢固。

（3）考虑阀门内部是否异物堵塞或卡涩，如拆除阀门，检查阀芯及其密封副，并对其进行打磨、抛光、更换密封件或更换阀门本体。

对于阀门内漏或外漏，处理的方法是：

（1）对于存在外漏的阀门，紧固阀门前后法兰或操作轴封压盖螺栓，直到漏水停止。

（2）对于存在内漏的阀门，拆除后对可能存在结垢、磨损、锈蚀穿孔的密封件进行更换。阀门维修或更换后须进行打压试验，试验合格后方可回装。

（五）滤水器故障

滤水器是常见的一种水过滤装置，由使用环境的变化引起的滤水器故障原因有：

（1）滤水器前后差压大，导致差压报警或出水压力变低。

（2）滤水器排污管换向电动机力矩过大报警或烧毁。

（3）滤水器排污管或电动阀堵塞。

以上故障表现均是由于滤水器内部进入大量树枝、钢丝或者其他漂浮物悬浮物，引起堵塞，造成水流不畅，前后压差变大。对于坝前或坝后取水方式，技术供水系统滤水器堵塞故障在流域主汛期变现更为明显。处理的方式一般是：

（1）检查滤水器前后压力表或压差表，确定流道是否堵塞。

（2）开盖检查滤水器内部是否有过量的杂质堵塞滤芯。

（3）清洁滤水器内部的滤筒，并检查滤筒和其他内部部件是否完好，如有进行维修和更换。

（4）对滤水器的转向电机及减速箱进行盘车和检查，确定电机的相间电阻、驱动轴、轴承是否正常。

（5）定期检查并清理滤水器内部滤芯。

（六）水泵控制阀失效

水泵控制阀是水泵开停机时起到保护作用的一种自动阀门，带导阀的水泵控制阀如图 11-3 所示。水泵控制阀不能及时自动打开或自动关闭，常见原因如下：

（1）阀体流道、控制管道、导阀在内的水泵控制阀流道被异物、水垢或水生物堵塞。

（2）由材料老化、锈蚀或磨损导致的水泵控制阀的导阀内部密封、膜片、活塞、轴封或弹簧损坏。

（3）由弹簧蠕变，预紧力下降引起的导阀设定值变化，引起导阀不能按照预设的压力值正常动作。

图 11-3　带导阀的水泵控制阀

水泵控制阀是水泵开停机时起到保护作用的一种自动阀门。水泵控制阀不能及时自动打开或自动关闭，常见处理步骤：

（1）检查包括阀体流道、控制管道、导阀在内的水泵控制阀流道是否被异物、水垢或水生物堵塞，如有予以清理。

（2）检查是否存在材料老化、锈蚀或磨损导致的水泵控制阀的导阀内部密封、膜片、活塞、轴封或弹簧损坏，如有予以更换。

（3）重新对导阀进行设定，并操作水泵进行开泵或停泵试验，确认水泵控制阀是否恢复正常状态。

第二节　减压阀、泄压持压阀及泵控阀典型故障案例

一、各类型阀门典型故障分析及处理

（一）设备简述

阀门是用于控制管道内介质流动的机械装置，通过阀门设备可以断开或接通管道内介质的流动，改变管道介质流动的方向、压力及流量。根据结构类型，阀门可分为球阀、蝶阀、截止阀、偏心半球阀等，球阀可分为浮动球球阀和固定球球阀，浮动球球阀主要特征是球体流道被球形密封副包容在阀体内部，球形通道上端设置 1 个传动轴；固定球球阀主要特征是

球形通道上端和下端各设置 1 个传动轴；偏心半球阀的结构示意如图 11-4 所示。

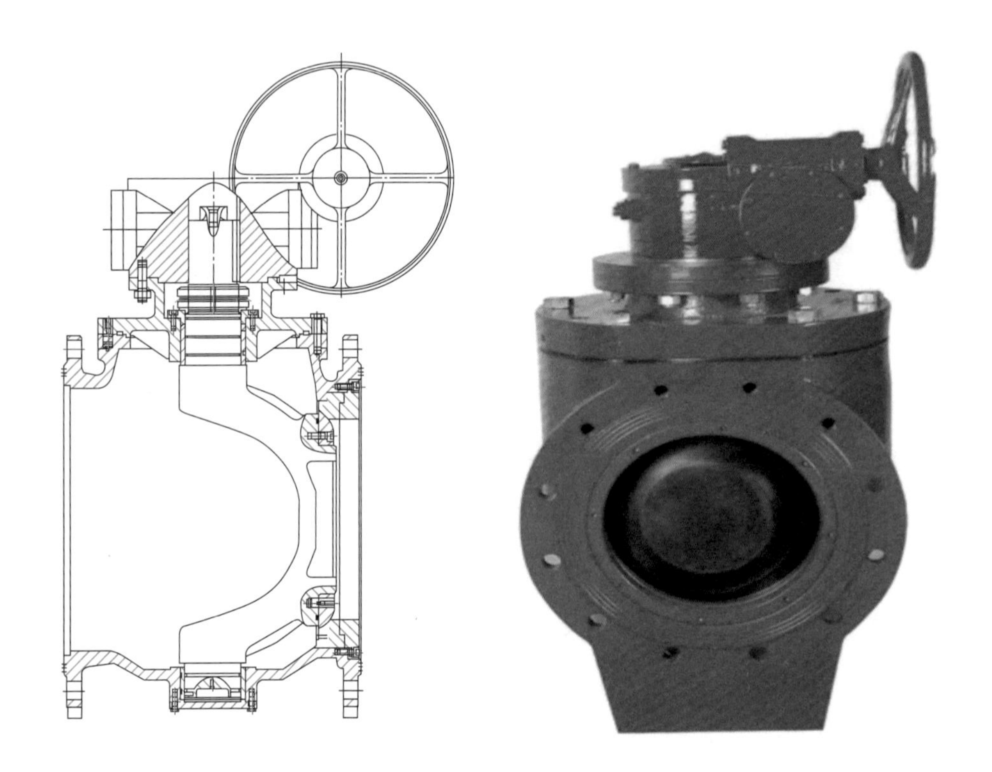

图 11-4　偏心半球阀结构示意

某电站油、气、水等系统中使用了多种类型的阀门设备，其中机组调速系统油管路中主供油源阀、主配检修阀、事故油源阀均采用 DN200 不锈钢固定球球阀；机组技术供水系统中大量使用了偏心半球阀，本章主要对以上两种类型的阀门出现的典型缺陷进行分析。

（二）故障现象

（1）在机组调速系统机电联调试验期间，发现调速系统主供油源阀启闭异常，阀门操作力矩明显偏小，阀轴转动而阀体未开启或关闭。

（2）机组技术供水系统偏心半球阀出现无法全关的缺陷，阀门接近关闭位置时操作力矩异常增大，阀门普遍存在 5%～10%的行程无法全关，对水系统其余设备的检修工作造成了较大影响。

（三）故障诊断

1. 调速系统球阀启闭异常检查分析

经对球阀的结构进行检查和分析，发现不同厂家或不同批次的同型号球阀在结构上存在细微区别，其中部分批次球阀的键槽设计存在明显缺陷，球体和阀杆上的键槽均采用半通槽设计，键装入键槽后，除本身所受的摩擦力外，并无任何结构和外力限制键垂直向下移动，传动键随时可能掉落。球阀内部掉落的键见图 11-5。

图 11-5　球阀内部掉落的键

调速系统球阀传动键脱落会造成阀门无法操作，直接影响调速系统的稳定运行和正常检修，而且，如果传动键随油流进入主配压阀或接力器等设备，可能造成设备损坏，进而影响调速系统的正常调节及开停机功能等，严重威胁机组的安全运行。

2. 偏心半球阀无法全关检查和分析

经过对偏心半球阀进行拆卸检查，并结合其结构进行分析，发现了导致偏心半球阀无法全关的主要原因：偏心半球阀密封副与固定座之间积存大量碎石等异物，阀门关闭过程中，密封副无法向固定座移动，造成阀瓣无法转动到全关位置，见图 11-6。

图 11-6　密封副与固定座之间的间隙

结合阀门的历史运行工况进行分析，阀门密封副内积存异物的主要原因是：阀门长期处于半开工况运行，使阀瓣与密封副存在接触，在水流冲击的作用下，阀瓣及密封副会产生一定幅度的振动，同时水流中携带有部分细小的颗粒物，颗粒物进入密封副的间隙后，在密封副振动作用下，颗粒物不断被挤压沉积，最终沉积物逐渐增多，当阀门进行全关操作时，沉积物无法排出，从而使阀门在接近全关位置时阻力增大，无法正常关闭。

（四）故障处理

1. 调速系统球阀传动键检查处理

（1）球阀传动键已脱落阀门的处理。

在检查过程中有部分阀门传动键已经脱落，需在管路中将脱落的传动键找到，并回装在原有的键槽中。为防止传动键再次脱落，需要对传动键以及键槽进行点焊固定。键回装完成后对阀门内部进行清扫并回装，回装后应做球阀开闭试验，确保球阀启闭正常，动作灵活无卡阻。

（2）系统中其余类似结构阀门的检查处理。

自发现有主供油源阀传动键掉落后，对后续检修的所有机组调速系统的主供油源阀、事故油源阀、主配检修阀上下阀杆的传动键键槽均进行了检查，同时对库存中该型号球阀的所有备品也一并进行了检查。

对于已安装的球阀，主要使用内窥镜检查、拆卸球阀下阀杆检查、拆开管道法兰直接检查等三种方法。截至2018～2019年度岁修结束，该电站所有类似阀门均已检查完成。检查中发现球阀的键槽口有以下三种情况：

1）球体与阀杆键槽均为半通槽，但槽口已点焊封堵，传动键无脱落风险；

2）球体为半通槽，阀杆为封闭槽，传动键无脱落风险；

3）球体与阀杆均为半通槽，且槽口未点焊封堵，传动键存在脱落风险。

对第三种情况，即传动键存在脱落风险的，对键槽以及传动键全部进行了点焊固定，消除了键脱落风险，避免了再次出现阀门失效的情况，见图11-7。

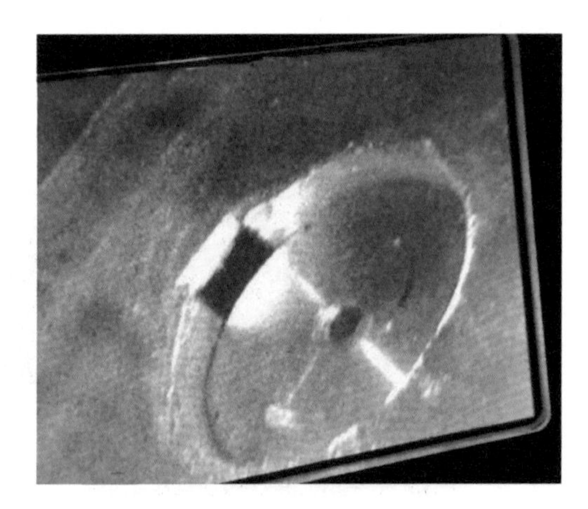
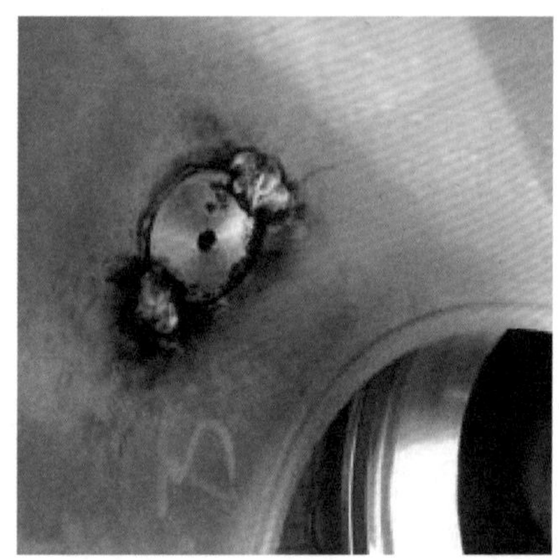

图11-7　阀杆键槽为封闭槽（左）以及点焊固定后的阀门（右）

（3）偏心半球阀无法全关处理。

从管道上拆卸下偏心半球阀，然后拆卸阀门固定座及密封副，并对密封副进行清理，再回装密封副和固定座。偏心半球阀固定座拆卸见图11-8，偏心半球阀密封副清洗见图11-9。

图11-8　偏心半球阀固定座拆卸

图 11-9 偏心半球阀密封副清洗

2. 故障处理效果评价

截至 2018～2019 年度岁修结束，该电站所有机组调速系统主供油源阀、事故油源阀、主配检修阀均已检查处理完成，消除了潜在风险，可确保所有球阀的传动键均无再次发生脱落的可能，保证了调速系统的正常工作；通过将偏心半球阀密封副内杂物清洗干净后，阀门全关正常，为技术供水系统的正常运行和检修工作提供了保障。

（五）后续建议

（1）阀门内部传动键脱落本质上属于设计问题，在设计制造时应将传动键槽设计为封闭式，杜绝传动键脱落可能。

（2）对于已安装在机组上的旧阀，应定期对键槽进行检查，避免再次出现传动键脱落，并择机更换为键槽封闭式的阀门。

（3）偏心半球阀可考虑优化设计，应尽可能避免杂物沉积在密封副间隙，影响阀门开关操作。

（4）已用于水系统的偏心半球阀应尽量避免在半开位置运行，以减少密封副内杂质沉积，有条件时，应定期进行阀门开、关操作，以排出密封副内积存的杂物。

二、技术供水减压阀高水头振动噪声大分析及处理

（一）设备简述

某电站机组技术供水系统原设计方案为射流泵和自流减压联合供水方式，即：高水头时，采用射流泵供水；低水头时，采用减压阀供水。

实际情况是射流泵未安装，只采用单机单元自流减压供水方式。水源取自上游水库，为保障各用户的用水压力，设置有 2 路机组供水减压阀、2 路主变压器供水减压阀，减压阀为

隔膜式水力控制阀（简称减压阀），均为一级减压供水方式。

（二）故障现象

该电站机组技术供水系统减压阀在初期上游库水位较低时，运行情况稳定。但随着机组逐步投产运行，上游库水位逐渐升高，减压阀运行时减压比逐渐增加，导致减压阀开度逐渐减小，运行时产生了较大振动和噪声。

考虑到随着该电站建设，上游库水位将逐渐升高至正常蓄水位，相应机组技术供水系统减压阀进口水压力将增加至1.10MPa左右。减压阀的减压比进一步加大，减压阀开度将进一步减小，减压阀运行时产生的振动和噪声都会急剧增加，影响技术供水系统的安全稳定运行。

（三）故障诊断

该电站机组技术供水系统减压阀在高水头工况条件下运行时，减压阀减压比较高，减压阀开度较小，产生了较大的振动和噪声。若要解决上述问题，可通过降低减压阀减压比、增加减压阀开度的方法。

（四）故障处理与处理效果评价

1. 故障处理

通过实验对比，最终确定了将原一级减压供水方式更改为二级减压供水方式，具体现场试验如下：

重新布置管路，在原减压阀之前加装1台等比例减压阀，作为第一级减压阀，等比例减压阀结构尺寸与原减压阀相同；原减压阀作为第二级减压阀。等比例减压阀出口压力设定为0.55～0.65MPa，减压比约为1∶1.5；原减压阀出口压力设定为0.36～0.42MPa，其减压比例约为1∶1.81～1∶1.31。

试验机组等比例减压阀加装施工完成后（上游库水位156m），测量环境噪声为71dB。调整机组技术供水系统流量从2200m^3/h至1400m^3/h变化时，二级减压供水的噪声值保持在72dB无变化；一级减压供水的噪声值由89dB上升至94dB，呈明显增大趋势，二级减压供水的振动及噪声明显优于一级减压供水的情况。但系统从开启到稳定的时间，二级减压供水为120s，一级减压供水为90s，调整时间有所增加。

对原机组技术供水系统进行优化，在原机组、主变压器技术供水系统1路减压阀前分别加装1台等比例减压阀，另1路不变。同时更改供水方式为，在高水头时，二级减压供水方式运行，一级减压供水方式备用；在低水头时，一级减压供水方式运行，二级减压供水方式备用。

2. 故障处理效果评价

该电站机组技术供水系统二级减压供水方式优化改造后，系统运行时的振动、噪声明显减小，尤其是上游库水位升高到正常蓄水位时，优化改造效果更加明显，虽二级减压供水的调节时间有所增加，但优化改造达到预期效果。

（五）后续建议

建议对同型机组技术供水系统减压阀全部进行优化改造。

三、隔膜式减压阀主阀发卡分析及处理

（一）设备简述

隔膜式减压阀是某电站机组技术供水系统主要设备之一，其工作状态直接影响到机组冷却系统的正常运行。隔膜式减压阀结构如图 11-10 所示，主要包含阀体、阀盖、隔膜、阀盘、阀座、导阀等零部件。

高压水流从左边管路流入阀门，经过阀座与阀盘造成水力损失后向右边管路流出低压水流。减压阀阀盘的开度通过进入阀盖与隔膜之间的控制腔的水流控制，控制腔水流增加，阀盘开度减小，减压效果明显；控制腔水流较少，阀盘开度增大，减压效果减弱。阀座限制阀盘导向爪的径向位移，导向爪与阀座的径向实际间隙约 0.5mm 左右，阀盘导向爪在阀座的限位下可以上下移动调整阀盘开度。

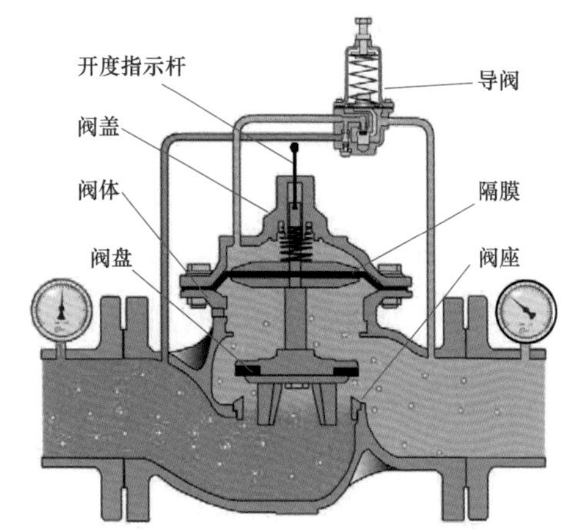

图 11-10　隔膜式减压阀结构

（二）故障现象

该电站某机组技术供水系统 1 号减压阀曾出现以下故障现象：

（1）该减压阀在停运状态下开度指示杆不指示全关；

（2）该减压阀运行过程中发出“咚咚”异常声响；

（3）在某次技术供水系统减压阀倒换过程中该减压阀开度指示杆脱落飞出，控制腔水流喷出，减压阀无法正常运行。

（三）故障诊断

拆解减压阀阀体，发现减压阀开度指示杆限位螺丝松脱掉落在减压阀控制腔内，减压阀阀座脱落卡在减压阀主阀阀盘导向爪上，减压阀阀座固定螺栓基本全部松脱或断裂，见图 11-11、图 11-12。分析导致减压阀出现上述故障现象的原因主要为：

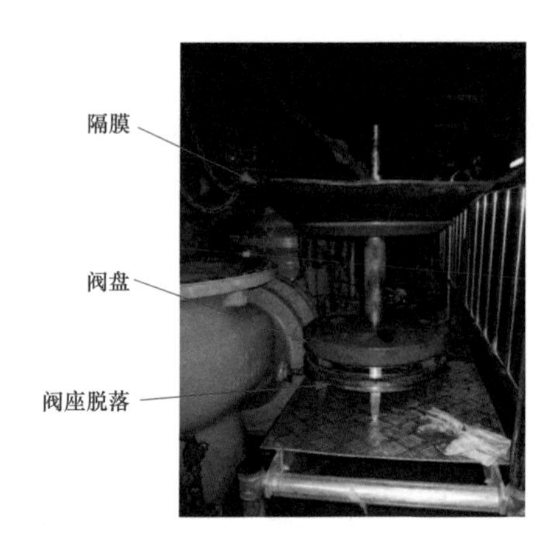

图 11-11　减压阀阀座脱落

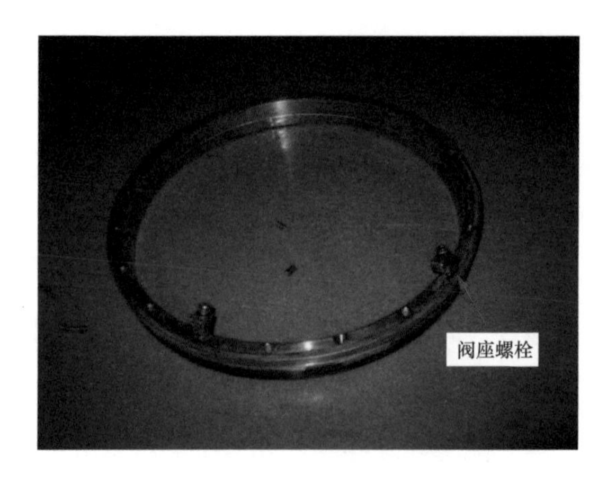

图 11-12　减压阀阀座螺丝几乎全部松脱断裂

（1）减压阀导向爪与阀座撞击导致阀座固定螺栓松脱。

因减压阀主阀盘导向爪与阀座之间的实际间隙为 0.5mm 左右，减压阀运行过程中，导向爪在水流的冲击作用下晃动，不断撞击减压阀阀座，阀座固定螺栓在持续的撞击震动下松脱。

（2）减压阀阀座脱出，剩余固定螺栓变形断裂。

减压阀阀座大部分固定螺栓松脱后，阀座在导向爪撞击及水流冲击作用下开始脱出，未松脱的螺栓不能提供固定阀座的作用力，在阀座脱落过程中变形甚至断裂，如图 11-12 所示。

（3）阀座卡阻，减压阀主阀盘无法全关。

隔膜式减压阀正常停运状态下主阀阀盘应落下至阀座上全关，开度指示杆指示全关。但当减压阀阀座脱落后无法回位，卡在减压阀阀盘与阀体之间，如图 11-11 所示，导致主阀盘无法全关到位，开度指示杆指示阀门未全关。

（4）导向爪撞击阀座，发出异常声响。

减压阀阀座脱落后，阀座无法限定导向爪的径向位移，导向爪大幅振动且直接撞击阀体，发出“咚咚”异常声响。

（5）阀座脱落后阀门震动变大，开度指示杆限位螺栓松脱。

减压阀阀座脱落后，主阀盘震动加剧，振幅变大，与主阀轴直接连接的开度指示杆限位螺栓在大幅振动下松脱，指示杆在水压作用下飞出。

（四）故障处理与处理效果评价

1. 故障处理

为保证减压阀阀座运行过程中不再异常脱出，开度指示杆正常指示阀门开度，保障阀门正常运行，进行了以下处理：

（1）更换新的减压阀阀座。为保证减压阀阀座在阀门持续震动过程中阀座固定螺栓不会松脱，阀座所有固定螺栓涂抹螺栓锁固胶，并按规定力矩紧固，见图 11-13。

（2）对新安装的阀座进行点焊，并对点焊焊缝进行 PT 探伤检查焊缝焊接牢固，点焊焊缝与阀座固定螺栓一起对阀座起到双重固定作用，同时也保证即使在所有阀座固定螺栓松脱后阀座也不会脱落，见图 11-14。

图 11-13　减压阀安装新阀座

图 11-14　减压阀阀座点焊焊缝探伤

（3）分别测量减压阀导向爪外径、脱落的阀座内径、新阀座安装前及安装完成后的内径数据，确保阀座与导向爪配合良好、阀座安装质量满足要求，设备投运后运行可靠，见图 11-15。

（4）因开度指示杆与其限位螺栓为单螺栓连接且永久不需拆卸，因此对开度指示杆的限位螺丝松脱涂抹高强度螺纹锁固胶并重新安装。

（5）排查电站其他该类型减压阀运行状态，有疑似故障现象的立即进行处理；暂未出现故障现象的减压阀结合年度检修工作，对所有机组技术供水系统该类型减压阀进行全面检查处理，确保其他减压阀不发生类似故障。

图 11-15　减压阀阀座内径复测

2. 故障处理效果评价

通过上述处理后，该类型减压阀阀座脱落问题得到解决，所有减压阀运行正常，设备运行可靠性得到提高，截至目前，该类型减压阀未再出现类似故障。

（五）后续建议

（1）该类型减压阀阀座通过螺栓固定并实施点焊，后续使用过程中应经常检查焊缝质量及固定螺栓完整情况、开度指示杆与其限位螺栓的紧固情况，确保减压阀不再发生类似故障。

（2）减压阀在设计时应改进减压阀阀座及开度指示杆与其限位螺栓的连接结构、提高设备安装工艺，避免该类型减压阀出现类似故障。

四、隔膜式水力控制阀执行机构磨损分析及处理

（一）设备简述

某电站机组技术供水系统采用单机单元自流减压供水方式，水源取自上游水库，为保障各用户的用水压力，设置有 2 路机组供水减压阀、2 路主变压器供水减压阀，减压阀为隔膜式水力控制阀（以下简称减压阀）。

（二）故障现象

2009 年，该电站 1 台机组技术供水系统减压阀阀后压力过高，采取任何措施均无法使该减压阀减压。将其退出运行后，发现该减压阀开度指示未复位，主阀执行机构阀盘无法下落到位。

确认该减压阀控制管路、管件无故障后，对其进行了解体检查。检查发现主阀执行机构进水侧磨出了 3 道宽约 40mm、深约 13mm 的槽。主阀执行机构与弹簧接触部位磨出了一道深 18mm 左右的槽，弹簧向上嵌入主阀执行机构，并沿水流方向产生了位移。主阀执行机构进水侧磨损情况见图 11-16 和主阀执行机构与弹簧接触部位磨损情况见图 11-17。

图 11-16　主阀执行机构进水侧磨损情况

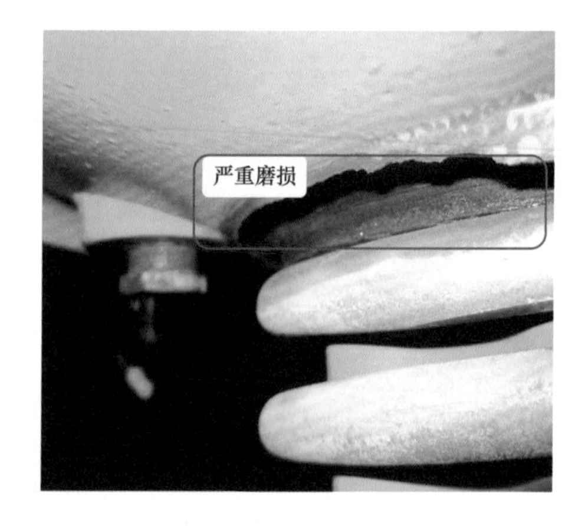

图 11-17　主阀执行机构与弹簧接触部位磨损情况

（三）故障诊断

该电站机组技术供水系统减压阀由主阀和导阀两部分组成。主阀主要由阀座、主阀盘、弹簧等零件组成。根据减压阀出口压力变化，通过导阀调节主阀盘位置，调节过流面积的大

小，实现减压稳压功能。

因减压阀主阀体为Y型结构，当减压比较大时，减压阀常年小开度运行，而减压阀在小开度运行时，弹簧因压紧力小而松动，而介质对减压阀弹簧有一个顺介质流动方向的推力，弹簧逐渐发生偏移，与主阀执行机构接触。减压阀根据整定的出口压力不断调整减压阀开度，弹簧持续在一定位置上下移动，弹簧与主阀执行机构相互磨损，由于弹簧硬度明显高于主阀执行机构，导致主阀执行机构磨损出深槽，而当弹簧卡入深槽时，减压阀无法调节开度，减压阀不能减压。

（四）故障处理与处理效果评价

1. 故障处理

按照减压阀具体形式，用不锈钢板加工限位垫圈，加装在弹簧两端，见图11-18。

2. 故障处理效果评价

该处理方式能够有效防止弹簧对主阀执行机构的进一步磨损，保护了减压阀主阀执行机构；由于限位作用，又能够防止弹簧嵌入已磨损出的槽中，防止发生减压阀不能减压的故障。

该处理方式得到了设备厂家的认可，新生产的减压阀均安装了限位垫圈。

图11-18　弹簧两端加装限位垫圈

五、活塞式减压阀出口压力波动分析及处理

（一）设备简述

活塞式减压阀是某电站机组技术供水系统主要设备之一，主要包含导阀、主弹簧、主活塞、三通阀、节流锥、射流泵等部件组成。

减压阀导阀的结构示意如图11-19所示。活塞式减压阀导阀主要由调节螺栓、导阀弹簧、导阀活塞及节流锥等部分组成。导阀活塞上部承受弹簧的弹性力作用，下部腔体与减压阀出口连通，承受减压阀出口水压，通过导阀弹簧弹力和减压阀出口水压作用力两个相互作用力之间的平衡，使导阀节流锥保持一定的开度。通过导阀活塞上下移动带动导阀节流锥上下移动，从而改变节流锥与活塞缸下部之间的间隙来调整主阀控制腔水流进出，控制减压阀主阀压力。

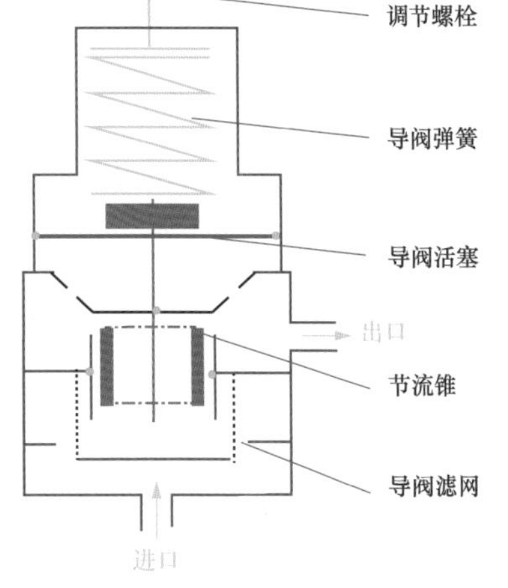

图11-19　减压阀导阀结构示意图

（二）故障现象

该电站在技术供水系统运行过程中，发现活塞式减压阀出口压力与减压阀整定值之间存在一定的偏差，且压力偏差呈现周期性的波动。从电站趋势分析监测系统中选取个别机组24h内机组技术供水系统减压阀的运行记录，如图11-20所示。

从图11-20中可以看出：

（1）减压阀出口压力存在周期性跳变，同时技术供水系统流量也随之波动；

（2）减压阀出口压力在跳变后基本保持稳定，直至下一次跳变。

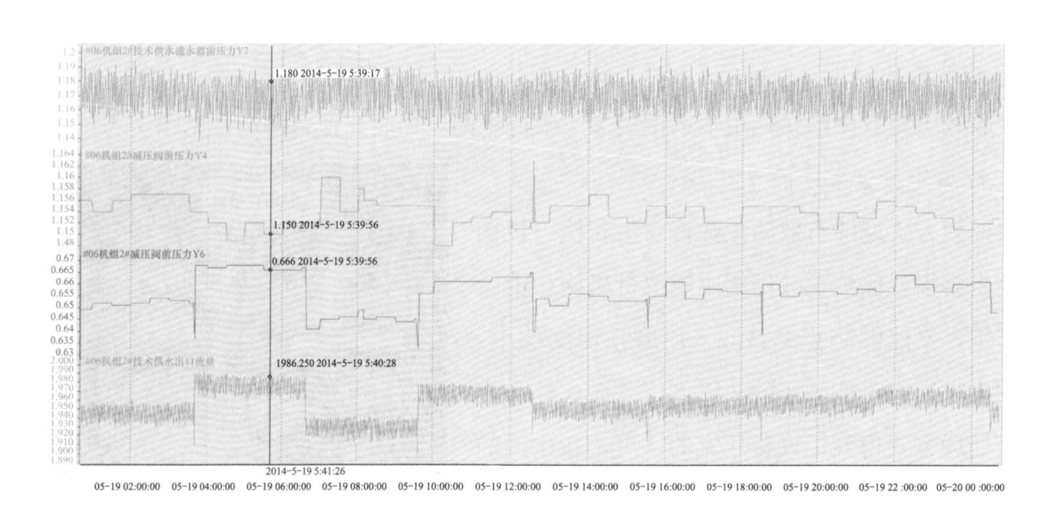

图11-20　2014年5月19日活塞式减压阀24h运行曲线

通过对控制导阀拆解检查，发现控制导阀各部件表面有明显的锈蚀，铸铁材质的导阀轴与活塞缸接触部位磨损较严重，导阀轴密封失效，出现了汽蚀现象；导阀节流锥部位密封O型圈有明显的磨损，导阀内部活动机构卡涩，节流锥上下活动时摩擦阻力较大。

（三）故障诊断

1. 减压阀导阀调节原理

减压阀出口压力主要由控制导阀进行调节，下游压力小于整定值时控制管路水流示意如图11-21所示。下游压力大于整定值时控制管路水流示意如图11-22所示。

（1）当减压阀出口压力即下游压力低于设定值时，导阀活塞下腔水压力小于上腔弹簧弹力，使导阀活塞带动节流锥向下移动，导阀节流锥开度增大，使得射流泵处流量增大、压力减小，主阀控制腔排水，减压阀主阀节流锥开度增大，减压阀出口压力升高。

（2）当减压阀出口压力即下游压力高于设定值时，导阀活塞下腔压力大于上腔弹簧弹力，使导阀活塞带动节流锥向上移动，导阀节流锥开度减小，使得射流泵处流量减小、压力增大，主阀控制腔进水，减压阀主阀节流锥开度减小，减压阀出口压力降低。

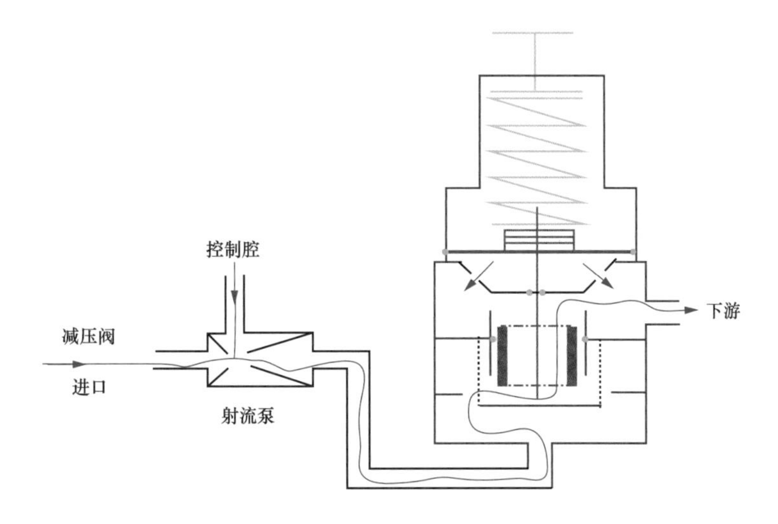

图 11-21　下游压力小于整定值时控制管路水流示意

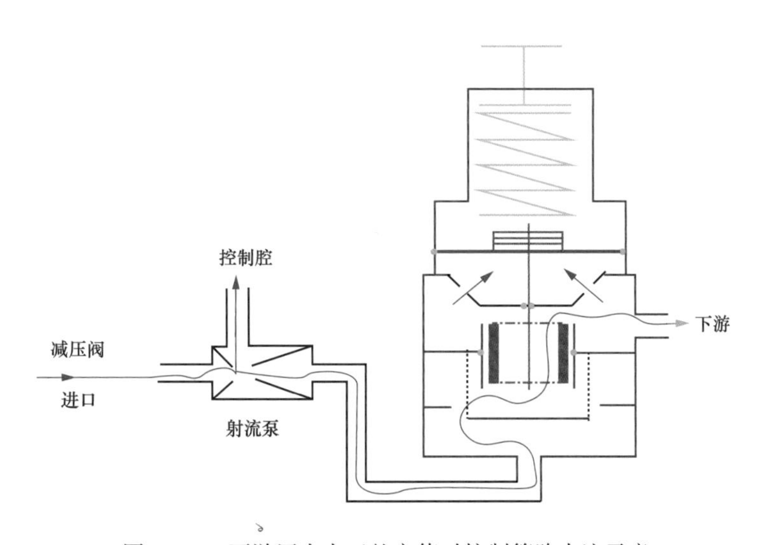

图 11-22　下游压力大于整定值时控制管路水流示意

2. 减压阀导阀控制过程受力分析

(1) 出口压力变化时导阀调整过程受力分析。

节流锥与导阀本体隔离板之间、导阀轴与活塞缸之间、导阀活塞与活塞缸之间等三处部位设置了 O 型密封圈，以避免导阀内部串压。但是导阀节流锥、导阀轴及导阀活塞属活动部件，由于密封圈的存在，上述活动部件在发生相对运动时，需克服一定的摩擦力。

如图 11-23 所示，以 p_k 表示减压阀出口实际压力，p_t 表示导阀弹簧压力即整定值压力，F_p 表示导阀活塞受到的水压力，F_t 表示弹簧对导阀活塞的压力，F_{m1} 表示导阀活塞与活塞缸之间的摩擦阻力；F_{m2} 表示导阀轴与活塞缸之间的摩擦阻力；F_{m3} 表示节流锥与隔离板之间的摩擦阻力，则有：

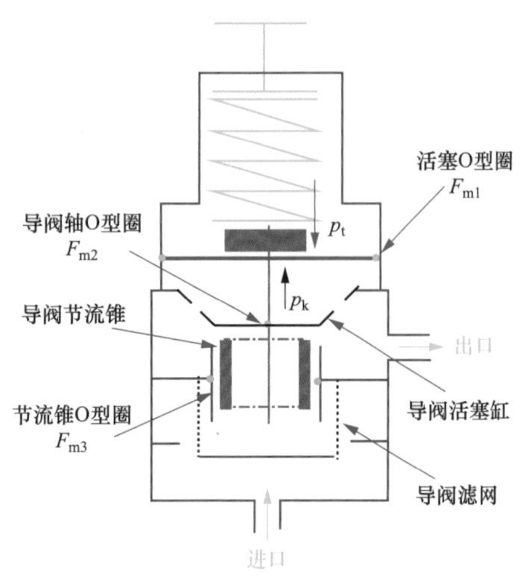

图 11-23　活塞式减压阀导阀示意图

1）不考虑摩擦力时，减压阀压力稳定下：$F_p=F_t$；

2）考虑摩擦力时，有：

当减压阀出口压力 p_k 低于整定值 p_t 时，导阀活塞向下移动，F_t 需克服各部位摩擦力使减压阀开度增大，从而使 p_k 增大，最终：

$$F_p = F_t - (F_{m1} + F_{m2} + F_{m3})$$

当减压阀出口压力 p_k 高于整定值 p_t 时，导阀活塞向上移动，F_k 需克服各部位摩擦力，使减压阀开度减小，从而使 p_k 减小，最终：

$$F_p = F_t + (F_{m1} + F_{m2} + F_{m3})$$

（2）导阀自动清洗时导阀调整过程受力分析。

控制导阀内部设置有过滤网，在减压正常运行时，为避免过滤网堵塞，控制导阀配置有定时自动排污功能，对控制导阀的自动排污过程中压力变化分析如下：

1）排污开始后，水流由导阀出口进入，从导阀进口排污阀处排出，此时控制管路内水流无法经导阀流入下游，从而使主阀控制腔内压力不断升高，减压阀主阀开度不断减小，减压阀出口压力 p_k 随之降低，此时导阀节流锥开度大于正常值，p_t 小于设定值。

2）排污结束后，控制管路内水流由导阀进口进入，从导阀进口排入下游，由于导阀节流锥开度大于正常值，造成控制管路内水流压力偏低，控制腔内压力随之降低，减压阀主阀开度增大，减压阀出口压力 p_k 随之升高，在 p_k 的作用下，控制导阀活塞带动节流锥向上移动，导阀节流锥开度减小。

导阀节流锥开度减小的过程中，当 $F_k<F_t+(F_{m1}+F_{m2}+F_{m3})$ 时，导阀活塞将停止上移，并产生向下移动的趋势，而若同时 $F_k \geqslant F_t-(F_{m1}+F_{m2}+F_{m3})$ 时，则活塞停止移动，此时导阀将不再进行调节。由于导阀不再进行调节，因此导致了 p_k 偏离导阀设定值 p_t，从而使减压阀主阀出口压力产生波动，偏离减压阀出口压力正常整定值，在此过程中，减压阀出口压力的调整偏差范围为：$[F_t-(F_{m1}+F_{m2}+F_{m3})]$ 与 $[F_t+(F_{m1}+F_{m2}+F_{m3})]$ 之间，受导阀各处密封圈摩擦力的影响，减压阀控制导阀自动排污前后的压力波动示意如图 11-24 所示。

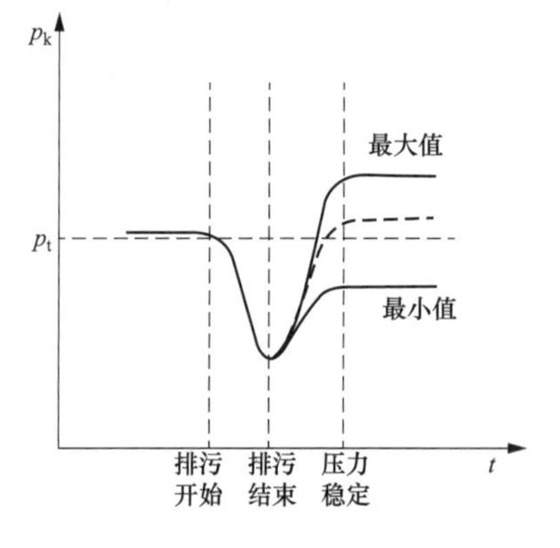

图 11-24　控制导阀自动排污前后压力波动示意图

综上，减压阀出口压力波动主要与（$F_{m1}+F_{m2}+F_{m3}$）有关，当（$F_{m1}+F_{m2}+F_{m3}$）较小时，减压阀出口压力偏差可以忽略不计；当（$F_{m1}+F_{m2}+F_{m3}$）变大时，将造成减压阀出口压力的较大波动。由于导阀各部件之间配合间隙较小，当密封圈或零部件表面受到损坏时，部件之间的摩擦力将显著增大，从而影响到导阀的调节稳定性。

（四）故障处理与处理效果评价

1. 故障处理

结合造成减压阀导阀轴磨损的原因分析，提出了导阀加工改进的方案，并联系减压阀生产厂家进行相关工艺改进，主要改进措施见表 11-1。

表 11-1　　　减压阀控制导阀改进措施

存在问题	改进目的	改进措施
阀轴材料抗锈蚀及汽蚀能力差	消除阀轴锈蚀	将阀轴材料更换为 304 不锈钢
阀轴表面加工精度不合格	降低阀轴表面粗糙度至 Ra0.8	更换阀轴加工刀具并提高加工水平
阀轴材料与活塞缸材质不同	消除材质不同引起的电化学腐蚀	活塞缸材料更换为 304 不锈钢

在 2015～2016 年度岁修中，用新的导阀替换了 16 台活塞式减压阀原有导阀。

2. 故障处理效果评价

对减压阀导阀进行更换后，减压阀导阀使用情况良好，减压阀出口压力稳定性明显提高。改进后活塞式减压阀进出口压力波动情况如图 11-25 所示。

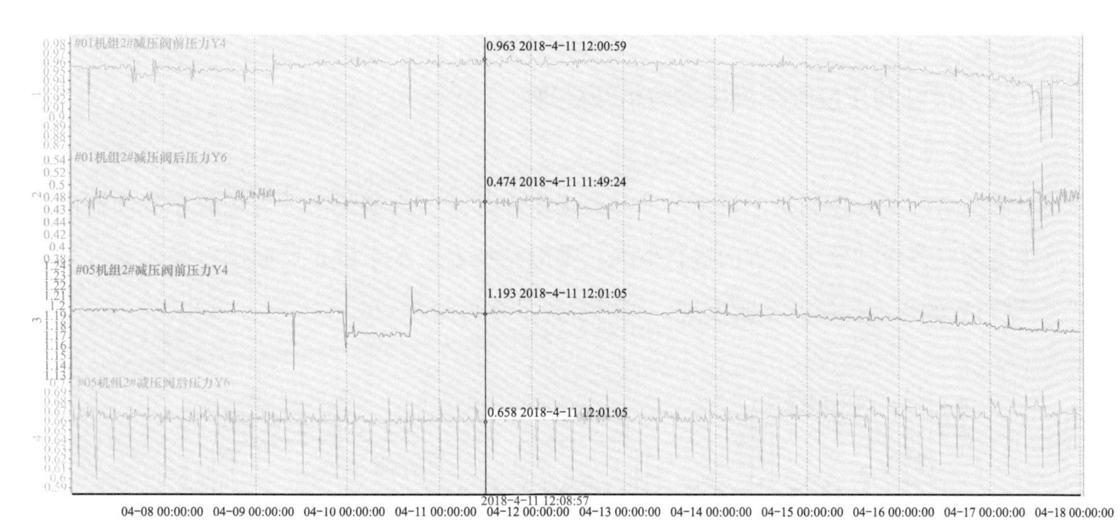

图 11-25　改进后活塞式减压阀进出口压力波动情况

可以看出，在减压阀控制导阀自动排污动作时，减压出口有明显的波动，但波动时间较为短暂；正常运行时，减压阀出口压力均稳定在整定值附近，无大幅度的波动，说明减压阀出口压力稳定性良好。

在随后两年中，机组技术供水系统设备年度维护中对控制导阀进行定期检查，总体上导阀轴及活塞活动灵活，各部位相对活动摩擦力较小，未出现导阀轴汽蚀或磨损情况。

（五）后续建议

活塞式减压阀结构设计合理，在水电站技术供水系统中运行工况比较稳定，尤其是在高减压比、大流量的工况下能够保持连续稳定运行，为电站自流减压供水系统的运行可靠性提供了保证；通过对控制导阀的加工工艺进行优化后，减压阀的出口压力稳定性得到了进一步的提高，有效提高了减压阀的整体工作性能，为水电站技术供水系统的稳定运行发挥了重要作用。后续还可以做如下工作：

（1）对于来水含沙较多的电站，需持续关注减压阀节流锥的抗汽蚀及抗泥沙磨蚀情况，并关注减压阀控制腔内泥沙淤积情况；

（2）进一步研究在不同进口压力、不同流量工况下，减压阀出口压力的稳定性及变化规律；

（3）活塞式减压阀设计时可考虑优化控制导阀设计、增加双反馈控制系统切换方法、降低减压阀运行噪声等。

第三节　加压泵、管道及阀门典型故障案例

一、水力控制阀正反向倒换失败分析及处理

（一）设备简述

技术供水系统主要作用是向机组各冷却器提供冷却水。为避免泥沙等颗粒在冷却器内堆积，需要定期对各冷却器供水方向进行倒换。某电站技术供水系统正反向倒换操作通过4台“一”字型布置的水力控制开关阀实现，阀门布置示意见图11-26。

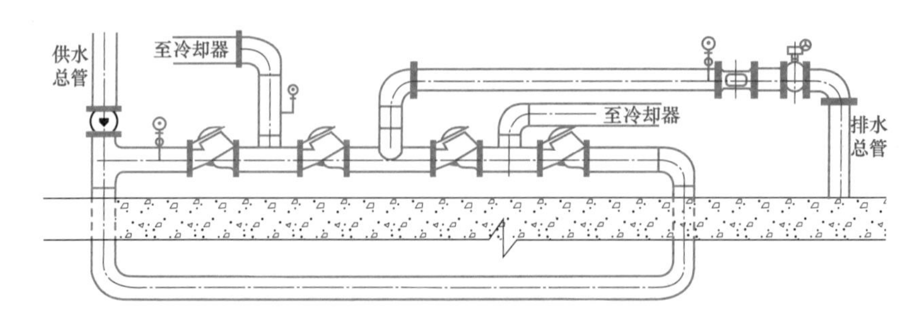

图11-26　技术供水系统水力控制阀布置示意

如图 11-26 所示，通过改变 4 台水力控制阀的开、关状态，可以实现机组各冷却器设备的正反向供水倒换，技术供水系统的正反向倒换过程如图 11-27 所示。

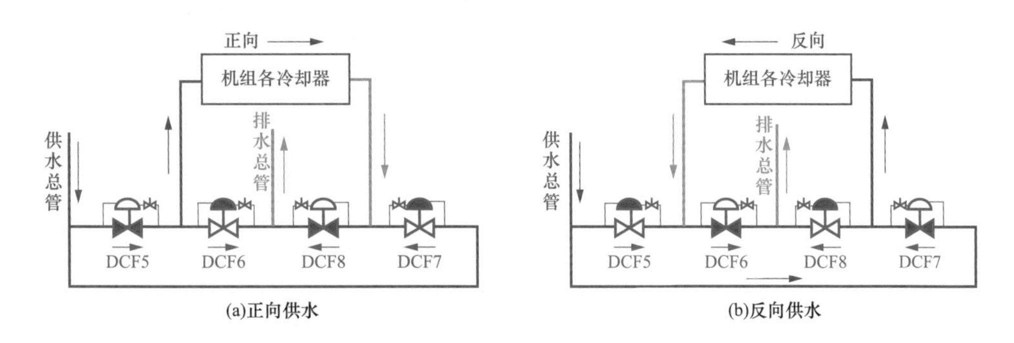

图 11-27 技术供水系统正反向倒换过程示意图

（二）故障现象

该电站技术供水系统投运后，在进行正反向倒换的过程中，应处于“全开”状态的 2 台水力控制阀全开不到位，而应处于“关闭”状态的 2 台水力控制阀则全关不到位，供水总管通过各水力控制阀直接与排水总管连通，导致机组各冷却器过流量严重偏低，影响各冷却器及机组各部位轴承的安全稳定运行。同时监控系统因未接收到各水力控制阀“全开”“全关”到位的反馈信号，而频繁报“技术供水系统正反向倒换失败”信号。

（三）故障分析

通过对水力控制阀结构及工作原理进行分析，发现导致水力控制阀“全开”“全关”不到位的故障原因主要有以下两个方面。

1. 控制管路设计不合理

水力控制阀是利用水力控制原理，通过膜片结构驱动主阀板开启和关闭的阀门。水力控制阀结构如图 11-28 所示。水力控制阀的启闭状态由控制管路实现，当排水电磁阀失电关闭时，主阀控制腔上腔通过进口球阀充水，控制腔下腔通过连通阀排水，在上腔压力水作用下阀门保持关闭；当排水电磁阀得电开启时，受进口侧针阀流量限制，主阀控制腔上腔经电磁阀排水并通过连通阀进入控制腔下腔内，在下腔压力推动下，主阀开启。

在水力控制阀实际工作过程中，由于阀门上腔进水管水源取自阀门进口，导致隔膜压力与主阀板压力相差不大，从而使阀门不能完全关闭，同时上腔进口管路管径过小，在针阀的作用下，上腔充水过程太慢，从而严重影响了水力控制阀的关闭速度，通常阀门关闭时间持续 10～20min；在阀门开启过程中，当阀门开启较小的开度后，阀门前后压差基本消失，因此导致上腔内积水无法顺利排出，从而导致阀门无法全开。

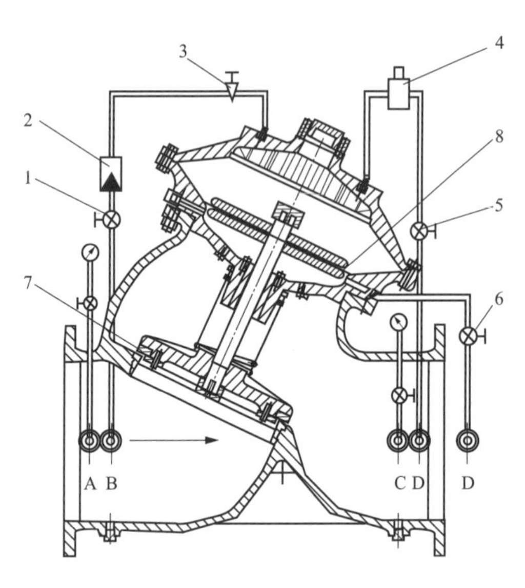

图 11-28　水力控制阀结构

1—上腔进口球阀；2—过滤器；3—针阀；4—上腔排水电磁阀；

5—上腔排水球阀；6—下腔连通球阀；7—主阀板；8—主阀隔膜

2. 阀门开关状态反馈装置设计不合理

阀门开关状态反馈装置结构示意如图 11-29 所示，阀门开关状态反馈装置主要由指示杆及开/关行程开关组成。指示杆与阀门本体之间为活动链接，因此在阀门开关过程中可能发生指示杆转动的现象，当指示杆转动一定角度后，在阀门开/关状态下，指示杆无法与行程开关接触，从而导致行程开关无对应反馈信号输出。

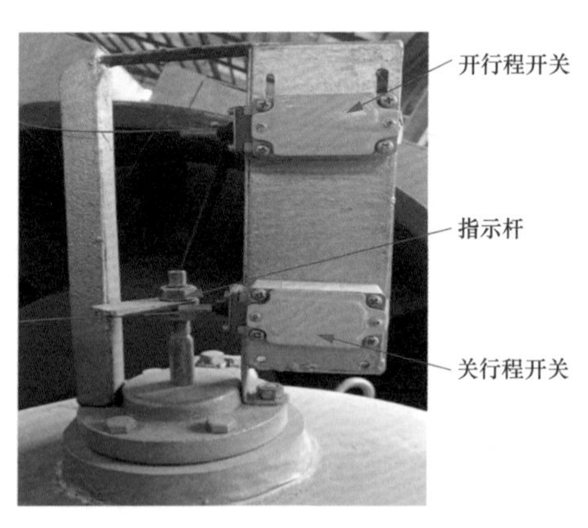

图 11-29　阀门开关状态反馈装置结构示意

行程开关的感应装置为带弹簧的细钢丝结构，当指示杆与其接触后，不能及时触发动作信号，而必须将其压弯至一定角度后，才能触发动作信号；阀门长期运行后，细钢丝容易产生永久变形，从而导致即使阀门处于“全关”状态，指示杆无法触发动作信号，使监控系统无法接收到阀门的开/闭信号而自动判断“技术供水系统正反向倒换失败”。

（四）故障处理

1. 处理措施

针对上述问题，从 2 方面对水力控制阀结构进行了优化：

（1）控制管路优化。

水力控制阀控制管路优化如图 11-30 所示，优化内容主要有：

1）阀门上腔进水管不再由阀门进口侧取水，另单独设置一路控制水源，以解决阀门关闭不严问题。为提高控制水源可靠性，水源分别取自消防系统、清洁水系统和技术供水系统，其中清洁水系统水源作为主用水源。

2）增大阀门上腔进口管管径，将原内径 8mm 铜管更换为内径 15mm 不锈钢管，同时取消了针阀，提高控制腔的充水速度，从而提高了阀门关闭速度。

3）阀门上腔排水管不再接入阀门出口，改为直接排入地漏，此时阀门上腔压力远小于下腔，阀门不能全开问题得以解决；同时将排水电磁阀改为排水电动球阀，提高了控制腔排水速度，从而提高了阀门开启速度。

4）增加了一路上腔手动排水管路，当电动球阀故障时，可以进行手动操作。

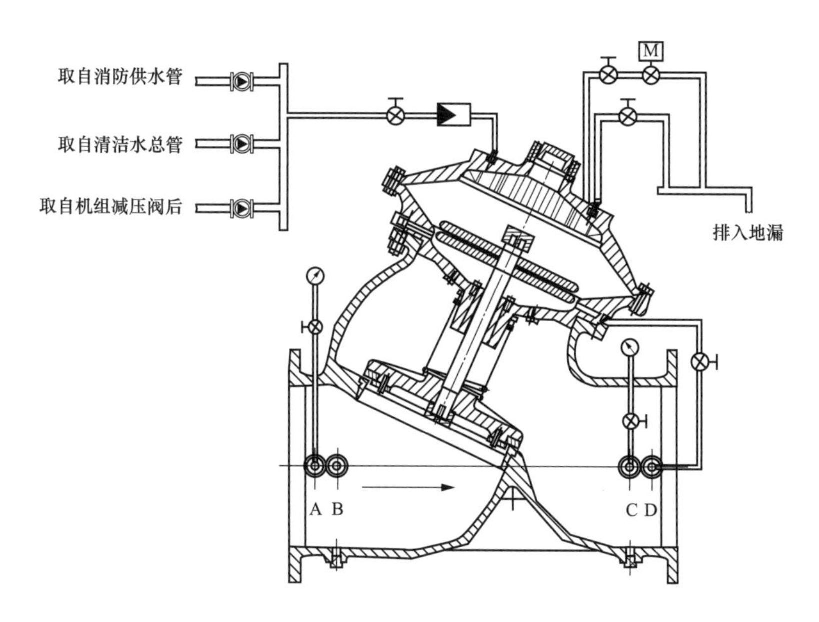

图 11-30 水力控制阀控制管路优化

（2）阀门开关状态反馈装置优化。

阀门开关状态反馈装置优化如图 11-31 所示，优化内容主要有：

1）改进指示杆设计，将原长条形触片更改为圆形触片，从而避免了由于指示杆旋转导致无法接触到行程开关。

2）对行程开关进行换型，通过采用硬传动机构的行程开关，可以确保阀门指示杆到达对应位置后及时触发信号，保证了信号动作的可靠性。

3）对行程开关支架进行改造，通过延长行程开关固定槽，增大了行程开关固定位置调整范围，便于准确对开关位置进行整定。

图 11-31　阀门开关状态反馈装置优化

2. 处理评价

通过对水力控制阀控制管路及行程反馈装置优化后，技术供水系统正反向倒换过程中，水力控制阀“全开”“全关”动作正常，阀门开关时间在 90s 以内，且开/关状态信号反馈准确。

（五）后续建议

（1）水力控制开关阀选型设计时应充分考虑控制管路的设计方案，既确保控制管路有可靠的水源，又要保证排水管路的畅通，从而保证水力控制阀开关动作可靠。

（2）可以考虑在水力控制阀控制腔进、出水侧同时安装电动阀，阀门在开启状态时可以关闭进水阀，从而减少阀门的排水量，降低厂房内渗漏排水系统的来水量。

（3）采用膜片结构的水力控制阀，需加强对膜片工作状态的检查，避免由于膜片破损导致水力控制阀无法关闭。

二、冷却器设备长期运行泥沙、杂质沉积、效率降低分析及处理

（一）设备简述

某电站机组技术供水系统为单机单元自流减压供水，水源取自上游水库，为长江江水，由于长江江水含沙量较高、杂质较多。为防止机组技术供水系统长期单一方向供水，造成冷却器等用水设备弯角处泥沙淤积、杂质沉淀，导致换热效率降低现象的发生，在该电站机组技术供述系统设计时，就设计了 4 个电动阀，组成正反向倒换阀门组。运行人员定期对正反向倒换阀门组进行倒换操作，有效防止了冷却器等用水设备堵塞现象的发生。

（二）故障现象

该电站机组安装完成后，在前期投产运行，运行人员按照原操作方式定期操作正反向倒换阀门组时，无论是正向供水倒换至反向供水，还是反向供水倒换至正向供水，均出现了倒换后机组技术供水系统超压，导致泄压持压阀动作，而后经较长时间运行，技术供水系统压力才能恢复正常的现象。

该电站机组技术供水系统正常供水压力为 0.38MPa，流量为 $1780m^3/h$。在运行人员按照原操作方式倒换时，先是系统压力下降至 0.31MPa 左右，流量急剧增加至 $3500m^3/h$ 左右，而后系统压力逐渐升高至 0.55MPa，泄压持压阀开启泄压，待 40min 左右，系统压力及流量才能下降至正常值。整个倒换过程中，技术供水系统伴有较大的

振动及噪声。

（三）故障诊断

原正反向倒换操作方式为（以正向倒换至反向为例）：该电站机组技术供水系统正向供水方式正常运行时，为正向供水电动阀、正向排水电动阀处于全开状态；反向供水电动阀、反向排水电动阀处于全关状态。倒换时，运行人员同时开启反向供水电动阀、反向排水电动阀，待两阀门全开后，立即同时全关正向供水电动阀、正向排水电动阀。

上述倒换操作过程，也可以看成是：技术供水系统经过冷却器等用户联通尾水，再到系统通过正反向倒换阀门组直接联通尾水，再到经过冷却器等用户联通尾水的过程。反向供水电动阀、反向排水电动阀从全关到全开，系统流量由正常急剧增加至 $3500m^3/h$（此时，水流大部分直接排至尾水），压力降低为 0.31MPa，导致供水减压阀全开；当正向供水电动阀、正向排水电动阀从全开到关闭，引起系统内压力增大，但减压阀不能迅速恢复至原工作状态，从而导致供水压力迅速升高至泄压持压阀的动作整定值（0.55MPa），泄压持压阀开启泄压，而后，系统流量及压力经 40min 左右才能恢复正常。

（四）故障处理与处理效果评价

1. 故障处理

原技术供水系统正反向倒换方式，在倒换过程中流量增大、系统压力升高，存在极大的安全隐患。尤其是若泄压持压阀故障不动作，将发生技术供水系统超压击穿冷却器的事故。为防止上述现象的发生，设计、改进了原正反向倒换操作方式，并进行了现场对比试验。

原方式：同时开启反向供水电动阀、反向排水电动阀，待两阀门全开后，同时关闭正向供水电动阀、正向排水电动阀，直到两阀全关。倒换过程的系统流量、压力变化见表 11-2。

表 11-2　　原方式倒换过程系统流量、压力变化值

流量和压力	倒换前	倒换中	倒换后
减压阀后流量值	$1780m^3/h$	$3500m^3/h$	$2400m^3/h$
减压阀后压力值	0.380MPa	0.310MPa	0.55MPa

改进方式：同时关闭正向供水电动阀、正向排水电动阀，待两阀门关闭至 50%开度时，同时开启反向供水电动阀、反向排水电动阀，直到正向供水电动阀、正向排水电动阀全关；反向供水电动阀、反向排水电动阀全开。倒换过程的系统流量、压力变化见表 11-3。

2. 故障处理效果评价

在整个对比试验过程中，改进方式的系统压力和流量均十分平稳，无明显波动，系统恢

复至正常运行的压力和流量的时间不到2min。整个试验过程中，机组技术供水系统无明显振动和噪声，倒换效果良好。

通过对机组技术供水系统原正反向倒换方式存在的问题进行研究及分析，提出了新的改进方式，并进行了对比试验，取得了很好的研究效果，并将此倒换方式推广运用到其他大型水电站的实际运用中。

表 11-3　　改进后倒换过程系统流量、压力变化值

流量和压力	倒换前	倒换中	倒换后	稳定值
	正向供水阀门开反向供水阀门关	正向供水阀门 50%开度、反向供水阀门开启瞬间	正向供水阀门开反向供水阀门关	正向供水阀门开反向供水阀门关
流量(m^3/h)	1750	1850	1800	1750
压力(MPa)	0.392	0.483	0.410	0.392

三、主变压器技术供水系统管道振动大分析及处理

（一）设备简述

某电站主变压器技术供水系统安装在每台机组母线洞端部，安装高程为 370m，为主变压器油冷却器提供冷却水，取水口设置于尾水连接管段，高程为 337.0m，排水口位于尾调室，高程为 394.0m。系统主要由离心泵、泵控阀、滤水器、四通换向阀等设备组成，左、右岸设备的选型、安装位置、安装顺序均相同，只有泵出口处至两泵出水汇总管间的管路布置不同。

（二）故障现象

自投产以来，部分技术供水系统出现管道振动较大，造成相应的管路出现断裂漏水的缺陷。如：2 台主变压器技术供水 1 号、2 号泵控阀控制管开裂及内接头断裂；1 台主变压器技术供水 2 号泵控阀控制管开裂；1 台主变压器技术供水 1 号滤水器排污管焊缝开裂；1 台主变压器技术供水 2 号泵控阀内接头断裂、2 号滤水器壳体与上排漂管连接处开裂、2 号滤水器出水侧供水管路 15DF58 后异径接头焊缝开裂，见图 11-32 和图 11-33。这些缺陷严重影响到系统设备的安全稳定运行。

（三）故障诊断分析

1. 共振

该电站泵出口处至两泵出水汇总管间的管路布置不合理，容易导致管内介质的振动频率接近或等于管道的自振频率，从而引起共振。

图 11-32　泵控阀内接头断裂

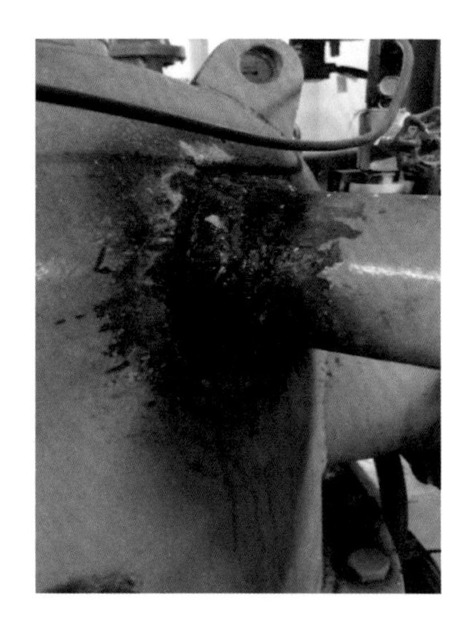

图 11-33　滤水器壳体与上排漂管连接处开裂

2. 水泵选型不正确

原设计方案中，主变压器技术供水系统的计算书未考虑到电站运行发电以后，下游尾调室水位会上涨，当时取的是初期发电尾调室最低尾水位高程为 369.86m，现在在检修期间，电站下游尾调室水位基本保持在高程为 379.00m 附近；汛期，电站下游尾调室水位在高程 387.00～395.00m 范围内波动。

根据主变压器技术供水系统上海连成水泵 IS200-150-400 的性能曲线图，见图 11-34，由图解法确定水泵工作点。汛期，电站下游尾调室水位高程为 387.00m 时，水泵稳定运行的工作点流量 Q_1＝481.69m^3/h；电站下游尾调室水位高程为 395.00m 时，水泵稳定运行的工作点为 Q_2＝507.40m^3/h。检修期，电站下游尾调室水位高程为 379.00m，水泵稳定运行的工作点为 Q_0＝450.78m^3/h。

根据主变压器技术供水系统设备巡检记录，汛期主变压器技术供水系统供水流量在 480～540m^3/h 范围内波动。可以看出，汛期水泵基本上都处于稳定运行的状态，管道的振动幅度及频率小是正常现象。检修期分为两种情况：机组正常运行发电，主变压器 5 台冷却器工作，1 台备用，此时主变压器技术供水系统供水流量在 390～470m^3/h 范围内波动，这时水泵所提供的能量（即扬程）略微大于抽水装置所需要的能量，产生的管道冲击力不会很大，管道振动幅度及频率有所增大；机组停机检修时，主变压器 3 台冷却器工作，此时主变压器技术供水系统供水流量在 290～330m^3/h 范围内波动，此时水泵提供的能量远大于抽水装置所需要的能量，产生的管道冲击力大大增强，管道振动幅度及频率也随之增大。

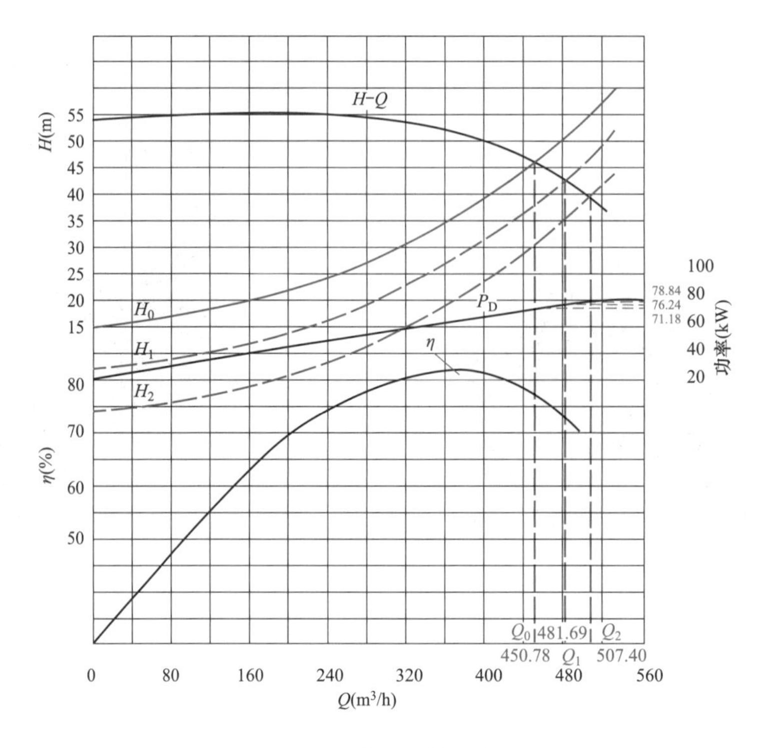

图 11-34　水泵工作点确定

（四）故障处理

在 2014～2015 年度岁修期间，参照左岸电站主变压器技术供水系统管路的布置形式，将右岸电站 2 台主变压器技术供水系统泵出口处至两泵出水汇总管间的管路改造成和左岸电站一样的布置形式，见图 11-35 和图 11-36。

图 11-35　改造前的管路布置

图 11-36　改造后的管路布置

（五）故障处理评价

主变压器技术供水管道经过改造后，振动有所减小，再增加支架对管路进行加固，基本上达到了减小管道振动的目的。

（六）后续建议

（1）由专业设计人员进行计算，重新进行水泵的选型，先拿两台水泵进行试验，试验合格后进行水泵的更换。

（2）对水泵进行切削叶轮处理，降低工作扬程，该方案需请专业厂家进行计算复核后实施。

四、长轴泵止逆装置损坏分析及处理

（一）设备简述

长轴泵在水泵停泵时，由于扬水管较长，其内部水回流会导致水泵反转，长时间反转会造成轴承及电机损坏，故长轴泵在其电机顶部设置了止逆装置以保证水泵停泵后不反转。

止逆装置主要由上止逆盘、下止逆盘、止逆销、传动销、螺栓、键等组成。其中，下止逆盘及止逆销为止逆过程中承受冲击的部件。

（二）故障现象

2014 年 9 月，维护人员巡检时发现机组检修排水系统 3 号检修排水泵止逆盘磨损严重，运行中产生冒烟现象。检查发现 3 号泵止逆盘防护罩周围有大量磨损的铁屑。

在实际运行中，多台水泵也出过上述情况，甚至有的水泵还出现上止逆盘止逆销孔破裂、下止逆盘磨损、止逆销变形的情况，严重影响排水系统正常运行。

（三）故障诊断分析

止逆装置失效，直接导致水泵停泵后反转，发出刺耳的机械噪声，还会导致电机轴摆度增大，从而使盘根漏水增大，甚至损坏电机套轴轮、电机轴、轴承支架等。分析有以下原因：

（1）止逆装置材料强度不足，不能承受停泵时的冲击。

（2）止逆销结构不合理，对下止逆盘磨损过大，止逆效果逐渐下降。

经检查发现深井泵止逆盘周围有大量磨损的铁屑是由于下止逆盘过度磨损产生的。

拆除电机上止逆盘后发现下止逆盘损坏严重，所有沟槽均受到严重损坏。下止逆盘及金属碎屑如图 11-37 所示。

止逆盘、止逆销铸造工艺质量及材质差，材料强度不能承受停泵时的冲击，一旦出现磨损后，其耐冲击性剧烈下降。另外止逆销与下止逆盘接触端为圆锥形，顶点较为尖锐，在水泵启停过程中止逆销会对下止逆盘造成严重磨损，新旧止逆销对比如图 11-38 所示。

图 11-37　下止逆盘及金属碎屑

图 11-38　新旧止逆销对比

（四）故障处理

更换新的止逆盘及磨圆止逆销后，长轴泵运行正常，无噪声，电机轴摆度也在合格范围内。

针对止逆装置铸造工艺质量及材质差的情况，采购新的上、下止逆盘、止逆销，对材质、加工工艺提出更高要求，保证停泵时耐受冲击。

将新的止逆销下端面倒圆角，更合理的结构能减小其与下止逆盘的摩擦，减小启停水泵时止逆销对下止逆盘的磨损。

在后续工作中，对所有长轴泵的止逆装置进行了全面的检查，有异常的更换为新采购的止逆装置，提高其工作可靠性。另外由于止逆装置在电机保护罩内，日常巡检不能检查到止逆装置的磨损情况，故设置定期的止逆装置检查，早发现，早处理。

（五）处理评价

现长轴泵止逆装置磨损情况大为改观，止逆装置未再出现严重的损坏情况，部分轻微磨损的也能及时发现并处理，排水系统运行可靠性大幅提高。

（六）后续建议

长轴泵止逆装置磨损不可避免，定期检查必不可少，发生磨损后及时更换。保证长轴泵的安全稳定运行。

五、渗漏排水泵转动部件卡阻分析及处理

（一）设备简述

尾调室渗漏排水系统用于排出主变压器室渗漏水、尾水调压室渗漏水和厂房 3 层排水廊

道部分渗漏水，该部位渗漏水量在三者中最低，长轴泵运行时间也较少。

（二）故障现象

2016 年 6 月 4 日尾调室渗漏排水 2 号长轴泵年度维护调整串量过程中，水泵转动部件无法盘车，使用铜锤敲击传动轴仍无效果，水泵无法恢复备用。

（三）故障诊断分析

（1）长轴深井泵结构。

泵轴采用分段式结构，段与段之间的连接采用分半卡环卡住传动轴，套筒联轴器自上而下套入的形式，传动作用由安装在传动轴上的传动键实现。泵轴采用轴承支架固定在扬水管中心，如图 11-39 所示。

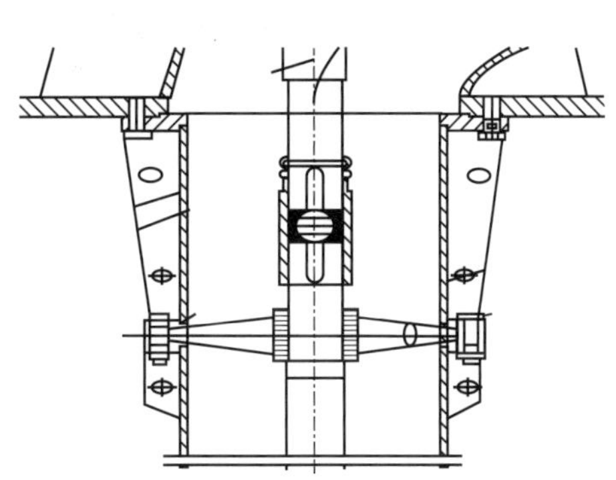

图 11-39　套筒联轴器及轴承支架

（2）可能原因分析。

1）轴承支架断裂。

轴承支架断裂在扬水管中，将传动轴卡死，造成盘车困难。

2）锈蚀及磨损。

水泵长时间停运，导致轴承支架导轴承与传动轴接触面锈蚀，或者接触面磨损大，导致摩擦力增大。多个轴承支架的累积效应，造成盘车困难。

3）叶轮卡阻。

叶轮中由于进入异物造成卡阻，或者其他原因造成机械卡阻。

出现异常后，维护人员对该泵进行了整体检修，拆卸电机，逐一拆卸扬水管及传动轴，对上述情况进行逐一检查。

4）轴承支架断裂。

解体过程中，未发现轴承支架断裂情况，仅个别支架存在轻微裂纹，相比厂房渗漏排水长轴泵轴承支架普遍断裂的情况要好很多，排除轴承支架断裂卡阻的因素。即使在厂房渗漏排水长轴泵轴承支架断裂的情况下，也未发现因断裂卡阻传动轴造成无法盘车的情况，故该因素可能性极低。

5）锈蚀。

解体过程中，轴承支架锈蚀严重，轴承支架导轴承存在不同程度的磨损，电机轴磨损情况各不相同（图 11-40），4 号、5 号磨损严重，1 号、2 号基本没有磨损，说明轴承支架的同心度存在差异。另外由于此泵已经长时间未运行，导轴承与传动轴接触面也已生锈严重，一定程度上都会造成了盘车的困难。

图 11-40　磨损锈蚀的传动轴

6）叶轮卡阻。

在本体整体吊处后，使用 1.5m 长管钳对本体进行盘车，仍然不动。拆除进口滤网及喇叭口后检查泵体，也未发现异物卡阻。

使用铜棒轴由第三级叶轮朝第一级叶轮处冲击，明显听到崩开的声音，之后用长管钳对泵体盘车，能够轻松盘动。

逐级对泵体拆解，拆除第一级叶轮后，发现一级叶轮后轮缘存在 4.30mm 金属磨痕，如图 11-41 和图 11-42 所示。由此判断水泵无法盘车是由第一级叶轮被卡所致。

图 11-41　一级叶轮后轮缘的金属磨痕

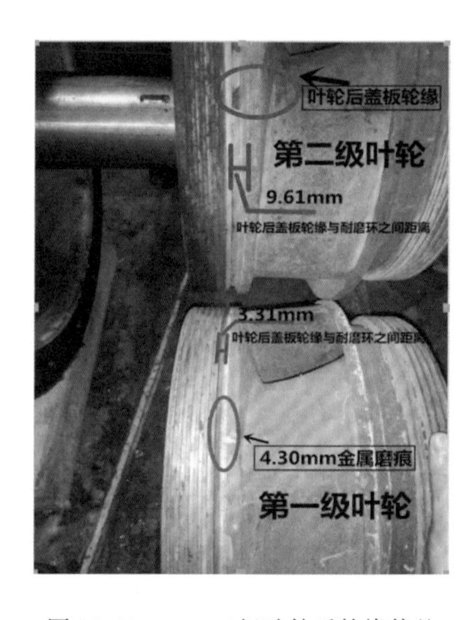

图 11-42　一、二级叶轮后轮缘偏差

进一步检查发现，该水泵型号为400DMV1150-35AX3，A为叶轮外径切割代号。按设计要求，三级各叶轮切割量均应相同，但该泵第一级叶轮外径比第二、三级叶轮外径切割量大，使第一级叶轮后缘无明显凸起台阶。

另外第一级叶轮后盖板轮缘与耐磨环距离仅3.3mm，比第二级叶轮后盖板轮缘与耐磨环距离小6.30mm，导致提升串量过程中第一级叶轮后缘被拉进导流壳耐磨环，相当于一个楔子被打进孔洞中一样卡在里面，加之叶轮水垢较多，摩擦力增大从而导致叶轮卡住不动。

在后续安装检查中发现，正常的叶轮后盖板轮缘与耐磨环距离应在10mm左右（与长轴泵总串量相匹配），且后轮缘的凸起外径大于导流壳耐磨环内径，这样可以防止提升串量时叶轮卡入导流壳耐磨环。

分析可知：一级叶轮制造缺陷是造成本次故障的主要原因。

（四）故障处理

（1）更换了部分锈蚀严重及开裂的轴承支架，轴承支架导轴承全部换新。

（2）对磨损较重的传动轴进行更换，其余传动轴使用清洗剂清洗后回装。

（3）更换了部分拆卸困难的套筒联轴器。

（4）拟对一级叶轮进行更换，但备品与现场叶轮存在较大差异（图11-43），固采用对一级叶轮进行切削6.3mm，使其后缘与耐磨环距离与另外两级叶轮相同（图11-44）。

图11-43　一级叶轮与备品尺寸偏差

（5）对深井泵年度维护作业指导书进行修改，增加了修前测量及盘车部分，并对串量提升过程中做出要求，防止串量提升过度造成异常。

（五）处理评价

在后续回装泵体后，盘车转动部件转动灵活，测量总串量为11mm，符合技术要求。整

图 11-44　一级叶轮切削

体检修完成后，启动水泵，电机电流电压无异常，排水压力正常，运行工况良好。

（六）后续建议

（1）关注排水系统长轴泵的运行，特别是尾调渗漏排水系统水泵启停间隔较长。若水泵长时间停运，应适时手动启动水泵，防止长时间停运轴承锈蚀的情况。杜绝水泵长时间处于“切除”状态。

（2）研究相应措施，杜绝检修过程中串量提升过度情况发生。

（3）加强与厂家交流，确保其产品质量。

六、泵控阀控制管路接头断裂分析及处理

（一）设备简述

机组与主变压器技术供水系统、厂房排水系统泵控阀采用纯水力控制，安装在水泵的出口管道上，主要有两个作用：①减小水泵停泵瞬间水锤对水泵造成的损坏；②减低水泵的启泵载荷。

（二）故障现象

泵控阀控制管路接头断裂，发生漏水现象，水向四周喷射，整个技术供水泵房充满了水雾，可能产生的后果：①水溅射到滤水器控制箱里面，导致控制箱烧毁，滤水器无法正常排污；②水溅射到水泵电机上，烧毁电机，导致技术供水系统停止运行。

（三）故障诊断分析

（1）泵控阀管路设计有缺陷，上腔进水管路及部件绝大部分重量由进水管最前端接头承受，造成接头易断裂漏水。

（2）供水干管运行时振动，泵控阀控制管路及部件在交变应力作用下疲劳破坏。

（3）安装工艺不规范致部分管路及部件受损。

（四）故障处理

统一对机组、主变压器技术供水系统及厂房排水系统泵控阀进行了如下技术改造，见图11-45。

（1）优化上腔进水管路设计，取消旋液分离器和排水电磁阀，取消一路支管，减轻了最前端接头受力，并将最前端铜接头更换为不锈钢接头。

（2）在主变压器技术供水离心泵出口泵控阀进出口管路增加管路支架固定，削弱管路振动，降低泵控阀控制管路运行时所受应力。

(3) 将导阀固定在泵控阀上腔腔体上。

（五）处理评价

泵控阀控制管路经过技术改造后，未再出现接头断裂和喷水现象，保证了技术供水系统的稳定运行。

(a)改造前

(b)改造后

图 11-45　控制管路改造前后控对比图

（六）后续建议

(1) 泵控阀管路设计时应考虑管路受力，重量尽量均匀分布；

(2) 设备安装期间应注意管路接口和密封，接口和密封应连接、安装到位。

七、滤水器出口蝶阀漏水分析及处理

（一）设备简述

某电站机组技术供水系统采用单机单元自流减压供水方式，水源取自上游水库，取水口设置在蜗壳内，为保障各用户的用水质量，在取水总阀后设置有 3 台滤水器，每台滤水器设置有进、出口电动蝶阀（三偏心电动蝶阀），方便切除故障滤水器进行检修。

（二）故障现象

在该电站机组投运初期，若某台机组技术供水系统滤水器故障，需要断水后开检修孔检修时，发现该滤水器放空阀无法排空滤水器罐体内部余水，一直有较大水流。开启滤水器检修孔检查发现，为滤水器出口电动碟阀漏水，增加了检修施工难度。

（三）故障诊断

在该电站机组技术供水系统安装施工时，滤水器进、出口三偏心电动蝶阀均按照顺水流方向安装。在滤水器检修时，全关滤水器进、出口电动蝶阀，滤水器内部泄压后，其出口三偏心电动蝶阀逆向承压，导致阀门密封不严，漏水量较大。

（四）故障处理与处理效果评价

1. 故障处理

将滤水器出口三偏心电动蝶阀安装方向更改为逆水流方向，如图 11-46 所示。

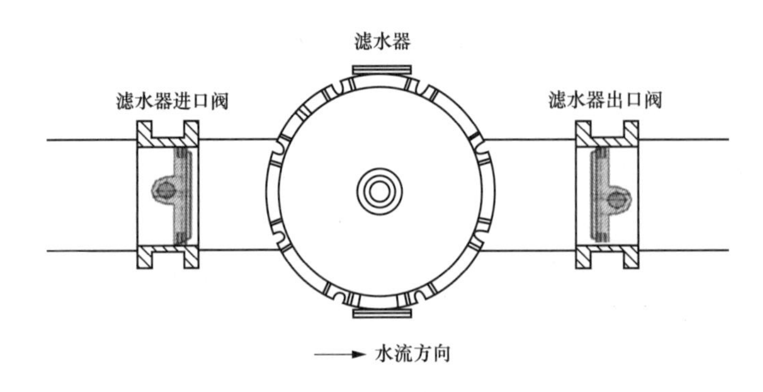

图 11-46　滤水器出口阀改向后安装方向

2. 故障处理效果评价

将该电站机组技术供水系统滤水器出口三偏心电动蝶阀改为逆水流方向安装后，再遇到需要开滤水器检修孔检修的情况时，滤水器罐体内部余水已能够正常排空。通过此次三偏心电动蝶阀安装方向的更改说明，在遵照设备安装要求安装设备的同时，更应该考虑设备安装的目的和具体用途。

八、水泵运行噪声大分析及处理

（一）设备简述

某电站机组及主变压器技术供水系统结构一致，由 2 台加压离心泵、2 台泵控阀、2 台自动排污滤水器、1 台四通换向阀、各种测量控制元件、阀门及管路等组成。机组供水离心泵布置在主厂房每台机组附近的技术供水泵房内，布置高程为 356.30m，采用卧式单级双吸离心泵；主变压器供水离心泵布置在主变压器室每台主变压器附近的技术供水泵房内，布置高程为 370.00m，采用卧式单级单吸式离心泵。

机组技术供水系统为水导轴承油冷却器、推力下导组合轴承油冷却器、发电机空气冷却器、上导轴承油冷却器提供冷却水，为调速器压油装置冷却器及主轴密封提供备用水源；主变压器技术供水系统为主变压器油冷却器提供冷却水。

（二）故障现象

离心泵在运行过程中，水泵轴承处发出啸叫声，在距离电机 1m 处，噪声达到 90dB 以上，经过长时间的运行，会出现水泵轴承烧毁、水泵剧烈震动等现象，严重影响了系统的正常运行。

（三）故障诊断分析

1. 水泵轴承损坏

水泵运行过程中，轴承在轴承箱里密封不好，有粉尘进入、润滑油（脂）不足、轴承的冲击负载、水泵联轴器同心度不合格和轴承的安装不正确等，这些都能导致轴承的保持架碎裂，进而轴承损坏。

2. 转子动平衡破坏

水泵叶轮的磨损、汽蚀都能导致转子动平衡的失效，在转子动平衡失效后，又加速了轴承磨损，缩短了机械寿命，引起振动，产生了噪声。

（四）故障处理

该机组技术供水 2 号泵水泵驱动端轴承处声音异响，发出断断续续的啸叫声。初步分析处理：更换轴承，轴承处异响有所减小，但未消除；再次分析处理：更换水泵叶轮，异响消除。

主变压器技术供水系统经常报水泵运行噪声大，水泵轴承处声音异响的缺陷，更换水泵轴承或水泵后，异响消除。

（五）处理评价

主变压器技术供水系统水泵轴承更换后，暂时消除了轴承异响现象，但经过一段时间的运行后，又会出现轴承处声音异响的现象，轴承的安装质量达不到工艺要求，无法彻底消除缺陷。

（六）后续建议

（1）保证水泵轴承润滑油（脂）的充足，定期进行加注。

（2）现场无法达到轴承安装的工艺要求，需厂家配合处理。

九、冷却水管路结露分析及处理

（一）设备简述

某电站机组技术供水系统采用单机单元自流减压供水方式，水源取自上游水库。供水设备分层布置，通过管路联通至各用户，系统管路直接暴露在环境中。

（二）故障现象

在春季至夏季这一时间段内，该电站机组技术供水系统管路常发生严重结露现象，影响机组安全运行及管路使用寿命。

（三）故障诊断

在春季至夏季这一时间段内，水温与空气温度存在较大温差，机组技术供水系统管道表面温度低于附近空气的露点温度，造成管壁出现大量冷凝水，产生了结露现象，技术供水系统管壁温度及结露情况如图 11-47 所示。

（四）故障处理与处理效果评价

1. 故障处理

选取市场评价较好、价格适中的防结露材料进行试验对比，最终选取出一种适合该电厂机组技术供水系统应用的防结露材料，并在系统的重点部位实施，见图 11-48。

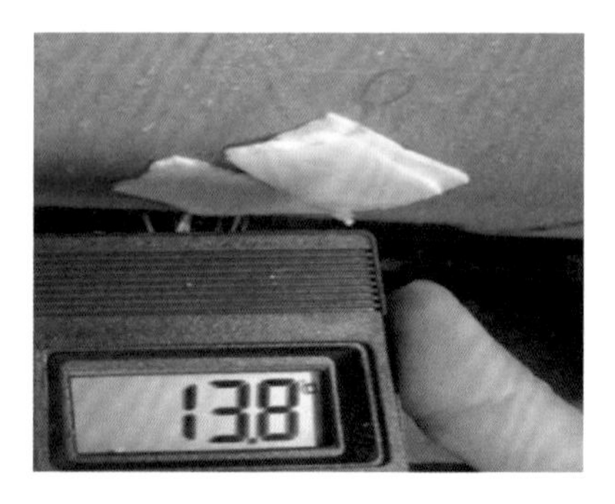

图 11-47　技术供水系统管壁温度及结露情况

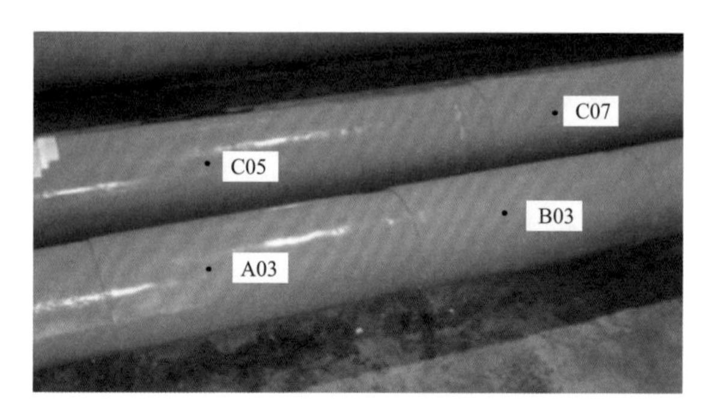

图 11-48　抗结露试样现场安装完成

2. 故障处理效果评价

通过试验评估出的防结露材料，使该电厂机组技术供水系统管道结露时间缩短在 1 个月以内，极大地减少了结露时间，效果较好。

第四节　滤水器典型故障分析与处理

一、设备简述

某电站机组技术供水系统，采用单机单元自流减压供水方式。水源取自电站上游水库，每台机组设 1 个取水口。主轴密封主供水为清洁水，机组技术供水为其备用水源。

该电站设计时，依据主供水源以及用户对水质的要求不同，在机组技术供水系统取水阀后设置普通滤水器，在主轴密封供水管路上设置精密滤水器。两种滤水器均包含三种排污方式：差压排污、定时排污、手动排污。

二、故障现象

普通滤水器以及精密滤水器过滤精度不同，设备大小不同，但为同一厂家产品，其结构形式、工作原理基本相同。因此，在多年的运行过程中，出现的多发缺陷也基本相同，主要有排污阀堵塞、减速机漏油、压差报警（频繁排污）、轴封漏水、排污管汽蚀等。

三、故障诊断及处理

1. 排污阀堵塞

该电站机组运行初期，机组技术供水系统滤水器排污阀频繁报过力矩或热保护动作缺陷。主要原因为滤水器排污阀选型为蝶阀，取水水质差，水体内塑料布等污物较多，极易挂缠在蝶阀阀板上，导致蝶阀全关不到位发报警信号，严重的直接堵塞排污阀，造成滤水器无法排污。

排污阀堵塞的原因是未能依据实际情况选型，因此，将滤水器排污阀改型为球阀后，再未出现过排污阀堵塞的缺陷。

2. 减速机漏油

该电站机组技术供水系统滤水器减速机原设计为油泵喷油的稀油润滑方式，但运行一段时间后普遍存在渗油、漏油现象，主要原因为减速机各部位采用纸质密封垫密封，润滑油浸润密封垫造成了渗油、漏油的现象。

考虑到机组技术供水系统滤水器减速机是低载荷、低速减速机，完全可以采用润滑脂润滑。因此，取消了减速机喷油油泵，改油润滑为脂润滑后，再未出现减速机漏油缺陷。多年运行后，解体检查滤水器减速机，减速机齿轮、轴等各部位性状良好。

3. 压差报警（频繁排污）

该电站主轴密封精密滤水器，在电站运行初期，经常报压差报警缺陷。究其原因，滤水器滤筒堵塞情况较少（清洁水供水），主要为主轴密封供水流量超滤水器额定流量较多，导致过流压降增加，超过了压差报警值。

适当降低主轴密封供水流量后，压差报警缺陷即消除。

4. 轴封漏水

机组技术供水系统滤水器以及主轴密封滤水器轴封密封形式均采用O型圈密封，运行几年时间后，时有轴封漏水缺陷报出。对轴封O型密封圈进行检查更换时发现，O型密封圈运行磨损是其漏水主要原因。

经多年运行总结，该电站滤水器轴封O型密封圈使用寿命一般为6年左右，提前判断更换，即可减少在主运期此类缺陷的发生。

5. 排污管汽蚀

该电站机组技术供水系统滤水器上、下排污管汇流后直接排至机组尾水。运行几年后，多发排污管穿孔漏水缺陷。主要原因为机组技术供水系统滤水器排污压力在 0.8MPa 与 1.2MPa 之间，排污压力大；上、下排污管汇流使管路弯折多，排污时，排污管内部水流流态变化大，产生严重汽蚀，导致碳钢材质排污管穿孔漏水。

改排污管为抗汽蚀性能更好的不锈钢材质管道后，经多年运行，排污管未发生汽蚀漏水缺陷。

第十二章　空气系统

第一节　设备概述及常见故障分析

一、压缩空气系统概述

水电站压缩空气系统的供气对象包括厂房工业用气、发电机制动风闸用气、压油装置操作用气、封闭母线微正压系统用气、水轮机强迫补气等，主要作用是为用户提供清洁吹扫气源或动力气源。

（一）典型水电站气系统的一般组成

1. 空气压缩机

空气压缩机是气源系统的主体，它是将原动机（通常是电动机）的机械能转换成气体压力能的装置，是压缩空气的气压发生装置。

2. 净化设备

净化设备包括但不限于例如吸附式干燥机、冷冻式干燥机、汽水分离器、除油过滤器、精密除油除尘过滤器，使经过的气体符合用气设备对气体流量、压力、含水量或其他清洁度的要求。

3. 储气装置

储气装置包括压力储气罐、气瓶等压力容器，多属于我国特种设备管理的范畴。

4. 管网

管网由用气干管、支管、管路附件等组成。干管直径较大，把压缩气引到厂内用水区。支管直径较小，把压缩气从干管引向用气设备。管路附件包括弯头、三通、法兰等，也是管网不可缺少的组成部分。

5. 测量控制元件

测量控制元件用以监视、控制和操作气系统的有关设备，保证压缩空气系统的正常运行，如阀门、压力表、温度计、示流信号器等，见图 12-1。

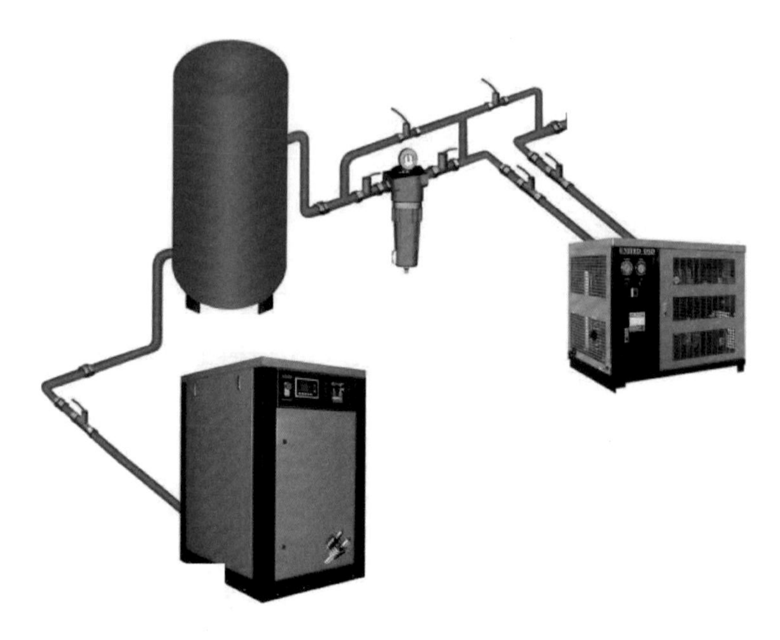

图 12-1　典型压缩空气系统气源的组成

（二）用气设备对空气质量的要求

用气设备对气体流量、压力、含水量或其他清洁度都有一定的要求，总的原则是：流量足够，压力稳定，清洁度良好。

（三）空气的净化

1. 除水

干燥机一般设置在空气压缩机出口处，对空气进行过滤、分离的装置，按照干燥的方式分为吸附式干燥机和冷冻式干燥机两种。

吸附式干燥机的原理是利用吸附剂（活性氧化铝、硅胶、分子筛）吸附水分的特性来降低压缩空气中水分的含量，一般来说可以使出口气的露点达到－40℃以上。

冷冻式干燥机的原理是通过降低介质温度达到水蒸气凝结的目的。

储气罐的底部一般应设置排水阀，经过冷却的气体在储气罐底部聚集，并通过自动或手动的方式排出气罐，降低储气罐含水量。

2. 除油

除油过滤器的作用是对气体中含有的润滑油进行分离、吸附或过滤的装置。

3. 除尘

除尘过滤器对空气中含有的干燥剂、空气悬浮物等杂质进行过滤、吸附的装置。

（四）空气压缩机的分类

（1）空气压缩机按压缩过程，压缩机基本分为容积式和速度式。其中容积式按照工作腔的结构分为回转式和往复式。回转式压缩机、螺杆式压缩机是水电站中最常见的两种空气压缩机类型。

（2）空气压缩机按照最终排气压力、容积流量和轴功率进行分类见表 12-1。

表 12-1 空气压缩机分类

按最终排气压力		按容积流量		按轴功率	
类型	排气压力（MPa）	类型	排气量（m^3/min）	类型	功率（kW）
低压压缩机	＞0.2～1	微型压缩机	＜1	微型压缩机	＜10
中压压缩机	＞1～10	小型压缩机	≥1～10	小型压缩机	≥10～100
高压压缩机	＞10～100	中型压缩机	＞10～100	中型压缩机	＞100～500
超高压压缩机	＞100	大型压缩机	≥100	大型压缩机	≥500

（五）多级活塞式空气压缩机的特点

多级活塞式空气压缩机的优点是：减小曲轴负荷和振动频率；减小多变系数，使压缩过程趋近等温压缩；结构紧凑、压缩效率高。

多级活塞式空气压缩机的结构特点是：各级气缸直径依次减小；压力等级依次增加；级间及排出后设置蛇管翅片式冷却器。

三级往复式空气压缩机主机见图 12-2。

多级活塞式空气压缩机的特点是：

（1）由润滑油实现气缸、连杆、滑动轴承的润滑或密封。

（2）润滑油通过刮油针、油环，采用飞溅或油泵的方式实现循环。

（3）通过活塞气环、气门或气阀控制各级之间气体的进出。

（4）适用的压力范围广，不论流量大小都能达到所需压力，目前工业应用上最高压力达 350MPa。

图 12-2 三级往复式空气压缩机主机

（5）热效率高，适应性较强，即排气量范围较广，且不受压力高低的影响。

（6）转速不高，机器体积大而重。

（7）结构复杂，易损件多，维修量大，但对维修工的技术要求相应较低。

（8）排气不连续，气流脉动大，运转时振动大。

（六）螺杆式空气压缩机的特点

螺杆式空气压缩机属于旋转容积式空气压缩机，其特点是流量较大、运行效率高且一般出口压力较低。典型的螺杆式压缩机分为单螺杆或双螺杆式，利用精密啮合的转子和封闭的腔室对空气进行压缩，双转子压缩机及其转子见图 12-3。螺杆式空气压缩机特点主要有：

图 12-3　双转子压缩机及其转子

（1）转子运动副配合精密，对润滑油和进气清洁度要求较高。

（2）系统正常工作前必须实现润滑油路的循环，使用喷油方式进行润滑、密封和冷却，压缩工质以油、气的二相混合物的排出主机头。

（3）需要对混合物进行一次分离、二次分离。

（4）压力脉动小、易于大型化、系列化、高速化。

（5）高噪声，主机维修成本高，润滑油用量大要求高。

为实现压缩机工作，螺杆式空气压缩机系统组成由主机、润滑油路、冷却器、控制气路、控制电路组成。

螺杆式空气压缩机压缩空气的生产过程：大气$\xrightarrow{\text{（空气过滤器、主机）}}$油气混合物$\xrightarrow{\text{（油气筒）}}$空气、油雾混合物$\xrightarrow{\text{（油气分离器）}}$高温压缩空气$\xrightarrow{\text{（空气冷却器）}}$常温压缩空气，详见图 12-4 螺杆式空气压缩机油气循环。

润滑油在喷油螺杆式压缩机中的作用：润滑、密封、冷却和携带杂质。在空气压缩机系统内部，润滑油的循环有两路：Ⅰ路：主机→油气筒→温控阀→油冷却器→油滤→主机；Ⅱ路：主机→油气筒→油气分离器→单向阀→主机。

二、常见故障分析及处理

在压缩空气系统中，空气压缩机是主要的动力设备，对环境条件尤其是空气温度、湿度有较高的要求，空气压缩机启动失败、无法建立压力、排气压力低都会影响供气质量。

干燥机、除油除尘过滤器等过滤设备的流道、滤材、耗材，如干燥剂、滤芯应定期或视情况予以检查或更换，保证气体质量。

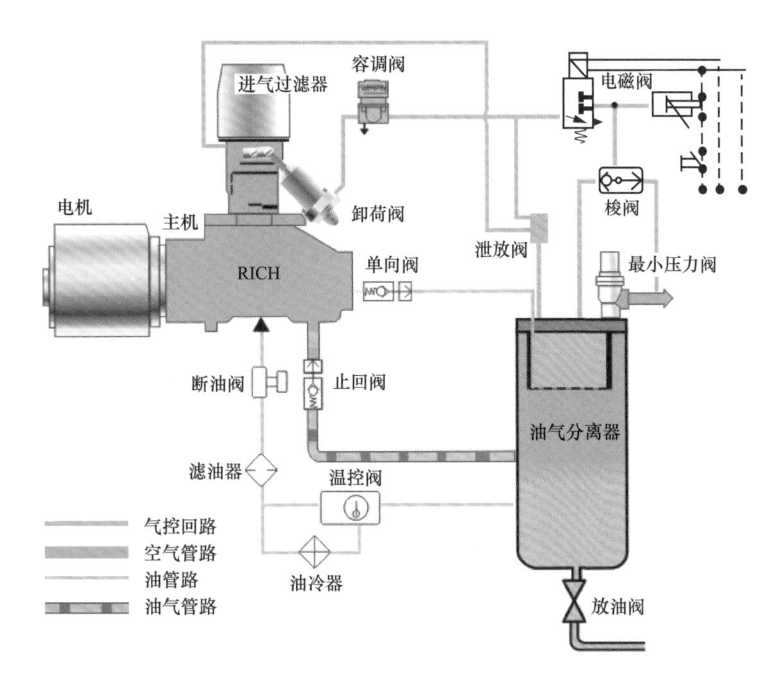

图 12-4　螺杆式空气压缩机油气循环

储气罐、气瓶、压力管道等储存过流部件引起的材质腐蚀、锈蚀、密封破损等潜在不良工况造成的设备隐患则对压缩空气系统整体安全性造成危害，应定期进行检测和保养。另外包括储气罐、压力管道在内的特种设备则应遵守国家关于特种设备监察和管理的规定。

对于压缩空气系统各种设备的故障判断和处理，一般应遵循以下顺序原则：

（1）排查环境变化原因，包括：空气压缩机室的室内环境温度、冷却水温、空气湿度变化等。

（2）排查自动监测仪器或设备引起的误报警，例如压力传感器、流量传感器、温度传感器、位置行程传感器、开关传感器或计算机监控系统程序。

（3）排查设备本体各部分组件结构是否完好、精度是否可靠、动作是否灵活、管路是否漏气、地面是否有积油、空气压缩机内部是否有大量油污。

（4）对空气压缩机控制管路及气路予以清洁。

（5）必要时提前进行保养维护。

（一）螺杆式空气压缩机出气压力或流量下降

螺杆式空气压缩机没有足够的排气量和压力，可能的原因及相应的处理措施有：

（1）检查控制系统故障，排除电磁阀未动作、压力传感器失效故障。

（2）系统泄漏，检查润滑油量和机器内部管线，对油污予以清理。

（3）最小压力止回阀失效，关闭出口阀检查压力是否能建立，能建立马上打开出口阀。

（4）卸载电磁阀没有闭合，检查或更换卸载电磁阀。

（5）进气阀没有打开，进气阀或者电磁阀损坏，拆除阀门并进行检查、清洁或更换。

（6）皮带断裂，更换新皮带。

（二）螺杆式空气压缩机不能启动

螺杆式空气压缩机不能启动，可能的原因及故障处理措施有：

（1）检查电源。

（2）检查保险是否熔断，并予以更换。

（3）机器没有完成卸载，检查开机流程，确认发生故障的元器件并予以修复或更换。

（4）主电源电压波动太大，确认供电符合空气压缩机产品运行设计要求。

（5）温度太低导致油的黏度太大，采取安全措施适当加热空气压缩机室环境温度，必要时更换润滑油。

（三）螺杆式空气压缩机油量消耗过大

螺杆式空气压缩机耗油量加大，可能的原因及故障处理措施有：

（1）油气分离器失效，大量油进入储气罐或用户端，更换油气分离器。

（2）检查并补充或减少润滑油，保持油箱油位必须在指定高度。

（3）检查或清理回油管，确定管道没有出现堵塞、系统压力不卸载等故障。

（四）活塞式空气压缩机无法正常停机

活塞式空气压缩机关机时系统压力不卸载，空气压缩机无法正常停机，故障处理措施有：

（1）检查更换卸载阀，包括阀门内部或电磁驱动装置。

（2）检查并更换出口止回阀或最小压力阀。

（五）活塞式空气压缩机无法建立压力

活塞式空气压缩机无法建立压力，故障处理措施有：

（1）检查皮带是否打滑，压缩机转子转速下降，导致无法正常压缩空气，如有予以紧固。

（2）检查泄压阀，对于配备自动泄压阀的空气压缩机，泄压阀处于不能正常关闭，各级活塞压缩气体通过泄压阀释放到大气中，导致系统无法建立压力。

（3）检查各级气缸头部的进气、排气气门，通常是簧片或弹簧气门，发生腐蚀断裂等结构异常，导致气缸气体无法吸入或排出，影响压缩气生产流程。

（4）检查各级之间的连接管道、阀门、冷却器是否发生泄漏，如有予以修复或更换。

（六）活塞式空气压缩机各级安全阀动作

在排除安全阀本体的故障之后，各级安全阀动作的原因是安全阀所在的管路压力超过设定动作压力值，故障处理措施有：

（1）检查空气压缩机出口阀是否打开。

（2）检查空气压缩机控制系统故障是否正常按照设定值停机。

（3）检查各级气缸头部的进气、排气气门，通常是弹簧片或弹簧气门，发生腐蚀断裂等结构异常，导致气缸气体无法吸入或排出，局部管路压力上升至安全阀设定值，如有予以更换。

（七）吸附式干燥机性能下降

吸附式干燥机干燥性能下降，原因排查及故障处理措施有：

（1）定期更换干燥剂。

（2）检查干燥机再生装置故障，保证干燥剂再生作业流程完整。

（3）检查干燥剂是否含油，如有予以更换并维修空气压缩机保证排气含油量不超标。

（4）检查并清理控制管路或控制阀门保证气路正常开关控制功能。

（八）冷冻式干燥机性能下降

吸附式干燥机性能下降，表现为运行时的噪声、压缩机空转或出口含水量增加，故障处理措施有：

（1）如冷冻剂泄漏，补充冷冻剂。

（2）更换老旧的压缩机。

（3）检查换热器是否破损或冷冻剂外泄。

（4）检查风扇是否运转正常。

第二节　中压机典型故障分析及处理

一、设备简述

某电站中压气系统由 14 台三级活塞式空气压缩机及管路系统组成，主要用于调速器油压装置供气。三级活塞式空气压缩机的3个气缸采用W型布置，各级气缸出气管路上均设置安全阀控制排气压力，排气量为1.02m^3/min，排气压力为6.0MPa，转速为750r/min。其冷却方式为风冷，在飞轮上设置风扇叶片，运转时风扇强迫气流吹过空气压缩机和排气管上的散热片，对气缸和空气进行冷却。润滑方式为飞溅式润滑，不需要润滑油泵。

空气通过空气滤清器被吸入到一级气缸内压缩至0.26～0.27MPa，然后通过采用翅片管的中间冷却器冷却后进入二级气缸；空气经二级气缸压缩至1.24～1.38MPa后，通过中间冷却器将压缩空气冷却后进入三级气缸；三级气缸将气体压缩至6.0MPa，再通过后冷却器将压缩空气冷却后进入储气罐进气管。各级压缩空气冷却后，中间冷却器和后冷却器中的冷凝水由自动排水阀定时排放。

自2002年首批空气压缩机投运，该电站使用该型号空气压缩机已有17年。空气压缩机运行期间，总体运行状况良好，极少发生严重的设备故障，但结合该电站空气压缩机实际工作特点（运行时间短、启动频繁），随着运行年限的增加，部分空气压缩机零件逐步老化，易损件出现损坏，使得空气压缩机缺陷发生频率有所增加。

二、故障现象

1. 安全阀动作

（1）2016年3月2日，运行人员发现，1号中压机运行时二级安全阀动作。

（2）2018年3月14日，运行人员发现，4号中压机一直处于启动状态，启动时其安全阀动作且三级气缸缸盖处冒烟。

2. 空气压缩机运行声音异常

在空气压缩机投运的17年间，共出现过三次空气压缩机运行声音异常的重大缺陷：

（1）2016年4月，检修人员巡检时发现6号中压机运行时，压缩机内声音异常，疑为压缩机内部件碰撞声音。

（2）2017年5月，检修人员巡检时发现5号中压机运行时声音异常，且无法加载。拆卸曲轴箱检查后发现：离心卸荷部件，一、二、三级活塞连杆均从曲轴上脱落，损伤严重。

三、故障诊断

1. 安全阀动作

（1）二级安全阀动作。

分析1号中压机出现该故障原因为：三级气缸进气阀堵塞，在二级气缸排气时，三级气缸进气阀无法打开，导致二级气缸憋压，在达到二级气缸安全阀设定值时，安全阀动作。

（2）三级安全阀。

三级气缸出口阀无法关闭，导致三级气缸内压缩的压缩空气发生泄漏，外界空气又直接进入三级气缸再次进行压缩并不断反复此动作，在达到三级安全阀动作设定值时，安全阀动作并排气；三级气缸压缩后的高温空气再次返回三级气缸后，使气缸温度不断升高，使缸体内少量油渍蒸发，因三级气缸缸盖与缸体结合面密封不严，从而在缝隙处有烟气排出。

2. 运行声音异常

当空气压缩机运行过程中有异响时，通常情况下，主要是由于设备紧固螺栓松动、设备各零部件之间磨损严重、设备内部零部件损坏或断裂、管路内进入杂物或设备润滑不良等原因造成的。对于此类故障应当引起高度重视，因为它是设备损坏的前兆。

2016 年 4 月，6 号中压机运行时声音异常后，对空气压缩机进行解体检查，逐个排除紧固螺栓松动、轴颈磨损严重、曲轴及连杆等部件损坏和杂物进入气缸或管路等可能原因，最终发现：曲轴上轴承锁紧螺母松动，致使曲轴上的轴承、轴套产生滑移，空气压缩机在运行时，曲轴转动的同时，活动的轴套、轴承与曲轴不断发生碰撞，从而产生异响，见图 12-5。

2017 年 5 月，5 号中压机运行时声音异常且无法加载，对空气压缩机解体。根据部件破损情况分析，出现缺陷原因为离心卸荷部件与曲轴的两颗连接螺栓在中压机长期运行振动过程中，产生疲劳断裂，导致离心卸荷部件和一、二、三级活塞连杆从曲轴上脱落，脱落后与转动的曲轴、缸体发生碰撞而产生损伤，见图 12-6。

图 12-5　一、二级活塞损伤

图 12-6　卸荷阀与连杆变形断裂

四、故障处理

1. 更换三级阀组

（1）更换1号中压机三级阀组，设备运行正常，缺陷消除。

图12-7 阀组

（2）更换4号中压机三级阀组，对三级气缸盖结合面及铜密封垫进行打磨清理；设备回装后，中压机运行正常，无漏气现象，缺陷消除。

2. 运行声音异常故障处理

（1）对6号中压机更换新曲轴组件（包括曲轴、滚动轴承、轴套等）；手动盘车时异响消除，整机回装后试运行正常，缺陷消除，见图12-7。

（2）对5号中压机更换了损坏部件：离心卸荷部件、一二三级活塞连杆、一二级活塞，更换了两颗断裂的连接螺栓，并紧固牢靠。设备回装后，经试运行，设备无异常振动和噪声，工作效率正常，情况良好，异响缺陷消除，见图12-8。

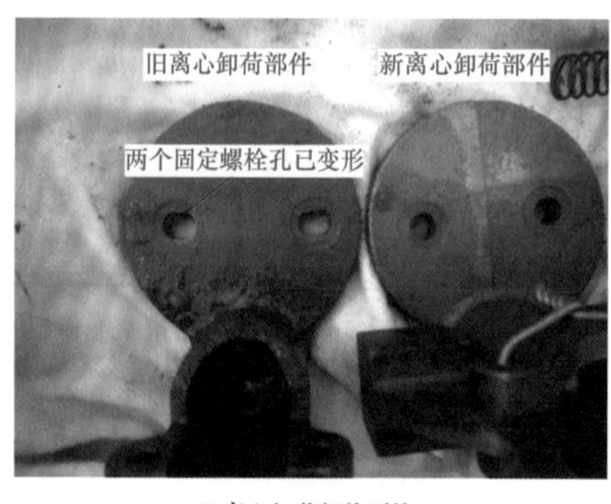

(a)离心卸荷部件更换

(b)清理油箱内部

图12-8 中压机损坏部件更换

五、后续建议

（1）应加强对设备的巡检，定期进行维护保养，紧固松动螺栓，及时更换零部件，必要时应根据设备运行状态尽快安排解体检修，以免设备故障扩大。

（2）针对每一次设备缺陷，应认真做好检修记录，记录应详尽，主要包括：故障现象、故障分析、处理方法，以及处理后设备的运行状况等，便于检修人员了解设备的综合状况，为设备日后的检修维护工作留下宝贵经验。

参考文献

[1] 王柯岑. 水力机组振动 [M]. 北京：水利电力出版社，1986.

[2] 史振声. 水轮机 [M]. 北京：中国水利水电出版社，1992.

[3] 郑源. 水轮机 [M]. 北京：中国水利水电出版社，2011.

[4] 张诚，陈国庆. 水轮发电机组检修 [M]. 北京：中国电力出版社，2012.

[5] 汤正义. 水轮机调速器机械检修 [M]. 北京：中国电力出版社，2003.

[6] 罗兴锜，朱国俊，冯建军. 水轮机技术进展与发展趋势 [J]. 水力发电学报，2020，39 (8)：1-18.

[7] 陈金霞，等. 叶道涡产生机理及对水轮机稳定性的影响 [J]. 大电机技术，2007，3：42-46.

[8] 樊世英. 大中型水力发电机组的安全稳定运行分析 [J]. 中国电机工程学报. 2012，32 (9)：140-148.

[9] 徐秉均. 减少转轮和导叶空化破坏和泥沙磨损的措施 [J]. 红水河，2002，21 (1)：56-58.

[10] 庄天明. 水电站设备常见故障及维修（水轮机部分）[J]. 水轮泵，1989，10：40-52.

[11] 宫田盛孝，林焕森，刘晓亭. 水轮发电机组产生异常振动的原因与对策 [J]. 水电机电安装技术，1983，3：70-76.

[12] 终文敏. 水轮发电机组的振动 [J]. 四川水力发电，1987，3：51-57.

[13] 陶喜群. 防止混流式水轮机转轮叶片产生裂纹的措施 [J]. 东方电机，2005，1：13-18.

[14] 齐学义，贺永成. 混流式转轮叶片裂纹原因分析及处理技术探讨 [J]. 兰州理工大学学报，2004 (30)，2：59-61.

[15] 覃大清，刘光宁，陶星明. 混流式水轮机转轮叶片裂纹问题 [J]. 大电机技术，2005，4：39-44.

[16] 易平梅. 三峡右岸 ALSTOM 水轮机转轮卡门涡分析与处理 [A]. 中国水利学会第四届青年科技论坛论文集 [C]. 北京：中国水利水电出版社. 2008：588-591.

[17] 尹永珍，万鹏，王建兰，等. 大型水轮发电机组动不平衡诊断与实践 [J]. 水电与新能源，2015，(137) 11：16-20.

[18] 徐波，徐娅玲，尹永珍，等. 向家坝电站 800MW 水轮发电机组动平衡试验 [J]. 大电机技术，2016，1：35-38.

[19] 李汉臻. 两导半伞式立轴混流式水电机组上机架振动超标原因分析 [J]. 电工技术，2020，1：

78-79，82.

[20] 黄月笑，谭茂业，骆振业，等. 大化水电厂机组上机架振动分析与轴线调整 [J]. 红水河，2015（34），4：26-32.

[21] 周刚. 立式水轮发电机组上机架振动过大原因分析及处理 [J]. 广西电力，2007，5：35-36.

[22] 谭文胜，万元，李崇仕，等. 大型水电机组顶盖垂直振动异常原因分析及对策 [J]. 大电机技术，2020，3：77-82.

[23] 杨杰. 水轮机导轴承对比分析 [J]. 水电与新能源，2018，32（3）：28-30.

[24] 梁玉福. 水轮机筒形阀 [J]. 红水河，2003，22（2）：54-57.

[25] 谢玲玲，张慧琳，张传峰. 某水电站轴流转桨式水轮机协联曲线的变化 [J]. 电力工程，2020（1），8：28-35.

[26] 李修文. 浅谈水轮机的空蚀及防治 [J]. 农业与技术，2017（37），13：49-50.

[27] 王者昌. 水轮机叶片裂纹的预防和处理 [C]. 第二次全国水电站机电技术学术讨论会论文集，37-39.

[28] 宋承祥，等. 水轮机卡门涡诱发振动分析研究 [J]. 红水河，2012（31），1：36-41.

[29] 郭彦峰，赵越，刘登峰. 某大型水电站异常振动和出力不足问题研究 [J]. 人民长江，2015（46），16：87-92.

[30] 罗丽，李景悦. 混流式水轮机压力脉动特性研究 [J]. 人民长江，2016（47），9：95-99.

[31] 肖惠民. 超低水头水轮机动静干涉效应的数值模拟研究 [J]. 水电与新能源，2014，8：7-10.

[32] 刘树红，等. 三峡水轮机的非定常湍流计算及整机压力脉动分析 [J]. 水力发电学报，2004（23），5：97-101.

[33] 王小龙，刘德民，刘小兵，等. 高水头混流式水轮机尾水管压力脉动综述 [J]. 水电与抽水蓄能，2020（6），2：58-66.

[34] 朱玉良，熊浩. 三峡左岸电站 ALSTOM 机组稳定性分析 [J]. 水电站机电技术，2006，12（6）：15-18.

[35] 张宇宁，刘树红，吴玉林. 混流式水轮机压力脉动精细模拟和分析 [J]. 水利发电学报，2009，28（01）：183-186.

[36] 杨其良. 水轮机转轮叶片焊接残余应力分析 [J]. 焊接技术，2002，31（2）：46-47.

[37] 高忠信，等. 水轮机固定导叶和活动导叶后的卡门涡频率研究 [J]. 水动力学研究与进展（A辑），2005，（6）：729-735.

[38] 吴志刚，曹大伟. 水轮机导水机构设计优化 [J]. 东方电气评论，2018（32），125：49-54.

[39] 孙支安. 水轮机导水机构的结构改进优化 [J]. 小水电，2014，（1）：43-45.

[40] 米紫昊，李太江，李勇. 混流式水轮机导水机构损伤三维数值模拟分析 [J]. 人民黄河，2014（36），6：129-131.

[41] 刘宇，吴玉林，张梁，等. 混流式原型水轮机的三维湍流计算 [J]. 水力发电学报，2003，22